[제3판]

SPSS를 이용한

조사방법 및 통계분석의 이해와 적용

이 종 환

KNOWLEDGE COMMUNITY 공동체

머리말

본 서書는 관련 실무 종사자로 하여금 업무에서 직면하는 다양한 데이터에 대한 기초적 분석능력을 갖출 수 있도록 하는 것과, 논문을 준비하는 학위 과정생들이 데이터 분석을 스스로 해결할 수 있도록 하는 것, 나아가 사회조사분석사 2급 시험 준비에 실질적인 도움을 주는 것에 주 목적을 두었다. 따라서 빈번하게 사용되는 분석기법을 중심으로 기본적인 이론과 SPSS를 이용한 실제 적용사례를 다루는 데 집중하였다. 그렇기에 자주 쓰이지 않는 기법들과 그에 관련된 사항들은 소홀히, 또는 제외되는 필연적 우愚를 범할 수밖에 없었다. 데이터 분석에 대한 깊이 있는 접근을 기대하는 독자는 본 서에서 많은 것을 얻기 힘들 수 있을 것이다.

물론 현재 시중에는 SPSS를 활용한 통계분석 지침서가 무수히 많이 출판되어 있으며, 이들 서적 대부분이 SPSS의 갖가지 기능을 상세하게 안내하고 있다. 그럼에도 저자가 구태의연한 촌서村書를 저술한 까닭은 기존의 옥서玉書들에서 부족한 1%를 발견했기 때문이다.

학위 과정생 또는 실무 종사자들이 학위논문 혹은 연구보고서를 작성하다 보면 분석의 실행과 결과의 도출은 성공하지만, 의외로 이를 어떻게 정리하여 제시해야 하는지, 결론으로 일반화는 어떻게 해야 하는지는 쉽게 해결하지 못한다. 아울러 이에 대한 해법을 보여주는 참고서적을 찾기 역시 여간해서 쉽지 않다. 이것이 바로 부족한 1%라 할 수 있으며, 본 서는 이 1%를 채우는 실마리 제공을 위해 노력하였다. 다만, **본 서에서의 결과 제시 및 결론 작성 요령은 저자가 관련 업무에서 다년간 종사하면서 쌓아온 경험을 토대로 작성한 것이기에 다분히 주관적인 것에 불과하다**. 밝혔듯이, 커다란 실타래를 풀어낼 수 있는 하나의 실마리이므로, 본 서의 내용을 참고·응용하여 완성도 있는 결과제시와 일반화가 되기 바란다.

한편, 본 서는 SPSS 사용에 대한 내용을 주된 주제로 하여 총 15개의 장章으로 구성되었다. 이 중에서 두 번째 장章을 빌어 조사방법론에 대한 내용을 기술하였다. 일부 자료분석을 공부하고자 하는 독자들은 본 서의 이런 점이 의아할 수도 있다. 사족蛇足이 덧붙게 된 이유를 다음의 두 가지로 해명하고자 한다.

첫째, **제대로 된 데이터 확보의 중요성 강조**를 위해서이다. '쓸데없는 것이 입력되면 출력되는 것도 쓸데없는 것Garbage in Garbage out'이다. 제대로 된 데이터가 확보되지 못한다면 거기에서 도출되는 통계 역시 제대로 된 것일 리가 만무하다. 제대로 된 데이터의 수집을 위해서는 자료를 조사하고 수집하는 일련의 과학적 방법을 숙지하고 있어야 하며, 이런 일련의 과학적 방법을 학문화한 것이 조사방법론이다. 따라서 본 서에서는 다시 한 번 조사방법론의 중요성을 부각시키기 위해 간략하게나마 중요 개념을 요약하여 정리하였다.

둘째, **통계분석의 노예가 되는 것을 경계**하자는 의미이다. 본문에서도 밝혔듯이 통계분석이란 행위는 과학적 조사연구의 절차 중 마지막 부분에 위치하는 일부 한 과정에 불과하다. 그러나 통계분석을 익숙하게 할 줄 알게 되는 어느 시점에는 꼭 한 번씩 이와 같은 사실을 간과하게 된다. 즉, 통계결과만이 모든 것을 말해주며, 의사결정의 최선의 도구라고 오판하는 이른바 동굴의 오류에 빠지게 된다. 이를 경계하자는 의미이다.

항상 뒷덜미를 무겁게 짓누르던 가슴 철렁한 오기誤記들을 바로잡기 위해, 그리고 새로운 버전으로 출시된 SPSS의 달착지근함을 맛보기 위해 또다시 성급하게 손을 대었다. 이전까지 채 발견하지 못했던, 그리고 애써 태연한 척하려 했던 실수들로 인한 송구함 탓에 몸둘 바를 모르겠다. 읍소泣訴하는 심정으로 용서를 구하는 바이다. 더불어 반복된 심사深思와 숙고熟考로 실수를 바로잡고자 노력하였으나, 또다시 부족함이 발견된다면 저자의 노둔駑鈍이므로 일백배一白拜 일천배一千拜 사죄한다.

거듭거듭 강조하지만 본 서는 어디까지나 기초基礎 참고서이다. 그렇기에 미완未完이며, 항상 부끄럽고 무거운 짐을 짊어질 것이다. 그럼에도 감히 던지듯 내놓을 수 있었던 것은, 즐기기 위함知之者 不如好之者 好之者 不如樂之者이며, 부모님과 빙부・빙모님, 아내 지인智仁과 아들 현수賢洙・준수俊洙에게 자랑스러운 아들과 사위, 남편과 아버지의 모습으로 기억되고 싶은 허욕 때문이다.

이와 같은 구차하디 구차한 변명으로써 허장성세虛張聲勢에 대한 용서를 간곡하게 구하는 바이다.

끝으로, 항상 고집처럼 읊조리는 **등호(=)의 철학**易地思之, 좌변과 우변이 같기 위해서는, 너와 내가 같기 위해서는을 명심하며 살기를 희망하며, **나를 알고 내가 아는 모든 이에게 고개숙여 깊이 감사한다**.

2017. 7.

李鍾煥 拜

차례

Contents

Contents

Contents

Contents

표목차

Contents

그림목차

Contents

Contents

Contents

Contents

Contents

Contents

Contents

01 여는 말

01 여는 말

1.1. 일상생활 속의 통계

통계라고 하면 복잡한 수학공식에 숫자를 대입하여 계산해야 하는 어려운 학문이라 생각하는 사람이 많다. 그러나 잠시만 눈을 돌리면 **일상생활 속에 자연스럽게 녹아 있는 통계를 접할 수 있게 된다**.

우리는 아침에 잠자리에서 일어나서부터 통계를 시작한다. 세수와 이를 닦는 데 몇 분이 소요되어 왔었는지를 회상하며 잠자리에서 게으름을 피우기도 하고, 아침식사를 하는 데 소요되는 시간을 계산해 본다. 또한 대중교통 또는 승용차를 이용해 등교 혹은 출근하면서 소요되는 시간과 경로를 머릿속으로 치밀하게(?) 따져봄으로써 최적의 출발시간을 결정해낸다.

이처럼 아침부터 우리의 두뇌는 등교(출근)라는 목적 달성에 가장 합리적이고 경제적인 시간과 방법을 산출해내기 위해 노력한다. 즉, 우리는 은연중에 이미 과거의 경험으로부터 디득한 데이터를 통해 통계분석을 실시하며, 이를 통해 가장 현실적이고 합리적인 대안을 도출하여 의사결정을 내린다.

또한 우리는 일상생활에서 TV, 라디오, 인터넷, 신문, 광고 전단지, 인쇄물 등 다양한 매체를 통해 수많은 통계와 접하며 살고 있다. 경제성장률 몇 % 달성, 실업률 몇 % 증가, 범죄율 몇 % 감소 등 수많은 수치를 근거로 우리 사회의 변화와 실태를 설명하는 뉴스를 매일 접하고 있으며, 수익률이 몇 %임을 크게 앞세운 다양한 투자정보 등 수많은 통계결과물 속에 노출되어 있다.

이처럼 **우리는 수많은 통계 속에서 살아가고 있다**. 다시 말하면, **현대 사회는 통계의 세상**이라고 해도 과언이 아닌 것이다.

1.2. 통계학의 역사

통계학(Statistics)이란 용어는 주(state)라는 의미의 라틴어 status, 또는 정치인을 뜻하는 이탈리아어 statista로부터 유래되었다고 한다. 이로 볼 때, 통계학이란 용어는 국가의 상태를 나타내는 여러 자료들을 수집・정리・기술하는 뜻으로 사용되어 왔음을 알 수 있다. 실제로 고대 왕들이 자신의 성 또는 나라의 주민들을 대상으로 적정한 세금을 거둬들이기 위해 가축 수 및 작물 작황량을 조사하고, 전쟁에 대비해 젊은이들의 인구를 정확하게 파악하기 위한 시도로써 통계를 시작하였다. 여기에서 통계학의 기원을 찾을 수 있으며, 이것들이 후대에 발전을 거듭하면서 현재의 인구센서스나 시장조사, 사업체 조사 등으로 변화된 것이다.

학문으로서의 통계학의 기원은 17세기 후반 무렵 프랑스의 파스칼(Blaie Pascal, 1623~1662)이 상류사회의 도박 승률에 대한 기대값을 구하고자 확률개념을 도입하면서 비롯되었다고 보는 견해가 대부분이다[1]. 이와 비슷한 시기에 스위스의 베르누이(Jacob Bernoulli, 1654~1705)는 대수의 약법칙[2]을 정립하고 이항분포에 대한 개념을 밝힘에 따라 현대 통계학의 가장 핵심 개념인 정규분포의 기초를 마련할 수 있었다.

1) 그러나 일각에서는 이보다 앞서 이탈리아 수학자인 카르다노(Gerolamo Cardano, 1501~1576)가 집필한 '기회의 게임에 관하여(Liber de ludo aleae, 1563)'라는 도박관련 서적을 확률론에 대한 최초의 체계적 접근으로 보기도 한다.

2) 한 사건(Event)의 상대도수는 많은 관측이 있을수록 참에 가깝게 나타난다는 법칙으로, 어떤 사건에 대해 발생 비율을 전혀 알지 못해도 계속적으로 발생 비율을 축적하면 그 비율에 대하여 더욱 확실한 지식을 얻을 수 있다는 것이다.

이후 18세기 들어 심프슨(Thomas Simpson, 1710~1761)에 의해 대수의 법칙[3])이 발견되는데, 비록 이론적으로 증명되지는 못했으나, 천문학자들 사이에서 큰 지지를 받게 되었다[4]). 1730년에는 드 모아브르(Abraham De Moivre, 1667~1754)가 이항분포의 근사확률을 계산하여 정상분포를 처음 밝혀내었고, 라플라스(Pierre Simon Laplace, 1749~1827)는 이를 기초로 추론통계학의 핵심인 중심극한 정리를 주창하였다. 또한 독일의 가우스(Carl Friedrich Gauss, 1777~1855)는 드 모아브르와 라플라스의 이론을 보완하여 오차의 가우스 분포(Gaussian distribution of error), 즉 오차의 정규곡선(Normal curve of error) 개념으로 정립함으로써, 훗날 추론통계학을 발전시킬 수 있는 기초를 마련하는 등 이 시기는 통계학의 큰 진보를 가져온 시기라 할 수 있다.

19세기에 벨기에의 수학자 갈톤(Francis Galton, 1822~1911)은 우생학 분야, 특히 진화론에 대한 통계학적 해석을 시도하며 상관과 회귀의 개념을 이론으로 정립하였고, 영국의 피어슨(Karl Pearson, 1957~1936)은 생물학 분야에서 활동하며 x^2분포를 유도하는 등 통계학 발전에 지대한 영향을 끼쳤다. 또한 Student라는 자신의 필명으로 t분포를 정립한 고셋(William Sealey Gosset Gosset, 1876~1937)에 의해 소표본에 대한 이론이 발전되었고, 피셔(Sir Ronald Aylmer Fisher, 1890~1962)는 F분포를 이용한 분산분석, 실험계획법, 공분산분석 등 추론통계학 분야의 핵심 내용을 제시하였다. 백의의 천사 나이팅게일(Florence Nightingale, 1820~1910) 역시 통계학의 신봉자로서, 그녀는 병사들의 열악한 위생 조건에 대해 일반에게 알리기 위해 통계를 사용하였다[5]).

한편 20세기에는 컴퓨터의 발전과 함께 통계학의 일대 전환을 맞이하게 된다. 기존까지 전문가들의 고유 영역으로 여겨졌던 통계학이 개인 컴퓨터의 보급과 함께 통계분석 프로그램의 거듭되는 비약적 발전에 따라 보편화되기에 이르렀다.

---

3) 같은 조건하에서 실험을 반복할 때 실험을 더 많이 하면 할수록 결론의 오차율은 줄어든다는 법칙

4) 초기 통계학은 주로 천문학 분야를 중심으로 발전하였다.

5) 나이팅게일은 크림전쟁에서 사망한 병사들의 대부분이 부상보다는 열악한 위생 조건에서 기인되었음을 일반에게 알리기 위해 각 면적이 병사의 수를 의미하는 부채꼴 형태가 원의 형태로 붙은 그래프를 처음 사용하였는데, 이를 나이팅게일의 coxcomb이라 부른다.

02
조사방법론의 이해

02 조사방법론의 이해

어떤 데이터든지 통계분석을 하기 위해서는 먼저 수집이 선행되어야 한다. **데이터의 수집은 연구자의 편의에 따라 되는 대로 이루어지는 것이 아니라 일련의 절차에 의거해 수집**되어야 하는데, 이를 우리는 조사연구의 절차라 할 수 있으며, 이에 대한 학문을 **조사방법론**[1]이라 한다.

물론 통계분석을 거론하면서 갑작스럽게 조사방법론에 대한 논의를 하는 것이 혼란을 야기할 수도 있다. 하지만 데이터 분석에 어느 정도 능숙해지게 되면 데이터 분석, 즉 통계분석이라는 절차가 여러 단계의 조사연구 절차 중 마지막 일부 단계에 불과하다는 것을 자칫 간과하기 쉽다. '통계분석이 자료분석의 모든 것'이라는 이른바 동굴의 오류에 빠지게 되는 것이다. 따라서 우리는 통계분석을 학습하기 전에 조사방법론의 주요 개념을 각 단계별로 간략하게 훑어봄으로써, 조사연구의 절차, 즉 조사방법론에 대한 기초 지식을 쌓고, 이를 통해 통계분석을 맹신하는 오류를 경계해야 할 것이다.

본 단원에서는 전반적인 조사연구의 절차와 그에 따른 주요 개념들을 간략하게 정리하고 있다. 이를 통해 기초적인 조사방법론적 지식을 쌓은 후 통계분석을 학습하기 바란다.

1) Research Method이므로 보다 정확하게는 연구방법론이라 지칭함이 옳을 것이다.

2.1. 조사연구의 절차

조사연구의 절차는 학자에 따라 4단계에서 8단계까지 다양하게 주장되고 있다. 저자는 조사연구의 절차에 대해 다른 학자들보다 좀 더 세분하여 **<그림 2.1.1>**과 같이 10단계로 구분하고자 한다. 아울러 본 단원 및 **[부록1]**은 어디까지나 각 단계별로 가장 중요한 핵심 내용들만 간략하게 다루고 있다. 따라서 상세한 내용은 조사방법론을 다룬 다양한 교재를 참고하여 학습하기를 권하는 바이다.

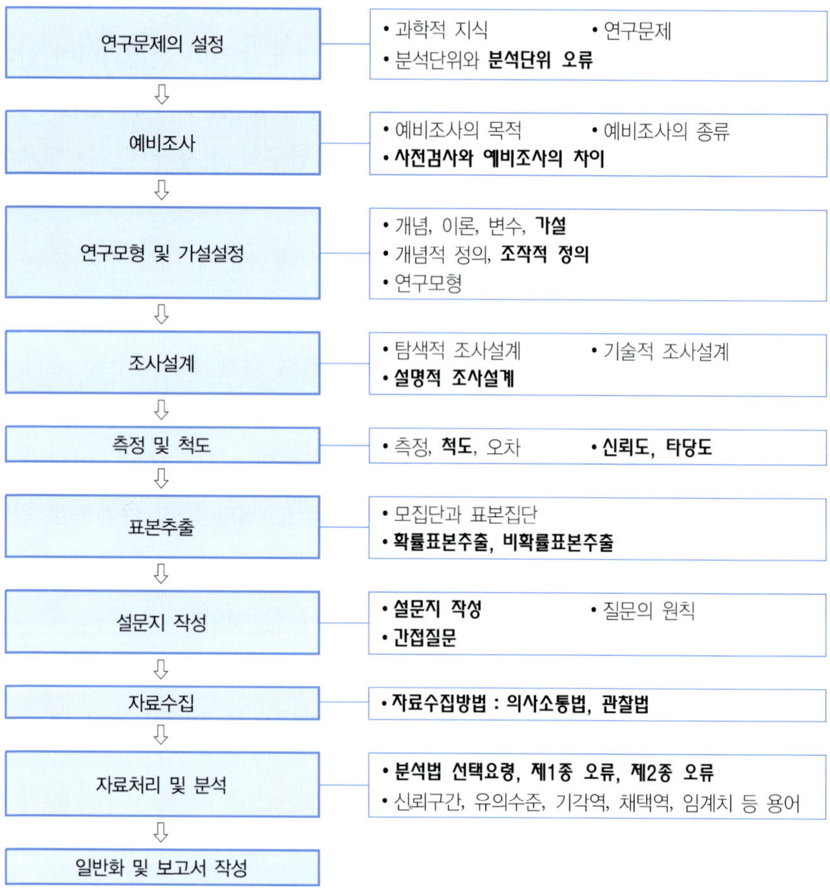

그림 2.1.1 조사연구의 절차

2.1.1. 연구문제의 설정

2.1.1.1. 연구문제

연구문제란, 현상이나 사건에 대해 밝히고자 하는 변수 간의 관계를 의문문의 형태로 표현한 것으로서, 직접 답이 구해지거나 검증되지 않고 가설을 통하여 간접적으로 검증된다.

연구문제의 선정기준은 ① 독창성이 있을 것, ② 이론적인 의의가 내포될 것, ③ 검증이 가능할 것, ④ 도의적인 배려가 있을 것, ⑤ 현실문제의 해결에 기여할 수 있을 것의 다섯 가지로 요약될 수 있다.

이러한 **연구문제의 원천**으로는 ① 기존 지식체계, ② 사회적 요청, ③ 사회적 가치와 규범, ④ 개인적 취향과 경험에서 기인되고는 한다.

2.1.1.2. 분석단위

분석단위란, 연구자가 그 속성 또는 특징에 관한 자료를 수집하고, 기술·설명하고자 하는 사람이나 사물, 즉 자료수집이 이루어지는 단위로서 개인, 집단, 조직, 단체, 국가 등이 될 수 있다.

분석단위 오류는 크게 두 가지로 분류가 가능한데, 첫째로, 집단 수준의 연구를 개인 수준에 일반화시킴으로 인해 발생되는 **생태학적 오류**와, 둘째로, 개인 수준의 연구를 집단 수준에 일반화시켜서 발생하는 **개인주의적 오류**로 나뉜다.

생태학적 오류의 예

초등학교 학생들의 학교생활 부적응도에 관한 조사에서, 비교적 부유층이 많은 강남지역 3개 학교와 비교적 서민층이 많은 강북지역 3개 학교를 대상으로 연구하였다. 연구결과 강남지역 학교가 강북지역 학교보다 학생들의 학교생활 부적응비율이 높게 나타났다. 이에 따라 "부모의 사회·경제적 지위가 높을수록 학생들의 학교생활 부적응이 높아진다"고 결론 내렸다.

1. 분석단위 : 초등학교
2. 결론 : 개인단위
3. 오류 : 생태학적 오류

2.1.2. 예비조사(pilot study)

예비조사(pilot study)는 연구문제와 연구모형 및 가설의 설정 사이에 이루어지는 절차로서, 연구문제와 관련한 각종 기존문헌, 자료, 정보의 수집 단계이다. 본 단계에서 연구문제의 실현 가능성을 타진하고 연구모형 및 가설의 설정에 필요한 각종 개념을 추출할 수 있으며, 방법으로는 기존 문헌 검토, 전문가 조사, 경험자 조사, 사례조사, 현지조사 등이 있다.

2.1.3. 연구모형 및 가설설정

2.1.3.1. 이론(Theory) 및 개념(Concept)

이론(Theory)이란, 변인들 간의 관계를 구체화함으로써 현상에 대한 체계적인 견해를 제시해 주는 개념, 정의, 명제들의 관계의 집합체라고 할 수 있다.

이론의 기능은 본질적 기능과 과학적 연구과정에서의 기능으로 구분된다. 본질적 기능이란, 사회현상 및 사건에 대한 이해와 설명을 제공하는 기능을 의미하며, 과학적 연구과정에서의 기능이란, 연구문제와 관련된 주요 개념들의 파악, 연구문제의 범위와 내용 규정, 연구의 준거틀 및 가설설정의 근거를 제공하는 기능을 의미한다.

이론에 대한 평가는 다섯 가지 기준에 의해 이루어진다. 첫째, 정확성이 있어야 한다. 가능한 한 많은 변이(variation)를 설명하고 예측할 수 있어야 한다. 둘째, 일반성이 있어야 한다. 적용되는 사회현상의 범위, 일반성이 클수록 그 이론에 의해 설명될 수 있는 현상의 범위가 커지므로 적절한 이론이 될 수 없다. 셋째, 간결성이 있어야 한다. 주어진 사건을 설명하는 데 사용되는 독립변수의 수가 적을수록 간명한 이론이다. 독립변수의 수가 증가할수록 이론의 정확성은 높아질 수 있으나 간결성은 떨어진다. 넷째, 인과성이 있어야 한다. 원인과 결과 간의 관계에 제3의 변수가 개입될 여지가 없는 것이야말로 적절한 이론이라 할 수 있다. 다섯째, 객관성이 있어야 한다. 객관성은 여러 학자들이 동의할 수 있는 정도를 의미한다.

개념(Concept)이란, 여러 가지 사건 및 현상들을 인지할 수 있도록 하나의 용어로 추상화한 것이다.

개념의 조건으로는 한정성(Determinancy), 제일성(Uniformity), 구체성과 일반성을 들 수 있다. 먼저 한정성이란, 개념의 명확성을 지칭하는 것으로서 사실 또는 현상을 명확하고 한정적으로 그 특징을 나타내야 한다. 다음으로 제일성은 하나의 개념은 하나의 뜻으로 이해되어야 하는 것을 말한다. 마지막으로 구체성과 일반성은 개념의 추상화 정도에 대한 논의라 할 수 있다.

한편 **개념적 정의**란 '무엇은 무엇이다'와 같은 사전적 정의라 할 수 있으며, **조작적 정의**란 추상적인 개념을 경험적으로 확인·측정할 수 있도록 관찰 가능한 구체적인 지표로 바꾸어 표현하는 것이다.

2.1.3.2. 연구모형

연구모형은 현상들을 구성하는 핵심들을 모아서 구조화시켜 놓은 것으로서, 복잡한 사회현상을 쉽고 간결하게 이해하기 위해 작성한다[2].

연구모형의 구성절차는 주요 개념의 식별, 변수들 간의 관계설정[3], 위치선정의 3단계로 구분할 수 있다. 조사연구에서 화살표의 방향은 매우 중요하다. 좌에서 우로, 위에서 아래로 진행됨이 원칙이며, 이 화살표는 논리의 흐름을 의미한다.

연구모형의 예 : 대학생의 식당만족도 조사

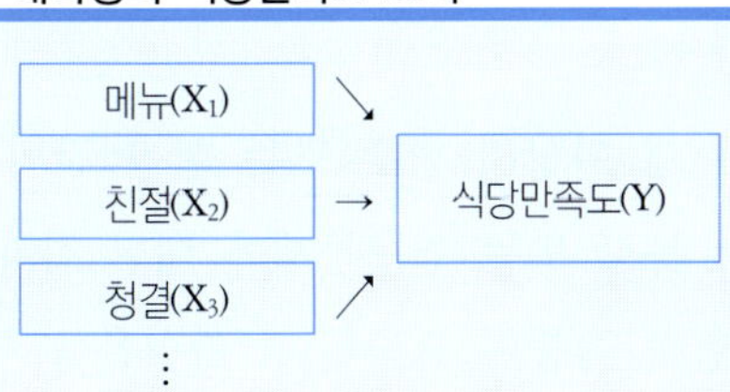

2) 학위논문이나 연구보고서에서 보면 전반적인 연구의 흐름 내지는 변수들 간의 관계를 도식화해서 표현해놓고 있는데 이것이 연구모형이라 할 수 있다. 경우에 따라 연구흐름도, 연구절차 등 다양하게 명명되기도 한다.

3) 변수들 간의 관계로는 대칭적 관계(X ↔ Y), 상호인과적 관계(X ⇄ Y), 비대칭적 관계(인과적 관계, X → Y)가 있다.

2.1.3.3. 변수(Variable)

변하는(變) 수(數)를 뜻하는 변수(Variable)는 측정 가능한 개념을 의미하는 것으로서, 속성들의 논리적인 집합체이다.

변수의 종류는 먼저 위치 및 역할에 따라 독립변수, 종속변수, 제3의 변수(외생변수)로 구분할 수 있다. 독립변수(X)는 어떤 현상의 원인이 되는 변수로서, 원인변수, 설명변수, 예측변수로 지칭되기도 한다. 종속변수(Y)는 독립변수로 인해 영향을 받아 변화되는 변수로서, 결과변수, 설명되는 변수, 예측되는 변수를 의미한다. 제3의 변수(외생변수)는 성격과 특징에 따라 선행변수, 매개변수, 허위변수, 억제변수, 왜곡변수, 혼란변수 등 다양하며 독립변수와 종속변수로 구성된 체계(system) 외부에서 개입하여 체계에 영향을 주는 변수를 통칭한다.

다음으로, 변수의 형태에 따라 양적변수와 질적변수로 분류할 수 있는데, 각각 연속변수(Continuous Variable)와 유목변수(범주변수, Categorical Variable)로도 지칭된다. **양적변수는 등간척도와 비율척도**로 형성된 변수를 의미하는 것으로서, 계량적으로 나타낼 수 있다. 반면 **질적변수는 명목척도와 서열척도**로서, 해당 특성의 가부만으로 구별되는 성격을 지닌다. 대표적인 예로 연령이나 경력 등은 양적변수이며, 성별이나 종교, 선호도 등은 질적변수이다. 이 부분은 **2.1.5. 측정 및 척도**에 보다 상세히 설명되어 있다.

2.1.3.4. 가설(Hypothesis)

가설(Hypothesis)은 두 개 이상의 변수 또는 현상 간의 관계를 검증 가능한 형태로 서술한 하나의 문장 또는 연구문제에 대한 잠재적 설명으로서, 과학적 조사에 의하여 경험적 검증이 요구된다. 가설은 흔히 독립변수와 종속변수의 관계로 표현되며, '변수 A와 B는 관련이 있다'라든지 'A가 높을수록 B도 높다'와 같이 서술문의 형식을 나타낸다.

가설의 기능은 다음의 세 가지로 정리될 수 있다. 첫째, 가설은 이론을 검증할 수 있다. 사회현상을 설명하기 위해 이론을 개발하지만, 이론 그 자체를 직접 검증할 수는 없다. 가설은 이론을 검증가능한 형태로 진술한 문장이므로 이를 검증하게 된다. 둘째, 가설은 이론을 제시할 수 있다. 가설을 검증한 결과를 토대로 이론이 구성되기도 한다. 가설들 중에서 현상을 설명할 수 있는 잠재력이 큰 가설을 선택하여 이를 토대로 현상과 설명을 연결시키는 명제·가정·정의의 논리체계를 구성할 수 있다. 셋째, 가설은 사회현상을 기술한다. 가설의 검증결과로 축적된 정보는 사회현상의 발생원인에 대하여 연구자가 가지고 있는 지식을 증가시킨다.

가설은 연구의 목적, 통계적 검증단계, 변수의 수에 따라 각각 그 **종류**를 구분지을 수 있다.

첫 번째, 연구의 목적에 따라서는 기술적 가설(식별가설)과 설명적 가설로 분류할 수 있는데, 기술적 가설은 현상의 정확한 기술, 즉 사실을 밝히는 것을 목적으로 하는 가설이다. 가령, 어떤 변수의 크기·성질·위치에 대한 가설 혹은 변수들 간의 차이나 상관관계가 있는가에 대한 가설이 이에 해당된다. 설명적 가설은 인과관계를 규명하기 위한 가설로서, 두 변수 간에 실제로 일어날 수 있는 관계를 나타내는 문장의 형식, 즉 '만약 선행조건이 ~한다면 결과조건이 ~할 것이다'라는 형태로 제시된다.

두 번째, 통계적 검증단계 기준으로는 연구가설(Research Hypothesis)과 영가설(Null Hypothesis)로 분류된다. 연구가설은 흔히 작업가설(Working Hypothesis) 또는 **대립가설**(Alternative Hypothesis)로도 표현되는데[4], 연구문제에 대한 잠정적 해답으로서 연구자가 제시한 가설, 즉 연구자가 궁극적으로 밝혀내고 싶은 연구의 목적이 된다. 연구가설의 대표적인 예로는 '남녀 공무원의 직무만족도에는 차이가 있다'와 같은 형태가 있다. 반면 영가설은 다른 말로 **귀무(歸無)가설**, 즉 무(無)로 돌아가기(歸) 위한 가설이라 한다. 연구가설과 논리적으로 반대의

4) 엄밀한 의미에서는 연구가설과 대립가설은 동일한 의미는 아니다. 가령, 연구자가 의도적으로 각 요인들 간의 특성 차이가 없는 것을 밝히기 위한 연구를 실행할 경우, 연구가설은 '각 요인들 간 특성 차이는 없다'지만, 이는 개념적으로 귀무가설이다. 다만, 보편적으로 연구의 목적이 차이를 규명하거나, 유의한 영향력을 찾아내는 등 상이점을 밝히는 것을 목적으로 하기에 연구가설과 대립가설이 동일시되고 있는 것이다. 따라서 연구가설과 대립가설이 동일하다는 것은 상대적인 개념이라 할 수 있다.

입장을 취하며, 기각을 목적으로 하고 있다. 보편적으로 차이가 없다 내지는 **영향이 없다**, **관계가 없다**와 같이 '없다'라는 용어를 포함하고 있다. 대표적인 예로 '남녀 공무원의 직무만족도에는 차이가 없다'를 들 수 있다.

세 번째, 변수의 수에 따라 단순가설(1변수가설 및 2변수가설)과 다변수가설로 분류할 수 있다. 단순가설에서 1변수가설은 보통 y라는 한 변수의 상태에 관하여 기술하는 내용으로서, 대표적인 분석방법으로는 빈도분석이 있으며, 2변수가설은 x와 y라는 두 변수 간의 관계에 관한 것으로 T 검증, 상관관계분석, 단순회귀분석 등의 분석방법이 사용된다. 다변수가설은 셋 이상의 변수를 갖는 가설로서, 다중상관관계분석, 중회귀분석 등의 방법을 통해 통계분석을 실시한다.

한편 **유용한 가설의 조건**은 보편적으로 다음의 일곱 가지를 만족시킨다. 첫째, 경험적 검증 가능성이 있다. 가설은 실증조사를 통하여 옳고 그름을 판단할 수 있어야 한다. 둘째, 입증의 명백성이다. 가설을 조작하여 작업가설을 구성할 경우 명백하게 입증이 가능하도록 하여야 한다. 셋째, 가설 자체의 개연성으로, 가설은 연구문제의 정답에 대한 잠정적인 추정이므로 개연성이 큰 것이 좋은 가설이라 할 수 있다. 넷째, 논리적 간결성이다. 변수들 간의 관계가 간단한 논리로 설명되어야 한다. 다섯째, 계량화 가능성이 있어야 한다. 여기에서 계량화라는 것은 수식이나 숫자로 모두 바꿀 수 있다는 의미보다는 통계적인 분석을 할 수 있어야 한다는 의미이다. 여섯째, 타 가설이나 이론과의 높은 관련성이 있어야 한다. 일곱째, 얻을 수 있는 지식이나 정보의 양이 많아야 한다.

2.1.4. 조사설계

2.1.4.1. 탐색적 조사설계

탐색적 조사설계는 연구문제의 발견, 변수의 규명, 가설의 도출을 위해서 실시하는 조사로서 주로 본 조사를 위한 예비적 조사로서 실시한다.

탐색적 조사설계는 다음과 같은 **특징**을 지닌다. 먼저 문제와 기회의 포착 및 파악 기능을 수행하며, 개념을 분명히 해주고 연구의 우선순위를 파악할 수 있도록 한다. 다음으로, 상황에 따른 변수들 사이의 관계에 대한 통찰력을 제고시켜 주며, 조사를 시행하기 위한 절차와 행위를 구체화시킨다. 마지막으로, 최종적인 조사를 시행하는 데 필요한 관련 정보를 입수할 수 있다.

탐색적 조사의 **방법**으로는 문헌조사, 전문가 의견조사, 사례조사가 대표적이다. 문헌조사는 기존에 발간되어 있는 문헌을 이용하는 방법으로 가장 경제적이고 신속한 방법이다. 전문가 의견조사는 주어진 문제에 대한 전문적인 지식과 경험을 가진 전문가들로부터 정보를 얻어내는 방법으로 문헌조사에 보완적인 수단으로 사용된다. 사례조사는 주어진 문제와 유사한 사례를 찾아내어 분석하는 방법이다.

탐색적 조사의 기법으로는 전문가 또는 이해관계자를 5~12명 정도 모아놓고 동등한 조건 내에서 무형식 토의를 하게끔 한 후 필요한 내용을 얻어내는 브레인스토밍(Brain-storming), 연구자가 소수의 전문가 집단을 대상으로 특정 주제에 대한 토론을 개최한 후 필요한 정보를 얻어내는 초점집단면접(Focus group interview), 특정 주제에 대해 전문적 지식을 보유한 전문가들의 패널을 구성하고 반복적 조사를 통해 필요한 정보를 구체화해 나가는 델파이(Delphi) 등이 있다.

2.1.4.2. 기술적 조사설계

기술적 조사설계는 주로 현상이나 모집단의 특성에 대한 분포·발생빈도 등의 특성 파악을 위하여 행하는 조사로서, 어떤 현상에 대한 탐구나 명백화가 주 목적이지만 설명적 조사를 위한 자료를 제공하거나 지침적 역할을 하기도 한다. 국세조사, 물가조사, 인구센서스 등이 대표적인 예이다.

기술적 조사설계의 **특징**으로는 첫째, 관련 상황에 대한 특성 파악과 특정 상황의 발생빈도를 조사·기술하는 것으로서 대부분의 조사가 해당된다. 둘째, 관련 변수들 사이의 상호관계의 정도 파악이 가능하며, 셋째, 관련 상황에 대한 예측을 할 수 있게 해준다.

기술적 조사설계는 횡단적 조사(cross-sectional approach)와 종단적 조사(longitudinal approach)로 **분류**될 수 있다. 횡단적 조사는 일정 시점을 기준으로 모든 관련변수에 대한 자료를 수집하는 연구로서 대부분의 조사연구에 해당된다. 반면 종단적 조사는 한 연구대상을 일정 기간 동안 관찰하여 그 대상의 변화를 파악하는 데 초점을 두고 둘 이상의 시점에서 동일한 분석단위를 연구하는 것으로서, 어떤 연구의 동태적 변화나 발전과정의 연구에는 최적이다. 횡단적 조사의 경우, 연구대상이 지리적으로 넓게 분포되어 있고, 연구대상의 수가 많으며, 많은 변수에 대한 자료를 수집해야 할 필요성이 큰 경우에 적절한데, 언론기관의 여론조사나 5년마다 실시되는 인구주택 총조사가 대표적인 예라 할 수 있다. 종단적 조사는 시간을 두고 변화를 기술(describe), 추세를 추적(trend), 미래의 추세를 예측(forecast)하는 방법으로서, 인구센서스, 물가경향조사, 선거기간 동안의 여론조사와 같이 일정한 기간 동안 전체 모집단 내의 변화를 연구하여 어떤 광범위한 연구대상의 특정 속성을 여러 시기를 두고 관찰 · 비교하는 추세연구(trend study), 일정 기간 동안 특정 경험을 같이하는 사람들이 갖는 특성들에 대하여 두 번 이상의 다른 시기에 걸쳐서 비교 · 연구하는 방법인 코허트 연구(cohort study)[5], 패널이라 지칭되는 특정 응답자 집단을 정해놓고 그들로부터 상당히 긴 시간 동안 지속적으로 연구자가 필요로 하는 정보를 획득하는 패널연구(panel study)[6] 등이 있다.

2.1.4.3. 설명적 조사설계

설명적 조사설계는 J. S. Mill의 인과관계 3조건[7]의 만족 정도에 따라 진실험설계(순수실험설계), 준실험설계(유사실험설계), 원시실험설계로 나눌 수 있다.[8]

5) 코허트 연구(cohort study)는 동기생 연구 또는 동시경험집단 연구라고도 한다.

6) 패널연구(panel study)는 동일 집단 반복연구라고도 하며, 시계열적 자료의 획득이 어려운 서베이, 리서치의 단점을 보완하기 위해 개발되었다.

7) J. S. Mill의 인과관계 추론의 원칙은 ① 원인이 되는 사건이나 현상은 시간적으로 결과보다 먼저 발생해야 한다는 시간적 선후관계(시간적 우선순위 조건), ② 원인이 되는 현상이 변화하면 결과적인 현상도 항상 같이 변화해야 한다는 공동변화(병발발생 조건), ③ 실제로는 인과관계가 없는데도 있는 것처럼 보이게 하는 허위변수가 통제되어야 한다는 비허위적 관계(제3변수의 통제조건)의 3가지이다.

먼저 **진실험설계**는 집단을 선별함에 있어 무작위화가 보장된다. 인과관계의 3가지 조건을 비교적 충실하게 갖추고 있는 설계로서, 엄격한 외생변수의 통제하에서 독립변수를 조작하여 인과관계를 밝힐 수 있는 설계이다. 연구자가 사전에 계획하여 실험집단, 통제집단을 무작위로 배정할 수 있기 때문에 미래지향적 성격을 지닌다. 내적 타당도(인과관계의 정확한 추론)가 높으나, 외적 타당도(일반화 정도)는 낮다. 또한 재현 가능성이 높은 반면, 인위적이고 부자연스럽다. 많은 표본일 때는 불가능하며, 때로는 윤리적인 문제로 실험이 불가능한 경우도 있다. 진실험설계의 종류는 **<표 2.1.1>**과 같다.

❖ 표 2.1.1] **진실험설계의 형태 및 내용**

명칭	형태	특징
통제집단 사후측정 실험설계 (posttest-only control group design)	실험집단(R) : X O_0 통제집단(R) : O_1	• 사전측정이 문제를 일으킬 수 있는 경우, 사전측정이 불가능한 경우에 이용 • 사전측정을 하지 않아 시험효과와 상호작용의 개입이 방지됨 • 시간과 비용 절약 • 두 집단을 무작위화를 통해서 선정하므로 두 집단 모두 외생변수의 영향은 동일하다고 가정됨. 그러나 사전측정을 하지 않아 최초의 상태가 동질적인지 정확히 전제하지 못함
통제집단 사전·사후 측정 실험설계 (pretest-posttest control group design) (= 고전적 설계)	실험집단(R) : O_0 X O_1 통제집단(R) : O_2 O_3	• 사전측정이 포함되므로 두 집단의 동질성이 검증될 수 있음 • 실험집단과 통제집단 모두 검사요인을 통제할 수 없음
솔로몬 4집단 실험설계	집단1(실험집단)(R) : O_0 X O_1 집단2(통제집단)(R) : O_2 O_3 집단3(실험집단)(R) : X O_4 집단4(통제집단)(R) : O_5	• 통제집단 사후측정 실험설계와 통제집단 사전·사후 실험설계를 합친 형태 • 가장 강력한 실험설계 유형 • 각 외생변수별로 효과의 분리가 가능 • 철저한 외생변수 통제 • 실험/ 통제집단 선정 및 관리가 어렵고, 비경제적임

※(R) : Random, 무작위 배정을 의미함.

8) 물론 인과관계 추론의 3조건을 모두 충족하지 않는 비실험설계(non-experimental design)도 있으나, 이는 실험설계가 아니므로(非) 실험설계의 범주 내에서 설명을 생략하고자 한다.

준실험설계는 집단을 선별하는 데 무작위화가 만족하지 못한 실험설계이다. 무작위배정에 의하여 실험집단과 통제집단의 동등화를 꾀할 수 없을 때 사용하며, 연구자가 과제에 발생한 실험처리의 효과를 추정하기 위한 연구가 많기 때문에 과거지향적인 경우가 많다. 외적 타당도(일반화 정도)는 높으나, 내적 타당도(인과관계의 정확한 추론)는 낮다. 사회과학 분야에서 사용될 수 있는 실험설계이다. **<표 2.1.2>**는 준실험설계의 종류이다.

❖ 표 2.1.2] **준실험설계의 형태 및 내용**

명 칭	형 태	특 징
비동일 통제집단설계 (nonequivalent control group design)	실험집단 : O_0 X O_1 통제집단 : O_2 O_3	• 실험조건상 조사대상을 실험집단과 통제집단으로 나눌 수는 있으나 실험자가 대상자를 무작위로 배정할 수 없는 경우에 이용 • 실험집단과 통제집단 모두 검사요인을 통제할 수 없음
시계열실험설계 (time-series experiment)	O_0 O_1 X O_3 O_4 t_0 t_1 t_3 t_4 t_5	• 조사대상을 실험집단과 통제집단으로 나눌 수 없을 때 주로 사용되는 방법 • 실험변수를 노출시키기 전후에 일정한 기간을 두고 정기적으로 몇 차례의 결과변수에 대한 측정을 하는 방법
반복실험설계 (equivalent time-sample design)	O_0 X O_2 O_2 X O_3 t_0 t_1 t_2 t_3 t_4 t_5	• 조사대상을 실험집단과 통제집단으로 나눌 수 없고 실험변수의 효과가 일시적이거나 변화 가능성이 있을 때 이용 • 동일한 대상에 대해 일정한 기간을 두고 실험변수를 반복적으로 노출시킨 뒤에 사전·사후측정을 되풀이하는 방법

원시실험설계는 집단 선별에 있어 무작위가 보장되지 못한다. 실험변수를 조작하기가 어렵고 실험변수의 노출시기와 실험대상을 무작위할 수 없는 실험설계로서, 엄격한 의미에서는 실험설계가 아니라고도 볼 수 있을 만큼 가설의 검증보다는 문제의 도출을 위하여 순수한 실험설계를 하기 전에 시험적으로 실시하는 탐색조사의 성격을 지닌 설계라 할 수 있다. 원시실험설계의 종류와 특징은 **<표 2.1.3>**으로 제시하였다.

❖ 표 2.1.3] 원시실험설계의 형태 및 내용

명 칭	형 태	특 징
단일집단 사후측정 실험설계 (one-shot case study)	X O_0	• 실험에 노출된 하나의 집단에 대해 사후적으로 결과변수를 측정하는 방법 • 사전측정이 이루어지지 않아 실험의 순수한 효과를 측정할 수 없으며, 외생변수를 통제할 수 없으므로 내적/외적 타당성이 모두 결여 • 예를 들어, 광고 선호도를 조사할 때 실험자가 임의로 조사 대상자를 선정하고 이들에게 광고를 보여준 후, 광고의 선호도를 측정하는 경우
단일집단 사전 · 사후측정 실험설계 (one-group pretest-posttest design)	O_0 X O_1	• 실험이 가해지기 전에 결과변수에 대한 측정을 하고 실험이 가해지고 난 뒤에 또 다시 결과변수의 수준을 측정하여 두 결과의 차이로 실험의 효과를 측정 • 예를 들어, 제품 인지도를 조사할 때 임의로 선정한 실험대상자들에 대해 광고에 노출시키기 전에 제품 인지도를 사전 측정하고 광고를 보여준 후에 제품 인지도를 다시 측정하는 방법
정태적 집단비교설계 (static-group comparison)	실험집단 : X O_0 통제집단 : O_1	• 실험을 광고라 할 때 실험집단은 광고를 노출시키고, 통제집단은 광고에 노출되지 않은 상태에서 측정 • 실험이 간편하고 시간 및 조사비용이 저렴하기 때문에 마케팅조사에서 가장 많이 사용되는 방법

2.1.5. 측정 및 척도

2.1.5.1. 측정(Measurement)

측정(Measurement)이란 추상적인 개념을 경험화하는 작업으로, 추상적 개념이나 변수를 일정한 규칙에 따라 수치(Number)나 숫자(Numeral)를 부여(Assignment)함으로써 구체적 지표(Indicator)로 나타내는 것을 말한다. 또한 측정은 추상적 · 이론적 세계와 경험적 세계를 연결시켜 주는 수단으로서, 개념 또는 변수를 현실세계에서 관찰 가능한 자료와 연결시켜 주는 과정이다.

측정은 크게 4가지 **기능**을 수행한다. 첫째, 일치 또는 조화의 기능이다. 일치 또는 조화란 이론적 모델을 현실세계와 연결하는 측정의 규칙, 즉 추상적인 세계와 경험적인 세계의 연결의 의미를 뜻한다. 둘째, 객관화와 표준화의 기능을 수행한다. 개념에 대한 측정이 없다면 경험적인 검증이 어려울 뿐만 아니라 이론을 일반화시키는 것도 정확히 할 수 없게 된다. 셋째, 계량화 기능을 수행한다. 사건이나 현상을 세분화시키고 통계적 분석에 활용할 수 있는 정보를 제공한다. 수(Number)가 가지고 있는 속성에 따라 다양한 수준에서 이루어지기 때문에 변수를 일정한 범주, 수준, 정도, 빈도 등으로 기술할 수 있도록 도우며, 숫자나 통계적 분석에 활용될 수 있도록 자료를 수치로 옮겨준다. 넷째, 반복과 의사소통 기능이 있다. 연구결과를 다른 사람들이 반복하고 그 결과를 반증할 수 있도록 해준다. 측정은 연구결과를 다른 사람에게 정확히 전달하는 의사소통 기술을 가진다.

측정의 종류를 살펴보면 다음과 같다. 첫째, 추론측정(Derived Measure)이 있다. 어떤 사물이나 사건의 속성이 다른 사물이나 사건의 속성과 관련지어서 나타나는 것을 측정하는 것을 의미한다. 즉, 어떤 사물 혹은 다른 사물 간의 속성 간에 일정한 관계가 성립되었을 때 그 관계를 측정하는 것이다. 밀도(density)가 대표적인 예이다. 밀도는 어떤 사물의 부피와 질량의 비율로 정의되며, 곧 부피와 질량의 관계를 결정지어 주는 법칙이다. 이처럼 법칙의 수준으로 특정 속성들 간의 관계가 결정지어진 후 이것을 측정하는 것으로서, 자연과학에서는 추론측정이 자주 이루어질 수 있으나, 사회과학에서는 법칙이라기보다는 가설 혹은 검증되고 있는 이론에 불과한 관계가 많기 때문에 추론측정이 존재하기 사실상 힘들다. 추론측정은 기본적으로 확고한 이론적 배경이 있어야 가능하다. 둘째, 임의측정(Measurement by Fiat)이 있다. 일시적으로 어떤 사물의 속성과 측정값 간에 관계가 있다고 가정하고 측정하는 것으로서, 연구자가 생각하는 특정 개념이 자신이 생각하고 있는 조작적 정의에 의한 척도로써 측정된다고 가정하고 측정하는 것을 의미한다. 대표적으로 IQ 테스트가 있을 수 있는데, 지적 능력을 연구자들이 만든 IQ 테스트를 통해 측정하는 것에는 확고한 법칙이 없다. 사실(fact)에 근거하기보다는 논리적 근거, 논리적 가정에 의존하고 있으며, 사회과학의 대부분이 임의측정이다. 어떻게 조작적인 정의를 내리는가에 따라서 여러 가지 측정값이 나올 수 있으며 오차의 개입 여지가 크다. 셋째, 본질측정(Fundamental Measurement)이 있다. 어떤 사물의 속성을 표현하는 본질적인 법칙에 따라 숫자를 부여하는 것이다. 본질측정은 다른 사물이나 다른 속성을 개입시키지 않고 해당 속성만을 고려하는 것으로서 가장 기본적인 측정이라고 할 수 있다. 키를 재는 행위나 무게를 측정하는 행위가 이에 해당된다. 후에 다른 변수들과 관련지어 분석할 수도 있으며, 법칙에 의하여 다른 변수와 관련을 짓게 되면 관련된 다른 변수를 측정하는 것도 가능해진다.

2.1.5.2. 척도(Scale)[9]

척도(Scale)란, 측정하고자 하는 대상에 부여하는 숫자들의 체계를 의미한다. 또한 척도는 논리적으로 또는 경험적으로 서로 연관되어 있는 여러 개의 문항 또는 지표들로 이루어진 복합적 측정도구를 지칭한다.

척도는 4가지로 **구분**된다. 첫째, **명목척도**(= 명명척도, Nominal Scale)이다. 측정대상의 특성을 분류하거나 확인할 목적으로 숫자를 부여하는 경우로서, 모든 분류대상이 전부 포함될 수 있도록 범주를 정해야 한다는 총망라성(Exhaustive)과 하나의 대상이 두 개 이상의 범주에 속하지 않도록 분류해야 한다는 상호배타성(Mutual Exclusive)이 기본 전제가 된다. 가장 대표적인 예로는 성별, 운동선수의 등번호, 종교, 지지정당, 주민번호 등이 해당된다.

둘째, **서열척도**(= 순위척도, 순서척도, Ordinal Scale)이다. 측정대상 간의 순서관계를 밝혀주는 척도로서, 측정대상의 특정한 속성으로 판단하여 측정대상 간에 대소나 높고 낮음 등의 순위를 부여해 주는 척도이다. 수치 자체가 어떤 절대적인 수나 양, 크기 등을 나타내지 않으므로 분류된 범주 간의 거리나 간격에 관해서는 정보를 제공할 수 없다. 총망라성, 상호배타성 외에 대소관계가 지

9) 여기에서는 척도의 수준에 따른 분류를 다루었다. 리커트 척도, 써스톤 척도, 거트만 척도, 보가더스 척도, 소시오메트리 등 척도의 구성방법에 따른 분류는 조사방법론 교재를 통해 학습하기 바란다.

켜져야 한다. 대표적으로는 순위(1위, 2위, 3위), 선호도(1순위, 2순위, 3순위) 등이 있다.

셋째, **등간척도(= 동간척도, Interval Scale)**가 있다. 속성에 대한 순위를 부여하되 순위 사이의 간격이 동일한 척도이다. 즉, 등간척도에 의해 얻어진 측정치는 측정대상이 갖는 속성의 양적인 정도의 차이를 나타내 주며 해당 속성이 전혀 없는 상태인 절대적인 원점은 존재하지 않지만, 임의적인 원점은 존재한다. 사회과학적 조사연구의 태도 측정 분야에서 등간척도로 공인된 것은 거의 없으나, 서열척도와 등간척도 간의 정보의 양, 이용 가능한 통계기법상에는 많은 차이가 있으므로 엄밀한 의미에서 서열척도인 자료를 등간척도로 취급(대표적으로 리커트 척도)하여 사용한다. 총망라성과 상호배타성, 대소관계 외에도 부가성의 원칙이 지켜져야 한다. IQ, 주가지수, 온도가 대표적인 예이다.

넷째, **비율척도(= 비례척도, Ratio Scale)**이다. 등간척도가 갖는 특성에 추가적으로 측정값 사이의 비율계산이 가능한 척도로서, 절대 영점(자연적인 영점)이 존재한다. 가장 많은 정보를 담고 있으며, 가장 많은 통계분석방법의 적용이 가능하다. 소득, 키, 몸무게, 길이 등이 대표적인 비율척도이다.

2.1.5.3. 측정의 타당도(Validity)와 측정의 신뢰도(Reliability)

타당도(Validity)란, 측정하고자 하는 개념이나 속성을 얼마나 실제에 가깝게 정확히 측정하고 있는가의 정도를 의미한다.

타당도의 종류에는 전문가의 주관적인 판단에 의존하는 내용타당도(Content Validity), 이미 타당도가 검증된 기준과 비교하여 검토하는 기준타당도(Criterion-related Validity), 연구자가 측정하고자 하는 추상적 개념이 실제로 측정도구에 의하여 제대로 측정되었는지의 정도를 의미하는 구성개념타당도(Construct Validity)[10]가 있다.

10) 구성개념타당도에는 같은 개념을 측정하는 경우에는 상이한 측정방법을 사용하더라도 그 측정값은 하나의 차원으로 수렴해야 한다는 수렴적(Convergent) 타당도와 상이한 개념을 측정하는 경우에는 동일 측정방법을 사용하더라도 그 측정값 간에는 차별성이 나타나야 한다는 차별적(Discriminant) 타당도로 세분된다. 구성개념타당도의 평가방법으로는 다속성-다측정방법 행렬분석(Multitrait-Multimethod Matrix)과 요인분석(Factor Analysis)이 있는데, 통계적 결과가 산출되는 요인분석이 주로 활용된다.

신뢰도(Reliability)란 측정도구가 측정하고자 하는 현상을 일관성 있게 측정하는 능력 또는 동일한 개념에 대해 측정을 반복했을 때 동일한 측정값을 얻을 가능성을 의미한다.

신뢰도의 측정은 동일한 측정도구를 이용하여 동일한 상황에서 동일한 대상에게 일정 기간을 두고 반복측정하여 최초의 측정치와 재측정치가 동일한지의 여부를 평가하는 재검사법(Test-retest Method), 동일한 개념에 대해 2개 이상의 상이한 측정도구를 개발하고 각각의 측정치 간의 일치 여부를 검증하는 복수양식법(Multiple Forms Techniques), 측정도구를 임의로 반으로 나누어 각각을 독립된 척도로 보고 이들의 측정결과를 비교하는 반분법(Split-half Method), 동일한 개념에 대해 여러 개의 항목으로 구성된 척도를 이용할 경우에 해당 문항을 가지고 할 수 있는 한 가능한 모든 반분신뢰도를 구하고 이의 평균치를 산출하여 신뢰도를 측정하는 내적 일관성 분석법(Internal Consistency Analysis)의 네 가지에 의해 이루어질 수 있다. 그러나 재검사법, 복수양식법, 반분법은 조사를 반복하는 것으로서 내적 타당도 저해요인의 개입, 시간 및 비용의 과다 소요, 명확한 판단기준의 부족 등으로 인해 현실적으로 이용하기 어렵기 때문에 실제로는 Cronbach's α계수가 산출되는 내적 일관성 분석법이 주로 쓰인다.

2.1.6. 표본추출

2.1.6.1. 확률표본추출

확률표본추출에는 **단순무작위표본추출**(Simple Random Sampling : SRS), **계통표본추출**(Systematic Sampling), **층화표본추출**(Stratified Sampling), **집락표본추출**(Cluster Sampling)이 있다.

단순무작위표본추출은 모집단을 구성하는 각 요소가 표본으로 선택될 확률을 동등하게 부여하여 표본을 선정하는 방법으로서, 제비뽑기나 난수표를 활용한다.

계통표본추출은 모집단을 구성하는 구성요소들이 자연적 순서 또는 일정한 질서에 따라 배열된 목록에서 매 k번째 요소를 추출하여 표본을 형성하는 표본추출방법으로서, k는 무작위로 선정하여야 하며, 규칙성이 있는 모집단에는 사용이 불가능하다.

층화표본추출은 모집단을 일정한 기준에 따라 2개 이상의 동질적인 층으로 구분하고 각 층별로 단순무작위추출방법을 적용하는 방법이다. 구성된 소집단의 구성요소는 동질적이며 각 집단끼리는 이질적 성격을 띤다.

집락표본추출은 모집단을 이질적인 구성요소를 포함하는 여러 개의 집락으로 구분한 다음, 구분된 집락을 표본추출단위로 하여 무작위로 몇 개의 집락을 표본으로 추출하고 이를 표본으로 추출된 집락에 대하여 그 구성단위를 전수조사하거나 무작위 표본추출하는 방법이다. 층화표본추출과 반대로 집단 내는 이질적이나 집단 간에는 동질적인 성격을 보인다.

2.1.6.2. 비확률표본추출

비확률표본추출은 **편의 · 임의표본추출**(Convenience or Accidental Sampling), **판단 · 목적표본추출**(Judgement or Purposive Sampling), **할당표본추출**(Quota Sampling), **누적표본추출**(Snowball Sampling)이 있다.

편의 · 임의표본추출은 연구자가 닥치는 대로 모집단의 일정 사례, 단위를 표집하여 일정한 표본추출의 크기가 결정되면 그 표본추출을 중지하는 방법, 즉 연구자가 쉽게 이용 가능한 대상을 표본으로 선택하는 방법이다.

판단 · 목적표본추출은 연구자가 연구목적 달성에 도움이 될 수 있는 구성요소를 의도적으로 표본추출하는 것이다.

할당표본추출은 모든 일련의 과정이 층화표본추출과 동일하다. 다만, 마지막 과정에서 연구자가 작위적으로 표본추출을 한다는 점에서 층화표본추출과 차이가 있다.

누적표본추출은 눈덩이 표본추출이라고도 한다. 첫 단계에서 연구자가 임의로 선정한 제한된 표본에 해당하는 사람들로부터 추천을 받아 다른 표본을 선정하는 과정을 되풀이하여 마치 눈덩이를 굴리듯이 표본을 누적해 가는 과정으로서, 연구자가 특수한 모집단의 구성원을 전부 파악하고 있지 못할 때 즉, 표본추출프레임이 없을 때 적합하며, 주로 탐색적 연구에 활용된다.

2.1.7. 설문지의 작성

설문지는 각 개별 측정지표들의 집합체로서, 측정도구의 최종적인 완성체라 할 수 있다.

설문지를 이용하여 자료를 수집하는 이유는 첫째, 표준화된 설문지를 이용함으로써 결과의 비교 가능성을 높일 수 있고, 둘째, 비교적 객관적이고 정확한 정보의 입수가 가능하며, 셋째, 빠른 시간에 핵심적인 정보만을 선별적으로 입수할 수 있기 때문이다.

설문지는 그 내용도 중요하지만 형태 또한 절대 무시될 수 없다. 보기 좋은 떡이 먹기도 좋다는 속담이 설문지에도 적용되는 것이다.

조사대상들은 설문지를 받았을 때 질문의 내용이나 흐름보다는 설문지의 디자인이나 페이지 수, 글자 크기, 줄 간격 등 전반적인 편집 상태에 의해 영향을 많이 받는다.

따라서 측정하고자 하는 개념의 명확한 정의와 이에 대한 조작적 정의 등 설문내용에 대한 검토도 중요하지만 설문지의 외양 역시 많은 신경을 써야 한다.

2.1.7.1. 설문지 작성 절차

설문지의 작성은 크게 9단계의 절차를 통해 이루어진다고 할 수 있다. 첫째, **필요한 정보의 규명 단계**이다. 이 단계에서는 가설검증을 위해 측정해야 할 개념(변수)이나 현상의 서술을 위해 필요한 속성들을 규명한다.

둘째, **자료수집방법의 결정 단계**이다. 다양한 자료수집방법 중에서 이용하고자 하는 방법을 결정하면 설문지의 형식, 양, 표현방식 등을 결정할 수 있다.

셋째, **설문 문항 내용의 결정 단계**이다. 어떠한 내용의 문항이 포함되어야 할 것인지를 결정해야 한다. 설문조사에 반드시 반영해야 할 내용들을 단어 위주로 나열해 보고 이를 흐름에 따라 연결해서 문장의 형태로 바꿔보는 것도 내용결정에 도움이 될 것이다. 가령, 직무만족이라는 개념을 측정하고자 할 때, 직무만족에 대한 구체적인 내용으로 업무환경, 업무량, 보수 및 후생복지 수준, 업무에 대한 책임감 등이 있을 수 있다. 이처럼 단어를 적어본 후 이와 관련된 세부 문항들을 다듬는 것도 하나의 방법이 된다.

넷째, **질문형식 및 형태 결정 단계**이다. 설문조사의 내용이 결정되면 응답형식을 주관식의 형태라 할 수 있는 **개방형**과 객관식의 형태라 할 수 있는 **폐쇄형**을 적절히 반영한다. 응답자들은 개방형 질문에 대해서는 응답을 회피하는 경향이 매우 높으므로 보편적으로 추가적인 질문사항 위주로 개방형을 구성하는 것이 좋다. 단, 폐쇄형의 구성에서는 범주의 총망라성 및 상호배타성과 같은 척도구성의 원칙을 반드시 지켜야 한다.

개방형 질문과 폐쇄형 질문 비교

- **개방형 질문**
  - 응답의 범위 파악에 용이, 탐색적 조사연구나 의사결정의 초기 단계에 유용
  - 응답의 형태에 제약을 가하지 않고 자유롭게 대답하도록 하는 유형의 질문
  - 주관식, 서술형의 형태
  - 장점
    - 연구자가 기대하지 못했던 응답을 얻을 수 있다.
    - 응답자에게 충분한 자기표현의 기회를 제공함으로써 사실적이고 현장감 있는 응답 획득이 가능하다.
  - 단점
    - 응답자에게 부담을 주기 때문에 무응답이 많다.
    - 응답내용에 대한 분류와 수치화에 대한 노력과 시간이 많이 소요된다.
    - 자료처리 및 코딩이 어렵다.
    - 표현능력이 부족한 응답자에게 적용하기 어렵고, 응답에 시간이 많이 소비된다.

- **폐쇄형 질문**(총망라성, 상호배타성 필수)
  - 응답내용을 범주화하여 보기로 제공하고 응답자가 그중에서 한 가지를 선택하게 하는 유형
  - 객관식의 형태
  - 이분형(찬부형), 선다형(체크리스트형), 서열형, 행렬형 등
  - 장점
    - 집계 및 부호화, 분석이 매우 편리하다.
    - 응답자에게 가능한 응답을 제시함으로써 응답상의 오류를 최소화할 수 있다.
    - 응답이 간편하고 쉬우며 응답의 시간을 줄일 수 있어 응답자들의 협조를 쉽게 구할 수 있다.
  - 단점
    - 응답자가 질문을 진지하게 생각하지 않고 적당히 아무 것이나 응답할 수 있다.
    - 질문들을 만드는 데 비용과 시간이 많이 소요된다.
    - 새로운 정보나 사실 획득이 곤란하다.
    - 응답자의 의도 및 상태, 의견을 충분히 반영하기 어렵다.
    - 연구자가 질문내용과 응답범위에 대한 충분한 지식과 정보가 있어야 한다.

한편 질문의 형태는 아래의 예와 같이 구성될 수 있다.

질문 형태 예시

● **이분형**(찬부형) **질문** : '예'와 '아니요'와 같이 응답범주를 이분(二分) 형태로 제공한다.

예1 현재 정부의 사회복지정책에 대해 아십니까?

( ) 예 ( ) 아니요

예2 현재 정부의 사회복지정책에 대해 찬성하십니까?

( ) 찬성 ( ) 반대

● **선다형 질문**(체크리스트형 질문) : 응답 카테고리는 가능한 한 논리적으로 내용을 총망라하여야 하며 이들 간에 상호 배타성이 있어야 한다. 질문에 있어서 문장이나, 문장 구절은 하나만 선택하게 하는 경우가 대부분이고, 단어에 대한 선택이나 필요에 따라 하나 이상을 선택하게 하는 경우에는 체크리스트형 질문이라 할 수 있다.

예1 다음 중 귀하가 관심이 있는 사회복지 분야는 무엇입니까? ( )

① 여성복지 ② 가족복지 ③ 아동·청소년복지
④ 노인복지 ⑤ 장애인복지 ⑥ 재가복지

예2 다음 중 귀하가 관심이 있는 것에 모두 V표를 하십시오.

☐ 여성복지 ☐ 청소년복지 ☐ 가족복지 ☐ 아동복지 ☐ 노인복지 ☐ 장애인복지

● **서열형**

예 직장 선택 시 귀하가 중요시하는 것을 우선순위에 따라 표기하시오.

(1순위 : , 2순위 : , 3순위 : , 4순위 : , 5순위 :)

① 복리후생 ② 임금수준 ③ 직장규모 ④ 출퇴근거리 ⑤ 근무시간

● **행렬형**

- 동일한 응답 카테고리를 사용할 수 있는 여러 개의 질문문항들을 체계적으로 한데 묶어서 하나의 질문세트를 만든 것이며 평정형 질문의 응용형태
- 장점 : 지면을 경제적으로 활용할 수 있으며, 신속한 응답이 기대된다.
- 단점 : 유사하게 응답하려는 경향이 나타난다.

예 다음에 대한 만족수준은 어떠십니까?

문 항	매우 그렇다	그렇다	보통이다	그렇지 않다	전혀 그렇지 않다
1) 급여수준에 만족한다.					
2) 후생복리수준에 만족한다.					
3) 고충처리방식에 만족한다.					

다섯째, **문항의 표현 및 형태 결정 단계**이다. 문항의 표현을 명확하게 하여 완결하여야 하며, 문항의 순서는 응답하기 쉬우면서도 솔직한 응답을 할 수 있도록 배열한다. 설문 문항은 가치중립성을 지켜야 하며, 편견이 개입된 질문이나 조사자의 가치가 개입된 문항은 양 측면의 내용을 모두 제공해야 한다. 가령, '우리나라 대학생들의 가두시위가 사회질서를 혼란케 하는 데 얼마나 영향이 있다고 생각하십니까?'와 같은 질문의 경우, 대학생들의 시위를 부정적으로 묘사하였으므로 자칫하면 응답자들에게 편견을 심어줄 수 있다. 따라서 '사회질서를 혼란케 한다는 입장과 민주화를 앞당긴다는 두 가지 시각이 있는데 어느 쪽이십니까?'와 같이 두 가지 측면을 모두 제공해야 한다. 또한 특정 대답을 암시하거나 유도하는 질문은 적절하지 않다. '귀하는 이번 국회의원선거에서 현재 국회의원인 홍길동 후보에게 투표하실 생각이십니까?'는 홍길동 후보가 현재 국회의원이라는 사실이 은연중에 응답자로 하여금 압력이 느껴질 수 있다. 따라서 '귀하는 이번 선거에 어느 후보에게 투표하실 생각이십니까?'와 같이 질문하는 것이 바람직하다. 균형성 역시 설문 문항 구성에서 매우 중요하다. 상반된 의견을 묻는 경우 어느 한쪽으로 치우치지 않도록 같은 비중을 주어야 한다. '총기 구입 시에 경찰에게 사전에 허락을 받도록 하는 법안에 동의하십니까?'라는 질문은 '…동의하십니까? 혹은 그러한 법안은 시민들의 권리를 너무 제한하는 것이라고 생각하십니까?'처럼 양 측면이 모두 균형을 이루어야 한다. 설문 문항의 응답범주는 거리가 동일해야 하며, 상반되는 응답 간의 균형이 유지되어야 한다. 간혹 보면 리커트 척도로 구성된 설문이 균형이 맞지 않는 경우가 있다. '매우 만족한다', '만족한다' '보통이다', '불만족한다', '매우 불만족한다'와 같이 중립을 기준으로 좌우가 균형이 맞아야 한다. 단, 간혹 '보통이다'는 중립적 범주를 제외하기도 하는데, 이는 긍정과 부정 어느 측이든지 응답을 강요할 때 사용한다. 사전검사를 해본 결과 응답을 회피하거나 태도를 불분명하게 하는 경우가 많은 질문은 중립적 응답을 제외하는 것도 좋은 방법일 수 있다. 끝으로 설문 문항은 간결해야 하고 명료해야 한다. 부연설명이나 단어의 중복된 사용은 피하여야 하며, 묻는 내용의 뜻이 애매모호하거나 상이한 해석의 여지가 있는 단어사용은 피한다.

여섯째, **문항 순서 결정 단계**이다. 설문 문항은 처음에는 간단하고 흥미 있으며 응답자가 편하게 응답할 수 있는 질문을 배치하고, 인적사항 등 개인적인 질문은 가급적 나중에 배치하는 것이 원칙이다. 보편적으로 깔때기식(▽) 배치를 한다. 깔때기식 배치는 질문들이 연속적으로 앞의 질문과 관련되어 있으면서 차츰 그 범위를 좁혀 나가는 방식으로서, 조사의 목적이 자세한 정보를 얻는 것이고, 응답자들이 충분한 동기를 가지고 있을 때 사용한다. 이 경우 일반적인 질문은 특별한 질문 앞에 배열하고, 심각하게 고려하여 응답해야 하는 성질의 질문과 개방형은 적당히 분산시켜 배열해야 한다. 또한 유사질문은 간격을 멀리 배치해야 하며, 오래된 것부터 최근의 것으로, 구체적인 것에서 추상적인 것으로, 친숙한 것에서 생소한 것으로, 객관적인 것에서 태도 등 주관적인 것으로와 같이 논리적인 질서에 의거한 질문배열이 수반되어야 한다.

일곱째, **설문지의 검토 단계**이다. 사전검사에 앞서 어느 정도 완성된 설문지를 검토해 보는 단계로서, 전문가나 경험자 등의 자문을 통해 내용타당도를 점검해 보는 과정이다.

여덟째, **사전검사(pre-test) 실시 단계**이다. 사전검사는 연극으로 따지면 일종의 리허설과 같은 개념이라 할 수 있다. 최종 설문조사가 진행되기 앞서 마지막 점검을 하는 단계로서, 잘못된 문항 또는 응답자들이 이해하지 못하는 문항을 수정하거나, 삭제, 추가, 또는 순서를 교정한다. 본 단계에서 얻어진 결과로 신뢰도와 타당도를 점검해 보는 것도 좋다. 사전검사에서 관심을 두어야 할 사항으로는 연구자가 사용하고 있는 용어들이 응답자에게 낯설거나 이해가 어려운 것은 없는지, 연구자가 의도하는 내용이 응답자에게 충분히 전달되고 있는지, 응답자들이 응답을 회피하거나 편중하는 경향은 없는지, 응답범주에 누락된 것은 없는지 등이 있을 수 있다.

아홉째, **최종 확정 및 설문지 인쇄 단계**이다. 마지막으로 시간, 비용, 물리적 형태, 질의 조사에 미칠 영향을 고려하여야 한다. 또한 인쇄방식, 설문지의 크기, 제본방식, 페이지 수, 설문지 인쇄부수(보통 +10% 정도)를 적절히 결정해야 한다. 이상의 요소들이 응답자의 호응도와 응답률, 성의있는 응답에 상당한 영향을 미치므로 사전에 충분한 검토가 필요하다.

2.1.7.2. 설문지 표지 작성

우리는 사람을 만나면서 첫인상의 영향을 많이 받는다. 설문지 역시 내용에 앞서 첫인상이 매우 중요하다. 이런 점에서 설문지의 표지는 설문조사 진행에 매우 큰 영향을 준다. 설문지 표지는 설문지의 얼굴이므로 설문지의 내용만큼이나 많은 정성을 들여야 하는 것이다.

설문지 표지는 보편적으로 다음의 몇 가지가 명시되어야 한다. 가장 먼저 인사말이 제시되어야 한다. 되도록 '~하세요' 구어체(口語體) 문장보다는 '~하십니까'라는 문어체(文語體) 문장이 신뢰감을 주는 데 좀 더 도움이 될 수 있다.

다음으로는 연구제목과 조사자 및 조사기관, 설문조사의 취지와 목적이 간략하게 소개되어야 한다. 응답자로 하여금 앞으로 응답하게 될 설문내용의 흐름과 중요성을 인지하게끔 해주는 역할을 수행한다.

응답자의 비밀보장과 익명성 보장에 관한 내용[11]을 명시해 준다. 이로써 응답자에게 자신의 응답이 안전하게 보호된다는 것과, 응답으로 인한 불이익이 발생하지 않는다는 것을 인식시켜 줄 수 있다.

설문응답에 대한 협조요청 및 마무리 인사말이 수록되어야 한다. 설문응답에 대한 간곡한 협조요청은 응답자가 중요한 연구의 참여자가 되고 있다는 책임의식을 기대할 수 있다.

마지막으로는 연구자의 신상과 연락처를 기재한다.

11) 통계법 제33조(비밀의 보호) ① 통계의 작성과정에서 알려진 사항으로서 개인이나 법인 또는 단체 등의 비밀에 속하는 사항은 보호되어야 한다. ② 통계의 작성을 위하여 수집된 개인이나 법인 또는 단체 등의 비밀에 속하는 자료는 통계작성 외의 목적으로 사용되어서는 아니 된다.

2.1.8. 자료수집

조사연구에서는 일련의 과정을 거쳐 설문조사를 통해 데이터를 수집하는 것을 자료수집이라 한다. 자료는 크게 **1차 자료**(Primary Data)와 **2차 자료**(Secondary Data)로 구분되는데, 연구자가 현재 수행 중인 조사연구의 목적을 달성하기 위해 직접 수집하는 자료를 1차 자료, 수행 중인 조사목적에 도움을 줄 수 있는 기존의 모든 자료, 즉 조사자가 현재의 조사목적을 위하여 직접 자료를 수집하거나 작성한 1차 자료를 제외한 모든 자료를 2차 자료라 칭한다. 조사목적에 대한 적합성은 1차 자료가 상대적으로 높을 수 있으나, 2차 자료 역시 활용가치가 높은 훌륭한 자료일 수 있다.

조사방법론상에서 자료수집방법으로 거론되는 것은 흔히 1차 자료의 수집방법으로서, 큰 맥락에서는 **직접적 수집**과 **간접적 수집**으로 구분할 수 있다.

2.1.8.1. 직접적 수집

직접적 수집은 설문지에서 질의하는 내용 자체가 정보로서 의미를 지니게 되는데, **의사소통**에 의한 **집합조사, 배포조사, 전화조사, 우편조사, 인터넷조사**(이상 **질문지법**)와 **면접법**(**비질문지법**), 그리고 **비의사소통법**인 **관찰법**으로 나눌 수 있다.

질문지법은 큰 표본에도 용이하게 적용이 가능하고, 비용이 적게 들며, 응답자가 충분한 시간을 가지고 응답에 신중을 기할 수 있고, 접근이 어려운 대상에게도 용이하게 사용될 수 있는 장점이 있는 반면, 무응답률이 높고, 질문지에 대한 통제가 어려우며, 보충설명이 곤란하다는 단점이 있다. **집합조사**(**집단조사**)는 일정한 장소에 피조사자를 모아놓고 질문지를 배포하여 응답자가 기재토록 하는 방법으로서, 시간과 비용절감효과, 조사가 간편, 적은 조사원 수, 응답조건 동등, 직접 대화를 통해 질문지에 대한 오류 감소 등의 장점이 있다. 단점으로는 피조사자를 한자리에 모으기 곤란하고, 타인의 영향을 받을 가능성이 있으며, 집단상황이 응답을 왜곡하기도 하며, 일당이나 교통비 지급 시는 비용이 많이 들기도 한다. **배포조사**는 직장이나 가정에 질문지를 전달하고 응답자가 직접 기입하게 한 후 나중에 질문지를 회수하는 방법으로서, 회수율이 비교적 높은 편이다. 비용이 적게 들고 응답자에게 생각할 시간적 여유를 제공할 수 있으며, 재방문의 횟수가 적어지는 장점이 있는 반면, 오기재 시 시정이 곤란하고, 타인의 영향을 받았는지 알 수 없으며, 문맹에게 적용이 곤란한 단점이 있다. **전화조사**는 표준화된 질문지를 이용하여 짧은 시간 동안 전화를 이용하여 행하는 방법이다. 조사가 간단하고 신속하며, 조사비용이 저렴하고, 접근하기 어려운 대상에게도 가능하다. 또한 전화번호부라는 비교적 쉽고 정확한 표본프레임을 이용할 수 있으며, 면접자의 외모나 차림새에 의한 오류 배제가 가능하다. 다만, 전화소유자만 선택되는 한계가 있고, 시간적인 제약으로 간단한 질문만 가능하며, 상세한 정보 획득이 곤란하다. 또한 시간대별로 응답대상이 달라지며, 그림이나 도표 사용이 불가능하고 복잡하거나 민감한 사적 질문이 곤란한 단점이 있다. **우편조사**는 질문지를 우편으로 우송하여 기록하게 한 뒤 반송용 봉투를 이용하여 다시 우편으로 회수하는 방법이다. 조사비용과 노력이 절약되고, 넓은 범위의 대상에게도 적용이 가능하며, 조사가 어려운 대상에게도 접근이 가능한 장점이 있다. 반면 극히 저조한 회수율[12)]과 본인이 직접 응답했는지에 대한 진위 파악 불가능이 가장 대표적인 단점이라 할 수 있다. **인터넷조사**는 인터넷을 통한 조사로서, 조사비용이 가장 저렴한 방법이며, 다양한 매체의 활용이 가능하고 거리 및 시간의 제약이 없다는 것이 가장 큰 장점이다. 다만, 인터넷을 이용하거나 관심이 있는 사람만이 참여하게 되므로 대표성의 문제가 가장 큰 단점이다.

비질문지법인 **면접법**의 가장 큰 장점은 간혹 거절하는 수도 있지만 대부분 만나게 되므로 질문지법처럼 회수율의 문제는 없으며, 문맹자, 지식이 한정된 사람, 어린이 등에도 가능하기에 표본의 폭을 넓힐 수 있다는 것이다. 또한 순간적으로 자연스럽게 나오는 반응을 통해 추가적인 정보수집이 가능하

12) 저자의 경험상 응답자의 전화번호가 확보된 상태로 지속적인 응답과 반송을 독려했음에도 불구하고 30%의 회수율을 보이면 매우 성공적이라고 평가되었다. 요즘에는 e-mail조사를 실시하는 것도 대안이 되고 있는데, 우편조사보다는 회수율이 높지만 마찬가지로 45% 정도를 넘으면 매우 성공적이라는 평가를 내릴 수 있다.

며, 캐어묻기(Probing)[13] 등을 통해 보충자료 습득이 가능하다. 반면 인력・시간・비용이 많이 들고, 면접자의 편견(Interviewer Bias)[14]이 발생하며, 무기명조사인 경우 무기명이라는 것을 납득시키기 어렵고, 고위정부관리나 성범죄피해자와 같은 특수계층 사람은 면접을 실시하기 어렵다는 단점이 있다. **면접법의 종류**는 **표준화 면접**(standardized interview, 구조화 면접), **비표준화 면접**(non-standardized interview, 비구조적 면접), **준표준화 면접**(semi-standardized interview, 반표준화 면접)으로 구분된다. **표준화 면접**은 면접하기 이전에 일정하게 표준화된 질문, 즉 면접조사표에 의해 면접의 상황에 구애됨이 없이 모든 응답자에게 동일한 질문, 질문순서에 따라 수행하는 기법이다. 면접자가 면접상황에서 자유재량의 여지가 없이 거의 기계적으로 자료수집을 집행하기에 언어구성의 오류가 적고 응답자의 응답의 일관성을 유지할 수 있다. 따라서 신뢰도가 높다. 그러나 절차상에 융통성이 적기 때문에 새로운 사실 및 아이디어의 발견 가능성이 낮고, 면접상황에 대한 적응도가 낮은 단점이 있다. **비표준화 면접**은 질문의 형식이나 순서도 지정됨이 없이 비교적 자유스럽게 면접자와 응답자의 상호작용에 따라 자료를 수집하는 방법이다. 대표적인 예로 심층면접법(Depth Interview)이 있다. 주로 기초조사에 많이 사용되는데, 새로운 사실이나 아이디어의 발견 가능성이 높으며, 면접의 신축성이 높다. 대신에 면접결과의 수치화・측정이 어려우며, 질문과 응답이 매번 달라질 수 있으므로 신뢰도가 낮다. **준표준화 면접**은 표준화된 면접과 비표준화된 면접의 중간단계로 일정 수의 중요한 질문만 표준화된 상태이다. 주제와 내용을 표준화하되, 질문 순서나 방법 등은 면접자가 어느 정도 재량을 가지고 상황에 따라서 변경시킬 수 있는 방법이다. 특정한 경험과 그 결과에 집중하여 비교적 융통성 있는 질문

13) 캐어묻기(Probing)는 면접 시 응답자의 대답이 불충분, 정확하지 못한 경우 추가질문을 하여 충분하고 정확한 대답을 이끌어내는 기법이다. 흔히 고갯짓, 눈짓이 활용되기도 하며, "무슨 뜻이지요?", "왜 그렇게 생각하십니까?", "무슨 말씀인지 이해가 안 가는데요", "그 밖에 하실 말씀은 없으세요?" 등과 같이 더 자세한 해명(Elaboration)을 요구할 수도 있다. 또한 "죄송하지만 지금 ~라고 하신 겁니까 아니면 다른 뜻이 있는 것입니까?", "좀 더 자세히 설명해 주실 수 있습니까?" 등처럼 응답이 모순되거나 모호 또는 일관성이 없을 때 좀 더 분명한 대답을 요구하는 명료화기법이 활용되기도 한다. 응답자가 한 말을 그대로 반복하여 좀 더 자세하고 분명한 대답을 요구하는 메아리 캐어묻기(Echo Probing)의 방법도 있다.

14) 면접자들은 면접횟수의 반복에 따라 면접자 자신의 태도가 변하기 쉽고 응답자의 인물・성격・사회적 지위에 따라 면접자의 태도가 달라지게 된다.

을 전개하는 초점면접(Focused Interview)과, 특정 경험 대신 개인의 생활사 전체를 통한 동기·감정을 찾아내기 위해 융통성 있는 질문을 하는 임상면접(Clinical Interview)이 있다.

비의사소통법인 **관찰법**은 연구대상을 통제하지 않고 일정한 시간에 걸쳐서 연구대상의 행태를 지켜보고 들으며 관찰결과를 기록하는 방법으로, 자료의 근거가 되는 조사대상의 특성, 언어적·비언어적 행위 등을 감각기관을 통해서 자료를 수집하는 방법이라 할 수 있다. **관찰법의 유형**은 관찰자의 참여 정도에 따라서는 **참여관찰**, **비참여관찰**, **준참여관찰**로 구분되며, 관찰방법의 구조화 및 체계화에 따라서는 **구조화 관찰(체계적 · 조직적 관찰)**과 **비구조화 관찰**로 분류된다. 또한 관찰상황에 대한 통제 여부에 따라서는 **통제관찰**과 **비통제적 · 자연적 관찰**이 있을 수 있다. 먼저 관찰자의 참여 정도에 따른 분류에서 **참여관찰**은 관찰자가 관찰대상집단 내부로 침투하여 구성원의 하나가 되어 그들과 함께 생활하거나 활동하면서 관찰하는 방법이다. 관찰한다는 사실이 표면화되지 않기 때문에 관찰대상을 가장 자연스러운 상태에서 관찰할 수 있으며, 신념·동기 등과 같은 외부로 명백히 표시되지 않는 사실도 직접 알아낼 수 있는 반면, 관찰대상에게 신분을 숨기기가 어렵고, 같이 생활하게 되어 동조현상이 생겨 객관성을 잃기 쉽다. **비참여관찰**은 연구자가 자연 상태에서 관찰대상의 행태를 관찰하지만 관찰대상집단의 구성원과 어떤 상호작용도 하지 않고 제3자적 입장에서 거리를 유지하는 방법이다. 피관찰자에게 관찰 사실을 숨기는 것이 용이하며, 객관적 입장에서 전체를 정확하게 관찰할 수 있으나, 참여관찰에 비해 관찰의 범위와 규모에 한계를 가지고 있다. **준참여관찰**은 관찰자가 참여자임을 밝히고 관찰대상과 자연스럽게 어울리면서 객관성을 유지하는 방법으로서, 예를 들어 사회복지기관에서 실습을 하는 대학생의 경우가 해당될 수 있다. 다음올 관찰방법의 구조화 및 체계화에 의한 분류에서 **구조화 관찰**은 관찰내용과 방법·시기·시간을 사전에 결정해놓고 관찰하는 방법으로서, 무엇을 관찰하고 기록할 것인가를 사전에 구체적으로 결정한 다음

체크리스트와 같은 도구를 사용하여 관찰결과를 기록하고 자료의 계량적 분석에 대비하는 방법이다. 반면 **비구조화 관찰**은 관찰대상 · 방법 · 관찰시간 · 시기가 분명하게 규정되지 않은 상태에서 관찰하는 방법을 말한다. 마지막으로, 관찰상황에 대한 통제 여부에 따른 분류 중 **통제관찰**은 관찰자가 관찰상황을 인위적으로 통제한 상황에서 관찰이 이루어지는 것이며, **비통제적 · 자연적 관찰**은 자연적 상황에서 행동이 일어나는 시점까지 기다려서 관찰이 이루어지는 것이다.

2.1.8.2. 간접적 수집

간접적 수집은 설문 문항의 내용과 달리 응답을 통해 필요한 다른 정보를 얻는 방법으로서, 사회적 규범과 윤리, 집단이나 인간관계로 인한 압력, 체면 등의 이유로 진실한 응답을 회피하거나 거절할 경우 또는 정확한 응답을 얻을 수 없는 경우에 주로 사용된다. 여기에는 **의사소통**에 의한 **투사법(Projective Method)**, **오류선택법(Error-Choice Method)**, **정보검사법(Information Test)**과, **비의사소통 방식**인 **마모 측정(erosion measure)**, **첨증 측정(accretion measure)**이 해당된다.

투사법은 직접 질문하기가 어렵거나 혹은 직접질문 시 타당성 있는 대답이 나올 가능성이 없을 때 어떤 자극상황(Stimulus Situation)을 만들어 이에 대한 응답자의 반응을 보고 의향을 파악하는 방법이다. 투사법에는 언어적 기법, 회화적 기법, 역할수행기법이 있는데, 언어적 기법에는 비슷한 단어들을 보여주고 떠오르는 이미지를 묻는 단어연상법, 미완성된 문장을 보고 응답자로 하여금 완성토록 하는 문장완성법, 논란의 여지가 있는 주제를 가지고 응답자로 하여금 결론을 도출토록 하는 논쟁완성법이 있다. 회화적 기법으로는 모호한 그림을 보여주고 느낀 점을 묻는 통각시험법, 만화를 보여주고 제목을 묻거나 대사를 완성하도록 하는 만화완성법이 있다. 끝으로 역할수행기법은 사이코드라마 또는 역할극 등 어떤 역할을 수행하게 함으로써 조사대상자의 태도나 감정을 감지하는 방법이다. **오류선택법**은 어떤 질문에 대한 틀린 답을 여러 개 써놓고 그것을 선택하게 함으로써 응답자의 태도를 보는 방법이다. 예를 들어, '우리 회사의 비자금은 어느 정도라고 생각하십니까?'라는 질문에 대한 응답 범주로서, ① 없다 ② 10억 ③ 50억 ④ 100억을 제시했다고 하자. 회사에 호의적인 사람은 10억을, 비판적인 사람은 100억을 선택할 것이다. **정보검사법**은 어떤 주제에 대한 개인이 가지고 있는 정보의 양과 종류가 그 개인의 태도를 결정한다고 보고 그 개인이 가지고 있는 정보를 파악하여 응답자의 태도를 찾는 방법이다. 가령, '소시오메트리(Sociometry)가 무엇인지 설명해 보시오'라는 질문이 있을 경우, 조사방법론에 관심이 있고 긍정적으로 공부해 온 사람이라면 자세하고 쉽게 응답을 잘 할 수 있다.

비의사소통방식이라 할 수 있는 **마모 측정**은 도서관에서 어떤 책을 사람들이 주로 보는지를 파악하고자 할 때 책이 헤진 정도 등을 조사하면 간접적으로 유추할 수 있다. 이처럼 마모된 정도를 통해서 유추되는 자료를 수집하는 방법이다. 또한 **첨증 측정**은 특정 지역의 술 소비량이 어느 정도인지를 탐색적으로 알아보기 위해 그 지역의 쓰레기장에 모인 술병을 헤아려 보는 것처럼 더해서 쌓인 정도를 통해 자료를 수집하는 것으로서, 퇴적 측정이라고도 한다.

2.1.9. 자료 처리 및 분석

자료수집방법을 이용하여 데이터가 수집되면 컴퓨터에 코딩(Coding)작업을 수행한다. 코딩에 이용되는 프로그램으로는 Microsoft의 Word, Excel, Wordpad, Notepad, 아래아 한글 등 다양한 소프트웨어가 활용된다. 또한 SPSS나 Mini-Tab 등 통계패키지를 활용하는 경우에는 직접 통계패키지에 코딩을 하기도 한다.

코딩이 완료되면 오기입되거나 누락된 사항은 없는지 설문지와 비교·검토함으로써 1차적인 데이터 클리닝 작업을 수행한다.

1차 클리닝이 완료된 데이터는 다양한 통계분석 프로그램을 이용하여 실제적인 분석에 사용된다.

2.1.10. 보고서 작성 등 일반화

수행된 통계분석 결과는 보고서로 발간되거나 보고자료의 형태로 일반화된다. 만일 학위논문이라면 논문의 형태로 인쇄가 되어 일반에게 공개가 된다. 보고서는 연구용역 발주기관 또는 단체에 따라 정해진 편집규격이 있으므로 이를 잘 지켜야 한다. 출판이 되면 자질구레한 오・탈자에 대한 수정이 불가능하므로 최종 출판 전 가제본 단계에서 여러 명이 돌아가며 원고 교정을 하는 것이 바람직하다[15].

15) 저자는 보고서를 발간하면서 연도가 틀리게 인쇄되어 무려 1,600여 권의 보고서 전체를 일일이 스티커 수정작업한 적이 있다. 이런 노동력 낭비를 미연에 방지하기 위해서라도 보고서의 교정은 반드시 수차례에 걸쳐 진행되어야 한다.

03
SPSS의 기본적 기능

03 SPSS의 기본적 기능

3.1. SPSS 개요

SPSS(Statistical Package for the Social Sciences)는 지난 1969년 사회과학 분야의 데이터 분석을 위한 컴퓨터 프로그램 모음집으로 출발하여 1975년 SPSS 매뉴얼의 발간과 함께 세상에 알려지기 시작하였다. 1975년부터 1981년의 7년 동안 SPSS Release 6, 7, 8, 9가 연이어 발표되면서 지속적으로 발전되어 왔다.

특히 1983년에는 실무에 사용하는 통계분석 방법의 대부분이 반영되기 시작하면서 사회과학 분야에서 본격적인 사용이 예고되었다. 이후 1986년에는 개인용 PC에서 사용될 수 있는 SPSS/PC가 탄생되었고, 1990년대에 이르러 컴퓨터의 환경이 Window 체제로 변화됨에 따라 현재와 같은 SPSS Window 버전의 개발이 시작되었는데, 지난 1993년 Window용 SPSS for Windows 5.0이 처음 개발된 이래 발전을 거듭하여 2014년 현재 22.0 버전이 출시·사용되고 있다.

3.2. SPSS 주요 창

SPSS에는 **데이터 편집기**(Data Editor), **결과**(Output)를 보여주는 **출력결과**(Viewer), **명령문 편집기**(Syntax Editor), **도표 편집기** 등 총 4가지 창(Window)이 활용된다.

데이터 편집기 창은 데이터를 입력하거나 각종 통계분석을 실시하기 위한 기본적이고 중심적인 창이다. 여기에서 저장된 파일은 *.sav의 형태로 저장이 된다.

데이터 편집기 창 하단에는 데이터 보기(D) 와 변수 보기(V) Tap이 존재하는데, 데이터 보기(D) 상태가 기본이다.

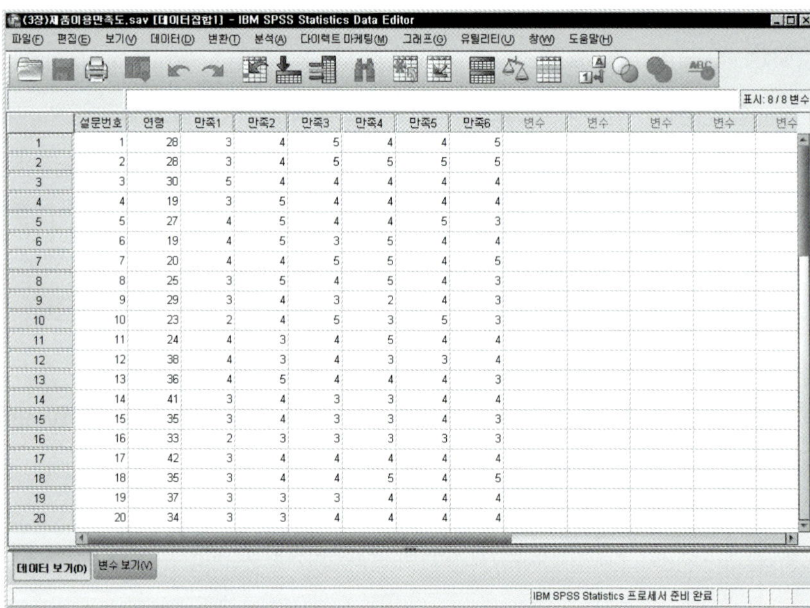

	설문번호	연령	만족1	만족2	만족3	만족4	만족5	만족6	변수	변수	변수	변수	변수
1	1	28	3	4	5	4	4	5					
2	2	28	3	4	5	5	5	5					
3	3	30	5	4	4	4	4	4					
4	4	19	3	5	4	4	4	4					
5	5	27	4	5	4	4	5	3					
6	6	19	4	5	3	5	4	4					
7	7	20	4	4	5	5	4	5					
8	8	25	3	5	4	5	4	3					
9	9	29	3	4	3	2	4	3					
10	10	23	2	4	5	3	5	3					
11	11	24	4	3	4	5	4	4					
12	12	38	4	3	4	3	3	4					
13	13	36	4	5	4	4	4	3					
14	14	41	3	4	3	3	4	4					
15	15	35	3	4	3	3	4	3					
16	16	33	2	3	3	3	3	3					
17	17	42	3	4	4	4	4	4					
18	18	35	3	4	4	5	4	5					
19	19	37	3	3	3	4	4	4					
20	20	34	3	3	4	4	4	4					

그림 3.2.1 데이터 편집기(Data Editor) 창

변수 보기(V) 는 각 변수의 이름, 설명, 다양한 속성 변경의 기능을 수행하기 위한 창 전환 기능을 수행한다. **데이터 편집기**에서 하단의 변수 보기(V) 를 선택하면 **<그림 3.2.2>**와 같이 전환되며, 변수명, 유형(숫자변수, 문자변수 등), 자릿수 지정, 변

수에 대한 설명, 변수값 지정[1], 결측값 지정 등 다양한 변수의 속성을 결정할 수 있다.

데이터 보기(D) 상태에서 변수 보기(V) 상태로 전환하는 것은 이처럼 하단부의 Tap을 클릭함으로써 가능하지만, 또 한 가지 방법으로는 **<그림 3.2.3>**처럼 변수명을 두 번 클릭해도 전환된다.

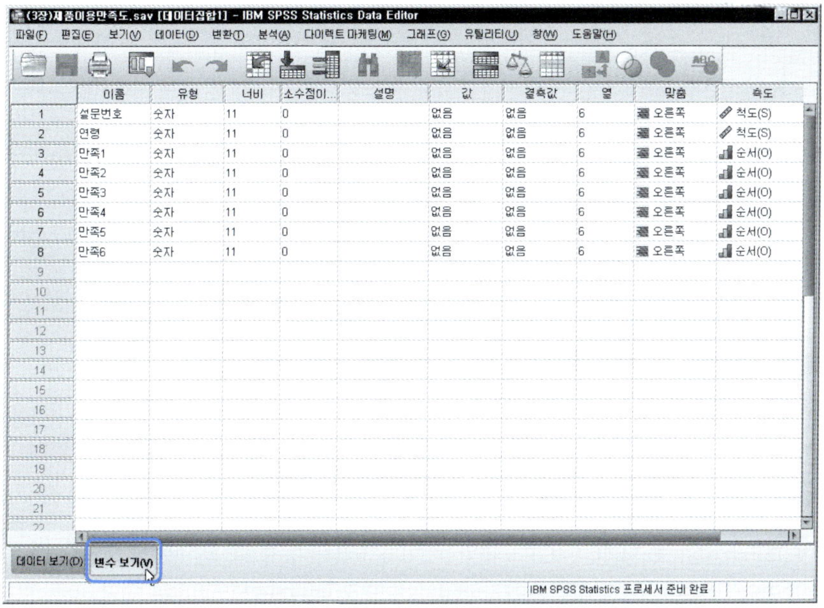

그림 3.2.2 데이터 편집기 – 변수 보기

1) 변수의 값을 지정하지 않으면 분석결과에서 표나 그래프의 식별성이 떨어진다. **3.3.8. 변수값 설명**에서 관련 내용을 제시하였다.

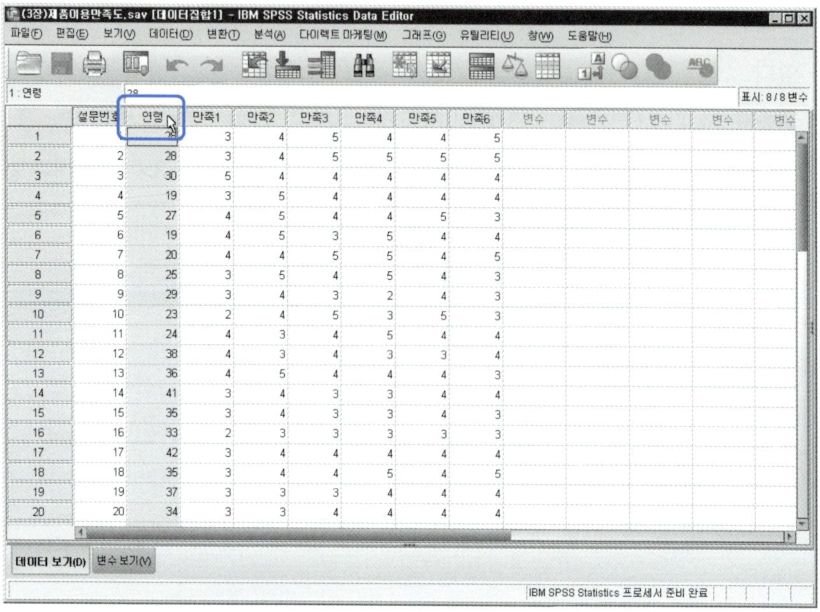

그림 3.2.3 데이터 보기에서 변수 보기로 전환

[변수 보기(V)]에서 [데이터 보기(D)]를 선택하면 다시 **<그림 3.2.1>**로 전환된다.

출력결과는 결과를 보여주는 창으로서, **데이터 편집기**에서 실행한 여러 가지 명령의 결과가 표현된다. 이 창에 나타난 결과는 상단의 **파일(F)** 등의 메뉴를 통해 편집, 저장, 인쇄 등이 가능하다. 저장을 하게 되면 spo라는 확장자를 가진 *.spo 파일로 저장된다(**<그림 3.2.4>** 참조).

본 창에서도 **분석(A)** 명령이 있으므로 **데이터 편집기**로 다시 돌아가지 않고도 바로 통계분석이나 그래프를 그릴 수 있으나, 가급적이면 분석작업 등은 **데이터 편집기** 상태로 복귀해서 시행하는 것이 좋다. 경우에 따라 **데이터(D) - 케이스 선택(S)**처럼 전체가 아닌 일부의 케이스만 선택적으로 분석하기도 하는데, **출력결과** 상태에서는 이런 것이 파악되지 않기 때문이다. 간혹 선택된 케이스만의 분석결과를 얻어낸 후, 다시 전체 데이터에 대한 분석을 하기 위해 **케이스 선택(S)**을 해제해야 함에도 불구하고 이를 잊고 그냥 분석을 하여 틀린 결과를 얻어내기도 하므로 주의해야 한다.

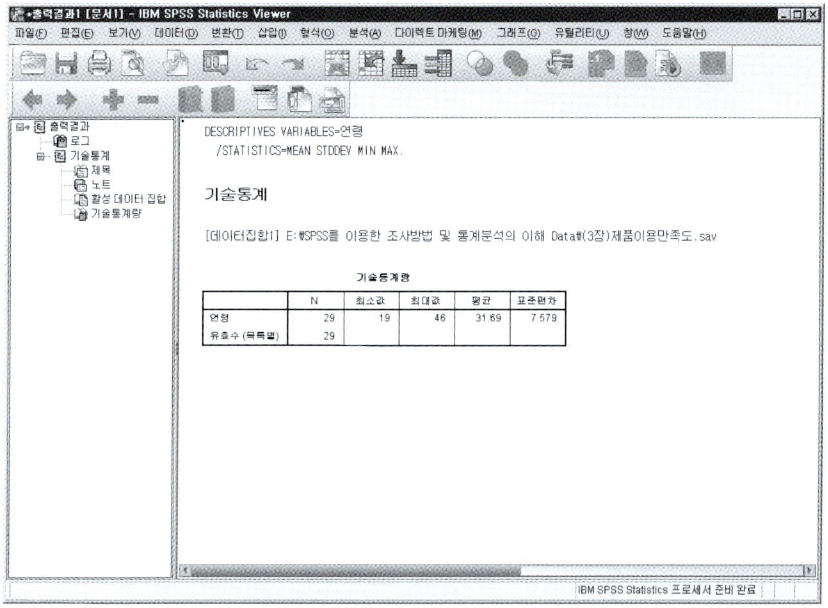

그림 3.2.4 출력결과(Viewer) 창

<그림 3.2.5>는 **명령문 편집기**(Syntax Editor) 창이다. 과거의 하위버전에서는 각 통계분석마다 따로 명령문(P) 과 같이 명령문 창을 불러낼 수 있는 아이콘이 있었으나, 근래 들어서는 붙여넣기(P) 로써 **명령문 편집기**(Syntax Editor) 창을 불러낼 수 있다. 명령문은 sps의 확장자를 가진 *.sps 파일로 저장할 수 있는데, 명령문을 저장해두면 동일 작업을 반복적으로 수행할 때 편리하다.

예를 들어, 모 회사에서 총 3년 동안 동일한 설문지로 제품 만족도 조사를 수행하였다. 각 연도의 보고서를 각각 쓰기 위해서는 매번 동일한 통계분석 작업을 **데이터 편집기** 창에서 반복적으로 수행해야 한다. 이런 경우에는 처음 작업에서 명령문들을 저장해놓으면 두 번째와 세 번째 작업에서는 명령문을 불러들여 동일한 작업을 간편하게 시행할 수 있다. 명령문이 모두 작성되면 상단의 ▶를 클릭하여 실행한다.

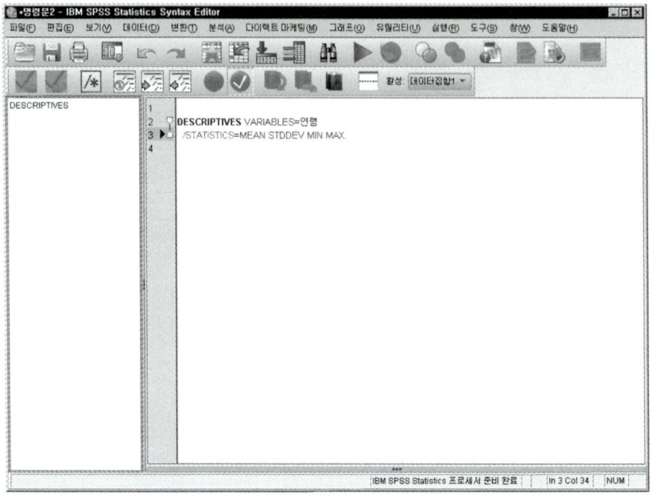

그림 3.2.5 **명령문 편집기(Syntax Editor) 창**

<그림 3.2.6>은 **도표 편집기** 창으로서, 그래프에 대한 편집을 할 수 있다. **출력결과** 창에서 그래프를 두 번 클릭하면 추가적으로 불러지는데, **6.5. SPSS를 이용한 기술통계**의 **6.5.1.2. 그래프의 표현**에서 사용법을 기술하였다. 해당 단원을 참고하기 바란다.

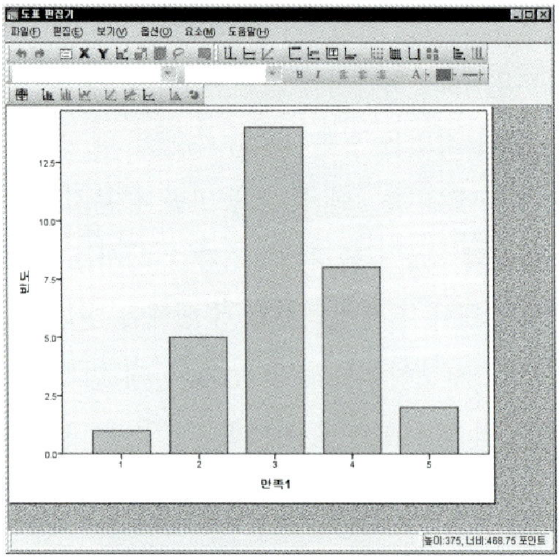

그림 3.2.6 **도표 편집기 창**

3.3. SPSS 메뉴의 구조[2]

SPSS는 **파일(F), 편집(E), 보기(V), 데이터(D), 변환(T), 분석(A), 다이렉트 마케팅(M), 그래프(G), 유틸리티(U), 창(W), 도움말(H)** 등 총 11개의 메뉴로 구성되어 있으며, 각각의 메뉴를 클릭하면 하위메뉴들이 안내된다(**<그림 3.3.1>** 참조).

그림 3.3.1 **SPSS 메인메뉴의 구성**

SPSS에서는 메뉴에 따라 다양한 명령이 수행된다. 그러나 실제로 통계분석에 사용되는 메뉴와 명령은 한정되어 있다. 본 단원에서는 각각의 메뉴별로 제시되는 다양한 명령 중에서 주로 쓰이는 특정 명령 위주로 논의를 진행하였다. **<표 3.3.1>**은 주로 사용되는 하위메뉴들을 정리한 것이다.

❖ 표 3.3.1] **메인메뉴별 주로 사용되는 하위메뉴**

메 뉴	주 사용 하위메뉴	내 용
파일(F)	• **열기(O)**	• 새로운 SPSS file을 불러오는 기능
	• **텍스트 데이터 읽기(D)**	• Text로 코딩된 파일을 불러들이는 기능
	• **저장(S)**	• 작업 중인 파일의 저장
	• **다른 이름으로 저장(A)**	• 작업 중인 파일을 다른 이름으로 저장
	• **인쇄(P)**	• 작업 중인 파일을 인쇄
편집(E)	• **복구(U)/ 재실행(Y)**	• 바로 이전에 삭제한 변수를 복구/삭제 작업의 재실행
	• **잘라내기(T)/ 붙여넣기(P)**	• 선택한 변수 또는 셀(cell)의 내용을 잘라내기/붙여넣기
	• **복사(C)**	• 선택한 변수 또는 셀(cell)의 복사
	• **지우기(E)**	• 선택한 변수 또는 셀(cell)을 지우기
	• **변수 삽입(I)**	• 선택한 변수 앞에 새로운 변수를 추가

2) 본 단원에서는 **데이터 편집기** 창의 메뉴를 기본으로 설명하며, 때에 따라 **명령문 편집기** 창과 **출력결과** 창의 메뉴도 함께 설명하였다.

<table>
<tr><td rowspan="3">편집(E)</td><td>• 케이스 삽입(I)</td><td colspan="2">• 선택한 케이스 위에 새로운 케이스 추가</td></tr>
<tr><td>• 찾기(F)</td><td colspan="2">• 특정 수치 또는 내용을 찾기</td></tr>
<tr><td>• 옵션(I)</td><td colspan="2">• 언어 및 결과(Output) 표의 형식 등을 설정</td></tr>
<tr><td>보기(V)</td><td>• 변수/ 데이터</td><td colspan="2">• '변수보기'와 '데이터보기' 창으로의 전환</td></tr>
<tr><td rowspan="7">데이터(D)</td><td>• 다중응답 변수군 정의(M)</td><td colspan="2">• 다중(중복)응답의 변수값 정의</td></tr>
<tr><td>• 데이터 전치(N)</td><td colspan="2">• 데이터의 변수와 케이스, 즉 행과 열을 바꿈</td></tr>
<tr><td>• 파일 합치기(G)</td><td colspan="2">• 2개의 SPSS파일을 합침</td></tr>
<tr><td>- 케이스 추가(C)</td><td colspan="2">– 현재 파일에 합치고자 하는 파일의 케이스를 붙여넣음</td></tr>
<tr><td>- 변수 추가(V)</td><td colspan="2">– 현재 파일에 합치고자 하는 파일의 변수를 붙여넣음</td></tr>
<tr><td>• 케이스 선택(S)</td><td colspan="2">• 특정 케이스만을 선택적으로 처리하고자 할 때 케이스를 선택할 수 있음</td></tr>
<tr><td>• 가중 케이스(W)</td><td colspan="2">• 입력된 숫자를 출현빈도로 인식하게끔 해줌</td></tr>
<tr><td rowspan="6">변환(T)</td><td>• 변수계산(C)</td><td colspan="2">• 계산기 기능, 사칙연산을 통해 새로운 변수를 생성함</td></tr>
<tr><td>• 케이스 내의 값 빈도(O)</td><td colspan="2">• 특정 응답의 개수(빈도)를 변수로 만들어 줌</td></tr>
<tr><td>• 같은 변수로 코딩변경(S)</td><td colspan="2">• 기존의 변수를 변경하여 같은 변수에 적용해 줌</td></tr>
<tr><td>• 다른 변수로 코딩변경(R)</td><td colspan="2">• 기존의 변수를 변경하여 새로운 변수로 생성해 줌</td></tr>
<tr><td>• 자동 코딩변경(A)</td><td colspan="2">• 문자변수를 숫자변수로 변경해 줄 수 있음</td></tr>
<tr><td>• 결측값 대체(V)</td><td colspan="2">• 결측값을 보정하여 새로운 변수로 생성해 줌</td></tr>
<tr><td rowspan="13">분석(A)</td><td rowspan="4">• 기술통계량(E)</td><td>빈도분석(F)</td><td>• 빈도분석 수행</td></tr>
<tr><td>기술통계(D)</td><td>• 각종 기술통계 산출 수행</td></tr>
<tr><td>데이터 탐색(E)</td><td>• 데이터에 대한 탐색적 분석 수행</td></tr>
<tr><td>교차분석(C)</td><td>• 교차분석 수행</td></tr>
<tr><td rowspan="4">• 평균 비교(M)</td><td>일표본 T 검정(S)</td><td>• 한 표본의 평균비교 수행</td></tr>
<tr><td>독립표본 T 검정(T)</td><td>• 독립된 두 표본의 평균비교 수행</td></tr>
<tr><td>대응표본 T 검정(P)</td><td>• 대응된 두 데이터의 평균비교 수행</td></tr>
<tr><td>일원배치 분산분석(O)</td><td>• 독립된 세 표본 이상의 평균비교 수행</td></tr>
<tr><td>• 일반선형모형(G)</td><td>일변량(U)</td><td>• 이원 이상의 분산분석 수행</td></tr>
<tr><td rowspan="2">• 상관분석(C)</td><td>이변량 상관계수(B)</td><td>• 피어슨 및 스피어만 상관분석 수행</td></tr>
<tr><td>편상관계수(R)</td><td>• 통제변수를 포함한 상관분석 수행</td></tr>
<tr><td>• 회귀분석(R)</td><td>선형(L)</td><td>• 단순, 다중, 더미 회귀분석 수행</td></tr>
<tr><td>• 로그선형분석(O)</td><td>일반(G)</td><td>• 로지스틱 회귀분석 수행</td></tr>
</table>

분석(A)	• 분류분석(Y)	K-평균 군집분석(K)	• K－평균 군집분석의 수행	
		판별분석(D)	• 판별분석의 수행	
	• 차원 감소(D)	요인분석(F)	• 요인분석 수행	
	• 척도(A)	신뢰도 분석(R)	• 신뢰도 분석 수행	
	• 비모수 검정(N)	레거시 대화 상자(L)	• 런(R)	• 런 검증 수행
			• 독립 2-표본(2)	• 독립된 두 집단 비교
			• 독립 K-표본(K)	• 독립된 여러 집단 비교
			• 대응 2-표본(L)	• 대응된 두 집단 비교
	• 다중응답(U)	변수군 정의(E)	• 다중(중복)응답의 변수값 정의	
		- 빈도분석(F)	– 다중(중복)응답 빈도분석 수행	
		- 교차분석(C)	– 다중(중복)응답 교차분석 수행	
	• 결측값 분석(V)		• 결측값을 보정하여 계산해 줌	
그래프 (G)	• 레거시 대화 상자(L)	• 막대도표(B)	• 막대그래프 수행	
		• 원(P)	• 원도표 수행	
		• 상자도표(X)	• 상자그림 수행	
		• 산점도/점도표(S)	• 산점도 수행	
		• 히스토그램(I)	• 히스토그램 수행	

※ 실제 통계분석에서는 **그래프(G)**에서 거론한 기법 외에도 몇 가지가 더 쓰이나, 각 개별 통계분석기법에서 다루기로 하고 여기에서는 주로 표현되는 사항만 언급하였다.

3.3.1. 파일(F)

3.3.1.1. 열기(O)

먼저 **파일(F)**에서는 **열기(O)**, **텍스트 데이터 열기(R)**, **저장(S)**, **다른 이름으로 저장(A)**, **인쇄(P)** 명령이 주로 쓰인다.

열기(O)는 다른 SPSS file을 불러들이거나, 다른 형식의 파일을 불러들일 수 있다. **열기(O)**는 다시 **데이터(A)**, **명령문(S)**, **출력결과(O)**, **스크립트(C)**의 네 가지 하위 명령어를 포함하는데, 이 중에서 주로 쓰이는 것은 **데이터(A)**, **명령문(S)**,

출력결과(O)이다. **데이터(A)**를 선택하면 **<그림 3.3.2>**와 같은 창이 뜨는데, 기본적으로 **파일 유형(T):**은 SPSS 통계량(*.sav)으로 지정되어 있다. **파일 유형(T):**의 ▼ 을 누르면 다양한 형식의 파일을 불러올 수 있는데, SPSS 데이터 파일 외에 주로 Excel 파일(*.xls) 등을 불러들여 사용한다. **열기(O)** 명령은 메뉴 바에 있는 아이콘을 클릭함으로써 실행할 수도 있다.

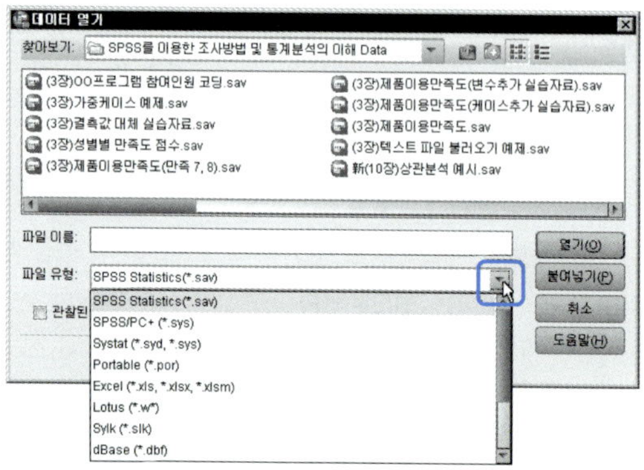

그림 3.3.2 열기(O) – 데이터(A)에서 파일형식(T) 선택

다음으로, 명령문(Syntax)을 열기 위해서는 **열기(O)-명령문(S)**을 선택하면 되는데, 이 경우 기본적으로 **파일 형식(T)**이 명령문(*.sps)으로 지정되어 있다(**<그림 3.3.3>** 참조). 명령문(Syntax)을 저장해놓으면 때에 따라 매우 편하게 활용할 수 있다.

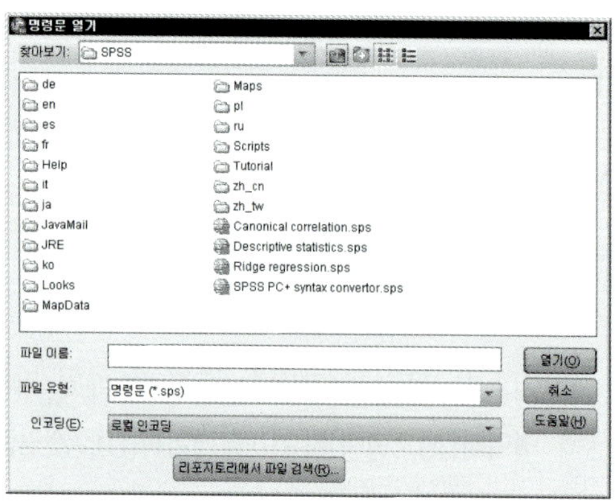

그림 3.3.3 열기(O) – 명령문(S)

열기(O) - 출력결과(O)는 SPSS의 결과(Output)를 불러올 수 있으며, **파일 형식(T)**은 뷰어 문서(*.spv)로 지정되어 있다(**<그림 3.3.4>** 참조).

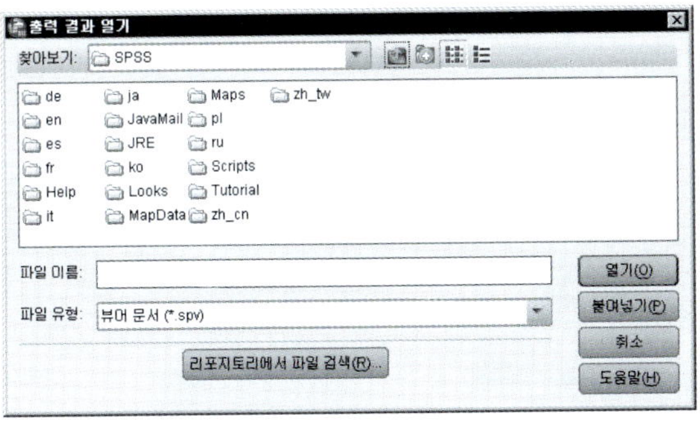

그림 3.3.4 열기(O) – 출력결과(O)

3.3.1.2. 텍스트 데이터 읽기(D)

텍스트 데이터 읽기(D)는 텍스트 파일(*.txt)로 코딩된 데이터를 SPSS에서 운용이 가능하도록 불러들여 변환하는 데 쓰이는 명령어이다. **텍스트 데이터 읽기(R)**를 실행시키면 기본적으로 **열기(O) - 데이터(A)** 명령에서 **파일 형식(T)**의 ▾를 클릭하여 텍스트(*.txt)를 선택한 것과 동일한 창이 뜬다(**<그림 3.3.5>** 참조).

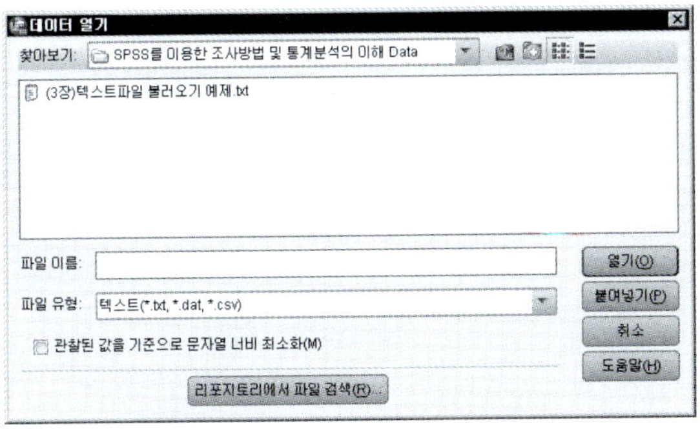

그림 3.3.5 텍스트 데이터 열기(R)

불러들이고자 하는 텍스트 파일을 선택하면 **<그림 3.3.6>**처럼 총 6단계 중 1단계가 실행된다. 본 단계에서는 **'텍스트 파일이 사전 정의된 형식과 일치합니까?'**에 **'아니오(O)'**를 선택하고, 다음(N) > 을 클릭하여 2단계로 넘어간다.

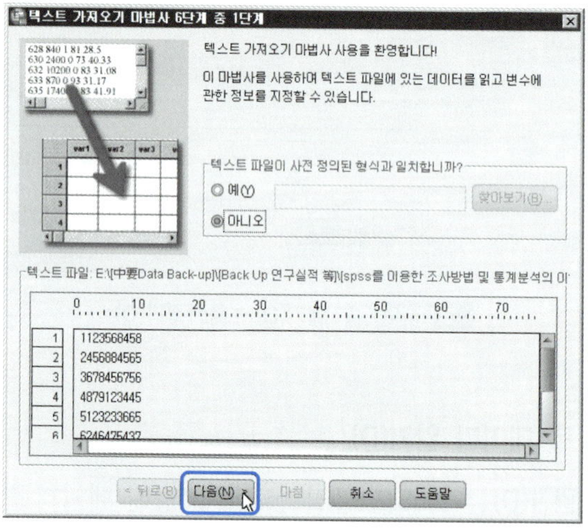

그림 3.3.6 텍스트 가져오기 마법사 1단계

텍스트 가져오기 마법사의 2단계에서는 **구분자에 의한 배열(D)**과 **고정 너비로 배열(F)**을 선택할 수 있다(<그림 3.3.7> 참조).

코딩이 완료된 텍스트 파일의 수치들이 그림처럼 연속적으로 붙어 있는 경우에는 **고정 너비로 배열(F)**을 선택하며, 그렇지 않고 일정 간격을 두고 숫자와 숫자가 이격되어 있다면 **구분자에 의한 배열(D)**을 선택한다.

만일 코딩된 텍스트 파일의 첫 줄에 변수명이 작성되어 있다면 **변수이름이 파일의 처음에 있습니까?**에서 **예(Y)**를 선택한다. 이럴 경우 SPSS 데이터로 변환될 때 첫 줄의 변수명이 자동으로 반영된다. 다음(N) > 을 눌러 3단계로 넘어간다.

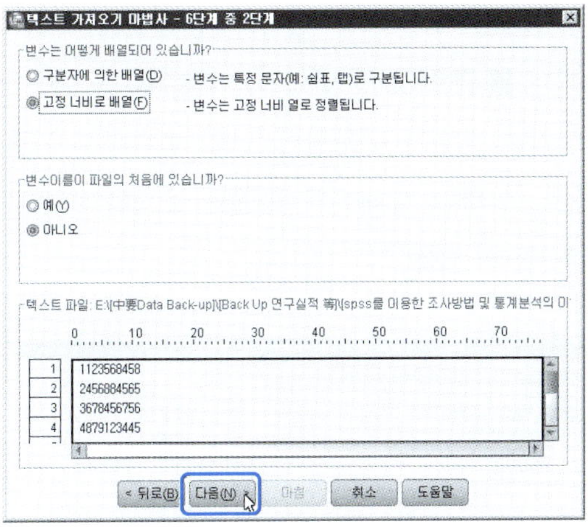

그림 3.3.7 텍스트 가져오기 마법사 2단계

텍스트 가져오기 마법사의 3단계에서는 **데이터의 첫 번째 케이스가 몇 번째 줄에서 시작됩니까?**에 1이 지정된 대로 둔다. 특정 줄만큼 비워둔 후에 데이터를 불러들이려면 해당되는 수치를 기재하면 된다. 만일 2단계의 **변수이름이 파일의 처음에 있습니까?**에서 **예(Y)**를 선택한 경우라면 데이터의 첫 번째 케이스는 2번째부터 시작되는 것이다. 또한 **몇 개의 케이스를 가져오시겠습니까?**에는 **모든 케이스(A)**를 선택한다(<그림 3.3.8> 참조). 다음(N) > 을 누른다.

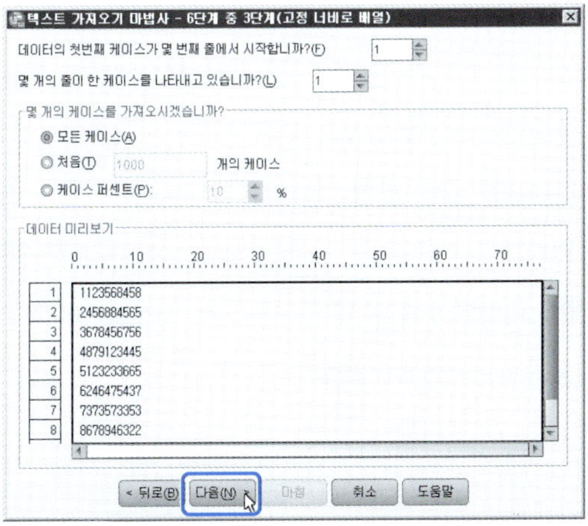

그림 3.3.8 텍스트 가져오기 마법사 3단계

4단계에서는 각 변수를 구분할 수 있다. 구분하고자 하는 변수의 자릿수를 마우스로 클릭하거나 **열 번호(C):**의 입력칸과 [구분 삽입(S)] 을 이용하여 입력하면 그림과 같이 선이 생기며 변수가 구분된다. 만일 변수구분을 잘못했을 경우, 파란색으로 해당 선이 선택된 상태에서 [구분 삭제(D)] 를 클릭함으로써 구분을 지울 수 있다(**<그림 3.3.9>** 참조). [다음(N) >] 을 누른다.

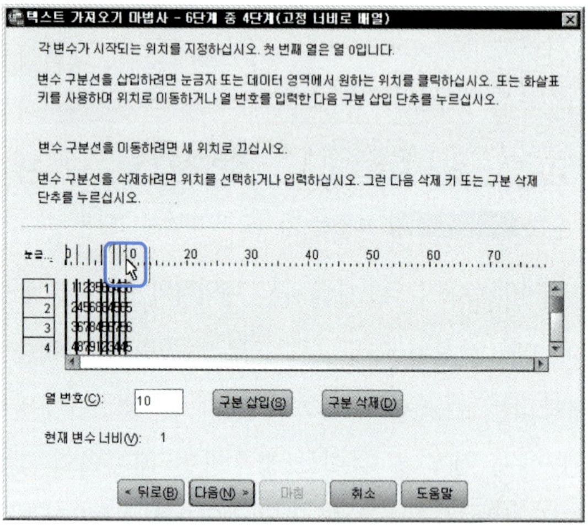

그림 3.3.9 **텍스트 가져오기 마법사 4단계**

5단계에 이르면, 4단계에서 지정한 대로 변수가 구분되어 SPSS 데이터 창에 변환 · 입력되었음을 알 수 있다. 2단계의 **변수이름이 파일의 처음에 있습니까?**에서 **예(Y)**를 선택했다면, V1, V2, V3… 대신 파일에 입력되어 있던 사항이 변수명으로 반영되었음이 관찰된다. 본 창에서는 변수명을 직접 입력도 가능하다. **데이터 미리보기**에서 원하는 변수를 선택하고 **변수이름(V)**에 변수명을 입력한 후 **데이터 미리보기**에서 다른 변수를 선택하면 처음 선택한 변수의 이름이 바뀐다(**<그림 3.3.10>** 참조). [다음(N) >] 을 누른다.

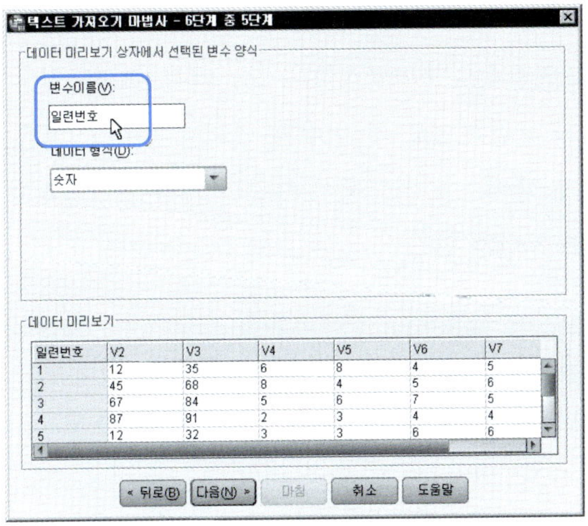

그림 3.3.10 텍스트 가져오기 마법사 5단계

6단계에서는 지정된 사항을 변경하지 않고 마침 을 눌러 창을 닫는다(<그림 3.3.11> 참조).

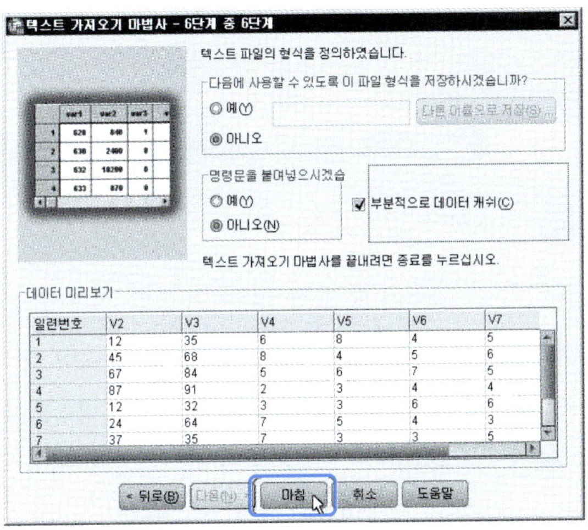

그림 3.3.11 텍스트 가져오기 마법사 6단계

최종적으로 텍스트 데이터가 SPSS로 변환되었다. 변환이 끝나면 원래 텍스트 파일을 열어 전반적으로 데이터가 이상 없이 변환되었는지 비교해 보는 작업도 중요하다. 보편적으로 첫 변수와 마지막 변수의 처음 1~2개 케이스와 마지막 1~2개 케이스를 비교해서 틀림이 없다면 안정적으로 데이터가 변환된 것이다(<그림 3.3.12> 참조).

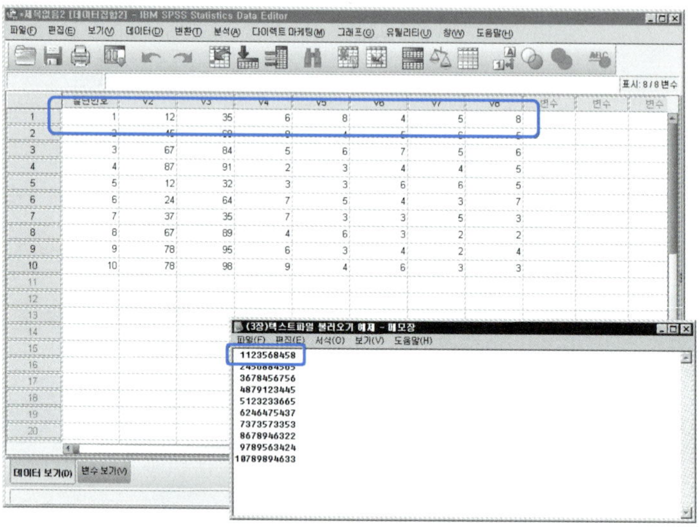

그림 3.3.12 텍스트 데이터 변환 완료

3.3.1.3. 저장(S)

모든 컴퓨터 작업이 그렇듯이 뜻하지 않게 작업한 자료를 손실하는 경우가 발생한다. SPSS 파일의 저장은 **파일(F)-저장(S)**을 클릭하여 실행할 수도 있으나, Microsoft의 software나 아래아 한글(2002버전 이상)과 마찬가지로 Ctrl + S 키를 눌러서 실행시킬 수도 있다. 다만, 파일이 처음 저장이 되는 경우에는 저장을 할 경로를 지정할 수 있도록 창이 뜬다. 많은 시간을 들여 작업한 귀중한 자료를 안전하게 보관하기 위해서는 수시로 Ctrl + S를 눌러서 저장하는 습관을 들여야 하며, 무엇보다도 다른 저장매체(USB, Floppy Disk 등)에 Back-up을 해놓는 습관이 매우 중요하다. 상단 메뉴 아이콘 중에서 을 클릭하면 같은 기능을 수행할 수 있으며, **출력결과** 창 및 **명령문** 창에서도 동일한 실행이 이루어진다.

3.3.1.4. 인쇄(P)

인쇄(P) 명령은 현재의 창을 인쇄할 때 사용한다. **인쇄(P)**를 실행시키면 **<그림 3.3.13>**과 같은 창이 새롭게 뜨며, 본인이 사용하는 프린터와 제대로 연결이 되었는지 확인 후 [확인]을 누르면 데이터 창의 내용이 인쇄된다. **출력결과** 창 및 **명령문** 창에서도 동일하게 작용한다. 또한 상단의 메뉴 중 을 클릭하면 실행할 수 있다.

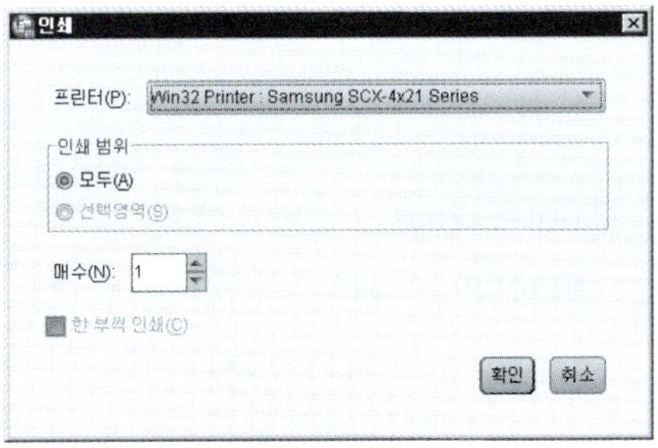

그림 3.3.13 인쇄(P)

3.3.2. 편집(E)

3.3.2.1. 복구(U)와 재실행

복구(U)와 **재실행**은 [Ctrl] + [Z] 와 [Ctrl] + [Y]로도 실행이 가능하다. 먼저 **복구(U)**는 실수로 데이터가 삭제 또는 변경된 경우, 되돌릴 수 있는 되돌리기 기능이며, **재실행**은 이미 실행했던 작업을 잘못하여 **복구(U)**한 경우, 동일한 작업을 다시 실행해 주는 기능이다. 와 이 각각 **복구(U)**와 **재실행**을 실행시키는 아이콘이다.

3.3.2.2. 잘라내기와 붙여넣기(P)

Microsoft의 software나 아래아 한글과 마찬가지로 **잘라내기(T)**는 Ctrl + X로, **붙여넣기(P)**는 Ctrl + V로도 실행시킬 수 있다. 각각 선택한 변수 또는 셀(cell)의 값을 잘라내거나 붙여넣는 기능을 수행한다. 또한 해당 값에 마우스 포인트를 놓고 마우스 오른쪽 버튼을 누르면 해당 명령이 나타난다.

3.3.2.3. 복사(C)

Ctrl + C로도 실행되며, 선택한 변수나 셀(cell)의 값을 복사할 수 있다. **복사(C)** 기능으로 복사된 값은 **붙여넣기(P)** 또는 Ctrl + V를 실행함으로써 적용된다. 마우스 오른쪽 버튼을 클릭함으로써 실행할 수도 있다.

3.3.2.4. 지우기(E)

선택한 변수 또는 셀(cell)의 값을 지운다. 컴퓨터 자판상에서 Del 키를 눌러서 적용할 수도 있다. **잘라내기(T)**, **붙여넣기(P)**, **복사(C)**와 마찬가지로 마우스 오른쪽 버튼을 클릭하여 실행시킬 수도 있다.

3.3.2.5. 찾기(F)

찾기(F)는 특정한 값을 손쉽게 찾아주는 기능을 수행한다. 단, Microsoft Excel과 같이 아무 셀(cell)이나 선택을 해도 해당 값을 순차적으로 모두 찾아주지는 못하며, 반드시 해당 값을 찾고자 하는 변수 중 아무 케이스나 선택되어 있어야 한다. Ctrl + F 또는 상단의 아이콘 중 을 클릭해도 동일한 기능이 수행된다.

<그림 3.3.14>는 연령 변수에서 35라는 값을 찾겠다는 명령이다. 연령 변수의 아무 케이스나 선택한 상태에서 **찾기(F)**를 실행하여 검색하려는 값을 입력 후 다음 찾기(F)를 클릭하면 원하는 값을 차례로 찾을 수 있다.

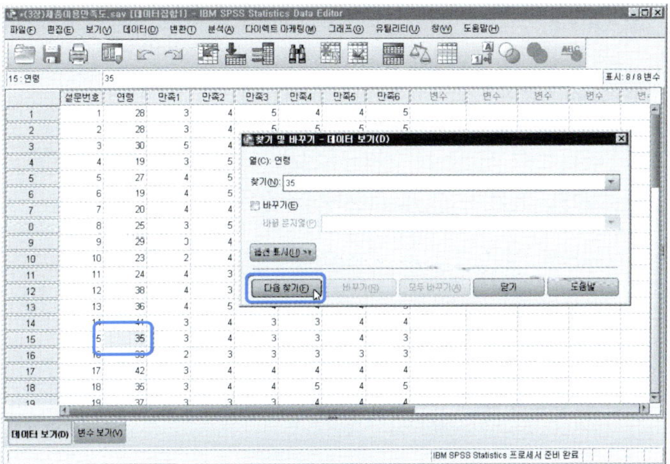

그림 3.3.14 찾기(F)

3.3.2.6. 옵션(I)

옵션(I)의 일반 에서는 **사용자 인터페이스**와 **출력결과**의 **언어(G):**를 설정할 수 있다. 또한 상단의 피벗표 를 클릭한 후 원하는 표의 형태를 선택하면 출력결과(Output)에 적용된다(**<그림 3.3.15>** 참조).

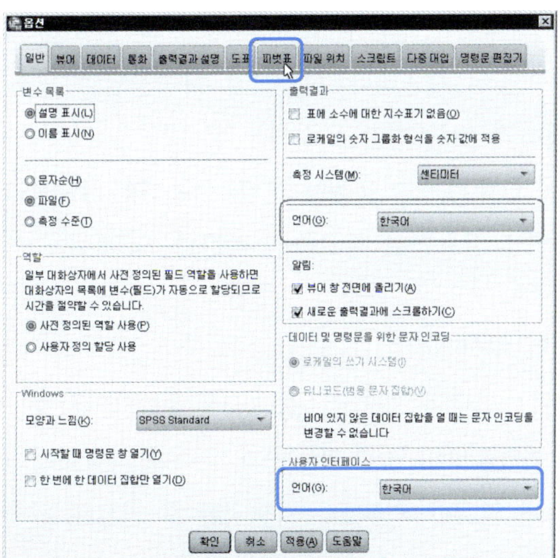

그림 3.3.15 옵션(I)

3.3.3. 보기(V)

3.3.3.1. 변수와 데이터

변수와 **데이터**는 각각 변수 보기와 데이터 보기를 실행시켜 주는 명령어이다(**<그림 3.3.16>** 참조). Ctrl + T가 단축키로 동일 기능을 수행하며, SPSS 데이터 창의 하단부분에 있는 Tap을 클릭해도 동일하게 실행된다.

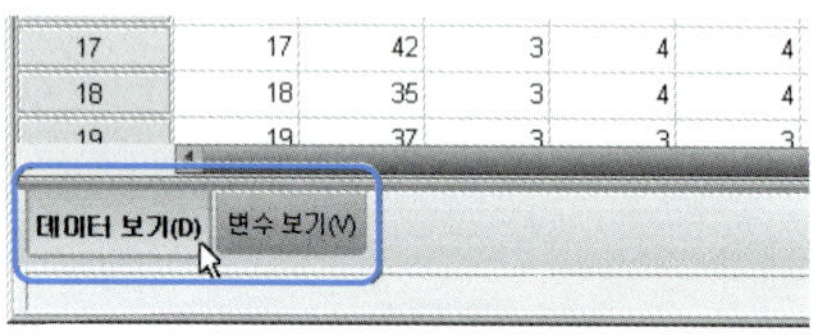

그림 3.3.16 데이터 보기와 변수 보기

3.3.4. 데이터(D)

3.3.4.1. 다중응답 변수군 정의(M)

다중응답 변수군 정의(M)는 다중(복수)응답 문항을 정의하는 명령이다. 본 명령에서 정의된 다중응답 변수군은 **분석(A)-표-통계표 작성(C)** 및 **그래프(G)-도표 작성기(C)**에서만 이용이 가능하다. 그러므로 다중응답 빈도분석 및 다중응답 교차분석을 수행하기 위한 변수군 정의는 본 명령을 이용하지 않고 **분석(A)-다중응답(U)-변수군 정의(E)**를 이용해야 한다. 이는 **14. 다중(복수)응답 분석의 이해**에서 자세히 다루고 있으므로 참고하기 바란다.

3.3.4.2. 데이터 전치(N)

데이터 전치(N)는 변수와 케이스, 즉 행과 열을 바꿔준다. 이는 Microsoft Excel의 **선택하여 붙여넣기(S)-행/열 바꿈(E)**과 유사한 기능이다. **<그림 3.3.17>**처럼 왼쪽 가장 위에 위치한 설문번호를 선택한 후 키보드 왼쪽 Shift 를 누른 상태에서 왼쪽 가장 아래의 만족6 을 선택하면 일괄로 지정이 된다. 이 상태에서 [→] 을 누르면 모두 오른쪽으로 이동한다. 여기에서 만일 왼쪽 [Ctrl] 을 누른 상태에서 변수를 선택하면 원하는 사항만 지정할 수 있다.

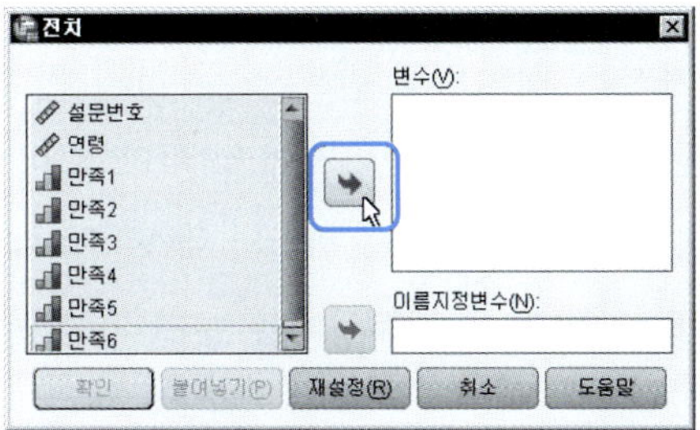

그림 3.3.17 데이터 전치(N) 대화상자

[확인] 을 누르면 새로운 **데이터 편집기**(Data Editor) 창이 뜨는데, **<그림 3.3.18>**처럼 기존 데이터가 전치되었음을 볼 수 있다.

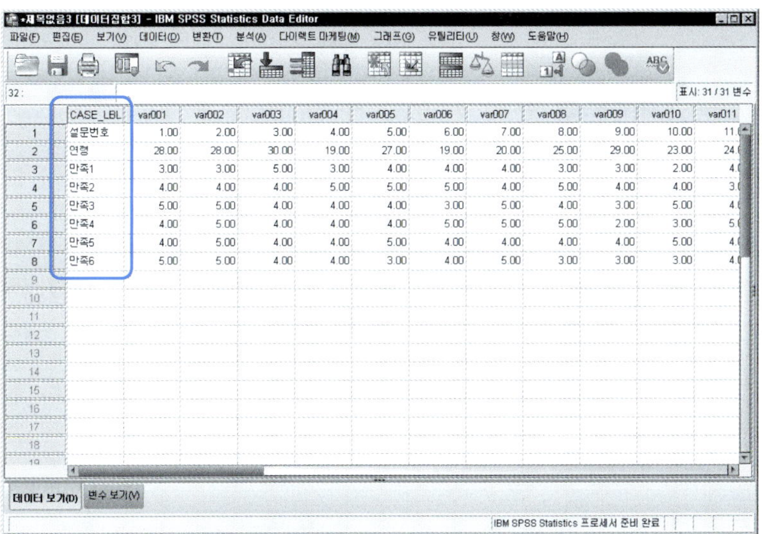

그림 3.3.18 데이터 전치(N) 결과

3.3.4.3. 파일 합치기(G)

파일 합치기(G)는 2개의 SPSS 데이터파일을 병합(Merge)할 때 사용된다. **케이스 추가(C)**와 **변수 추가(V)**의 기능이 있는데, **케이스 추가(C)**는 현재 파일에 다른 파일의 케이스를 추가하는 것이므로 반드시 두 파일 간 변수의 개수와 순서가 동일해야 한다. 보통 데이터의 코딩작업을 여러 명이 분할하여 작업하여 최종적으로 하나의 파일로 합칠 때 사용한다[3]. **데이터(D)-파일 합치기(G)-케이스 추가(C)**를 실행하여 **<그림 3.3.19>**의 대화상자를 불러낸 후 찾아보기(B)... 를 누른다.

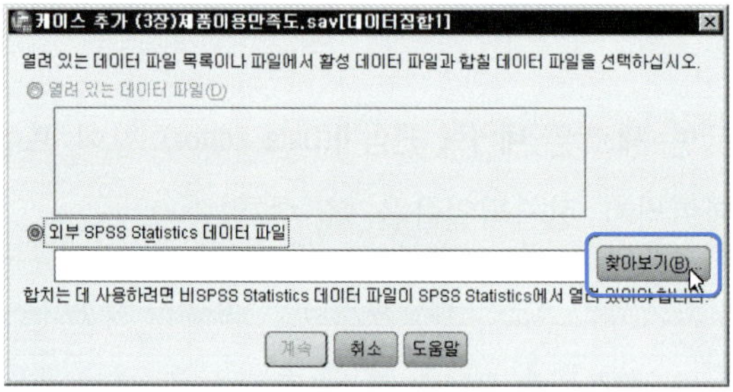

그림 3.3.19 데이터(D) – 파일 합치기(G) – 케이스 추가(C) 실행

케이스를 추가하고자 하는 파일의 경로를 찾아 **<그림 3.3.20>**처럼 지정하여 열기(O) 를 클릭하면 **<그림 3.3.19>**창이 다시 뜨는데 계속 이 활성화되어 있다. 계속 을 눌러 **<그림 3.3.21>**을 불러낸 후, 확인 을 누르면 **<그림 3.3.22>**와 같이 케이스가 추가되었음을 확인할 수 있다.

3) 보편적으로 Microsoft Excel에서 데이터 코딩 작업을 한 경우, Windows상에서 기준 파일과 추가 파일을 동시에 열어놓고 추가 파일의 데이터 부분을 드래그하여 기준 파일의 마지막 케이스 하단부분에 붙여넣는 방법으로 병합을 한다. SPSS에서도 동일한 방법으로 케이스를 병합할 수 있다. 따라서 본 방법은 실제로는 활용도가 극히 낮다. 다만, 본 방법은 데이터를 '드래그 → 복사 → 붙여넣기' 하는 방법에서 범할 수 있는 실수를 방지할 수 있는 소프트웨어적인 방법이다.

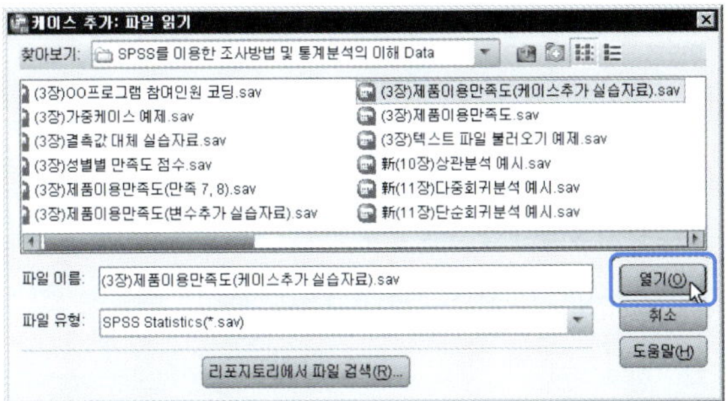

그림 3.3.20 파일 합치기(G) – 케이스 추가(C) – 파일선택

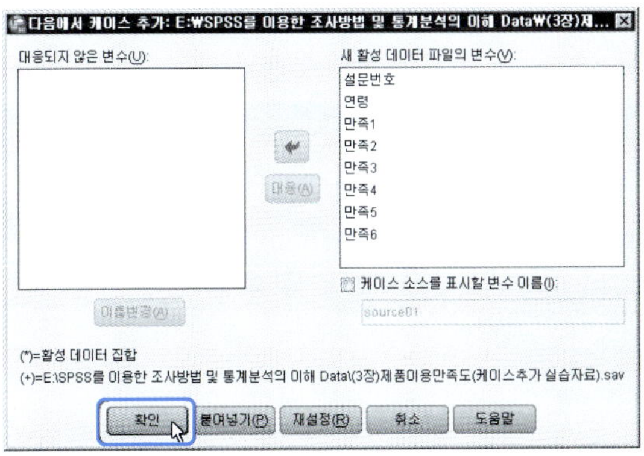

그림 3.3.21 파일 합치기(G) – 케이스 추가(C) – 활성 데이터 집합

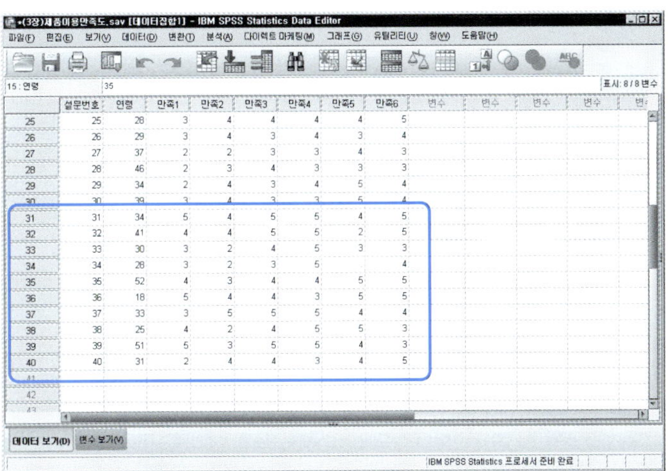

그림 3.3.22 파일 합치기(G) – 케이스 추가(C) 결과

변수 추가(V)는 현재 파일에 추가하고자 하는 파일의 특정 변수들을 병합하는 기능이다[4]. 이 경우에는 현재 파일과 추가 파일 간의 정렬상태는 일치되어야 한다. 다시 말해, 두 파일의 데이터들은 특정 기준이 되는 변수에 따라 동일하게 정렬(Sorting)되어 있어야 하는데, 일반적으로 설문번호를 기준으로 정렬을 맞추는 것이 편하다. 먼저 **<그림 3.3.23>**처럼 '설문번호'를 기준 변수로 하여 현재 파일과 추가하고자 하는 파일 모두 오름차순으로 정렬(Sorting)한 후 파일을 저장한다[5]. **<그림 3.3.24>**와 같이 취합할 두 파일이 기준이 되는 설문번호 변수로 동일하게 정렬되었음이 확인되었다면 기본적인 준비가 된 것이다.

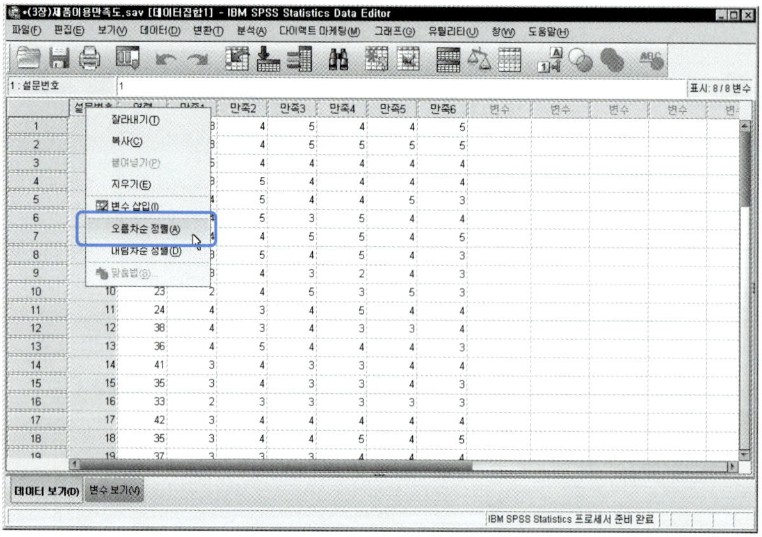

그림 3.3.23 현재 파일의 정렬

4) 마찬가지로, Windows상에서 기준 파일과 추가 파일을 동시에 열어놓고 추가 파일의 해당변수를 '드래그 → 복사 → 붙여넣기' 하는 방법에서 병합할 수 있다. 이럴 경우, 변수명이 var00001 등과 같이 생성되므로 변수명 변경이 추가적으로 요구된다. 이 명령 역시 실제로는 활용도가 극히 낮으나 **케이스 추가(C)**처럼 데이터를 선택하여 복사하는 과정에서 발생할 수 있는 실수를 방지할 수 있다.

5) 정렬(sorting)은 **데이터(D)-변수 정렬(B)**에서 실행할 수 있으나, 일반적으로 원하는 변수명에 마우스를 대고 오른쪽 버튼을 누르면 오름차순 정렬과 내림차순 정렬이 모두 가능하다.

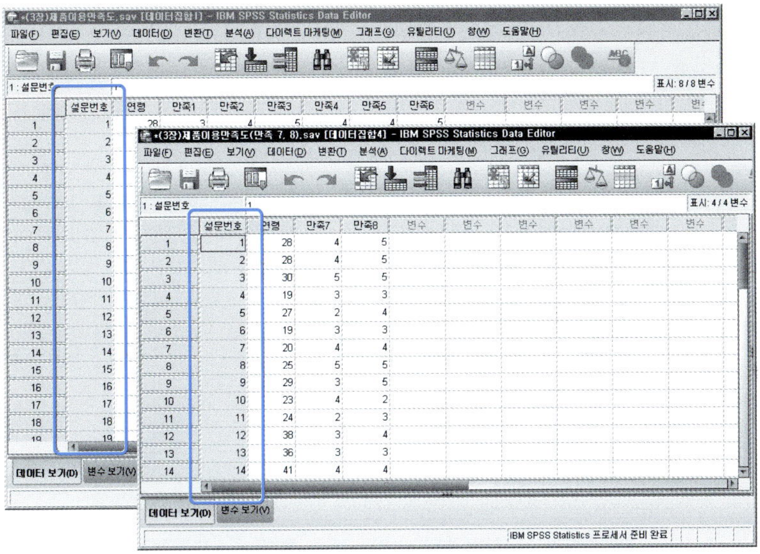

그림 3.3.24 현재 파일과 추가 파일의 변수 정렬 확인

데이터(D)-파일 합치기(G)-변수 추가(V)를 실행하면 **<그림 3.3.25>** 대화상자가 나타난다. 여기에서 찾아보기(B)... 를 누른다.

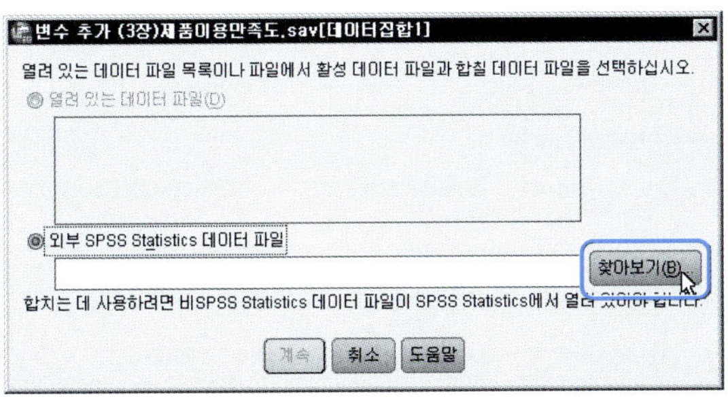

그림 3.3.25 데이터(D) – 파일 합치기(G) – 변수 추가(V) 실행

추가하고자 하는 변수를 가진 파일의 경로를 찾아 **<그림 3.3.26>**처럼 지정하여 열기(O) 를 클릭하고, 계속 을 누르면 **<그림 3.3.27>** 대화상자가 나타난다. 왼쪽 상단의 **제외된 변수(E)**에 나타난 변수들은 두 파일 간에 일치되는 변수들이다. **새 활성 데이터 파일(N)**에서 보면, 일부 변수에는 (*)로 표시가 되고, 일부

변수에는 (+)라고 표시가 되어 있다. (*)는 현재 기준 파일의 변수들이고, (+)는 추가하고자 하는 파일에만 있는 변수들이다. 즉, (+) 변수들이 병합되는 것이다.

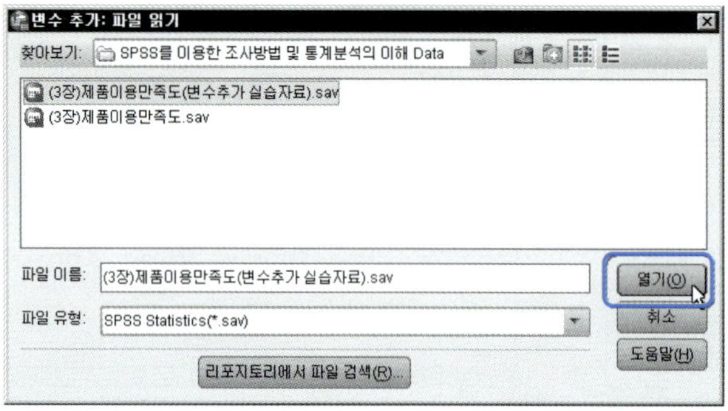

그림 3.3.26 파일 합치기(G) – 변수 추가(V) – 파일선택

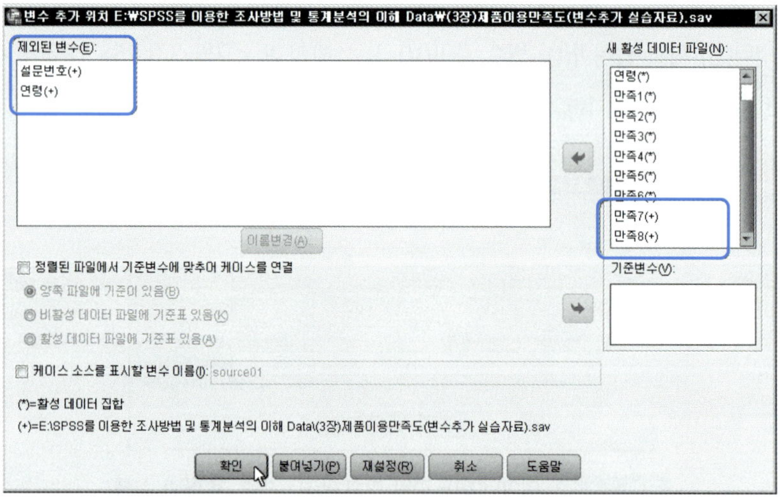

그림 3.3.27 파일 합치기(G) – 변수 추가(V) – 활성 데이터 집합

확인 을 누르면 **<그림 3.3.28>**처럼 결과가 나타난다. 기준 파일 뒷부분에 보면, 기존의 마지막 변수 이후에 새로운 추가 변수들이 합쳐져 있는 것을 확인할 수 있다

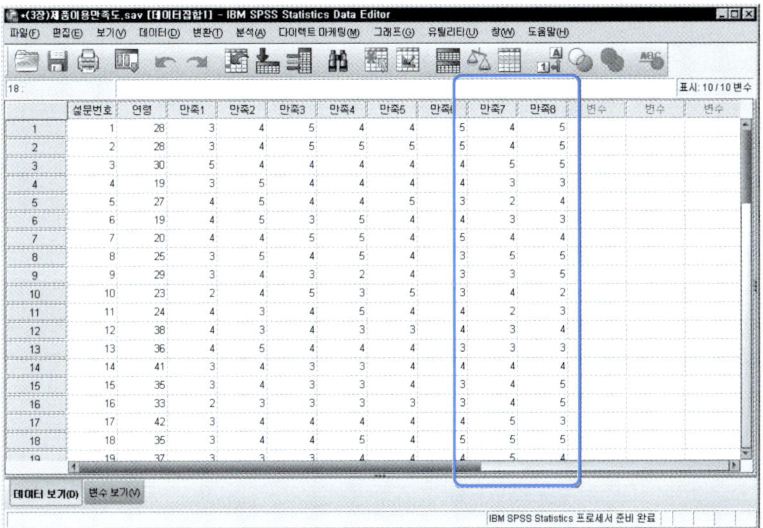

그림 3.3.28 파일 합치기(G) - 변수 추가(V) 결과

3.3.4.4. 케이스 선택(S)

통계분석을 실시하다 보면 특정한 사례들만 선택적으로 분석해서 결과를 봐야 할 때가 있다. 예를 들어, 성별 중에서 남자들만의 결과치가 필요할 때와 같은 경우이다. 이런 경우에 유용한 명령이 바로 **케이스 선택(S)** 으로서 실무에서 매우 유용한 명령 중에 하나이다. ▦ 으로도 동일 명령을 실행시킬 수 있다.

데이터(D) - 케이스 선택(S) 으로 **<그림 3.3.29>** 창을 띄워보자. 여기에서는 **조건을 만족하는 케이스(C)** 명령이 쓰인다. 이를 선택하면 [조건(I)...] 이 활성화되는데, 이 명령으로 특정 변수에 대해 조건을 부여하여 해당되는 케이스만 선택할 수 있다.

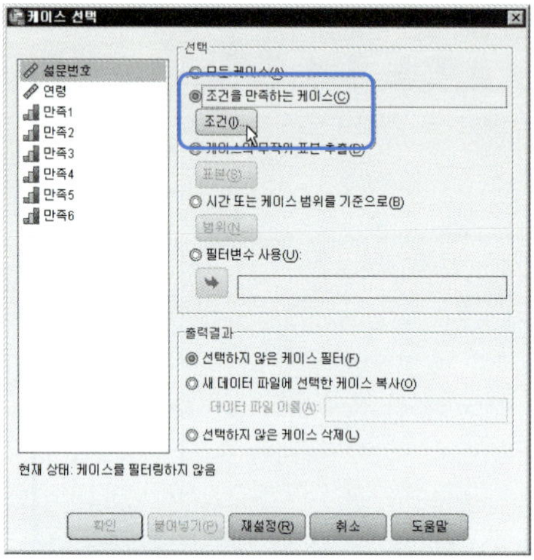

그림 3.3.29 데이터(D) – 케이스 선택(S)

<그림 3.3.30>은 연령에서 28이라고 응답한 사람들만 선택하겠다는 명령을 입력한 것이다.

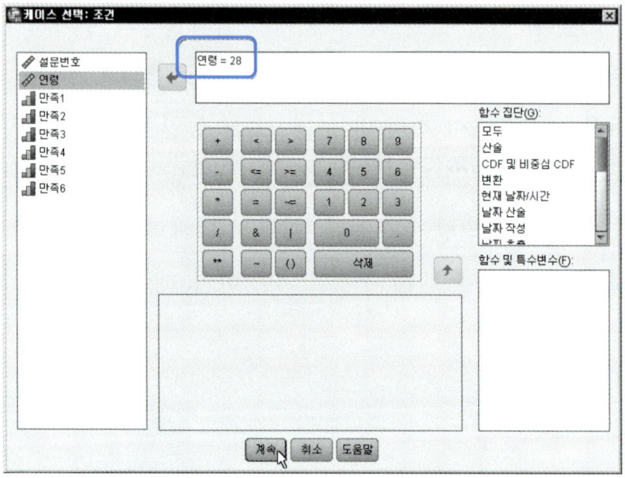

그림 3.3.30 데이터(D) – 케이스 선택(S) – 조건(I)

계속 과 확인 으로 실행시키면 **<그림 3.3.31>**과 같이 연령에서 28이라 응답한 사례만 선택되었음을 볼 수 있으며, 마지막 변수로 filter_$ 변수가 생성되어 있는 것을 볼 수 있는데, 연령에 28이라고 응답한 사례에만 '1', 즉 'Selected'로 코딩되어 있다.

케이스 선택을 취소하고 싶은 경우에는 **<그림 3.3.29>**에서 **모든 케이스(A)**를 선택하는 방법도 있으나, filter_$ 변수를 삭제하면 손쉽게 복구할 수 있다.

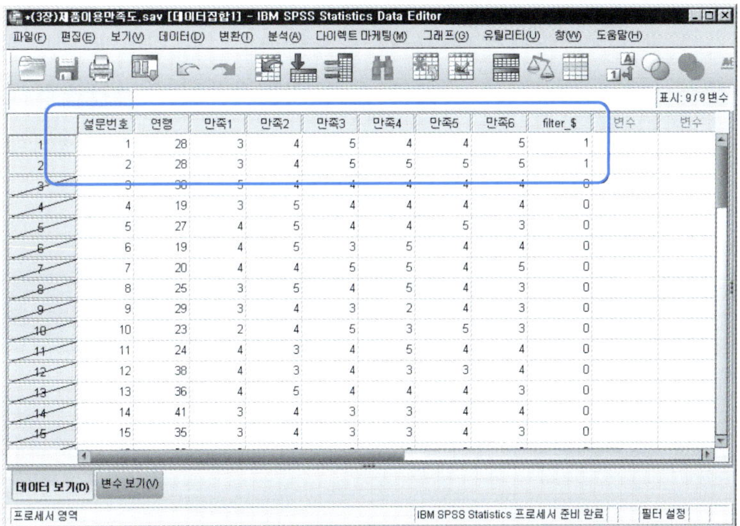

	설문번호	연령	만족1	만족2	만족3	만족4	만족5	만족6	filter_$	변수	변수
1	1	28	3	4	5	4	4	5	1		
2	2	28	3	4	5	5	5	5	1		
3	3	30	5	4	4	4	4	4	0		
4	4	19	3	5	4	4	4	4	0		
5	5	27	4	5	4	4	5	3	0		
6	6	19	4	5	3	5	4	4	0		
7	7	20	4	4	5	5	4	5	0		
8	8	25	3	5	4	5	4	3	0		
9	9	29	3	4	3	2	4	3	0		
10	10	23	2	4	5	3	5	3	0		
11	11	24	4	3	4	5	4	4	0		
12	12	38	4	3	4	3	3	4	0		
13	13	36	4	5	4	4	4	3	0		
14	14	41	3	4	3	3	4	4	0		
15	15	35	3	4	3	3	4	3	0		

그림 3.3.31 케이스 선택(S) 결과

한편 **케이스의 무작위 표본추출(D)** 명령의 용도 및 사용법은 **5.1.5. 표본추출**에 설명되어 있다.

3.3.4.5. 가중 케이스(W)

예를 들어, 모 구청에서 ○○프로그램을 실시하였으며, 여기에 참여한 인원이 남자와 여자 각각 **<표 3.3.2>**처럼 집계되었다고 가정하자. 성별별로 프로그램 참여비율의 차이를 보이는지 교차분석을 통해 살펴보고자 한다[6].

6) 교차분석을 하는 이유는 **5.2.2. 통계분석방법**의 선택을 참고하기 바란다.

SPSS를 이용하여 교차분석을 하기 위해서는 우선 자료를 입력을 해야 한다. 이럴 경우 SPSS에서 변수는 성별, 프로그램 참여 여부의 2개 변수가 필요하다. 남자에 대해서는 참여자와 비참여자 케이스가 각각 189명과 178명이 필요하며, 여자에 대해서는 참여자와 비참여자 케이스가 각각 177명과 184명이 필요하다. 즉, 총 728명의 케이스가 코딩되어야 하는데, 여기에서 성별변수에 대해 367명의 남자와 361명의 여자가 있어야 하며, 367명의 남자 중에서는 189명의 참여자와 178명의 비참여자가 필요하다. 간단한 집계표지만 이를 파일화하기 위해서는 방대하게 데이터를 펼쳐놓아야 하는 것이다. 이럴 때 **가중 케이스(W)**의 기능은 유용하게 쓰일 수 있다. **가중 케이스(W)**는 상단 아이콘 중 로도 실행이 가능하다.

❖ 표 3.3.2] ○○**프로그램 참여인원 집계표**

		프로그램 참여 여부		계
		참여자	비참여자	
성 별	남 자	189	178	367
	여 자	177	184	361
계		366	362	728

우선 성별(남자 1, 여자 2), 참여 여부(참여자 1, 비참여자 2), 인원을 **<그림 3.3.32>**와 같이 입력한다. 이 상태에서는 인원이라는 변수가 각 성별과 각 참여 여부에 대한 인원으로 적용되지는 않는다. 만일 이 상태에서 성별변수와 참여 여부 변수로 교차분석을 실시하여 교차분할표를 만들어 보면 **<그림 3.3.33>**처럼 결과가 나타난다. 성별 1(남자)에 대응되는 참여 여부 1(참여자)은 현재 1개의 케이스만 인지되기 때문이다.

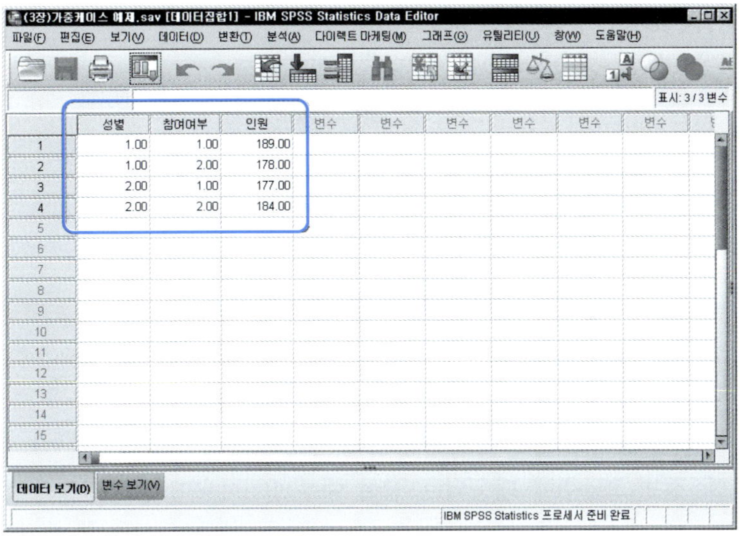

그림 3.3.32 ○○프로그램 참여인원 코딩

교차분석

[데이터집합1] E:₩SPSS를 이용한 조사방법 및 통계분석의 이해 Data₩(3장)가중케이스 예제.sav

케이스 처리 요약

	케이스					
	유효		결측		전체	
	N	퍼센트	N	퍼센트	N	퍼센트
성별 * 참여여부	4	100.0%	0	0.0%	4	100.0%

성별 * 참여여부 교차표

빈도

		참여여부		전체
		1.00	2.00	
성별	1.00	1	1	2
	2.00	1	1	2
전체		2	2	4

그림 3.3.33 가중 케이스 미적용에서의 성별과 참여 여부 교차분할표

데이터(D)-가중 케이스(W)에서 **<그림 3.3.34>**처럼 인원변수를 가중 케이스로 지정하고 [확인]을 누른다.

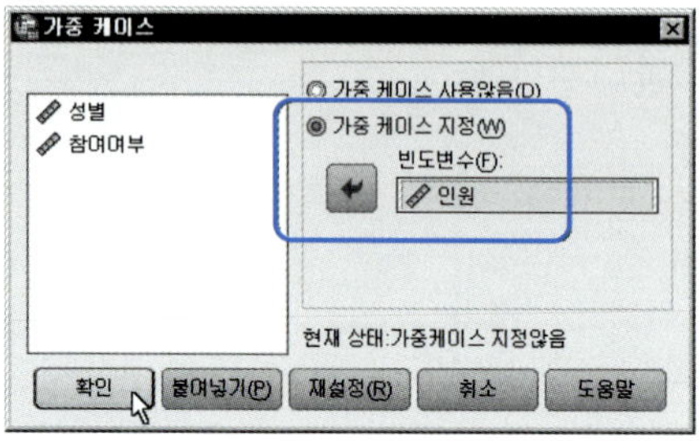

그림 3.3.34 **인원에 대한 가중 케이스 적용**

인원변수를 가중 케이스로 지정한 후 동일한 방식대로 성별변수와 참여 여부 변수로 교차분석을 시행하면 **<그림 3.3.35>**와 같이 이전과는 다른 결과가 나타난다. 성별 1(남자)에 대응되는 참여 여부 1(참여자)이 총 189명으로 나타났다. 다른 칸(cell)도 마찬가지로 인원변수가 각각의 사례수로 인지되고 있다.

교차분석

[데이터집합1] E:₩SPSS를 이용한 조사방법 및 통계분석의 이해 Data₩(3장)가중케이스 예제.sav

케이스 처리 요약

	케이스					
	유효		결측		전체	
	N	퍼센트	N	퍼센트	N	퍼센트
성별 * 참여여부	728	100.0%	0	0.0%	728	100.0%

성별 * 참여여부 교차표

빈도

		참여여부		전체
		1.00	2.00	
성별	1.00	189	178	367
	2.00	177	184	361
전체		366	362	728

그림 3.3.35 **가중 케이스 적용에서의 성별과 참여 여부 교차분할표**

3.3.5. 변환(T)

3.3.5.1. 변수계산(C)

변환(T) 메뉴의 주 목적은 기존의 변수를 어떤 식으로든 가공하여 새로운 변수를 생성하는 것이라 할 수 있다. 여기에서 **변수계산(C)**은 의미 그대로 계산이다. 즉, 수리적인 연산을 통해 새로운 변수를 생성하는 것이다. 통계분석 업무 수행에서 **변수계산(C)**은 실제로 굉장히 많이 쓰인다. 단편적인 예로서 리커트 척도 문항으로 구성된 만족도 조사 결과가 있다고 가정해 보자. 리커트 척도는 여러 문항으로 태도를 측정하고 해당항목의 측정치를 합산하여 대상자의 태도점수를 얻어내는 방식이므로 각 문항을 개별적으로 통계분석에 사용하지 않는다. 즉, 모든 문항의 합변수를 생성하여 이를 최종적인 태도점수로 반영하는 것이다. 그러나 결측치의 영향 등을 고려하여 실제로는 평균변수를 생성하여 사용한다. 이처럼 연산을 통해 새로운 변수를 만들어야 할 때 **변수계산(C)** 명령을 이용한다.

여기에 6개의 문항의 만족도 조사 결과가 있다. 이를 가지고 최종적인 태도점수인 평균변수를 만들어 보겠다.

먼저 **변환(T)-변수계산(C)**을 실행하면 **<그림 3.3.36>**처럼 창이 뜬다. 여기에서 **대상변수(T)**:는 생성될 변수의 이름을 지정하는 곳이며, **숫자표현식(E)**:은 변수에 대한 연산을 설정할 수 있는 창이다.

<그림 3.3.36>은 **대상변수(T)**:에서 '**만족전체**'라는 변수를 새로 만들고자 하는데, '**만족전체**'는 만족1에서부터 만족6까지의 평균(mean)으로 계산된 변수임을 지정한 것이다. **숫자표현식(E)**:에서 사용되는 다양한 함수 및 기호는 직접 키보드로 입력을 해도 되며, 하단의 숫자 및 기호 단추들과 **함수 집단(G)**:에서 선택해도 동일하게 실행된다.

숫자표현식(E):에는 그림처럼 함수를 사용해도 되지만 '(만족1 + 만족2 + … + 만족6) / 6'처럼 전체를 풀어서 적용해도 가능하다. 다만, 이럴 경우 만일 만족5가 결측치라고 가정하면 /6을 적용함에 따라 값이 왜곡된다. mean함수를 사용하면 이런 실수를 미연에 방지할 수 있다. 또한 'mean(만족1, 만족2, 만족3, …, 만족6)'처럼 (,)를 이용하여 전체 변수를 모두 기재하는 것이 원칙이지만, 예와 같이 연속적이고 규칙적인 형태로 변수명이 부여되어 있을 경우에 한해 'to' 명령을 이용하는 것이 보다 간편하다.

대상변수(T): 하단의 유형 및 설명(L)... 은 **<그림 3.3.37>**처럼 변수에 대한 설명 및 유형, 자릿수 등을 수정할 수 있는 명령이다. 변수의 설명 등은 **데이터 편집기** 창의 하단 변수 보기(V) 를 클릭하여 변수 보기 상태로 전환한 뒤 속성 수정이 가능하다.

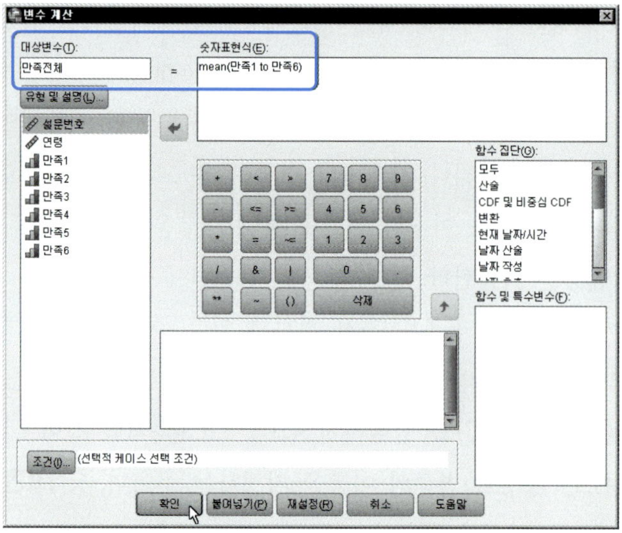

그림 3.3.36 **변환(T) – 변수계산(C)**

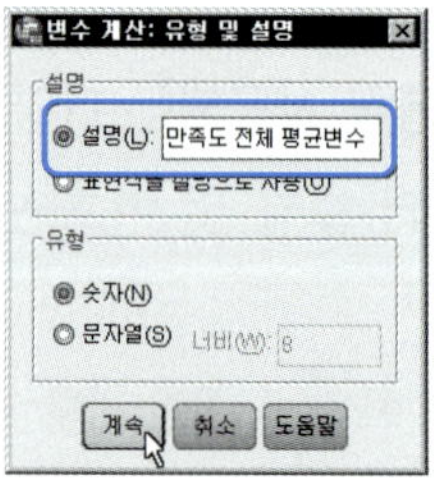

그림 3.3.37 **변환(T) – 변수계산(C) – 유형 및 설명(L)**

확인 을 누르면 **<그림 3.3.38>**처럼 마지막 변수위치에 만족전체 변수가 생성된다.

	설문번호	연령	만족1	만족2	만족3	만족4	만족5	만족6	만족전체	변수	변수
1	1	28	3	4	5	4	4	5	4.17		
2	2	28	3	4	5	5	5	5	4.50		
3	3	30	5	4	4	4	4	4	4.17		
4	4	19	3	5	4	4	4	4	4.00		
5	5	27	4	5	4	4	5	3	4.17		
6	6	19	4	5	3	5	4	4	4.17		
7	7	20	4	4	5	5	4	5	4.50		
8	8	25	3	5	4	5	4	3	4.00		
9	9	29	3	4	3	2	4	3	3.17		
10	10	23	2	4	5	3	5	3	3.67		
11	11	24	4	3	4	5	4	4	4.00		
12	12	38	4	3	4	3	3	4	3.50		
13	13	36	4	5	4	4	4	3	4.00		
14	14	41	3	4	3	3	4	4	3.50		
15	15	35	3	4	3	3	4	3	3.33		

그림 3.3.38 **변환(T) – 변수계산(C) 결과**

한편 변수계산은 다른 형태로도 응용할 수 있다. 만일 상기 예로 사용한 데이터에서 연령이 30 미만인 사람만 1이라고 코딩하고 나머지 사람은 2로 코딩을 변경하고 싶다고 치자. 이 경우 다음에 다루어질 **변환(T)-다른 변수로 코딩변경(R)**으로 생성하는 것이 원칙이다. 그러나 동일한 내용에 대해 **변수계산(C)**에서도 가능하다.

우선 **<그림 3.3.39>**와 같이 **'재연령'**이란 변수를 생성하되, 전부 '1'로 코딩하기를 명령한다.

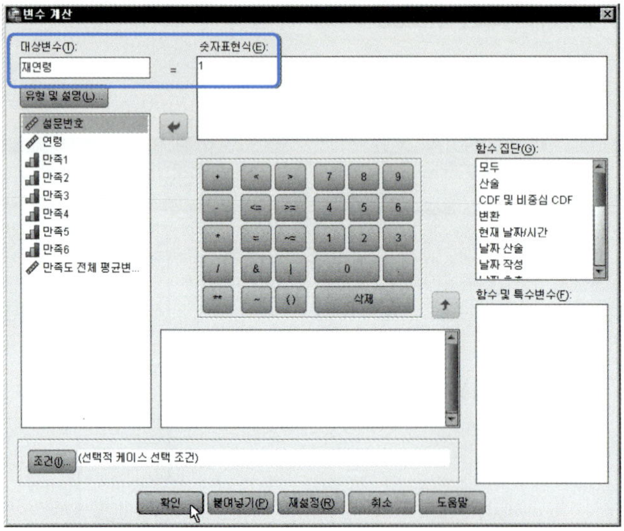

그림 3.3.39 변환(T) – 변수계산(C) – 연령 재코딩(1)

확인 을 누르면 <그림 3.3.40>처럼 마지막 변수 위치에 재연령 변수가 생성되었는데, 모두 '1'로 코딩이 되어 있다.

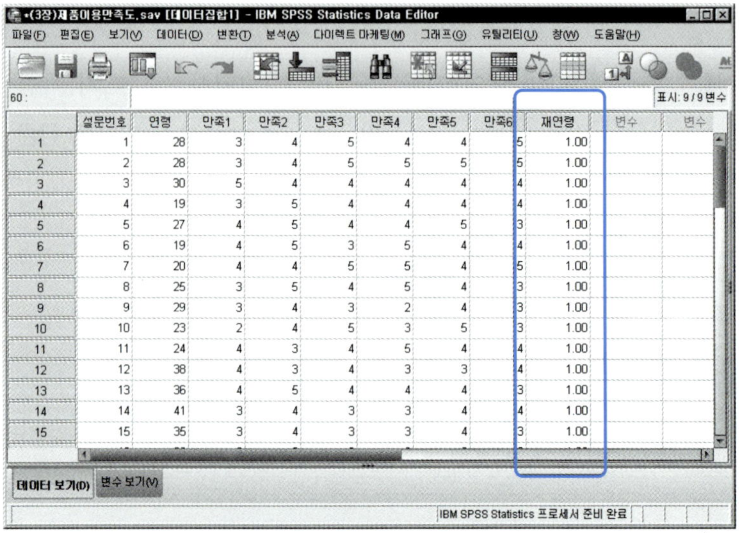

그림 3.3.40 연령 재코딩 결과(1)

다음으로는 **변환(T) - 변수계산(C)**을 재실행시켜 **<그림 3.3.39>**에서 조건(I)... 을 눌러 **<그림 3.3.41>**과 같이 **다음 조건을 만족하는 케이스 포함(I)**:을 선택한 후, '연령>=30'이라는 조건을 지정해 준다. 연령이 30 이상인 사람만 선택하겠다는 조건식이다. 계속 을 누른다.

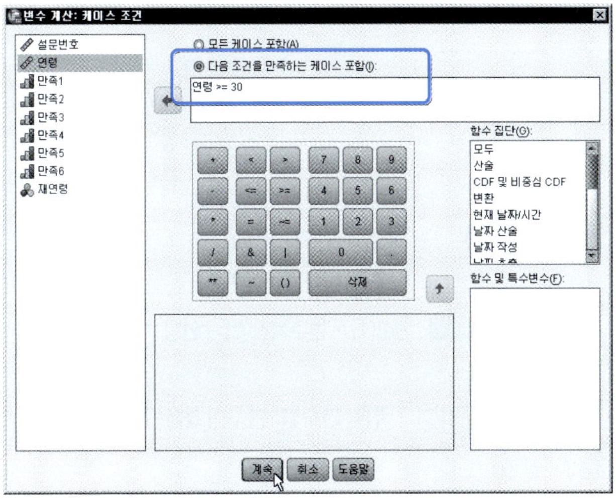

그림 3.3.41 조건의 지정

<그림 3.3.42>에서 조건(I)... 옆에 새롭게 **'연령>=30'**이라는 조건이 부여되어 있음이 확인된다. 또한 **숫자표현식(E)**:에는 2를 입력한다. 이로써 **'재연령** 변수에서 연령이 30 이상인 케이스는 2로 코딩하겠다'는 명령이 지정된 것이다. 조건(I)... 에서는 등식과 부등식 외에도 여러 가지 상황에 적절하게 대처할 수 있다.

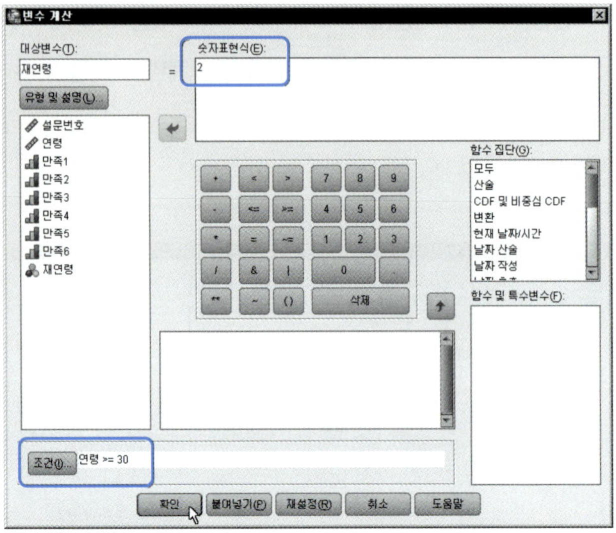

그림 3.3.42 변환(T) – 변수계산(C) – 연령 재코딩(2)

[확인]을 눌러 실행시키면 **'기존 변수를 바꾸시겠습니까?'**라는 확인 메시지가 뜬다(**<그림 3.3.43>** 참조).

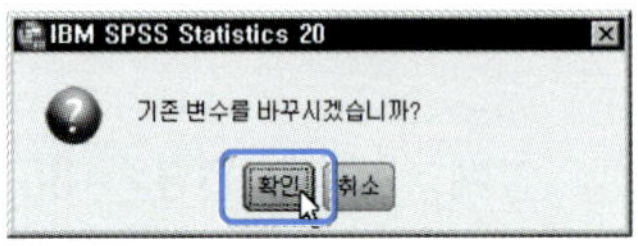

그림 3.3.43 기존 변수 변경 확인 메시지

다시 [확인]을 누르면 **<그림 3.3.40>**과 달리 **<그림 3.3.44>**에서는 [연령]이 30 이상인 사례들은 [재연령]에서 2로 코딩이 변경된 것을 볼 수 있다. 이처럼 **변수계산(C)**은 경우에 따라 코딩을 변경하는 데 응용될 수 있다. 특히 더미변수를 이용한 회귀분석을 수행할 때 더미변수를 여러 개 생성할 경우에 유용하게 응용될 수 있다.

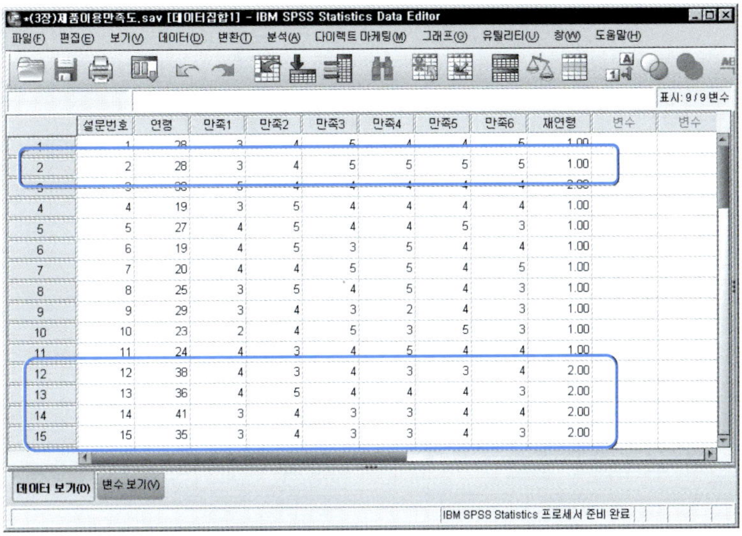

그림 3.3.44 연령 재코딩 결과(2)

3.3.5.2. 케이스 내의 값 빈도(O)

리커트 척도로 구성된 항목들을 다루다 보면 각 문항마다 1번이라고 응답한 횟수가 몇 번인지, 반대로 5점이라고 응답한 횟수가 몇 회인지 파악이 필요한 경우가 간혹 발생한다. 케이스의 수와 변수의 수가 적다면 각 케이스마다 직접 헤아려 볼 수도 있으나, 변수와 케이스의 수가 늘어나게 되면 손을 놓을 수밖에 없다. 이럴 때 특정 값의 출현빈도를 세어 변수로 생성해 주는 기능을 수행해 주는 명령이 **케이스 내의 값 빈도(O)**이다.

<그림 3.3.45>는 **변환(T)-케이스 내의 값 빈도(O)**의 **대상변수(T)**:에 '**보통응답빈도**'라는 변수를 새로 생성시키는데, 이 변수는 '**각 문항별 보통응답 횟수**'에 대한 내용이며, '만족1, 만족2, 만족3, …, 만족6'의 변수 안에서 도출된다는 명령을 입력한 상태이다. 값 정의(D)... 를 누른다.

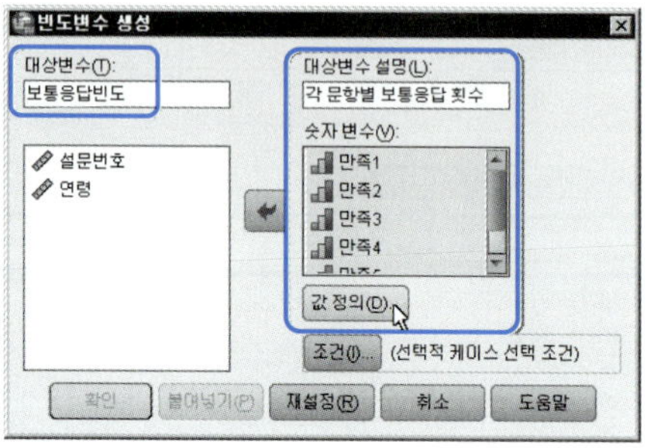

그림 3.3.45 변환(T) – 케이스 내의 값 빈도(O)

대화상자에서 **값(V):**에 3을 입력하고 추가(A) 를 누르면 오른쪽의 **빈도화 값(O):**에 3이 추가된다. 계속 을 누르면 대화상자가 닫히며 **<그림 3.3.45>**로 돌아가는데 이번에는 확인 이 활성화되어 있다.

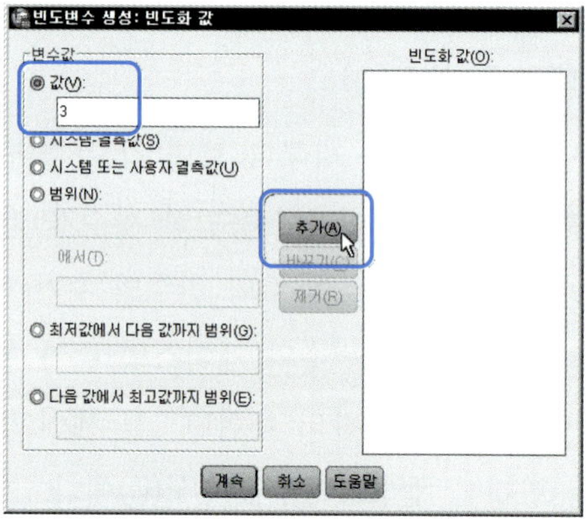

그림 3.3.46 값 정의(D):에서 3 추가(A)

확인 을 누르면 **<그림 3.3.47>**에서 볼 수 있듯이 마지막에 보통응답빈도 라는 변수가 생성되었으며, 이 변수의 수치들은 각 케이스별로 만족1~만족6의 6개 변수에서 3을 응답한 횟수를 의미한다. 가령 9번째 설문대상자는 6개 문항에 대해 3이라고 응답한 횟수가 3회임을 알 수 있다. 예를 들어, 주어진 응답범주 내에서 해당되는 사항을 모두 선택하게 하는 체크리스트형 복수(중복)

응답에서 각 사례마다 몇 개의 사항을 선택했는지 등을 하나의 변수로 정리하고자 할 때 유용하다.

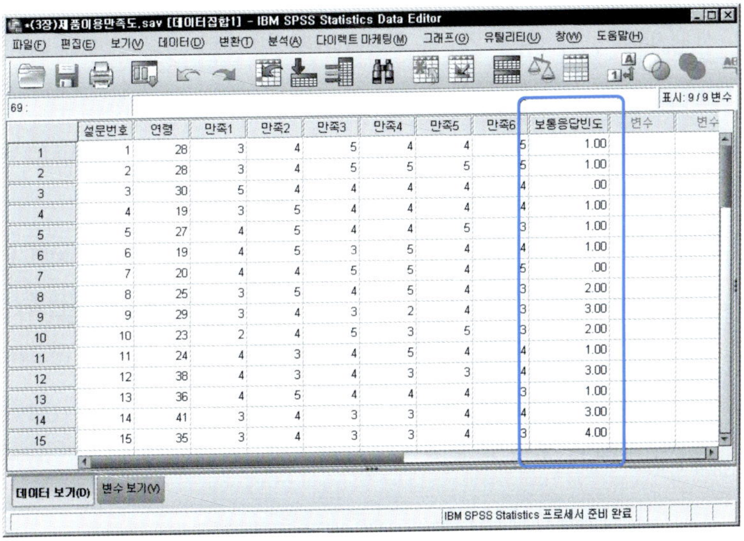

	설문번호	연령	만족1	만족2	만족3	만족4	만족5	만족6	보통응답빈도
1	1	28	3	4	5	4	4	5	1.00
2	2	28	3	4	5	5	5	5	1.00
3	3	30	5	4	4	4	4	4	.00
4	4	19	3	5	4	4	4	4	1.00
5	5	27	4	5	4	4	5	3	1.00
6	6	19	4	5	3	5	4	4	1.00
7	7	20	4	4	5	5	4	5	.00
8	8	25	3	5	4	5	4	3	2.00
9	9	29	3	4	3	2	4	3	3.00
10	10	23	2	4	5	3	5	3	2.00
11	11	24	4	3	4	5	4	4	1.00
12	12	38	4	3	4	3	3	4	3.00
13	13	36	4	5	4	4	4	3	1.00
14	14	41	3	4	3	3	4	4	3.00
15	15	35	3	4	3	3	4	3	4.00

그림 3.3.47 빈도변수 생성 결과

3.3.5.3. 같은 변수로 코딩변경(S)

같은 변수로 코딩변경(S)은 기존의 변수값을 변경할 때 사용되는데 기존 변수에 변경된 값을 덧쓰는 명령이다. 저자는 이 명령을 그리 선호하지 않는다. 통계분석에서 Raw Data의 보존은 매우 중요하다. 또한 현재 작업 중인 파일이 비록 Raw Data는 아니더라도 코딩변경을 했다가 원래 변수값이 필요한 경우가 간혹 발생한다. 그렇기 때문에 본 명령은 데이터의 보존이라는 측면에서 적절하지 않다. 따라서 이후 설명되는 **다른 변수로 코딩변경(R)**을 이용하기 바라며 본 명령은 설명을 생략한다.

3.3.5.4. 다른 변수로 코딩변경(R)

기존 변수에 수리적인 연산을 가해 새로운 변수를 만드는 **변수계산(C)**과 달리 **다른 변수로 코딩변경(R)**은 기존 변수에 일정한 규칙을 부여함으로써 새롭게 변수를 생성하는 명령이라 할 수 있다.

데이터에서 만족1이 사실은 부정적인 질문이라고 가정해 보자. 리커트 척도는 높은 점수가 긍정적인 태도이므로 부정적인 문항은 통계분석에 앞서 역환산을 선행해야 한다. **다른 변수로 코딩변경(R)** 명령을 이용하면 손쉽게 처리할 수 있다.

변환(T)-다른 변수로 코딩변경(R)을 실행하면 **<그림 3.3.48>**의 대화상자가 나타난다.

왼쪽의 만족1 변수를 [➜]를 이용하여 오른쪽으로 이동시키면 **숫자 변수(V) → 출력변수:**에 [만족1 --> ?]이 생성된다. 이때 **출력변수**의 **이름(N):**에 **'재만족1'**과 같이 명명하고, 이에 대한 **설명(L):**을 **'만족1의 역환산'**과 같이 지정한 후 [바꾸기(H)]를 누르면 **<그림 3.3.48>**과 같은 형태가 된다. **설명(L):**은 해당 변수에 대한 부연 설명이므로 생략해도 무방하다.

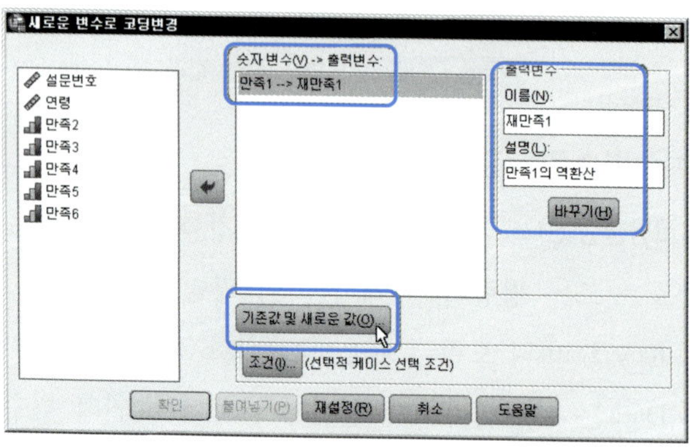

그림 3.3.48 **변환(T) – 다른 변수로 코딩변경(R)**

<그림 3.3.48>에서 [기존값 및 새로운 값(O)...]을 누르면 **<그림 3.3.49>** 대화상자가 나타난다. **기존값**의 **값(V):**과 **새로운 값**의 **기준값(A):**에 각각 대응되는 값을 기입한 후 [추가(A)]로 **기존값 → 새로운 값(D):**에 변경이 필요한 사항을 모두 작성한다. 만일 지정사항을 변경하고 싶다면 [바꾸기(C)]로 변경이 가능하며, 특정 지정사항의 삭제는 [제거(R)]로 할 수 있다.

기존값의 **범위(N):**는 '□ **에서(T)** □'를 활용하여 일정 범위의 수치들을 특정한 값으로 지정 · 변경할 때 이용할 수 있으며, **최저값에서 다음 값까지 범위(G):**는 가령 연령에서 29세까지를 모두 지칭하여 '20대 이하'와 같이 범주화할 때 사용된다. **다음 값에서 최고값까지 범위(E):**는 60세부터 그 이상의 연령을 모두 지칭하여 '60대 이상'처럼 범주화할 때 이용하면 된다. **기타 모든 값(O)**은 특정값을 지정한 후 나머지 남은 값들을 한꺼번에 특정 값으로 바꿔줄 때 유용하다. 단, **기타 모든 값(O)**을 사용할 때는 결측치 등 제외시켜야 하는 대상까지도 모두 포함시키므로 주의를 요한다.

[계속]을 눌러 대화상자를 닫으면 **<그림 3.3.48>**에서 기존과 달리 [확인]이 활성화되어 있으며, [확인]을 누르면 **<그림 3.3.50>**처럼 [재만족1] 변수가 마지막 변수로 입력된다. 이처럼 기존 데이터의 특정 변수값을 새로운 값으로 변경할 필요가 있을 때 본 명령은 유용하게 이용될 수 있다.

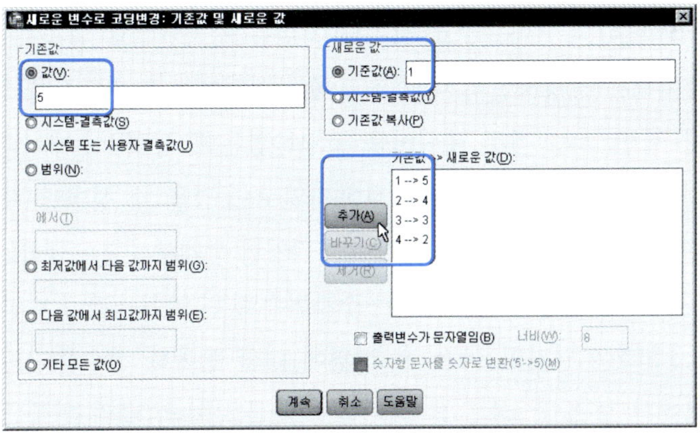

그림 3.3.49 다른 변수로 코딩변경(R) – 기존값 및 새로운 값(O)

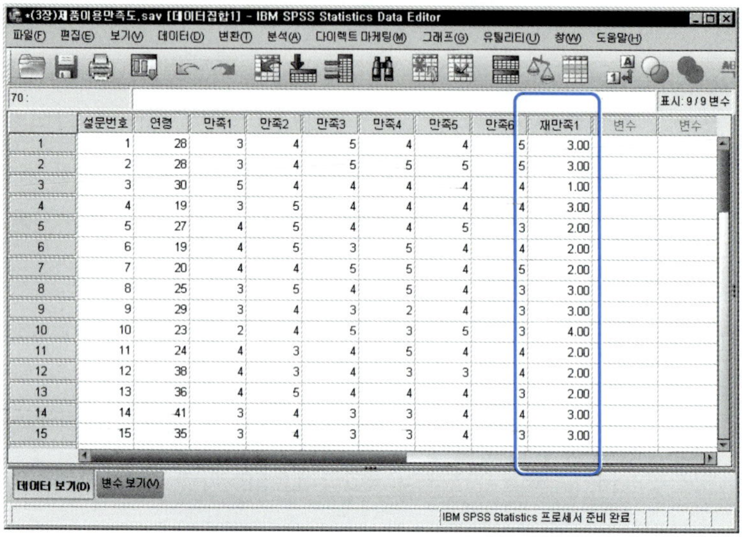

	설문번호	연령	만족1	만족2	만족3	만족4	만족5	만족6	재만족1	변수	변수
1	1	28	3	4	5	4	4	5	3.00		
2	2	28	3	4	5	5	5	5	3.00		
3	3	30	5	4	4	4	4	4	1.00		
4	4	19	3	5	4	4	4	4	3.00		
5	5	27	4	5	4	4	5	3	2.00		
6	6	19	4	5	3	5	4	4	2.00		
7	7	20	4	4	5	5	4	5	2.00		
8	8	25	3	5	4	5	4	3	3.00		
9	9	29	3	4	3	2	4	3	3.00		
10	10	23	2	4	5	3	5	3	4.00		
11	11	24	4	3	4	5	4	4	2.00		
12	12	38	4	3	4	3	3	4	2.00		
13	13	36	4	5	4	4	4	3	2.00		
14	14	41	3	4	3	3	4	4	3.00		
15	15	35	3	4	3	3	4	3	3.00		

그림 3.3.50 다른 변수로 코딩변경(R) 결과

3.3.5.5. 자동 코딩변경(A)

자동 코딩변경(A)은 문자변수로 코딩된 자료를 숫자변수로 변경해 줄 때 편리하다. 데이터를 코딩하면서 어떤 경우에는 문자변수로 변수값을 입력할 수 있다. 예를 들면, Excel에서 데이터를 코딩하였는데 성별변수에 1과 2 대신 남자와 여자로 입력을 했다면 이를 SPSS파일로 옮겼을 때 성별변수는 문자변수로 변환이 된다. 변수의 속성이 문자이면 다양한 통계분석을 수행하는 데 제약이 따른다. 따라서 가급적 문자변수는 숫자변수로 변경하는 것이 바람직하다.

<그림 3.3.51>은 남자와 여자 총 20명에 대한 만족도 점수를 집계한 결과이다. 사례에서 보면 성별 의 데이터는 다른 변수와 달리 왼쪽 정렬로 되어 있다. 통상 오른쪽 정렬인 숫자변수와 달리 문자변수는 왼쪽 정렬이 되어 있어서 손쉽게 식별된다. 그러나 인위적으로 오른쪽 정렬로 지정한 경우가 있을 수 있으므로 하단의 변수 보기(V) 를 이용하여 **<그림 3.3.52>**처럼 문자변수인지 확인해 볼 필요가 있다.

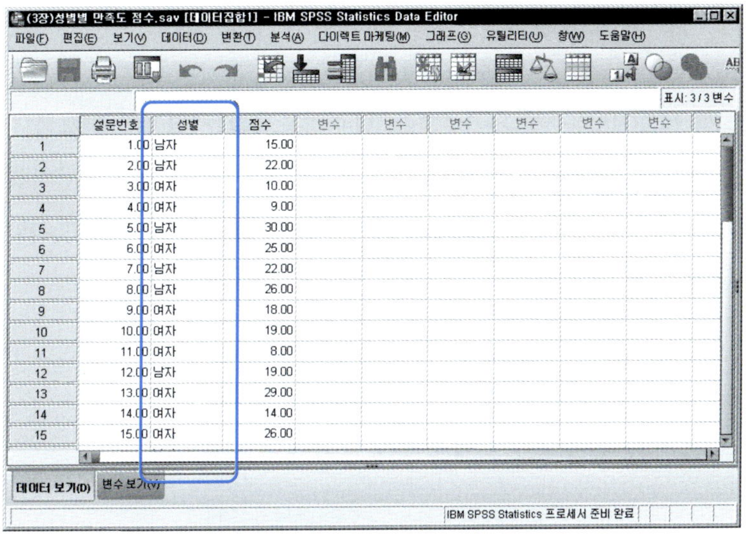

그림 3.3.51 남녀 20명의 만족도 점수

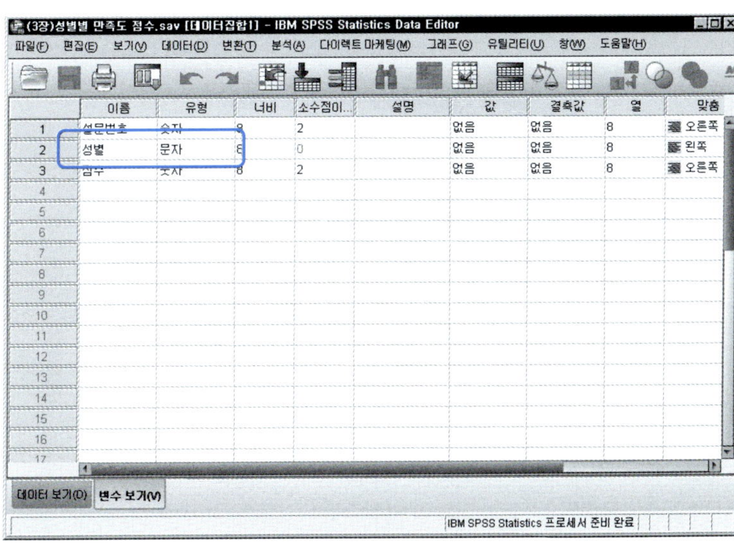

그림 3.3.52 성별변수의 유형 확인

이 데이터에서 남자와 여자로 코딩되어 있는 성별변수를 남자 = 1, 여자= 2로 변경해 보자.

변환(T)-자동 코딩변경(A)으로 **<그림 3.3.53>** 대화상자를 불러낸 후 성별 을 [➡]를 이용하여 오른쪽의 **변수 → 새 이름(V)**으로 옮기면 [성별-->????????] 로 표기된다. **새 이름(N)**:에 '재성별'이라는 변수명을 지정하고 [새 이름 추가(A)] 를 누르면 [성별-->재성별] 처럼 변화가 발생한다. 이때 변수의 아이콘 옆에 a라고 기입된 것은 문자변수임을 나타낸다. [확인] 을 누르면 **<그림 3.3.54>**처럼 마지막 변수로서 [재성별] 변수가 생성된다. 이때 변수값은 자동으로 작성된다.

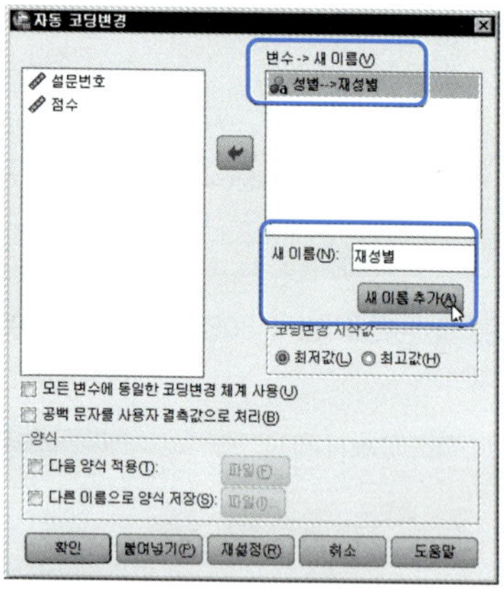

그림 3.3.53 자동 코딩변경(A) 대화상자

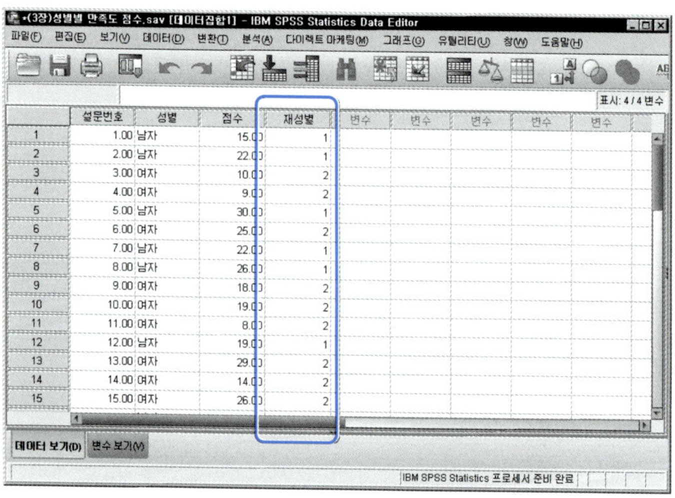

	설문번호	성별	점수	재성별
1	1.00	남자	15.00	1
2	2.00	남자	22.00	1
3	3.00	여자	10.00	2
4	4.00	여자	9.00	2
5	5.00	남자	30.00	1
6	6.00	여자	25.00	2
7	7.00	남자	22.00	1
8	8.00	남자	26.00	1
9	9.00	여자	18.00	2
10	10.00	여자	19.00	2
11	11.00	여자	8.00	2
12	12.00	남자	19.00	1
13	13.00	여자	29.00	2
14	14.00	여자	14.00	2
15	15.00	여자	26.00	2

그림 3.3.54 자동 코딩변경(A) 결과

3.3.5.6. 결측값 대체(V)

결측값 대체(V)[7]는 특정 변수의 결측값을 예측 · 대체하는 명령이다. **<그림 3.3.55>**는 15명을 대상으로 현재 이용 중인 휴대전화에 대한 디자인 만족도(만족1), 통화품질 만족도(만족2), 요금제 만족도(만족3)를 조사한 자료이다. 통화품질 만족도(만족2)에 다수 등장하는 결측값을 대체해 보고자 한다.

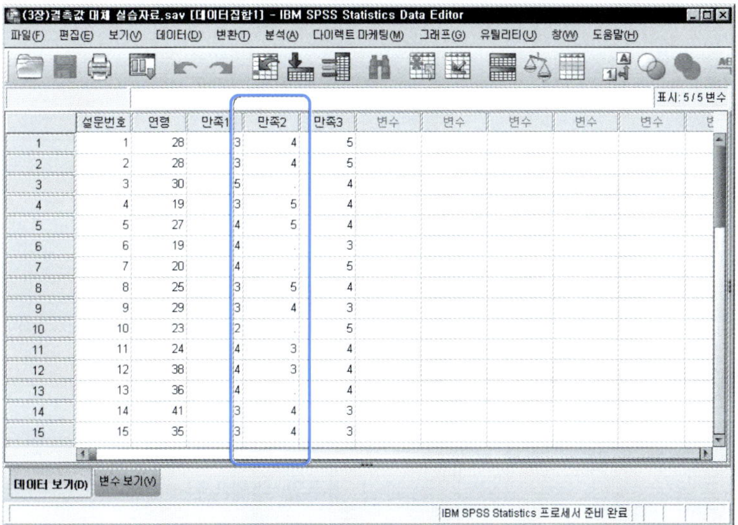

	설문번호	연령	만족1	만족2	만족3
1	1	28	3	4	5
2	2	28	3	4	5
3	3	30	5	.	4
4	4	19	3	5	4
5	5	27	4	5	4
6	6	19	4	.	3
7	7	20	4	.	5
8	8	25	3	5	4
9	9	29	3	4	3
10	10	23	2	.	5
11	11	24	4	3	4
12	12	38	4	3	4
13	13	36	4	.	4
14	14	41	3	4	3
15	15	35	3	4	3

그림 3.3.55 결측값 포함 데이터

분석(A)-결측값 분석(V)을 실행하여 **<그림 3.3.56>** 대화상자가 나타나면, 기본적으로 **방법(M):**에서 **계열평균**이 선택되어 있으며, 이때 **새 변수(N):**에는 만족2_1 = SMEAN(만족2) 라는 식이 생성된다. 이는 '만족2' 변수에서 결측치를 보정한 후 '만족2_1'변수로 새로 만드는데 이 '만족2_1'변수는 '만족2' 변수의 평균값으로 결측값을 대체한다는 뜻이다. 만일 **방법(M):**에서 근접한 값들의 평균 을 선택하고 바꾸기(H) 를 누르면 만족2_1 = MEAN(만족2 2) 로 바뀐다. 근접한 값들의 중위수 를 선택하

7) 본 명령은 결측값에 대한 단순 대체 방법이며, 보다 정밀한 결측값의 대체는 **분석(A)-결측값 분석(V)**을 이용해야 한다. **결측값 분석(V)** 명령은 변수의 분포가 왜곡되는 단점을 지닌 단순 대체 방법을 보완하여 패턴과 기술통계를 확인하고 알고리즘을 통한 추정을 하는 방식이다. 만일 **분석(A)-결측값 분석(V)**에서 **추정**의 **EM(M)** 및 **회귀분석(N)** 방식으로 결측값을 대체한 경우, 변수의 생성을 희망하면 각각 EM(M)... 또는 회귀(N)... 를 눌러 나타난 대화상자에서 **완전한 데이터 저장(V)** 명령을 이용하면 된다.

고 바꾸기(H) 를 누르면 연산 명령이 중위수를 뜻하는 MEDIAN으로 바뀌어 만족2_1 = MEDIAN(만족2 2) 처럼 수정된다. 선형 보간법 과 결측점에서 선형 추세 를 선택하고 바꾸기(H) 를 누르면 각각 만족2_1 = LINT(만족2) 과 만족2_1 = TREND(만족2) 으로 해당 명령이 반영된다.

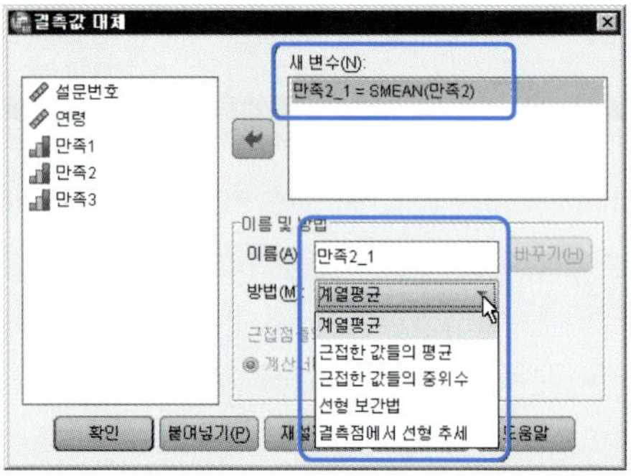

그림 3.3.56 결측값 대체(V) 대화상자

<그림 3.3.57>은 **결측점에서 선형 추세**를 선택하고 확인 을 눌러 생성된 결과이다. 마지막 변수로 만족2_1 이 생성되었는데, 3번, 6번, 7번, 13번의 결측 케이스들의 수치가 보정되었다. 이처럼 **결측값 대체(V)**는 간단한 방법으로 결측치를 보정할 수 있다[8].

8) 엄격한 시각에서 보면 재조사를 통한 보정과 달리, 후속적·통계적 조정이 반영된 데이터는 참값으로 인정하기 어려울 수 있다. 수집된 데이터에는 가급적이면 인위적인 개입이 이루어지지 않는 것이 바람직하기 때문이다. 그렇기에 본 저자는 **결측값 대체(V)** 혹은 **분석(A)-결측값 분석(V)**에 대해 매우 조심스러운 입장이다. 이러 이유로 보다 자세한 결측치분석(Missing Value Analysis : MVA)을 수록하지 않았으므로 관련 내용은 다른 서적을 통해 살펴보기 바란다. 덧붙이자면 대표성이 현저히 떨어지거나 혹은 올바른 예측이 불가능할 정도로 데이터의 완성도가 낮은 경우 등 불가피한 상황이 아니라면 되도록 결측치분석을 통한 데이터 수정은 삼가기 바라며, 이런 경우에도 재조사 등을 통한 보정을 먼저 고민해야 할 것이다.

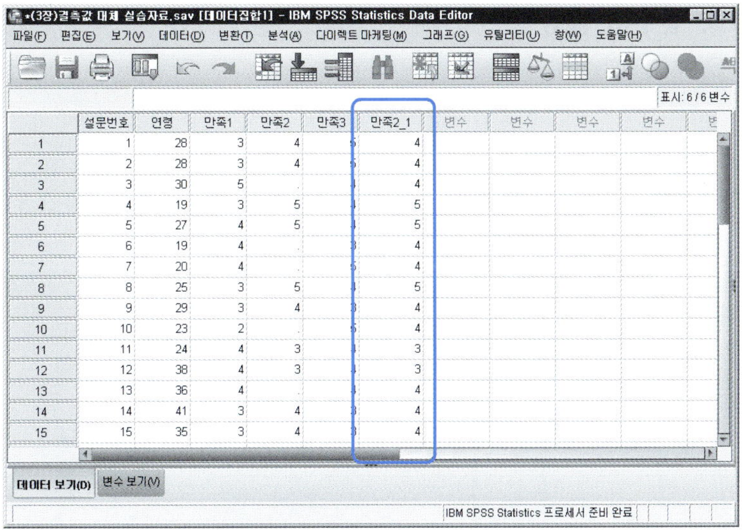

그림 3.3.57 결측값 대체(V) 결과

3.3.6. 분석(A)

분석(A)에는 각종 통계분석 수행명령들이 모여 있다. 본 메뉴의 하위메뉴와 명령들은 각 통계분석기법을 설명하면서 다루기로 하고 본 단원에서는 생략한다.

3.3.7. 그래프(G)

그래프(G) 메뉴는 다양한 그래프를 그릴 수 있도록 지원한다. **6.5. SPSS를 이용한 기술통계**에서도 잠시 언급되겠으나, 종류만큼 시각적 전달 능력이 우수하다고는 보기 힘들다. 따라서 실무에서는 자주 쓰이는 막대그래프, 원도표, 선도표 등의 그래프를 Excel 등 다른 소프트웨어에서 작성하여 보고서에 첨부하는 것이 보편적인 관례이다.

또한 SPSS를 통해 활용가치가 높은 상자그림(Boxplots), 히스토그램(Histogram)은 **6.5. SPSS를 이용한 기술통계**에서, 산점도(Scatter)에 대해서는 **11. 상관분석의 이해**에서 거론하기로 한다.

3.3.8. 변수값 설명

변수값 설명은 자주 그리고 유용하게 쓰인다. 상단의 아이콘 중에서 이 본 기능을 수행한다.

<그림 3.3.58>은 **변수값 설명**을 미실행한 데이터 상태이며, **<그림 3.3.59>**는 실행한 데이터 상태이다.

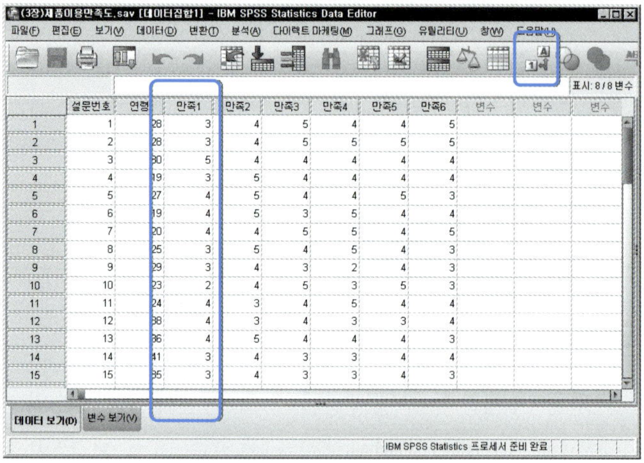

그림 3.3.58 변수값 설명 미실행

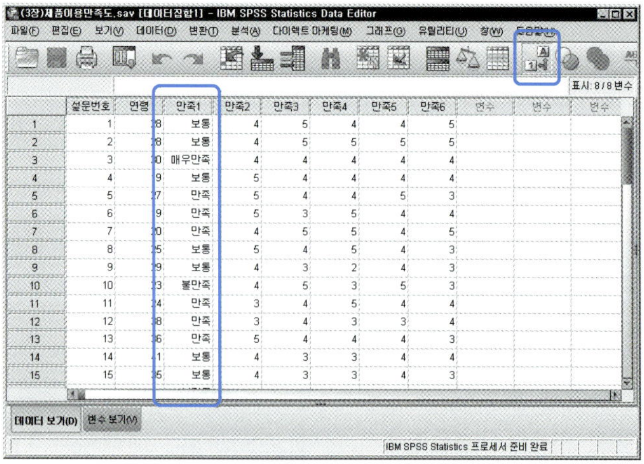

그림 3.3.59 변수값 설명 실행

통상 리커트 척도 문항들은 1=매우 부정, 2=부정, 3=보통, 4=긍정, 5=매우 긍정을 의미한다. 이처럼 각각의 숫자마다 의미하는 내용이 있는 경우, 각각의 값을 부여해놓으면 식별성이 좋게 된다. 물론 이런 작업이 직접적으로 통계분석 결과에 영향을 미치지는 않으나, 결과 또는 데이터의 정황을 한눈에 보기에 편하게 해주는 부수적인 기능이다.

<그림 3.3.59>처럼 응답범주의 의미가 나타나려면 **값**을 지정해야 하는데, **값**을 지정하기 위해서는 **3.2. SPSS 주요 창**에서 다루고 있는 **데이터 편집기** 창의 [변수 보기(V)] 에서 가능하다. 지정을 원하는 변수의 [값] 에서 오른쪽을 클릭하면 **<그림 3.3.60>**과 같이 [...] 버튼이 뜨면서 **<그림 3.3.61>**이 나타난다. 여기에서 **기준값(A)**:과 **설명(L)**: 및 [추가(A)] 를 이용하여 각각의 값을 부여한다.

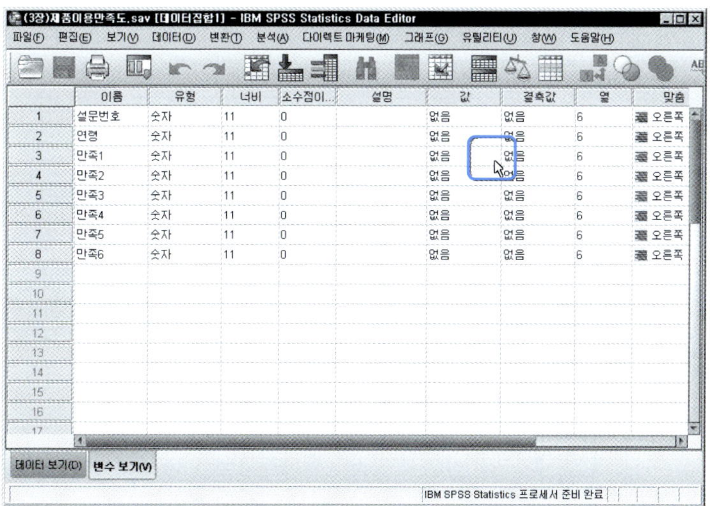

그림 3.3.60 변수 보기 창에서의 변수값 지정

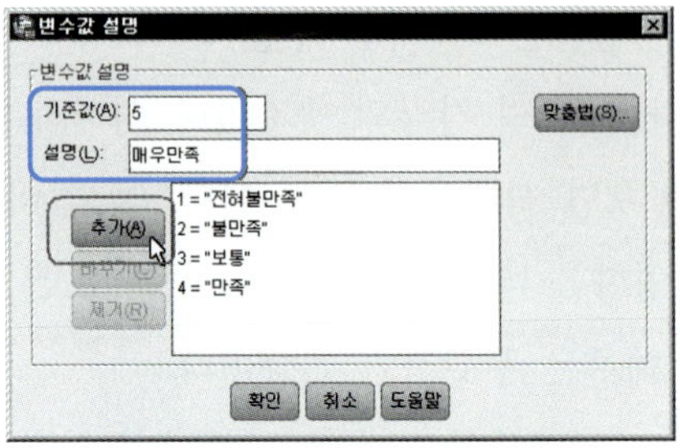

그림 3.3.61 변수값 설명 대화상자

변수**값**의 지정과 미지정은 통계결과에 직접적으로 영향을 주는 것은 아니지만 식별성에 도움을 준다. **<그림 3.3.62>**는 **값**을 지정하지 않은 상태에서 실행한 빈도분석 결과이며, **<그림 3.3.63>**은 **값**을 지정한 동일 변수에 대한 빈도분석 결과이다. 번거롭더라도 데이터 분석 초기에 범주형 변수들은 설문지와 동일하게 변수값을 지정해 주는 것이 작업에 편의를 도모할 수 있다.

빈도분석

[데이터집합1] E:₩SPSS를 이용한 조사방법 및 통계분석의 이해 Data₩(3장)제품이용만족도.sav

통계량

만족1

N	유효	30
	결측	0

만족1

		빈도	퍼센트	유효 퍼센트	누적퍼센트
유효	1	1	3.3	3.3	3.3
	2	5	16.7	16.7	20.0
	3	14	46.7	46.7	66.7
	4	8	26.7	26.7	93.3
	5	2	6.7	6.7	100.0
	합계	30	100.0	100.0	

그림 3.3.62 변수값 미지정 분석결과

빈도분석

[데이터집합1] E:₩SPSS를 이용한 조사방법 및 통계분석의 이해 Data₩(3장)제품이용만족도.sav

통계량

만족1

N	유효	30
	결측	0

만족1

		빈도	퍼센트	유효 퍼센트	누적퍼센트
유효	전혀불만족	1	3.3	3.3	3.3
	불만족	5	16.7	16.7	20.0
	보통	14	46.7	46.7	66.7
	만족	8	26.7	26.7	93.3
	매우만족	2	6.7	6.7	100.0
	합계	30	100.0	100.0	

그림 3.3.63 변수값 지정 분석결과

04 데이터의 코딩

04 데이터의 코딩

설문조사가 종료되면 설문지의 데이터 내용을 통계 프로그램에 적용할 수 있도록 코딩(coding) 작업을 실시해야 한다.

데이터 코딩에 보편적으로 많이 활용되는 프로그램은 Microsoft Excel이다. 물론 많은 연구자가 SPSS 데이터 창에 직접적으로 데이터를 코딩한다. 그러나 SPSS 데이터파일(*.sav)은 다른 통계 프로그램과 호환이 되지 않는 경우가 많기 때문에 SAS 등 다른 패키지를 활용하기 위해서는 Excel(*.xls) 파일이나 텍스트(*.txt) 파일로 다시 저장을 해야 하는 번거로움이 있다. 그러므로 Raw Data의 관리는 가급적이면 상대적으로 호환성이 좋은 Microsoft Excel을 이용하는 것이 불편을 덜 수 있다.

다음은 ○○社에서 내근직 직원을 대상으로 조사된 직무만족도 설문지 예시이다. 이 자료로 Microsoft Excel에 코딩하는 방법과, SPSS 데이터 창에 직접적으로 코딩하는 방법을 살펴보고자 한다[1].

1) 설문 문항 중에는 여러 개를 선택할 수 있는 다중응답 문항도 있을 수 있다. 다중응답 문항은 본 예시에는 없으나, **14. 다중응답 분석의 이해**에서 언급되므로 참고하기 바란다.

직무만족도 설문지 예시

※ 다음은 귀하의 일반적인 사항과 직무특성을 알아보기 위한 것입니다. 각 항목에 해당되는 곳에 (V)표를 해주시거나 직접 내용을 기록해 주십시오.

1. 귀하의 성별은? ① 남 (√) ② 여 ( )

2. 귀하의 연령은? 만 (42) 세

3. 귀하의 결혼 여부는? ① 미혼 ( ) ② 기혼 (√)

4. 귀하의 학력은?
① 고졸 이하 ( ) ② 2년제 대졸 ( ) ③ 4년제 대졸 (√)
④ 대학원 재학 중 ( ) ⑤ 대학원 졸 ( )

5. 귀하의 종교는?
① 기독교 ( ) ② 천주교 (√) ③ 불교 ( )
④ 무교 ( ) ⑤ 기타 (________________)

6. 귀하가 현재 직장에서 근무한 기간은 얼마나 됩니까?
(7)년 (3) 개월

7. 귀하가 직장생활을 한 전체 기간은 얼마나 됩니까?
(16) 년 (5) 개월

8. 귀하의 소속부서는?
① 총무팀 ( ) ② 기획팀 ( ) ③ 인사팀 ( )
④ 영업팀 ( ) ⑤ 홍보팀 (√) ⑥ 기타 (________________)

9. 귀하의 직급은?
① 일반 사원 ( ) ② 주임 ( ) ③ 대리 ( ) ④ 과장 (√)
⑤ 부장 ( ) ⑥ 기타 (__________)

10. 귀하의 월 평균 수입은?
① 150만 원 미만 ( ) ② 150~180만 원 미만 ( ) ③ 180~210만 원 미만 ( )
④ 210~240만 원 미만 ( ) ⑤ 240~270만 원 미만 (√) ⑥ 270만 원 이상 ( )

11. 다음은 직무와 관련된 문항입니다. 해당되는 곳에 √표 하시기 바랍니다.

항 목		전혀 그렇지 않다	그렇지 않다	보통이다	그렇다	매우 그렇다
1)	나는 가치있는 일을 하고 있다.				√	
2)	나의 직무환경은 만족스럽다.			√		
3)	나의 일은 나의 능력발휘의 기회를 거의 주지 않는다.			√		
4)	나는 나의 직무를 수행함으로써 보람(성취감)을 느낀다.				√	
5)	나의 직무는 내 자신의 능력개발에도 많은 도움을 준다.				√	
6)	나는 나의 직무에 대해 전반적으로 만족한다.					√
7)	나는 직무에 과도한 부담을 느낄 때가 있다.			√		

4.1. Excel을 이용한 데이터 코딩하기

Microsoft Excel를 이용하여 데이터를 코딩할 때 가장 기본적으로 할 일은 변수명을 설정하는 일이다.

<그림 4.1.1>은 ○○社 내근직 직원의 직무만족도 조사를 코딩하기 위해 Excel 창에서 변수명을 설정한 예이다.

Excel 창 상단의 A, B, C, D, E,……는 설문지의 각 문항을 의미하며, 왼쪽에 회색으로 부여되어 있는 1, 2, 3, 4,……는 각 사례를 의미하게 된다. 물론 첫째 행에 변수명을 설정하므로 왼쪽 숫자의 2에서부터 첫 번째 설문지를 의미하게 된다.

A의 **'설문번호'** 변수는 수거된 설문지에 부여한 설문지 번호를 입력시키기 위한 목적을 지니며, 설문지 번호와 일치되어야 한다. 코딩을 완료한 후 실수로 미입력 또는 오기입된 것이 발견되었을 때, 또는 해당 사례의 설문지에 대

한 재검토가 필요하게 되었을 때 설문지를 쉽게 찾아 비교하기 위해서는 반드시 필요하다.

변수의 설정은 문항별로 응답이 기대되는 모든 사항을 지정해야 한다. 예를 들어, 앞의 설문지 5번에는 ⑤ 기타에 개방형으로 기타의 세부사항을 기재토록 하였다. 따라서 5번에는 제시된 응답범주를 입력할 수 있는 변수 외에도 그림처럼 **'Q5기타'**라는 변수를 설정해야 하는 것이다.

마찬가지로 6번 및 7번은 경력을 질문하고 있으며, '년'과 '개월'을 묻고 있으므로 각각에 대해 변수로 모두 설정한다.

Excel에서 코딩이 완료되면 SPSS에서 이를 불러들인다. SPSS에서는 변수명으로서 숫자가 처음 등장할 수 없으므로 Q 등의 문자를 설문번호 앞에 병기한다. 만일 첫 글자로 문자를 부여하지 않으면 @11_1 처럼 자동으로 @가 변수명 첫 글자로 배정된다. 또한 SPSS에서 변수명으로 **Q11-1**처럼 **(-)**는 적용되지 못한다. 따라서 직무만족도를 묻는 11번의 하위 문항들 번호는 Shift + - 로써 **Q11_1**처럼 **(_)**로 입력한다[2]. 만일 **(-)**로 기입하면 Q112 와 같이 변수명이 설정된다.

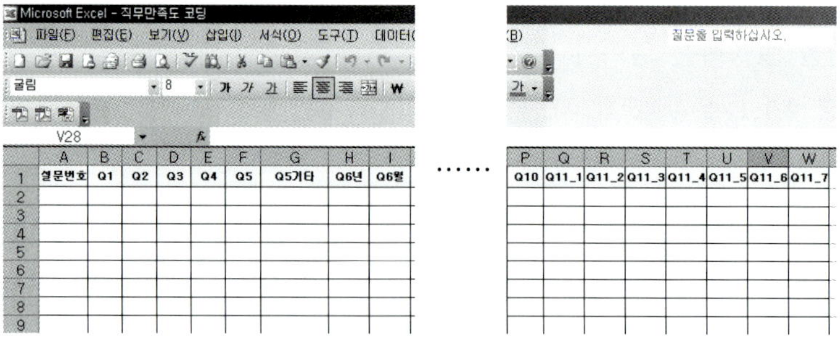

그림 4.1.1 Excel에서의 변수명 설정

2) 반드시 두 사항을 만족하지 않아도 Excel 데이터를 SPSS에서 불러들이는 데는 문제없으나, SPSS에서 변수명을 다시 수정하는 추가작업이 필요하게 된다. 따라서 두 사항은 미리 준수하는 것이 편리하다.

변수명 설정이 완료되면 첫 번째 설문지부터 코딩을 시작한다. 반드시 설문지에 응답된 대로만 코딩하되, 설문지에서 무응답으로 나타난 사항은 코딩에서도 입력을 하지 않는다[3](**<그림 4.1.2>** 참조).

한편 코딩작업을 하다 보면 컴퓨터가 갑작스레 꺼지거나 다운되어 열심히 코딩 중이던 데이터를 일순간에 잃게 되는 경우가 허다하다. 그러므로 데이터를 코딩할 때는 수시로 Ctrl + S 또는 **파일(F)-저장(S)**을 눌러서 저장하는 습관을 들이도록 한다.

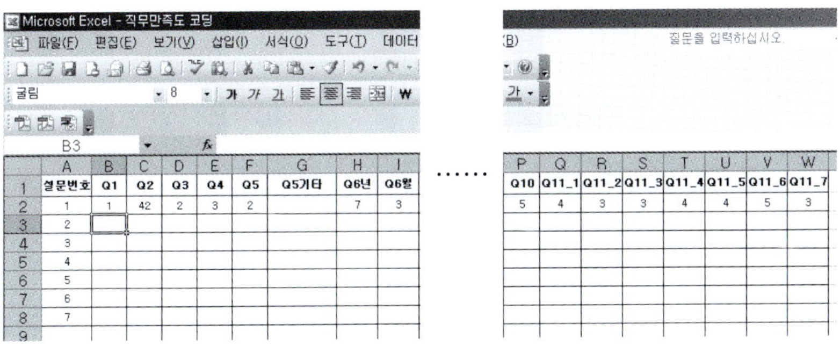

그림 4.1.2 Excel에서의 데이터 코딩

코딩이 완료되면 실행되어 있는 Excel을 닫고 SPSS를 실행시켜 **파일(F)-열기(O)-데이터(A)**를 실행한다. **<그림 4.1.3>**처럼 ▾ 으로 Excel(*.xls)을 지정하고 해당 파일을 선택하면 **<그림 4.1.4>**의 대화상자가 뜨는데, 이는 Excel 데이터의 첫 행을 변수이름으로 지정하겠느냐는 물음이다. 이미 우리는 Excel에 코딩하면서 첫 행을 변수명으로 작성했으므로 그림처럼 **데이터 첫 행에서 변수이름 읽어오기**가 지정된 상태에서 [확인] 을 누른다.

3) 경우에 따라 미입력된 데이터는 '99' 등을 입력하고 추후 SPSS에서 이를 [결측값] 으로 지정하기도 하지만 실제로 일을 하다 보면 이처럼 결측치를 따로 구분해놓는 것이 큰 의미를 갖지 못할 뿐 아니라 어떤 경우에는 오히려 '99'라는 수치로 인해 혼란을 가져오기도 한다. 따라서 설문지에 미응답된 것은 코딩에서도 미입력하는 것이 좋다.

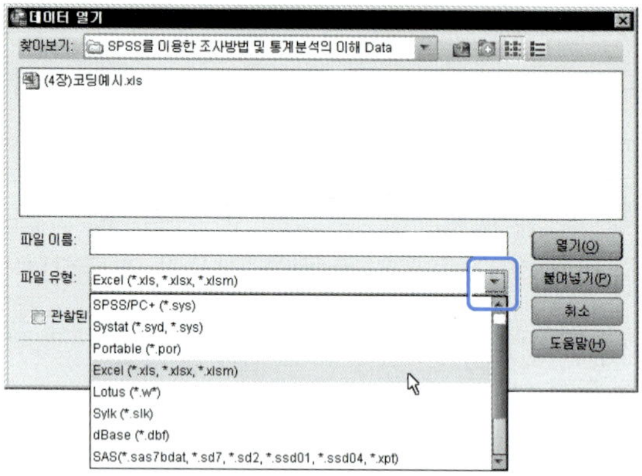

그림 4.1.3 SPSS에서 Excel 데이터 열기

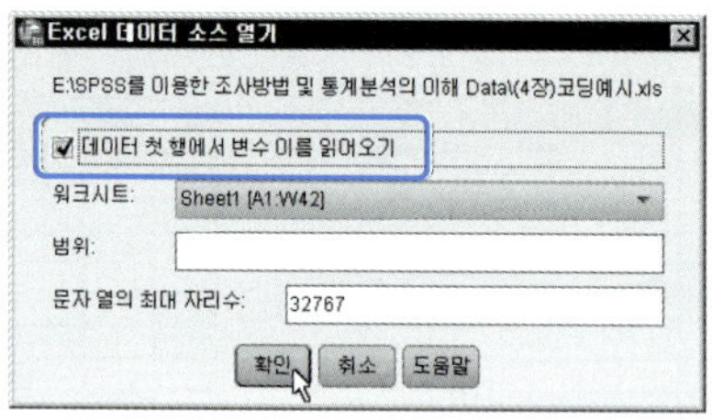

그림 4.1.4 데이터 첫 행에서 변수이름 읽어오기 대화상자

확인 을 누르면 아래와 같은 오류 안내를 접할 수 있다. 이는 Excel에서 파일을 열어놓은 채 SPSS에서 불러들였기 때문이다. 그러므로 반드시 코딩이 완료되면 저장을 한 후 Excel을 닫고 SPSS를 실행한다.

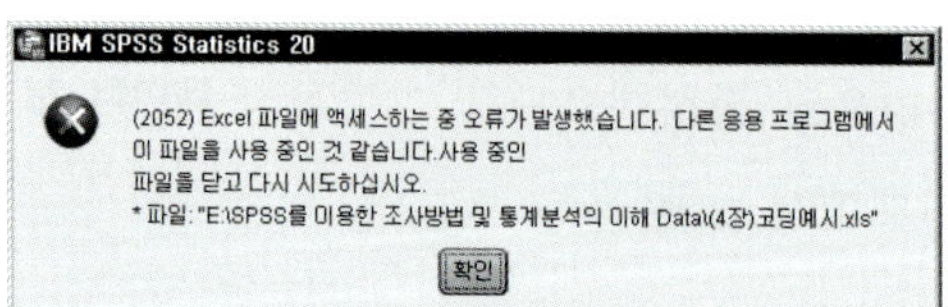

그림 4.1.5 공유위반 경고 메시지

더불어 SPSS에서는 변수명으로 한글 32자 이상, 알파벳 64자 이상은 인식하지 못한다. 따라서 Excel에서 변수명을 설정할 때 주의해야 한다. 물론 가

급적이면 변수명은 간단명료한 것이 식별에 좋겠다.

열어놓았던 Excel 창을 닫고 다시 상기 절차를 밟아 파일 불러오기를 시도하면 **<그림 4.1.6>**과 같이 SPSS 데이터 파일에 변수명이 Excel 파일과 동일하게 지정되어 있음을 확인할 수 있다.

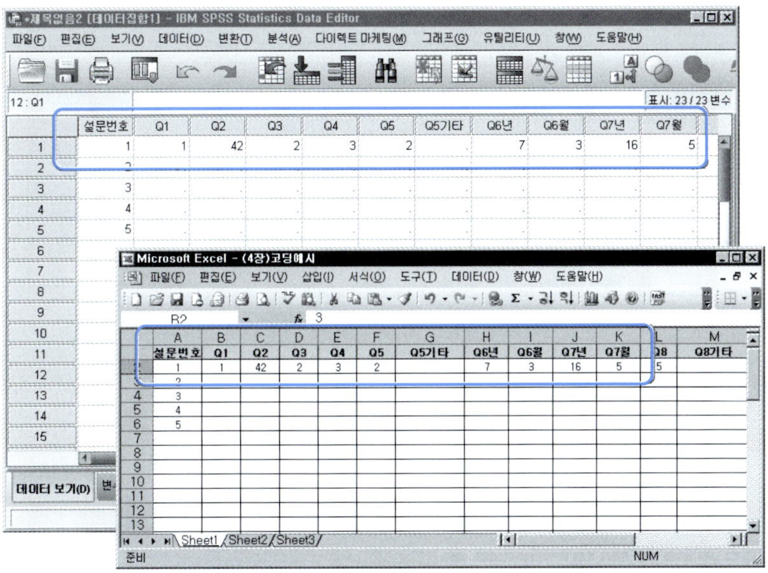

그림 4.1.6 Excel 데이터와 SPSS 데이터 파일 비교

이제 **데이터 편집기** 창 하단의 변수 보기(V) 를 누른 후 아래와 같이 각 변수마다 값 을 지정한다(**<그림 4.1.7>**, **<그림 4.1.8>** 참조).

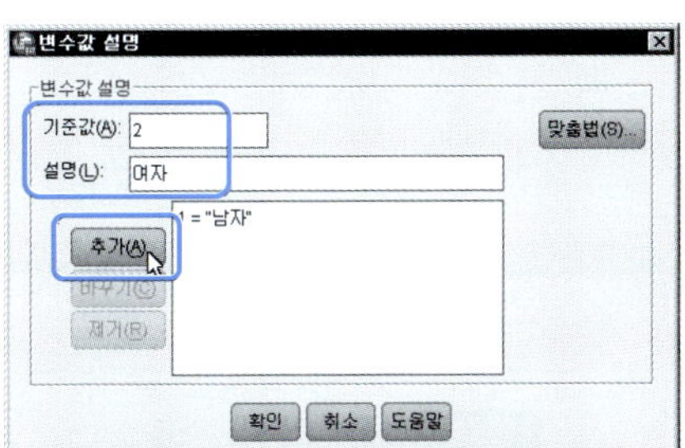

그림 4.1.7 각 변수값 지정 예시

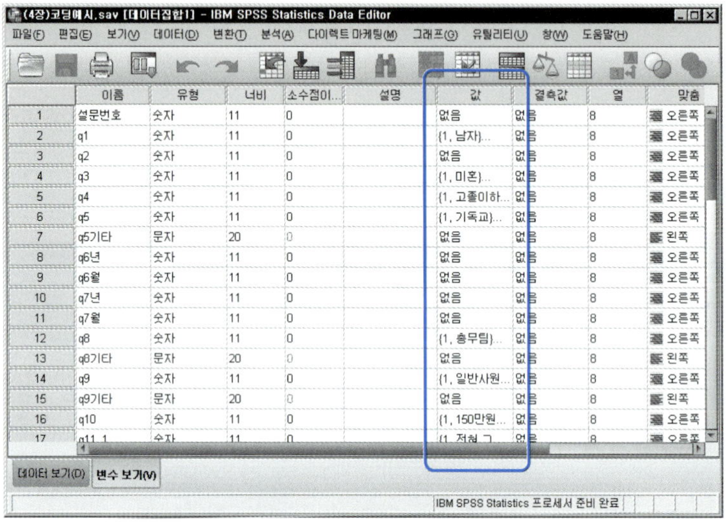

그림 4.1.8 각 변수의 값 지정 결과

데이터 보기(D) 로 창을 전환하면 <그림 4.1.9>처럼 각 변수값이 확인된다.

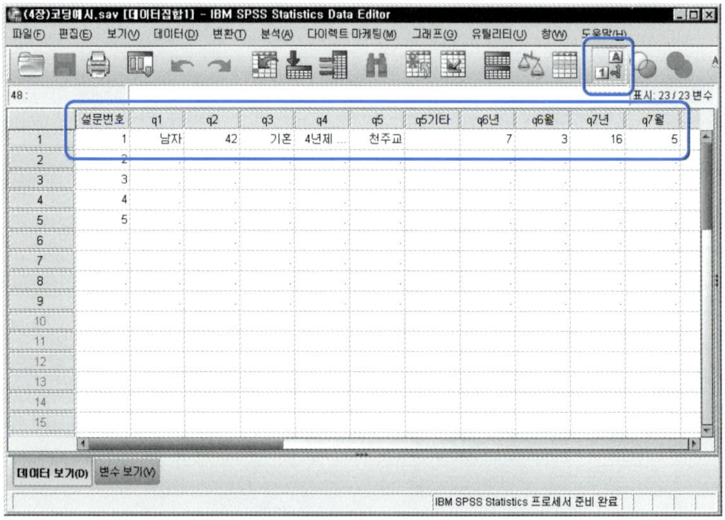

그림 4.1.9 코딩의 완료

4.2. SPSS를 이용한 데이터 코딩하기

SPSS에 직접 데이터를 코딩할 때는 변수명 설정이 우선되어야 한다. **데이터 편집기** 창에서 변수 보기(V) 를 클릭한 후 이름 에 각 변수명을 입력한다. 이때 **'q5기타'**, **'q8기타'**, **'q9기타'** 변수는 문자로 입력해야 하므로 유형 을 **문자(R)**로 지정하고 **너비(W):**는 입력되는 문자의 글자 수이므로 넉넉하게 적용한다. 본 예에서는 40자(한글 20자)로 지정하였다. 소수점 이상의 자릿수를 뜻하는 너비 와 소수점이하자리 는 제한은 없으므로 적당히 지정하면 된다. 또한 필요한 경우 변수마다 값 을 지정한다(**<그림 4.2.1>**, **<그림 4.2.2>** 참조).

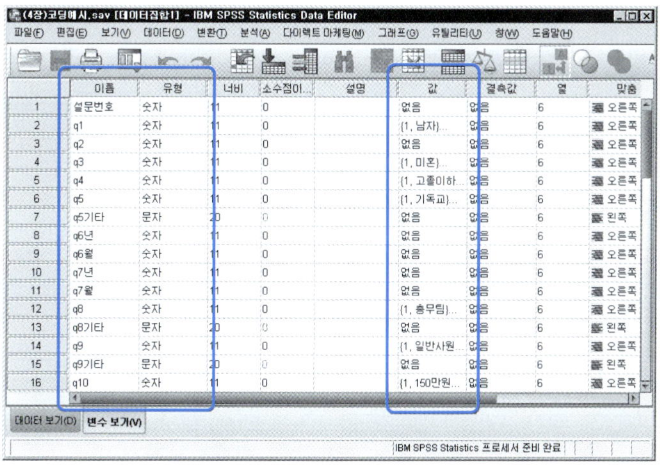

그림 4.2.1 변수명 및 유형, 값 설정

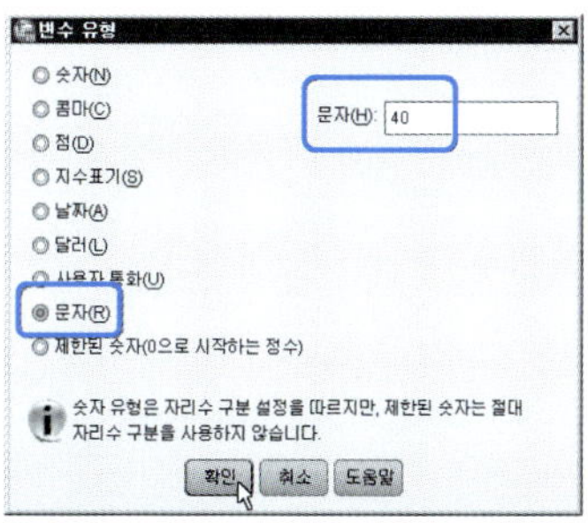

그림 4.2.2 변수 유형의 문자열 지정

데이터 편집기 창 하단 데이터 보기(D) 로 창을 전환한 뒤 데이터를 코딩한다(**<그림 4.2.3>** 참조).

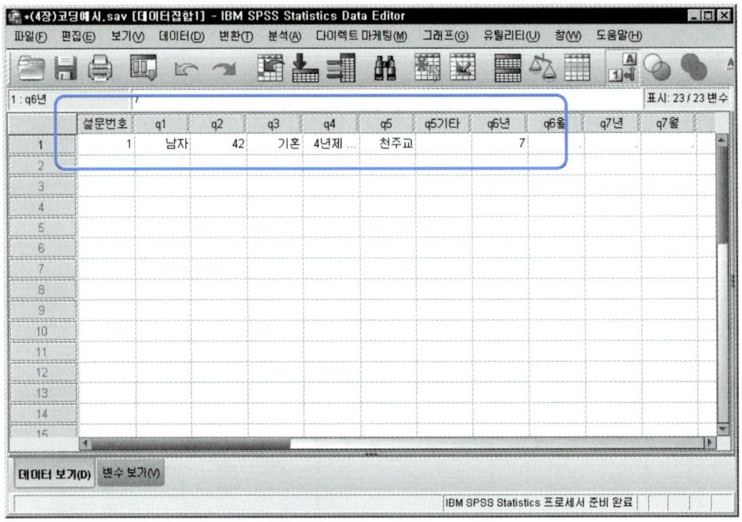

그림 4.2.3 데이터의 코딩

05 통계분석을 위한 기초

05 통계분석을 위한 기초

5.1. 통계분석을 위한 기본 개념

5.1.1. 모집단과 표본

모집단이란, 통계적 관찰대상이 되는 개체의 전체집합을 의미하며, 유한한 추출단위를 지닌 유한(有限)모집단과 무한한 추출단위를 지닌 무한(無限)모집단으로 구분할 수 있다. **표본**은 모집단에서 조사대상으로 추출된 일부분인 부분집합을 의미한다. 모집단으로부터 표본을 뽑아내는 과정을 **표본추출(=표집, Sampling)**이라고 한다.

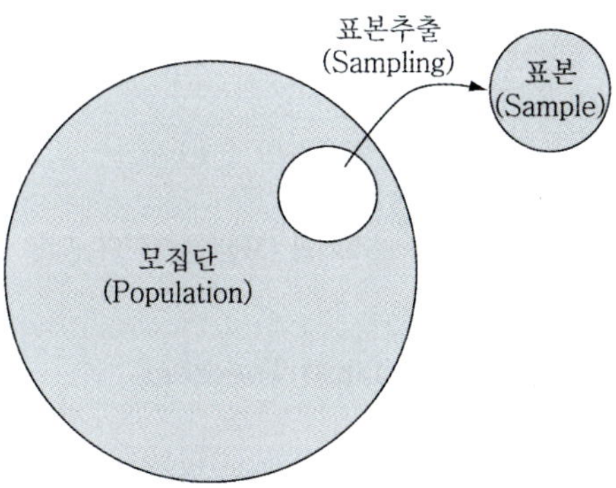

그림 5.1.1 모집단과 표본

한편 어느 집단의 특성을 나타내는 여러 가지 값을 특성치(特性値)라고 하는데, 모집단의 특성치는 모수치(母數値), 표본집단의 특성치는 표본통계량(=통계량)이라고 지칭한다. 모수치와 표본통계량을 나타내는 기호는 **<표 5.1.1>**에서 살펴볼 수 있으며, **<그림 5.1.2>**에서는 모수치와 표본통계량 간의 관계를 보여준다.

❖ 표 5.1.1] **모수와 (표본)통계량**

모집단		표 본	
모평균	μ	표본평균	$\overline{X}$
모분산	σ^2	표본분산	s^2
모표준편차	σ	표본표준편차	s
모비율	P	표본비율	p
모수		(표본)통계량	

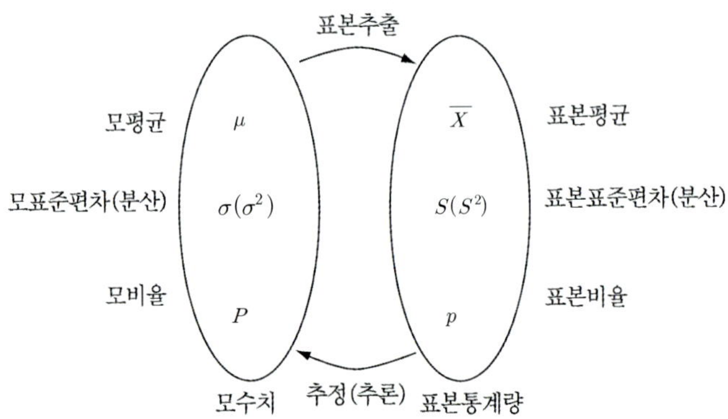

그림 5.1.2 **모수치와 (표본)통계량의 관계**

5.1.2. 중심극한정리(Central Limit Theorem)

통계학을 공부하다 보면 **중심극한정리**라는 용어가 많이 강조된다. 중심극한정리는 현대통계학의 기본이 되는 이론으로서 매우 중요한 기본 정리라 할 수 있다.

먼저 전체 모집단에서 **<그림 5.1.3>**처럼 $X_{11} \sim X_{1n}$으로 구성된 첫 번째 집단을 표본추출을 할 수 있다. 이 집단의 평균값을 계산하면 $\overline{X}_{1n}$이 된다. 이 집단을 전체 모집단에 복원한 후 표본추출을 다시 시행하여 $X_{21} \sim X_{2n}$으로 구성된 두 번째 집단을 추출한다. 이 두 번째 집단의 평균은 $\overline{X}_{2n}$이다. 이 과정을 무한히 반복하여 평균을 계산한 후 평균들로 새롭게 집단을 만들면 $\overline{X}_{1n}$에서 $\overline{X}_{kn}$까지, 즉 각 개별 표본추출집단의 평균값들로 구성된 표집분포(Sampling Distribution)가 이루어진다.

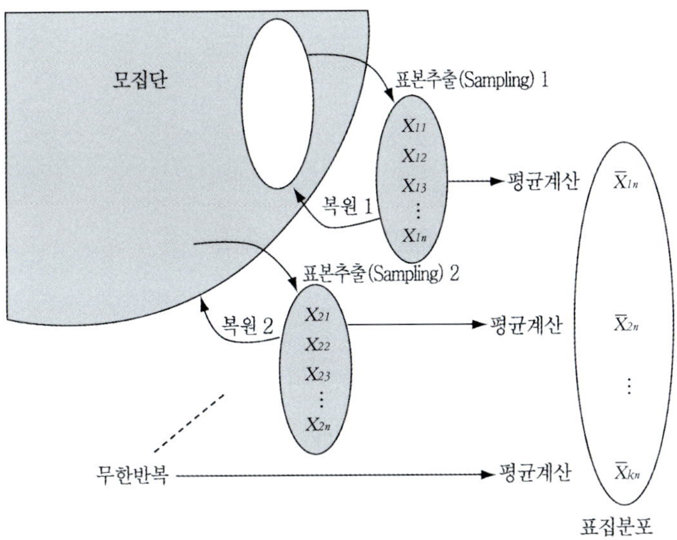

그림 5.1.3 표본추출(표집)과 표집분포

통계학자들이 이 표집분포의 평균, 즉 $\overline{\overline{X}}_{kn}$를 모집단의 평균인 μ와 비교하니 두 값은 근사적으로 같게 나타남을 밝혀냈다. 이것이 바로 중심극한정리의 첫 번째 원칙이다.

다음으로, 이 표집분포의 분산($s^2_{\overline{X_{kn}}}$)은 모분산을 n으로 나눈 값, 즉 $\frac{\sigma^2}{n}$과 근사하게 일치하게 나타났는데, 이것이 바로 중심극한정리의 두 번째 원칙이다.

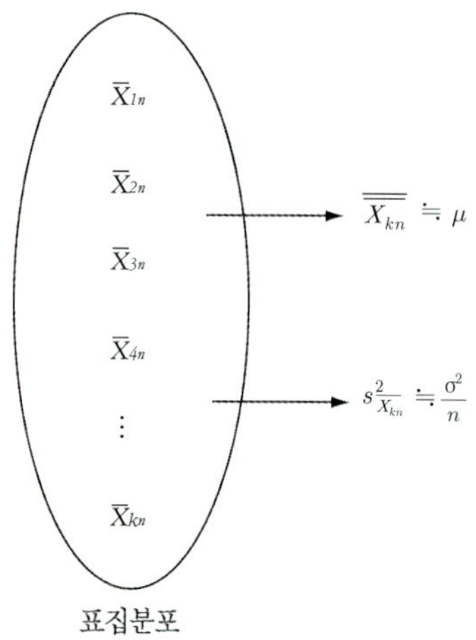

그림 5.1.4 중심극한정리

마지막으로 중심극한정리라고 할 수는 없으나, 통상 유효 사례수가 30 이상이면 모수적 기법을 적용한다. 하지만 여기에서 30 이상이라 함은 모든 응답범주마다 각각 30사례 이상임을 의미하는 것이다. 예를 들어, 성별에 따라 서비스의 만족도 차이를 알아보고자 하는 연구가 있다고 하자. 성별은 남자와 여자의 2개 범주로 구분된다. 따라서 남자 30명, 여자 30명으로 총 60명이 최소한 확보되어야 상술한 조건이 적용되며, 모수적 통계분석방법이 적용될 수 있다는 것이다. 만일 유효 사례수가 30 미만인 경우에는 정규성 검정을 거쳐야 하는데, 이때 정규성이 충족되면 비록 사례가 적다 하더라도 비모수적 통계분석방법을 적용하지 않는다.

정규성 검증은 **Kolmogorov-Smirnov** 또는 **Shaprio-Wilk** 검증에 의한 것과 Q-Q 도표를 이용하는 것이 있다. 자세한 사항은 **6. 자료의 특성에 대한 기술**의 **6.5.5. SPSS를 이용한 데이터 탐색(E)**과 **10. 분산분석의 이해**의 **10.3. SPSS를**

이용한 세 집단 이상의 평균 차이 검증 중 **10.3.1. SPSS를 이용한 일원분산분석** 등에서 살펴보기로 하겠다.

5.1.3. 자유도

자유도(degrees of freedom : df)란 「사회과학방법론사전」에 의하면 '주어진 조건하에서 자유롭게 변화할 수 있는 점수, 또는 한 변인의 범주의 수'를 뜻한다. 자유도는 연구자가 표본의 통계치로부터 모집단의 특성을 추론할 때 사용할 수 있는 자유로운 정보의 수를 의미하고 있다.

통계학에서는 편차의 합, 즉 자신과 평균값 간의 차이의 합은 항상 0을 만족해야 한다. 그러므로 반드시 하나의 값은 편차의 합이 0이 되도록 만들어 줄 수밖에 없는 숙명을 지니고 존재한다. 따라서 자유도, 즉 자유로운 정도는 N개에서 -1을 한 값이 되기 때문에 $N-1$이 자유도가 된다.

예를 들어, 우리가 1, 2, 3, 4, 5라는 다섯 개의 값을 지닌 사례를 다룬다고 가정해 보자. 이 집단의 평균은 3이므로 각각의 편차는 −2, −1, 0, 1, 2가 되고, 편차의 합은 0이 된다. 4개의 값이 어떤 편차를 갖더라도 반드시 하나의 값은 전체 편차의 합이 0이 될 숫자로 고정이 될 수밖에 없다. 즉, 5개의 집단이 1, 2, 3, 4와 미지의 한 개 숫자로 구성되고 평균이 3이라고 하게 될 때 미지의 한 개 숫사는 편차의 합이 0이어야 하므로 5일 수밖에 없게 되는 것이다.

5.1.4. 최대허용오차 및 표본크기의 결정

5.1.4.1. 최대허용(표본)오차

우리가 언론을 통해 여론조사 등을 접할 때 '이 조사는 95% 신뢰수준에 ±3%의 오차가 있다'와 같은 발표를 마지막에 듣게 된다. 이 문장은 조사결과가 95%는 믿을 수 있다고 전제할 수 있으며, 결과에 ±3%만큼은 가변성이 있다는 이야기라 하겠다. 여기서 의미하는 오차는 최대허용(표본)오차를 의미하는데, 표본크기 결정에 중요한 역할을 한다.

여기에서는 최대허용(표본)오차와 표본크기 간의 관계를 살펴보고자 한다.

5.1.4.2. 표본크기의 결정[1]

여론조사에서 전체 유권자 모집단의 지지율(P)과 표본으로 뽑힌 유권자의 지지율($\hat{p}$)이 완벽하게 일치($P=\hat{p}$)한다면 가장 이상적인 조사결과이다. 그러나 표본조사이기에 반드시 표본오차가 관여한다. 즉, 유권자 모집단의 지지율(P)과 표본의 지지율($\hat{p}$)에는 오차(ε)가 따라다닌다. 이를 식으로 표현하면 아래와 같다.

$$P = \hat{p} \pm \varepsilon$$

그런데 여기에서 ε은 아래의 식과 같이 바꾸어 표현할 수 있다. 여기서의 p는 일종의 기대값으로서, 해당 사건이 발생될 수 있는 가능성, 달리 표현하여 성공확률이다.

$$\varepsilon = Z_{\frac{\alpha}{2}} \sqrt{\frac{p(1-p)}{n}} \quad \cdots\cdots\cdots\cdots \text{①}$$

여론조사와 같은 연구에서는 가급적 최대허용오차가 3%를 만족시켜 줄 수 있다고 가정한다. 또한 신뢰구간은 보편적으로 95%를 지정하기에 이에 대한 Z값 1.96, 아울러 대부분의 연구에서는 성공확률(p) 역시 전혀 알지 못하기에 중립점인 0.5를 사용한다. 이를 반영하면 ①식에서의 미지수는 아래와 같이 정리된다.

$$0.03 = 1.96\sqrt{\frac{0.5(1-0.5)}{n}} \quad \cdots\cdots\cdots\cdots \text{②}$$

1) **7.1.2. 모수의 구간추정**의 **7.1.2.3. 모비율의 구간추정**에서 다루고 있는 신뢰구간에 대한 사항이 기초가 된다.

②식에서 n을 계산하면 1,067.11이다. 즉, 조사 대상자가 1,068명일 때 95% 신뢰수준에 ±3%의 최대허용(표본)오차를 만족시킨다.

상기 ①식은 표본크기(n)를 기준으로 아래와 같이 재정리할 수 있다.

$$n = p(1-p)\left(\frac{Z_{\frac{\alpha}{2}}}{\varepsilon}\right)^2 \quad \cdots\cdots ③$$

만일 표본크기를 알고 있고 최대허용오차를 구하고 싶다면 위 식에서 n에 표본크기를 대입하여 ε을 계산한다.

한편 ①식에서 볼 때 좌측의 표본오차와 우측의 표본크기(n)는 서로 반비례이므로 표본의 크기가 커지면 커질수록 표본오차는 지속적으로 작아지는 관계가 관찰된다. 따라서 표본크기가 무조건적으로 커지면 좋지 않겠는가 하는 생각을 가질 수 있다. 그러나 표본의 크기가 커진다면 이에 비례하여 비표본오차 역시 커지게 되므로 적절한 표본의 크기 결정은 매우 중요하다. 사회과학 분야에서는 보편적으로 최대허용(표본)오차를 3～4% 정도로 보기에, 이때의 표본크기는 대략 600～1,070명 안팎이다. 다만, 이보다 앞서 모집단의 성격, 연구의 목적과 방법, 연구예산과 시간 등을 고려하여 적절한 표본크기를 선정하는 것이 우선되어야겠다.

5.1.5. 표본추출

표본추출(표집)은 앞 단원에서 언급한 바와 같이 **모집단으로부터 표본을 뽑아내는 과정**이다. 표본추출에 대한 사항은 **2.1.6. 표본추출**에서 이미 기술하고 있기에 이론적인 부분은 언급하지 않겠으며, 본 단원에서는 실무에서 SPSS를 이용하여 단순무작위표본추출법에 의한 일정크기의 표본추출 과정을 살펴보고자 한다.

많은 조사방법론 저서에서 단순무작위표본추출을 거론할 때 이 방법은 보편적으로 제비뽑기나 난수를 활용하여 추출하는 방법이라고 기술한다. 그러나 막상 실무에서 두 방법을 적용하려 하면 의외로 쉽지 않다.

표본의 수가 많은 경우, 제비뽑기는 사실상 무한에 가까운 반복작업으로서 실제 활용이 불가능하며, 난수에 의한 추출 역시 난수표를 펼쳐놓고 수표와 케이스번호를 일일이 체크해 나가는 것이 쉽지 않은 작업이다.

SPSS를 이용하면 난수에 의한 단순무작위표본추출을 간단하게 할 수 있다. 예를 들어, ××놀이공원을 방문한 100명으로부터 수집된 **<표 5.1.5>**의 만족도 조사결과가 있는데, 이들 중 30명을 추출한다고 가정해보자.

❖ 표 5.1.2] ××놀이공원 방문객 만족도 조사 결과

설문번호	거주지역	연령	만족1	만족2	만족3	만족4	만족5	만족6
1	3	32	3	3	1	3	2	3
2	2	41	4	5	1	5	4	3
3	4	22	3	5	4	4	5	3
4	2	71	1	3	3	5	5	2
5	2	75	2	3	5	1	5	3
⋮	⋮	⋮	⋮	⋮	⋮	⋮	⋮	⋮
95	3	44	5	3	4	5	1	1
96	3	28	3	5	5	5	2	3
97	1	54	5	3	5	3	2	5
98	1	40	1	5	4	2	1	5
99	3	27	3	2	3	2	3	4
100	2	36	5	4	1	3	4	5

데이터(D)-케이스 선택(S)에서 **<그림 5.1.5>**처럼 **케이스의 무작위 표본 추출(D)**을 선택한다. 활성화된 [표본(S)...]을 누르면 **<그림 5.1.6>**의 대화상자가 뜨는데, **정확하게(E)** [30] **개의 케이스(처음** [100] **개의 케이스 중에서)**라고 기입한 후 [계속]을 누른다. **대략(A)**은 전체 케이스에서 일정 비율(%)을 추출하는 기능이다.

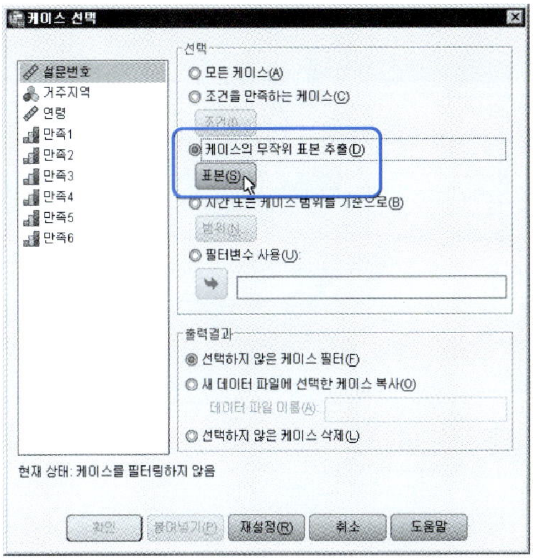

그림 5.1.5 데이터(D) – 케이스 선택(S) – 케이스의 무작위 표본 추출(D)

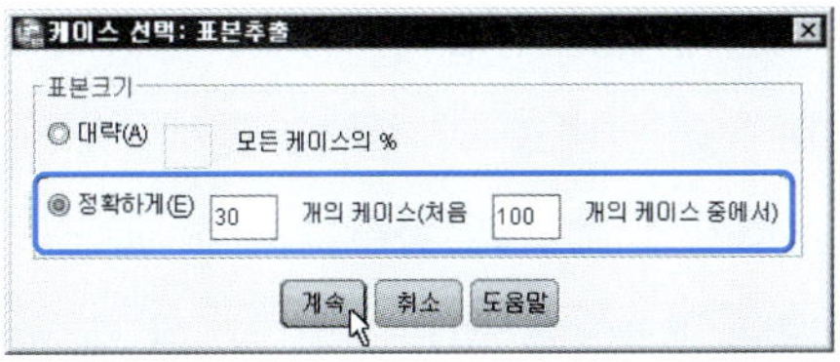

그림 5.1.6 케이스의 무작위 표본 추출(D) 대화상자

<그림 5.1.7>처럼 [표본(S)...] 옆에 **첫 번째 100 케이스에서 30**이라는 조건이 부여된 것이 확인된다면 [확인]을 누른다.

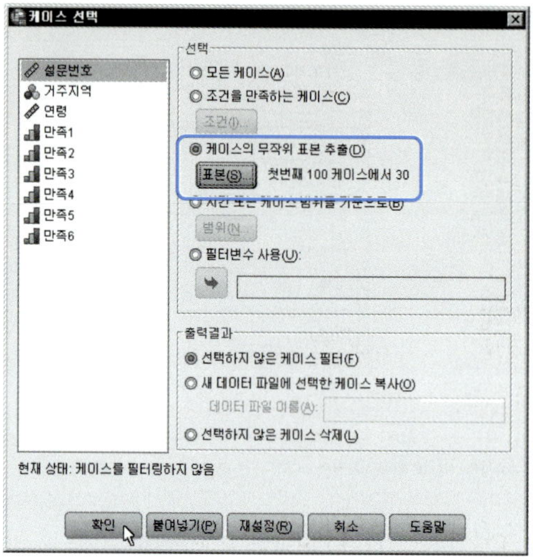

그림 5.1.7 **무작위 표본 추출 설정**

선택된 케이스는 **<그림 5.1.8>**과 같이 왼쪽에 사선이 표시되지 않으며, 마지막에 filter_$ 라는 변수로 선택과 비선택이 표시된다.

만일 선택된 케이스만으로 파일을 만들고자 할 때는 상기 **<그림 5.1.7>**에서 **새 데이터 파일에 선택한 케이스 복사(O)**를 지정하여 새 파일을 만들거나, **선택하지 않은 케이스 삭제(L)**를 지정하여 비선택된 데이터를 삭제한 후 **파일(F)** 메뉴에서 **다른 이름으로 저장(A)**하거나, 데이터 보기(D) 창에서 filter_$ 변수를 내림차순 정렬하고 0으로 코딩된 비선택 사례들을 삭제한 후 새로운 이름으로 저장한다. 단, 이처럼 **케이스 선택(S)** 메뉴에서 무작위표본추출을 수행하는 것을 할 때마다 매번 다른 케이스가 추출된다.

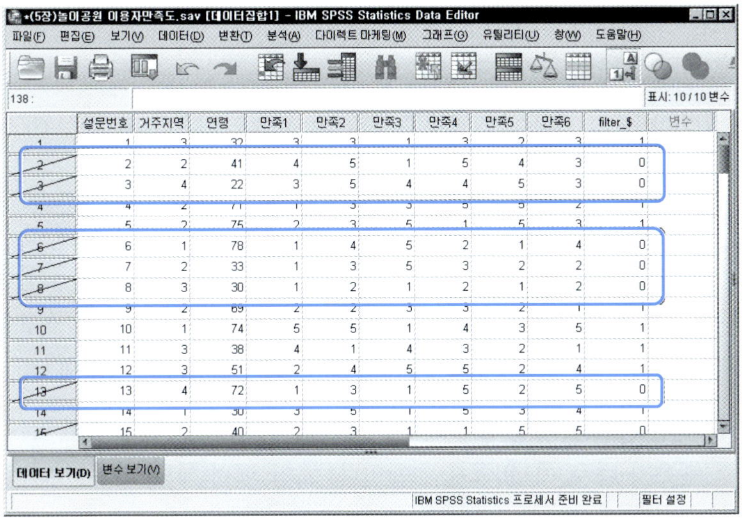

그림 5.1.8 단순무작위표본추출 결과

5.1.6. 유의수준

데이터 분석을 공부하면서 가장 많이 듣는 용어이면서 또한 쉽사리 이해되지 않는 개념 중 하나가 바로 **유의수준**이다.

유의수준을 거론하기에 앞서 우리는 **제Ⅰ종 오류**(Type Ⅰ Error)와 **제Ⅱ종 오류**(Type Ⅱ Error)를 먼저 알아야 한다.

제Ⅰ종 오류는 참인 귀무가설을 기각함으로 인해 발생되는 오류이며 α로 표시한다. **제Ⅱ종 오류**는 거짓인 귀무가설을 채택함으로써 발생되는 오류를 의미하며, β로 표시한다.

어떤 연구자가 ××중학교를 대상으로 3학년 학생들의 키를 조사하는 연구를 수행하였다. 이 조사를 통해 수집된 데이터의 분포를 그려보니 **<그림 5.1.9>**와 같았다. 그런데 ××중학교 인근에는 □□고등학교가 인접한 관계로 조사대상이 아닌 고등학생이 일부 조사에 참여하게 되었다. 연구자는 이런 다양한 방해요인을 제거하기 위해 중학교 3학년 학생 중 키가 140cm 이하인 학생은 조사대상이 아니라고 전제하였으며, 160cm 이상의 학생 역시 고등학생이라고 전제하고 제외시켰다. 그 결과 중학교 3학년의 키는 평균 150cm로 나타났다.

여기에서 우리는 중학교 3학년임에도 불구하고 참값으로 인정되지 못한 140cm 미만과 160cm 이상의 대상들에 주목할 필요가 있다.

140cm 미만이나 160cm 이상은 동일한 경우이므로 160cm에 초점을 맞춰 논의를 진행해 보자.

우선 그림에서 ★에 해당되는 중학교 3학년 학생들은 중학생이 맞음에도 불구하고 제외되었다. 즉, **참값임에도 불구하고 거짓으로 간주된 경우**에 해당된다. 다시 말해 귀무가설(H_0)이 사실임에도 불구하고 이를 채택하지 않는 경우로서, 이런 경우가 바로 **제1종 오류**인 것이다. 또한 이런 **제1종 오류**를 범할 확률을 검증의 **유의수준(level of significance)**이라고 한다.

반대로 그림에서 ○에 해당되는 고등학생들은 사실은 고등학생임에도 불구하고 작은 키로 인해 중학교 3학년이라고 분류되게 되었다. 다시 말해 **거짓임에도 불구하고 참으로 인정된 것**, 즉 귀무가설(H_0)이 거짓임에도 불구하고 이를 기각하지 않는 경우로서, 이것이 바로 **제2종 오류**이다.

한편 그림에서 중학생과 고등학생을 구분짓는 160cm에 해당되는 선을 **임계치**라고 부르며, ▨은 **기각역**, □은 **신뢰구간(채택역)**이라 칭한다.

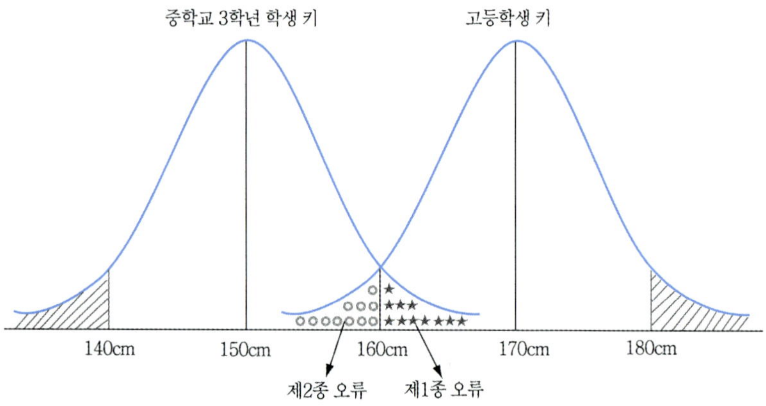

그림 5.1.9 제1종 오류 및 제2종 오류

5.2. 통계분석방법의 선택

5.2.1. 설문 문항의 속성 파악

데이터에 대한 통계분석방법은 변수의 속성에 따라 달라진다. 앞에서 우리는 변수가 위치 및 역할에 따라 **독립(원인)변수**와 **종속(결과)변수**로 구분된다는 것과, 형태에 따라 **양적변수**와 **질적변수**로 분류된다는 것을 알았다. 독립변수와 종속변수에 양적변수와 질적변수가 어떻게 조합되느냐에 따라 통계분석방법의 결정은 달라지므로 변수의 속성에 대한 파악이 선행되어야 한다.

변수는 설문지에서의 각 문항을 의미한다고 보면 이해가 쉬울 것이다. 데이터에 대한 통계분석을 실시하기 위해서는 가장 먼저 설문지의 각 문항마다 변수의 속성을 살펴보는 것이 중요하다. 각 문항이 어떤 속성의 척도인지를 문항마다 기재해 보는 것도 좋은 방법이라 할 수 있다.

다음은 실제로 연구에서 쓰였던 설문 문항의 일부이다. 본 설문지의 문항마다 제시된 **[____]변수**에 어떤 유형의 변수인지 기재해 봄으로써 변수의 속성을 파악해 보도록 하자.

설문 문항의 속성파악 예

※ 다음은 귀하의 일반적인 사항과 직무특성을 알아보기 위한 것입니다. 각 항목에 해당되는 곳에 (V)표를 해주시거나 직접 내용을 기록해 주십시오.

1. 귀하의 성별은? 남 ( ) 여 ( ) [____]변수

2. 귀하의 연령은? 만 ( ) 세 [____]변수

3. 귀하의 결혼 여부는? 미혼 ( ) 기혼 ( ) [____]변수

4. 귀하의 학력은? [____]변수
   ① 고졸 이하 ( ) ② 2년제 대졸 ( ) ③ 4년제 대졸 ( )
   ④ 대학원 재학 중 ( ) ⑤ 대학원 졸 ( )

5. 귀하의 종교는? [______]변수
① 기독교 ( ) ② 천주교 ( ) ③ 불교 ( )
④ 무교 ( ) ⑤ 기타 ( )

6. 귀하가 현재 직장에서 근무한 기간은 얼마나 됩니까? [______]변수
( )년 ( ) 개월

7. 귀하가 직장생활을 한 전체 기간은 얼마나 됩니까? [______]변수
( ) 년 ( ) 개월

8. 귀하의 소속부서는? [______]변수
① 총무팀 ( ) ② 기획팀 ( ) ③ 인사팀 ( )
④ 영업팀 ( ) ⑤ 홍보팀 ( ) ⑥ 기타 (______________)

9. 귀하의 직급은? [______]변수
① 일반 사원 ( ) ② 주임 ( ) ③ 대리 ( ) ④ 과장 ( )
⑤ 부장 ( ) ⑥ 기타 ( )

10. 귀하의 월 평균 수입은? [______]변수
① 150만 원 미만 ( ) ② 150~180만 원 미만 ( ) ③ 180~210만 원 미만 ( )
④ 210~240만 원 미만 ( ) ⑤ 240~270만 원 미만 ( ) ⑥ 270만 원 이상 ( )

11. 다음은 직무와 관련된 문항입니다. 해당되는 곳에 V표 하시기 바랍니다.

	항 목	전혀 그렇지 않다	그렇지 않다	보통 이다	그렇다
1)	나는 가치있는 일을 하고 있다. [____]변수	①	②	③	④
2)	나의 직무환경은 만족스럽다. [____]변수	①	②	③	④
3)	나의 일은 나의 능력발휘의 기회를 거의 주지 않는다. [____]변수	①	②	③	④
4)	나는 나의 직무를 수행함으로써 보람(성취감)을 느낀다. [____]변수	①	②	③	④
5)	나의 직무는 내 자신의 능력개발에도 많은 도움을 준다. [____]변수	①	②	③	④
6)	나는 나의 직무에 대해 전반적으로 만족한다. [____]변수	①	②	③	④
7)	나는 직무에 과도한 부담을 느낄 때가 있다. [____]변수	①	②	③	④
⋮	⋮	⋮	⋮	⋮	⋮

5.2.2. 통계분석방법의 선택[2)]

설문 문항마다 속성파악이 끝나면 가설에 맞는 적절한 통계분석방법을 선택한다. 가설[3)]은 '독립변수'에 따른 '종속변수'의 차이가 없다 내지는 '독립변수'는 '종속변수'에 영향을 주지 않는다 등의 식으로 성립된다. 이때 독립변수와 종속변수의 속성에 따라 통계분석방법을 결정하는 것이다.

가설의 체계는 기본적으로 **<그림 5.2.1>**과 같이 구성되며, 각 변수의 위치 및 속성별로 주로 쓰이는 통계분석방법 위주로 살펴보겠다. 단, 여기에서 빠진 일부 분석기법(대표적으로 ANCOVA, MANOVA 등)은 151p 본문에서도 언급하듯이 기본을 다루고자 한 본 서(書)의 취지를 감안하여 생략하였다.

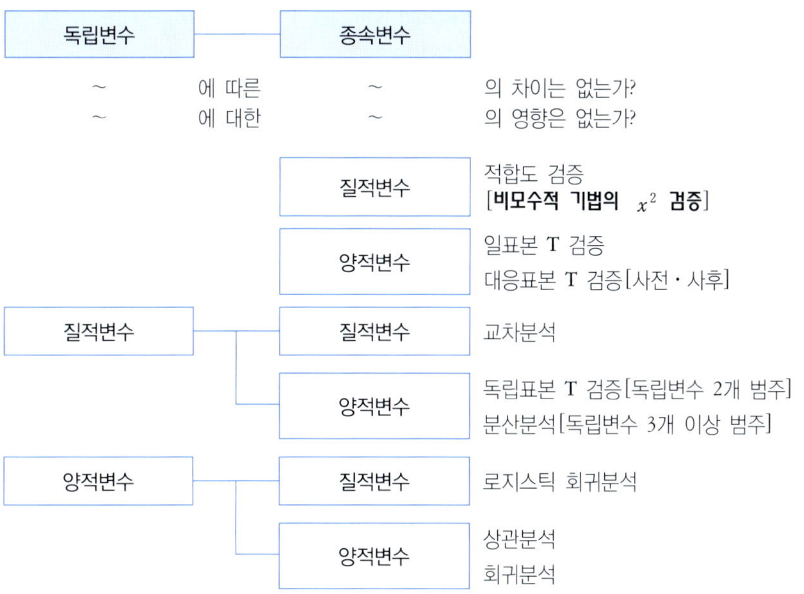

그림 5.2.1 통계분석방법 선택의 기본 도식

2) 통상 검정(檢定)이라 함은 일정한 규정에 따라 (주로 사람 등의) 자격이나 조건을 검사하여 결정하는 것을 뜻하며, 검증(檢證)이라 함은 어떤 명제의 참과 거짓을 사실에 비추어 검사하여 증명함을 지칭한다. 이에 근거한다면 우리가 통계학을 공부하면서 흔히 사용하는 '검정'은 '검증'에 비해 적확성(的確性, definitude)이 떨어지는 용어라고 할 수 있다. 따라서 본 서(書)에서는 검정이란 용어 대신 검증이란 용어를 통일하여 사용하고자 한다. 다만, SPSS 메뉴에 검정으로 번역된 용어는 혼선을 줄이기 위해 그대로 반영하였다.

3) 이미 연구가설과 귀무가설에 대해서는 **2.1.3.4. 가설(Hypothesis)**에서 학습하였다. 통계적 검증은 귀무가설에 대한 시도이므로 여기에서 의미하는 가설은 귀무가설이다.

먼저 **양적**인 **종속변수 하나**가 등장하는 경우이다. 가령, 모 대학 도서관에서 한 달 동안 도서대출 실적을 조사하여 작년 동일한 시기의 평균 실적과 비교하여 증가 혹은 감소되었는지 평가를 한다고 가정해 보자. 이처럼 올해 한 달 동안의 도서대출 실적과 같이 종속변수는 하나이며, 비교기준이 되는 과거의 특정 데이터가 있는 경우에는 **일표본 T 검증**(One Sample T-test)을 이용한다.

다음으로 **양적**인 **종속변수**가 **반복적**으로 **등장**하는 경우이다. 사전사후 실험설계의 측정이 대표적이다. 가령 직무향상교육의 효과가 실제로 유효하게 작용하고 있는지를 측정한다고 가정해 보자. 직무향상교육을 이수하기 前의 업무능력을 측정하고 교육 이수 後 업무능력을 측정하여 둘 간의 차이를 비교함으로써 직무향상교육의 효과를 측정할 수 있다. 이와 같이 사전과 사후 간의 차이를 비교할 때 **대응표본 T 검증**(Paired Samples T-test)을 활용한다. 이때 중요한 점은 조사대상의 사전과 사후 데이터가 1 對 1로 완벽하게 매칭되어야 한다는 점이다[4]. 따라서 사전에 무작위적으로 설문조사를 시행하고 교육 후 다시 무작위적으로 설문조사를 시행하여 사전과 사후 간의 비교를 하고자 한다면 본 **대응표본 T 검증**을 사용할 수 없다.

질적인 **독립변수**에 **질적**인 **종속변수**가 배정되는 경우도 종종 발생한다. 예를 들면, 성별에 따라 선호하는 서비스 종류의 차이를 알고 싶은 경우가 이에 해당한다[5]. 이런 경우 χ^2통계량이 도출되는 **교차분석**(Crosstabulation Analysis)을 실시한다.

사회과학 분야에서 조사연구를 실시하다 보면 **질적**인 **독립변수**와 **양적**인 **종속변수**의 구성형태를 보이는 경우가 가장 많다. 종속변수로 만족도 또는 욕구수준 등 5점 리커트 척도를 많이 사용하기 때문이다[6]. 예를 들면, 성별에 따

4) 다시 말해 상기 직무향상교육의 효과 측정과 같은 경우에서 처음에 조사된 이현수의 사전측정값은 나중에 조사된 이현수의 사후측정값과, 처음 조사된 이준수의 사전측정값은 나중에 조사된 이준수의 사후측정값과 완벽하게 일치되며 변수쌍을 이루어야 한다는 것이다.

5) '성별과 선호하는 서비스종류는 서로 관련이 없다'가 정확한 귀무가설이 될 수 있다. 그러나 보편적으로 성별에 따라 선호하는 서비스의 종류가 어떻게 다르게 나타나는지는 '차이'라는 용어가 적절하게 담아낼 수 있다고 판단되어 차이라는 용어로 가설을 설정하였다.

6) 리커트 척도는 엄격한 의미에서 서열척도이다. 비록 논란의 소지가 없지 않으나, 리커트 척도는 사회과학에서 등간척도로 약속되어 쓰이고 있다.

라 직무만족도에 차이를 보이는지에 대한 연구 또는 소속부서별 직무만족도의 차이 규명에 대한 연구가 있을 수 있다. 이 경우는 2가지로 분리된다. 성별과 같이 **독립변수의 응답범주가 2개일 경우**에는 **독립표본 T 검증**(Independent Samples T-test)을, 소속부서와 같이 **독립변수의 응답범주가 3개 이상인 경우**에는 **일원분산분석**(One-Way ANOVA)을 실시하게 된다. 물론 실제 연구에서는 독립변수에 2개가 빈영되는 경우가 간혹 있을 수 있다. 대표적으로 '성별과 소속부서에 따라 직무만족도는 어떻게 차이가 나타나는가'를 들 수 있다. 이런 경우는 원인(독립)변수가 2개이므로 **이원분산분석**(Two-Ways ANOVA)을 실시한다[7]. 주장에 따라서는 두 독립변수 중 하나는 반드시 3개 범주이어야 한다고는 하나, 모두 2개의 범주를 보여도 무방하다. 이원분산분석의 경우에는 통계분석에서 교호(상호)작용을 함께 고려해야 하는데, 이에 대해서는 **10. 분산분석의 이해**의 **10.2. 이원분산분석에 대한 이론적 접근**을 참고하기 바란다. 마찬가지로 독립변수가 2개이되, 1개는 질적인 독립변수이고 다른 하나는 양적인 독립변수가 반영되는 경우에는 양적인 독립변수를 공변량으로 처리하여 분석하는 **공분산분석**(ANCOVA : Analysis of Covariance)의 방법이 있다. 공분산분석은 흔히 많이 쓰이는 기법이 아니므로 본 서에서는 제외하였다. 분산분석(ANOVA) 중에는 종속변수의 수가 2개 이상인 경우 **다변량 분산분석**(MANOVA : Multivariate Analysis of Variance)을 통해 분석이 가능한데 이 역시 본 서에서는 설명되지 않는다. 한편 상술된 **교차분석**과 **독립표본 T 검증**의 예를 비교하면, 성별에 따른 ○○○의 차이를 살펴보는 것으로서 얼핏 동일하게 간주되기 쉽다. 그러나 종속변수의 속성으로 인해 전자는 **교차분석**, 후자는 **독립표본 T 검증**을 실시해야 하는 것이다.

다음으로 **양적**인 **독립변수**에 **질적**인 **종속변수**가 나타나는 경우가 있다. 예를 들면, 리커트 척도로 구성된 업무 만족도가 증가될수록 남자 또는 여자일 확률이 얼마나 되는가를 연구할 경우가 이에 해당된다. 이 경우 **이분형 로지스틱 회귀분석**(Binary Logistic Regression)을 실시한다. 다만, 이 경우에 종속변수는 이

7) 보통 3개 이상의 독립변수를 가지는 삼원분산분석 이상은 복잡한 모형설계와 분석에서의 수많은 교호(상호)작용으로 인해 실시하지 않는다.

분형으로 구성되어야 한다[8].

마지막으로 **독립변수에 양적변수**가 위치하고 **종속변수에도 양적변수**가 위치하는 경우가 있다. **상관분석**(Correlation Analysis)과 **단순회귀분석**(Simple Regression Analysis)이 해당된다[9]. 회귀분석에서 독립변수가 여러 개의 양적변수인 경우는 **다중**(= 중다, 중)**회귀분석**(Multiple Regression Analysis)이다. 한편 양적인 독립변수와 질적인 독립변수가 동시에 양적인 종속변수에 영향을 주는 경우도 발생한다. 가령, 성별과 사용기간은 제품 만족도에 어떻게 영향을 주고 있는가와 같은 경우이다. 이럴 경우에는 성별을 더미(Dummy)변수로 변경하여 다중회귀분석을 실시하되, 더미변수와 양적 독립변수 간에 발생하는 교호(상호)작용을 반드시 고려해야 한다. 자세한 것은 **12. 회귀분석의 이해**를 살펴보기 바란다.

8) 이 역시 사회과학 분야보다는 의료계에서 많이 쓰인다. 가령 '복용되는 약의 개수가 증가할수록 생존확률(산다, 죽는다)이 어떻게 달라지는가' 등은 대표적인 이분형 로지스틱 회귀분석 사례이다.

9) 엄밀하게 따지면 상관분석에서는 두 변수 간에 독립과 종속이라는 역할관계를 알 수 없을 때 주로 사용한다. 그러나 여기에서는 편의상 독립변수와 종속변수가 구분된 상태로 전제하였다.

06
자료의 특성에 대한 기술

06 자료의 특성에 대한 기술

사람들은 간혹 다소 복잡해 보이는 통계분석 결과가 많이 제시되어 있으면 왠지 모르지만 고급스럽고 정밀한 연구일 것이라고 생각한다. 반면 단순해보이는 통계분석 결과만 제시된다면 연구의 깊이가 부족하거나 정밀한 연구가 아니라고 속단하고는 한다. 저자 역시 통계분석 의뢰인 또는 발주처로부터 상술한 내용으로 지적을 받는 경우가 가끔 있다. 물론 이와 같은 경우는 극히 일부의 경우겠으나 통계분석에 대한 잘못된 편견이며 흔히 범하기 쉬운 오류라 할 수 있다.

가장 바람직한 데이터는 현상을 있는 그대로 정직하게 보여줌으로써 올바른 의사결정을 이끌어낼 수 있어야 한다. 즉, '어떨 경우이면 어떻다'라든지, '무엇이 만족될 때 어떻게 된다'는 식의 전제가 뒤따르게 된다면 이는 이미 현상에 대한 정직한 해석이 담보된다고 볼 수 없는 것이다.

기술적 통계분석에서는 추론적 통계분석과 달리 어떠한 사전 가정도 전제되지 않는다[1]. 따라서, 본 저자의 입장에서는 기술적 통계분석 결과가 때에 따라서는 추론적 통계분석 결과보다 상대적으로 정직할 가능성이 높다고 본다. 물론 이 모든 것은 데이터의 정밀성에서 발단이 된 것이다. 즉, 조사대상

1) 물론 표본의 크기와 관련하여 최대허용(표본)오차를 고려해야 하지만 이는 표본의 크기에 대한 논의이므로 기술적 통계분석에 대한 사전 전제가 없다는 것에 반론이 되지 못할 것이다.

표본이 전체를 정확하게 대표하고 있으며, 데이터에 대한 신뢰도와 타당도가 매우 높다는 것이 전제되었을 때 기술적 통계분석이 정직할 수 있다는 상대적 개념인 것이다.

6.1. 자료의 정리에 대한 이론적 접근

6.1.1. 도수분포(度數分布)와 도수분포표(度數分布表)

자료를 요약·정리하는 대표적인 수단으로서 **도수분포(度數分布, Frequency Distribution)**를 이용할 수 있다. 도수분포란, 계급과 계급도수와의 대응관계를 의미하며, 도수분포를 표로써 나타내는 것이 **도수분포표(度數分布表)**이다. 도수분포표를 작성하기 위해서는 먼저 계급, 계급값, 도수, 분류오차의 개념에 대해 알아야 한다. 계급이란, 원자료를 요약·정리하기 위하여 정해진 기준에 따라 나눈 구간 혹은 범주를 의미하며, 계급값은 각 계급을 대표하는 값을 지칭힌다. 도수란, 각 계급에 속하는 자료의 개수로서, 빈도수 또는 계급도수로 지칭되기도 한다. 도수분포표에는 누적도수분포표(累積度數分布表), 상대도수분포표(相對度數分布表), 누적상대도수분포표(累積相對度數分布表)가 있는데, 누적도수분포표란, 누적도수(도수의 누계)와 계급의 대응관계표를 의미하며, 상대도수분포표는 상대도수(도수를 총도수로 나눈 것)와 계급의 대응관계표를 말한다. 누적상대도수분포표는 누적상대도수(상대도수의 누계)와 계급의 대응관계표를 뜻한다.

6.1.1.1. 범주형 자료의 도수분포표

범주형 자료란, **2.1.5. 측정 및 척도**에서 언급된 명목수준과 서열수준의 척도로 구성된 자료를 의미한다. 범주형 자료의 도수분포표 작성은 3단계를 거친다. 먼저, 해당 사항별로 범주를 구하여 계급을 구한다. 다음으로는 범주별로 빈도수를 세는 계수(計數)작업을 하여 도수를 구한다. 마지막으로 계급과 이에 대응하는 도수를 열과 행으로 배열하여 도수분포표를 작성한다.

누적도수는 각 계급이 순차적으로 진행될수록 나타나는 도수의 값을 더해 나가면서 작성한다. 한편 상대도수는 계급과 이에 대응하는 상대도수를 배열하여 작성하며, 누적상대도수는 누적도수와 마찬가지로 각 계급에 따른 상대도수를 누적하며 더한다.

❖ 표 6.1.1] **범주형 자료의 도수 · 누적도수 · 상대도수 · 누적상대도수분포표**

직 급	도 수	누적도수	상대도수	누적상대도수
부 장	3	3	0.06	0.06
과 장	7	10	0.14	0.20
대 리	10	20	0.20	0.40
주 임	18	38	0.36	0.76
일반 사원	12	50	0.24	1.00
계	50		1.00	

6.1.1.2. 연속형 자료의 도수분포표

연속형 자료는 등간수준 및 비율수준의 척도로 구성된 자료를 지칭한다. 연속형 자료는 범주형 자료와 달리 계급 구분이 명확하지 않다. 따라서 연속형 자료의 도수분포표 작성을 위해서는 우선 계급의 수와 폭을 결정해야 한다. 계급의 수 결정방법은 두 가지가 있는데, 스튜아지스의 공식에 의해 계산하는 방법과, 데이터의 범위를 고려하여 보통 5~20개 안에서 적절하게 선정하는 방법이다.

모 회사에서 근무하는 총 50명의 직원들의 근무개월수가 **<표 6.1.2>**와 같다고 하자. 이 자료에 대한 계급의 수를 계산해 보겠다.

스튜아지스의 공식에 의하면,

$$k = 1 + \frac{\log_{10}N}{\log_{10}2} = 1 + \frac{\log_{10}50}{\log_{10}2} = 1 + \frac{1.6989}{0.3010} \fallingdotseq 6.64$$

따라서 7개 정도로 결정하는 것이 바람직한 것으로 나타났다. 그러므로 직원의 근무개월수에 대한 도수분포표는 7개의 계급으로 결정되었다.

❖ 표 6.1.2] 직원 근무개월수

58	78	58	59	96	40	77	38	31	77
92	62	82	64	61	73	48	89	88	47
60	50	83	49	85	78	74	71	61	62
84	56	77	50	78	89	52	63	61	76
78	72	79	69	70	71	64	46	98	50

한편 계급의 폭에 대한 기준은 없으나, 계급의 수와 상호보완적으로 결정되어야 하며, 모든 계급의 폭은 같아야 한다. 또한 하한과 상한을 나타내되, 하한은 '이상', 상한은 '미만'으로 표시한다. 나머지 도수분포 및 누적도수, 상대도수, 누적상대도수에 대한 표 작성은 범주형 자료의 작성절차와 동일하다.

❖ 표 6.1.3] 연속형 자료의 도수 · 누적도수 · 상대도수 · 누적상대도수분포표

계 급	계급값	도 수	누적도수	상대도수	누적상대도수
30 ~ 40	35	2	2	0.04	0.04
40 ~ 50	45	5	7	0.10	0.14
50 ~ 60	55	8	15	0.16	0.30
60 ~ 70	65	10	25	0.20	0.50
70 ~ 80	75	15	40	0.30	0.80
80 ~ 90	85	7	47	0.14	0.94
90 ~ 100	95	3	50	0.06	1.00
합 계		50		1.00	

연속형 자료의 도수분포표를 작성할 때는 범주형 자료의 경우와 달리 분류오차가 발생된다. 분류오차란, 실제값과 계급의 대표값의 불일치로 발생되는 오차를 의미한다. 연속형 자료는 범주형 자료와 달리 계급값을 구간의 중앙값으로 판단한다. 따라서 이 두 값 간의 불일치가 발생하는 것이다. 위의 자료에서 30~40개월 안에는 총 35개의 관측치가 분포한다. 이 35개 관측값의 계급값은 계급하한과 계급상한의 중앙값, 즉 35개월이라고 할 수 있다. 그러나 31개월인 응답자는 계급값과 4개월의 차이가 발생한다. 이런 값들이 바로 분류오차라 할 수 있다.

6.1.2. 도수분포도(度數分布圖)

도수의 분포를 도표나 그래프로 표시한 것이 **도수분포도(度數分布圖)**이다. 도수분포도에는 막대그래프, 히스토그램, 도수다각형, 도수곡선, 누적도수다각형, 줄기·잎도표, 원도표 등이 있다.

6.1.2.1. 막대그래프

막대그래프는 범주형 자료의 표현에 이용된다. 각 계급에 속한 도수 또는 비율을 한눈에 파악하여 비교할 수 있는 이점을 지닌다. 각 막대의 밑면의 길이는 같고 막대 사이의 간격은 같아야 하며 여유를 두고 떨어져 있어야 한다. 막대의 세로 길이가 도수의 많고 적음을 의미한다.

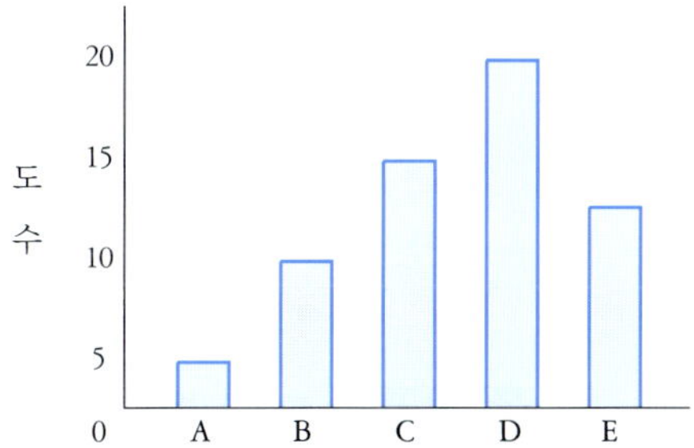

그림 6.1.1 막대그래프

6.1.2.2. 히스토그램

히스토그램(Histogram)은 밑변을 각 계급의 크기로, 이에 대응되는 도수를 높이로 하여 연결된 직사각형으로 표시한 도표로서, 연속형 자료의 표현도구이다. 막대그래프와 달리 각 막대는 서로 붙어서 표현된다. 각 막대 밑변에는 계급값을 표시하거나 구간을 표시할 수 있다.

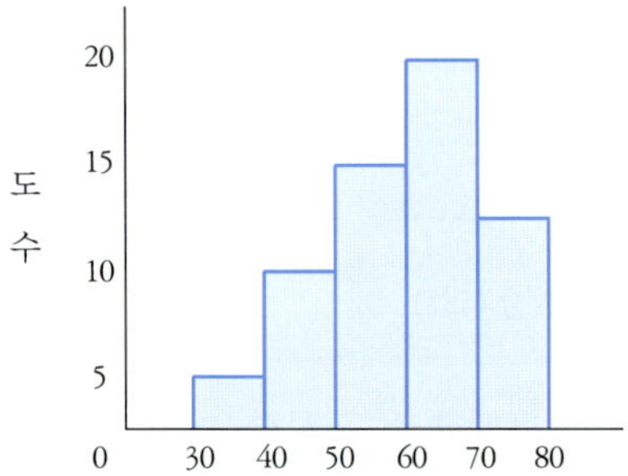

그림 6.1.2 히스토그램

6.1.2.3. 도수다각형

도수다각형(Frequency Polygon)은 히스토그램에서 각 기둥 윗면의 중점을 연결하여 그린 도표이다. 변량의 변화에 따른 도수의 변화과정을 잘 나타내는 특징을 가지고 있다.

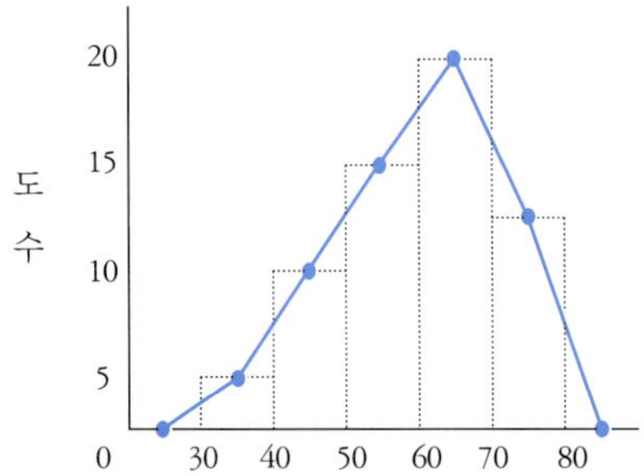

그림 6.1.3 도수다각형

6.1.2.4. 도수곡선

도수곡선(Frequency Curve)은 도수다각형에서 면적은 변하지 않으면서 가장 도수다각형에 가깝게 그은 곡선그림이다.

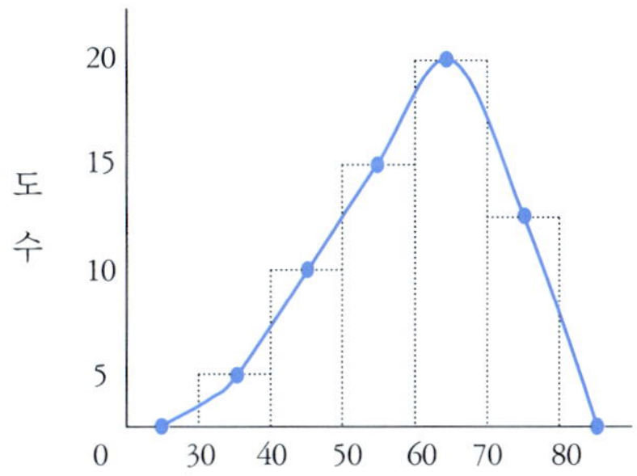

그림 6.1.4 도수곡선

6.1.2.5. 누적도수다각형(Ogive)

누적도수다각형(Ogive)은 누적도수에 의해 높이를 결정하고 그 점들을 차례로 선분으로 이어서 만든 도형으로서, 이하누적도수분포에 의하여 만들어지는 이하누적도수다각형(less than ogive)과 이상누적도수분포에 의하여 만들어지는 이상누적도수다각형(more than ogive)으로 구분된다. 이상·이하 누적도수다각형의 교점에 대응되는 변량은 분포의 중앙값(Median)이 된다.

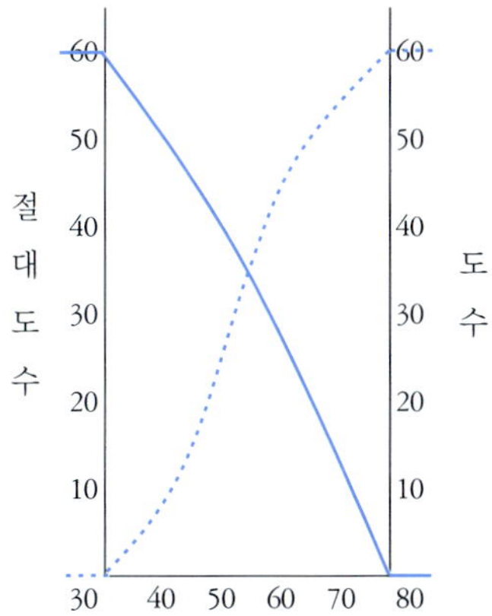

그림 6.1.5 누적도수다각형(···· 이하 ogive, ── 이상 ogive)

6.1.2.6. 줄기 · 잎도표

줄기 · 잎도표(Stem and Leaf Plot)는 자료를 크기순으로 나열하여 줄기와 잎으로 표시한 그림으로서, 히스토그램의 변형이라 할 수 있다. 모든 값이 크기순으로 나열되어 있어 상대적 위치를 쉽게 파악할 수 있다.

<그림 6.1.6>은 **<표 6.1.2> 직원 근무개월수**에 대한 줄기 · 잎 도표이다. 왼편의 숫자들은 10단위이며, 오른편의 숫자는 1단위를 의미한다. 즉, 10단위가 4에 해당하는 구간에는 각각 40개월, 46개월, 47개월, 48개월, 49개월이라고 응답한 직원이 분포하고 있다는 것을 의미한다.

3	18
4	06789
5	00026889
6	0111223449
7	011234677788889
8	2345899
9	268

그림 6.1.6 **줄기 · 잎도표**

6.1.2.7. 원도표

원도표(Pie Chart)는 자료를 도수의 구성비인 상대도수에 비례하도록 원을 부채꼴로 분할하여 그린 그림으로서, 전체 중 각 요소들의 구성비를 비교할 때 유용하다. 즉, 100% 중 A, B, C, D 요인들이 각각 어느 정도 비율을 차지하고 있는지를 상호 비교할 때 효과적인 정보를 제공한다.

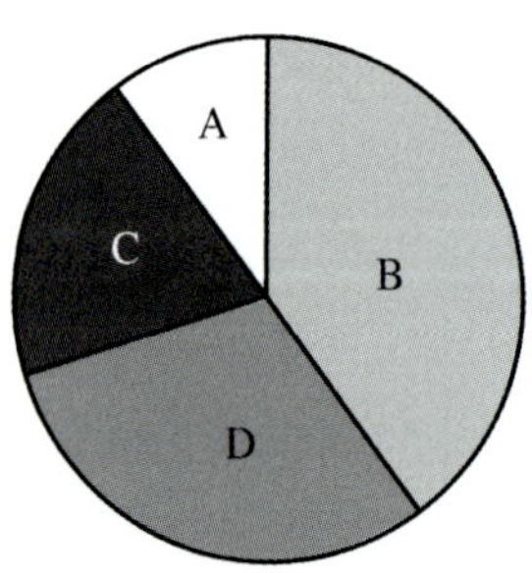

그림 6.1.7 **원도표**

6.2. 대표치(집중화 경향)에 대한 이론적 접근

대표치(代表値)란, 관찰된 자료가 어느 위치에 집중되어 있는가를 나타내는 집중화 경향의 측도로서, 자료 전체를 대표하는 수치이다. 평균(M), 중앙값(Me), 최빈값(Mo)이 이에 해당된다.

6.2.1. 평균[2)]

대표치 중에서 가장 많이 쓰이는 것이 바로 평균이다. 평균은 자료의 총합을 자료의 개수로 나눈 값이며, 이때의 값을 **산술평균(算術平均, Arithmetic Mean)**이라 한다.

5.1. **통계분석을 위한 기본 개념**에서 언급한 바와 같이 모집단의 평균은 **모평균(母平均, Population Mean)**이라고 하고 기호로는 μ로 표시하며, 표본의 평균은 **표본평균(標本平均, Sample Mean)**이라고 하고 기호로는 $\overline{X}$로 표시한다.

평균에 대한 산식을 정의하면 다음과 같다.

$$\mu = \frac{1}{N}(X_1 + X_2 + \ldots + X_N) = \frac{1}{N}\sum_{i=1}^{N} X_i$$

$$\overline{X} = \frac{1}{n}(x_1 + x_2 + \ldots + x_n) = \frac{1}{n}\sum_{i=1}^{n} x_i$$

평균은 가장 많이 이용하는 대표치이며, 분포의 특성치 예측에 이용되는 이상적인 값이지만, 극단치의 영향을 많이 받는 단점이 있다. 따라서 수정평균(최대값과 최소값을 제거한 후의 평균)을 사용하거나, 절삭평균(양극단의 특정비율만큼 자료를 제외한 평균)을 사용하기도 한다.

2) 평균에는 산술평균 외에도 기하평균, 조화평균, 가중평균 등이 있으나, 일반적으로 흔히 사용되지 않는다. 따라서 본 단원에서는 산술평균에 대해서만 논의하였다.

평균에 대한 예제

예제 6-1. 어느 회사 영업부에서 근무하는 직원 6명의 근무개월은 각각 25, 32, 28, 33, 29, 41개월이었다. 직원들의 경력 평균을 구하여라.

☞ $\mu = \dfrac{25+32+28+33+29+41}{6} = 31.33$개월(약 2년 7개월)

예제 6-2. 소비자 욕구조사에 참여한 지역주민 중 임의로 10명을 뽑아 이들의 연령을 조사했더니 55, 62, 70, 72, 81, 45, 69, 38, 71, 68세였다. 이들 나이의 평균은 얼마인가?

☞ $\overline{X} = \dfrac{55+62+70+72+81+45+69+38+71+68}{10}$

6.2.2. 중앙값

중앙값(Median)은 극단치의 영향을 받지 않는 대표치로서, 자료의 측정치를 크기순(오름차순)으로 나열해놓은 순서통계량에서 중앙에 위치하는 자료의 값을 의미한다.

중앙값의 계산은 다음과 같은 수식에 의해 이루어진다.

n이 홀수인 경우 $X_{(\frac{n+1}{2})}$

n이 짝수인 경우 $\dfrac{X_{(\frac{n}{2})} + X_{(\frac{n}{2}+1)}}{2}$

중앙값에 대한 예제

예제 6-3. 어떤 실험에 의해 14, 20, 2, 7, 10, 18, 2, 4, 7, 15, 4라는 데이터를 얻었다. 이 자료의 중앙값을 구하여라.

☞ 우선 자료를 크기순으로 나열하면 2, 2, 4, 4, 7, 7, 10, 14, 15, 18, 20 이다.
이 자료는 $n = 11$로 홀수이므로,
따라서, $X_{(\frac{11+1}{2})} = X_6$이며, 6번째인 7이 중앙값이 된다.

예제 6-4. ××후원단체에서 일주일 동안 바자회를 개최하였다. 각 요일별로 매출액을 조사하였더니 다음과 같았다. 매출액의 중앙값은 얼마인가?

요 일	월요일	화요일	수요일	목요일	금요일	토요일
매출액(만 원)	110	90	100	125	120	300

☞ 자료를 정렬하면 90, 100, 110, 120, 125, 300이며, n = 6으로 짝수이다.

따라서 $\frac{X_{(\frac{n}{2})}+X_{(\frac{n}{2}+1)}}{2} = \frac{X_{(\frac{6}{2})}+X_{(\frac{6}{2}+1)}}{2} = \frac{X_3+X_4}{2} = \frac{110+120}{2}$

그러므로 115만 원이 중앙값이다.

6.2.3. 최빈값

최빈값(最頻値, Mode)은 자료에서 출현빈도가 가장 많은 수를 의미한다. 일상생활에서의 대표적인 예로는 신발의 크기나 기성복의 치수 등을 결정하는 데 이용될 수 있다. 공장에서 어떤 치수의 신발이나 옷을 가장 많이 생산해야 하는지 결정하는 데 최빈값이 유용하다.

6.2.4. 평균, 중앙값, 최빈값의 관계

자료의 분포가 정규분포의 형태를 보인다면 평균(M), 중앙값(Me), 최빈값(Mo)은 (1)과 같이 일치된다. 그러나 분포가 (2)와 같이 오른쪽꼬리분포(왼쪽으로 치우친 분포)를 보일 경우, 최빈값(Mo) < 중앙값(Me) <평균(M)으로 나타난다. 또한 (3)과 같이 왼쪽꼬리분포(오른쪽으로 치우친 분포)를 보일 경우에는 평균(M) < 중앙값(Me) < 최빈값(Mo)의 양상을 보인다.

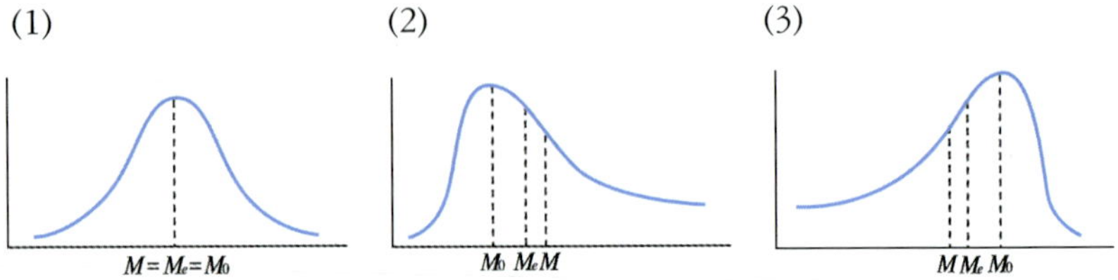

그림 6.2.1 평균, 중앙값, 최빈값의 관계

6.3. 산포도에 대한 이론적 접근

예를 들어, 구성원은 5명이며 평균이 30점으로 동일한 두 집단이 있다고 가정하자. 평균만 보게 되면 두 집단은 동일한 특성을 가졌다고 할 수 있을 것이다. 그러나 한 집단은 5명 모두 30점인 반면, 다른 한 집단은 5명의 점수가 각각 10, 20, 30, 40, 50점이라면 두 집단의 특성이 동일하다고 할 수 없다. 이렇듯이 집단의 특성을 비교·설명하는 데 있어 대표치로만 분석하는 것은 한계가 있다.

이처럼 자료의 분포상태도 집단의 특성을 규명하는 데 매우 중요한 정보를 제공해 주는데, 자료의 산포상태, 즉 퍼져있는 상태를 표시해 주는 측도를 산포도(散布度, Measure of Dispersion)라고 한다.

산포도를 측정하는 방법으로는 범위(範圍, Range), 사분편차(四分偏差, Quartile Deviation), 평균편차(平均偏差, Mean Deviation), 분산(分散, Variance) 및 표준편차(標準偏差, Standard Deviation), 변동계수(變動係數, Coefficient of Variation)가 있다.

6.3.1. 범위

범위(範圍, Range)는 산포도를 측정하는 가장 단순한 방법이다. 주어진 자료의 가장 큰 값(Xmax)과 가장 작은 값(Xmin)의 차이로 계산이 가능하다. 범위는 적용이 쉬운 반면, 최대값과 최소값만을 이용하므로 범위 안의 자료 형태를 설명해 주지 못하는 단점이 있다.

$$R = X_{max} - X_{min}$$

범위에 대한 예제

예제 6-5. ㅇㅇ백화점 문화센터에서 제공하는 육아교실 프로그램의 참가자 총 100명 중 5명을 대상으로 육아교실 프로그램의 참가시간을 조사한 결과, 12, 14, 18, 22, 47시간으로 조사되었다. 육아교실 프로그램 참여시간의 범위를 구하여라.

☞ $R = X_{max} - X_{min} = 47 - 12 = 35$시간

6.3.2. 사분편차

사분편차(四分偏差, Quartile Deviation)를 이해하기 위해서는 우선 사분위수(四分位數)와 사분위범위(四分位範圍)를 알아야 한다. 사분위수는 4개(四)로 분리(分)했을 때 위치(位)하는 수(數) 즉, 전체 자료를 4등분 할 때의 기준수치인 25%, 50%, 75%의 수치가 바로 사분위수이다. 25%의 수치는 제1사분위수라 하며 Q_1, 75%의 수치는 제3사분위수라 하며 Q_3, 50%의 수치는 중위수이며 Q_2라고 각각 표기한다. 사분위범위는 사분위수 중 가장 큰 값인 75%에 해당하는 수치와 가장 작은 값인 25%에 해당하는 값의 차이로 알 수 있다.

사분편차는 대표적인 중간범위이다. 중간범위란 양극단의 일정한 비율의 자료를 제외한 나머지 자료의 범위를 의미하는 것으로, 절삭평균과 유사한 개념이다. 이처럼 양극단의 자료를 제외하는 이유는 극단치의 영향을 줄이고자 하는 시도라 할 수 있다.

$$Q = \frac{Q_3 - Q_1}{2}$$

6.3.3. 평균편차

평균편차(平均偏差, Mean Deviation)는 범위나 사분편차보다 상세한 정보를 제공한다. 편차란 변량에서 평균을 뺀 값을 의미하며 기호로는 $(x_i - \bar{x})$로 표시한다. 편차는 항상 평균이 0인 성질을 갖기 때문에 편차의 평균을 산포도로 사용하지 못하고 대신 절대값의 평균을 사용할 수 있다. 평균편차는 각 자료가 평균으로부터 얼마나 떨어져 있는지를 구체적으로 알려줄 수 있지만 절대값을 취하므로 사용에 제약을 받는다. 평균편차는 기호로 MD로 표기한다.

$$MD = \frac{\sum_{i=1}^{n} |x_i - \bar{x}|}{n}$$

평균편차에 대한 예제

예제 6-6. ○○백화점 문화센터에서 제공하는 육아교실 프로그램의 참가자 총 100명 중 5명을 대상으로 육아교실 프로그램의 참가시간을 조사한 결과, 12, 14, 18, 22, 47시간으로 조사되었다. 프로그램 주간 참여시간의 평균편차를 구하여라.

☞ $\bar{x} = 22.6$이므로

$$MD = \frac{\sum_{i=1}^{n} |x_i - \bar{x}|}{n}$$

$$= \frac{|12-22.6| + |14-22.6| + |18-22.6| + |22-22.6| + |47-22.6|}{5}$$

$$= 9.76$$

6.3.4. 분산 및 표준편차

분산(分散, Variance)은 평균편차가 갖는 문제점을 해결하기 위해 편차의 제곱을 이용한 개념이며, **표준편차(標準偏差, Standard Deviation)**는 분산의 제곱근이다.

평균과 마찬가지로 모집단과 표본의 특성치가 각각 존재하는데, 모집단의 분산과 표준편차를 각각 σ^2과 σ, 표본의 분산과 표준편차를 각각 s^2와 s로 표현한다.

먼저, 모집단의 분산과 표준편차는 다음과 같이 정의된다.

$$\sigma^2 = \frac{\sum_{i=1}^{N}(x_i - \mu)^2}{N}$$

$$\sigma = \sqrt{\frac{\sum_{i=1}^{N}(x_i - \mu)^2}{N}}$$

다음으로, 표본의 분산과 표준편차는 다음과 같다.

$$s^2 = \frac{\sum_{i=1}^{n}(x_i - \overline{x})^2}{n-1}$$

$$s = \sqrt{s^2} = \sqrt{\frac{\sum_{i=1}^{n}(x_i - \overline{x})^2}{n-1}}$$

분산 및 표준편차에 대한 예제

예제 6-7. ○○백화점 문화센터에서 제공하는 육아교실 프로그램의 참가자 5명을 대상으로 육아교실 프로그램의 참가시간을 조사한 결과, 12, 14, 18, 22, 47시간으로 조사되었다. 프로그램 주간 참여시간의 분산과 표준편차를 구하여라.

☞ $s^2 = \frac{\sum_{i=1}^{n}(x_i - \overline{x})^2}{n-1}$

$= \frac{(12-22.6)^2 + (14-22.6)^2 + (18-22.6)^2 + (22-22.6)^2 + (47-22.6)^2}{5-1}$

$= 200.80$

☞ $s = \sqrt{s^2} = \sqrt{200.80} = 14.17$

6.3.5. 변동계수

변동계수(變動係數, = 변이계수, Coefficient of Variation)는 측정단위가 서로 상이한 집단의 산포도를 상호비교할 때 사용된다. 변동계수는 CV로 표기하며 계산식은 다음과 같다.

$$CV = \frac{s}{\bar{x}}$$

변동계수에 대한 예제

예제 6-8. 남자 44명, 여자 55명 등 총 100명의 참가자를 대상으로 △△구청 부모 교양강좌 참가시간을 조사하였다. 그 결과 남자는 평균 35시간, 여자는 평균 42시간의 참가시간을 나타냈다. 각각의 표준편차가 6.0과 8.00이라 할 때 변동계수를 근거로 산포를 비교하라.

☞ $CV_{남} = \frac{s_{남}}{\bar{x}_{남}} = \frac{6}{35} = 0.17$

☞ $CV_{여} = \frac{s_{여}}{\bar{x}_{여}} = \frac{8}{42} = 0.19$

∴ 여자 참가자의 산포가 남자 참가자의 산포에 비해 크게 나타났다.

6.4. 비대칭도에 대한 이론적 접근

비대칭도는 대표치 및 산포도 이외에 분포의 형태가 대칭분포에서 얼마나 벗어나고 있는지를 알아보는 방법으로서, 대표적으로 왜도(Skewness)와 첨도(Kurtosis)가 있다.

6.4.1. 왜도

왜도(Skewness)는 피어슨의 비대칭도계수(Pearson's Coefficient of Skewness)가 정식적인 명칭이며, S_k로 표기한다. 왜도는 산술평균과 중앙값의 차이가 표준편차에 비해 얼마나 떨어져 있는가를 나타낸다. 만일 계산된 왜도가 (−)값이라면 왼쪽꼬리분포(오른쪽으로 치우친 분포)이며, 왜도가 (+)값이면 오른쪽꼬리분포(왼쪽으로 치우친 분포)가 된다. 따라서 왜도의 부호와 크기에 따라 분포의 방향과 정도를 가늠할 수 있다.

$$S_k = \frac{3(\bar{x} - MD)}{s}$$

왜도에 대한 예제

예제 6-9. 지역주민 욕구조사에 참여한 지역주민 중 임의로 10명을 뽑아 이들의 월평균 소득을 조사했더니 평균이 145만 원, 중앙값이 130만 원으로 나타났다. 표준편차가 12라면 이들의 소득분포는 어떠한지 왜도를 통해 살펴보아라.

☞ $S_k = \frac{3(\bar{x} - MD)}{s} = \frac{3(145 - 130)}{12} = 3.75$

∴ 왜도가 (+)로 나타난 것으로 볼 때, 이들의 월평균 소득은 오른쪽꼬리분포, 즉 왼쪽으로 치우친 분포형태를 보인다고 할 수 있다.

6.4.2. 첨도

첨도(Kurtosis)는 분포의 모양이 얼마나 뾰족한가에 대한 논의이다. 분포의 형태가 뾰족하게 나타날수록 평균을 중심으로 밀집하여 분포되었다는 뜻이다. 첨도는 3을 기준으로 하며, K = 3일 때는 표준정규분포와 동일한 분포를 보이며, K < 3일수록 표준정규분포곡선보다 납작한 형태, K > 3일수록 뾰족한 형태를 보인다.

6.5. SPSS를 이용한 기술통계

6.5.1. SPSS를 이용한 빈도분석(F)

6.5.1.1. 빈도표 : 도수분포표

<표 6.5.1>은 ××식품에서 ○○제품을 출시·시식하고 30명으로부터 조사한 만족도 자료이다. 이 자료로 빈도분석을 실습해 보도록 하자.

❖ 표 6.5.1] ○○제품 만족도

설문번호	연령	학력수준	월소득	만족1	만족2	만족3	만족4	만족5	만족6
1	61	중졸	241	5	5	1	3	3	1
2	54	중졸	242	1	1	3	1	5	1
3	65	고졸	275	3	2	5	1	2	2
4	38	중졸	350	4	3	1	1	1	5
5	48	중졸	253	4	5	2	1	1	4
6	36	대졸	272	3	3	1	1	2	1
7	27	대졸	426	3	4	4	4	2	3
8	55	중졸	233	3	2	4	5	5	2
9	52	대졸	321	5	1	1	1	1	3
10	68	초졸	144	4	5	1	1	4	1
11	70	고졸	2,000	1	1	2	1	3	5
12	48	·	277	4	4	5	1	5	3
13	21	대졸	310	1	3	1	2	2	4
14	69	고졸	465	1	4	2	3	3	5
15	39	대졸	299	4	4	1	1	4	3
16	21	고졸	342	5	1	3	1	4	5
17	77	초졸	227	5	5	4	4	2	3
18	61	고졸	216	1	5	5	4	5	4
19	42	·	450	5	5	4	4	3	4
20	44	고졸	426	1	3	2	3	1	1
21	42	대졸	475	3	4	2	4	2	2
22	72	대졸	302	4	2	3	1	4	4
23	72	중졸	125	3	4	3	2	3	5

24	45	·	201	5	5	5	2	1	4
25	70	중졸	186	3	1	4	3	1	2
26	54	초졸	95	4	1	2	1	1	1
27	32	초졸	195	1	5	4	3	1	5
28	70	중졸	252	5	3	3	2	5	4
29	76	고졸	3,421	3	4	5	3	1	3
30	23	대졸	314	4	4	5	5	4	2

<표 6.5.1>은 **<그림 6.5.1>**처럼 코딩한다. 학력수준은 [변수 보기(V)] 에서 1=초졸, 2=중졸, 3=고졸, 4=대졸로 변수값을 지정한다. 이처럼 문자보다는 가급적 숫자로 코딩하는 습관을 들이는 것이 좋다. 특정 분석기법에서는 문자변수를 인식하지 못하는 경우가 있기 때문이다.

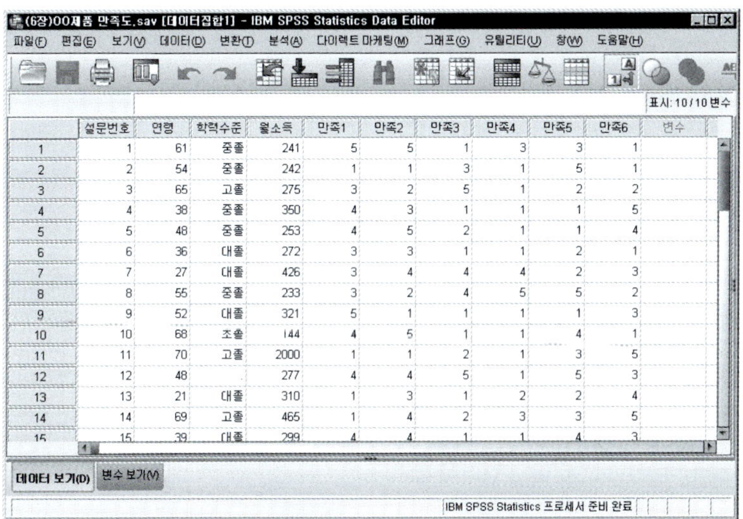

그림 6.5.1 ○○제품 만족도

<그림 6.5.2>와 같이 **분석(A)-기술통계량(E)-빈도분석(F)**을 선택하여 나타난 대화상자에서 **빈도표 출력(D)**이 체크되어 있는 것을 확인할 수 있다. 이 사항의 선택을 해제하면 빈도분포표가 도출되지 않는다. **<그림 6.5.3>**처럼 빈도분포

표를 만들고자 하는 학력수준 을 [→] 로 오른쪽의 **변수(V):**로 이동한 후 [확인] 을 누른다.

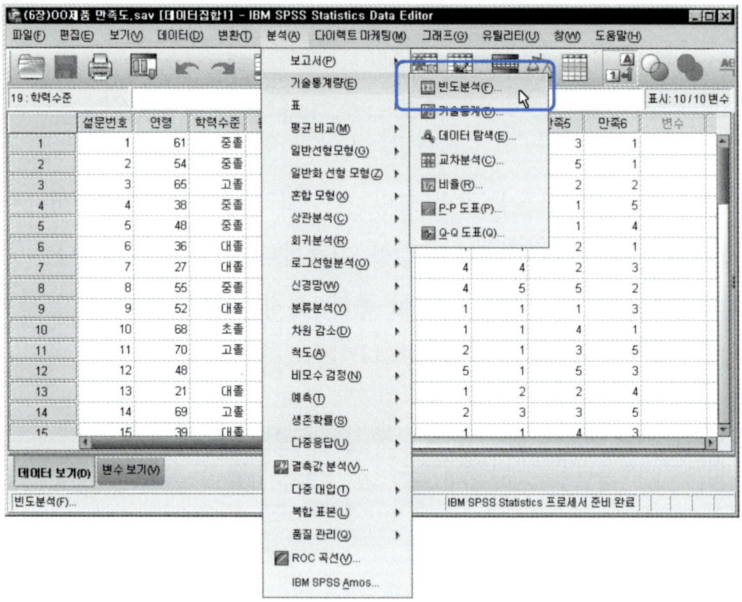

그림 6.5.2 **분석(A) – 기술통계량(E) – 빈도분석(F)**

그림 6.5.3 **빈도분석(F) 대화상자**

<그림 6.5.4>는 빈도분석 실행결과이다. 학력에 대한 빈도분포표가 도출되었다. 먼저, **통계량**에서 보면, 전체 30명 중 유효응답이 27명, 결측치가 3명임이 제시된다. 다음으로 **학력수준** 표(빈도분포표)에서 '초졸'은 4명으로 13.3%,

중졸은 8명으로 26.7%, 고졸은 7명으로 23.3%, 대졸은 8명으로 26.7%, 결측값은 3명으로 10.0%로 나타났다.

이처럼 결측값이 나타난 경우는 결측값으로 인해 나머지 유효 응답이 영향을 받게 되므로 응답을 거부한 결측값의 해석에 의미를 부여해야 하는 상황이 아니면 이를 제외한 비율을 거론하는 것이 바람직하다.

따라서 **퍼센트**가 아닌 **유효퍼센트**를 보고 판단하는 것이 옳다. 즉, 초졸은 3명 14.8%, 중졸은 8명 29.6%, 고졸은 7명 25.9%, 대졸은 8명, 29.3%로 해석하는 것이다.

빈도분석

[데이터집합1] E:₩SPSS를 이용한 조사방법 및 통계분석의 이해 Data₩(6장)00제품 만족도.sav

통계량

학력수준

N	유효	27
	결측	3

학력수준

		빈도	퍼센트	유효 퍼센트	누적퍼센트
유효	초졸	4	13.3	14.8	14.8
	중졸	8	26.7	29.6	44.4
	고졸	7	23.3	25.9	70.4
	대졸	8	26.7	29.6	100.0
	한계	27	90.0	100.0	
결측	시스템 결측값	3	10.0		
한계		30	100.0		

그림 6.5.4 **빈도분석 결과**

한편 SPSS 빈도분석에서는 다양한 통계량을 한꺼번에 산출할 수 있다. **<그림 6.5.3>**에서 통계량(S)... 을 클릭하면 **<그림 6.5.5>**처럼 각종 통계량들을 선택할 수 있는 대화상자가 뜨는데, 이것을 이용하면 다양한 통계량을 선택적으로 출력할 수 있다.

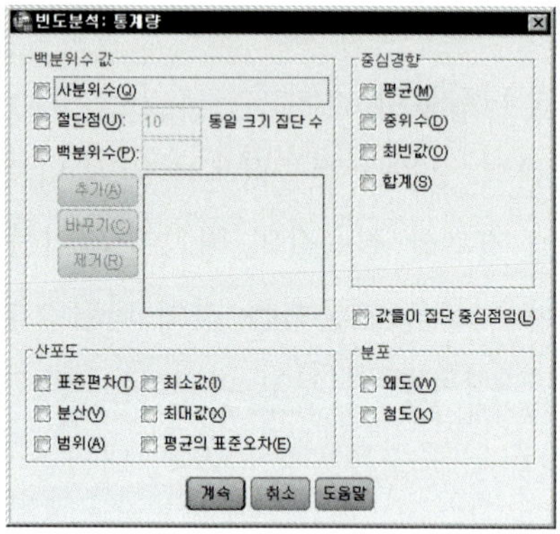

그림 6.5.5 빈도분석의 통계량(S) 대화상자

다음은 통계량(S)... 에서 산출되는 세부 옵션별 내용이다. 사항별로 직접 ☑하여 결과를 살펴보기 바란다.

백분위수 값

☐ 사분위수(Q)	사분위수(Q_1, Q_2, Q_3) 산출
☐ 절단점(U) : ☐ 동일크기 집단수	동일한 비율로 집단을 나눌 수 있음, 2~100 입력 가능
☐ 백분위수(P) : ☐	0~100까지 사용자정의에 의해 집단 분류 가능

산포도

☐ 표준편차(T)	표준편차 계산	☐ 최소값(I)	최소값 계산
☐ 분산(V)	분산 계산	☐ 최대값(X)	최대값 계산
☐ 범위(A)	범위 계산	☐ 평균의 표준오차(E)	표준오차 계산

중심경향

☐ 평균(M)	평균 계산
☐ 중위수(D)	중위수 계산
☐ 최빈값(O)	최빈값 계산
☐ 합계(S)	합계 계산

분포

☐ 왜도(W)　　왜도 계산

☐ 첨도(K)　　첨도 계산

6.5.1.2. 그래프의 표현

SPSS에서 그래프를 작도할 때는 **그래프(G)-레거시 대화 상자(L)**에서 명령을 내리지만, 기본적인 막대도표나 원도표는 **빈도분석(F)**에서도 가능하다.

<그림 6.5.3>에서 [도표(C)...] 를 클릭하면 **<그림 6.5.6>**과 같이 **도표 유형**을 선택할 수 있다. **막대도표(B)**를 선택하면 막대그래프가 그려지며, **원도표(P)**와 **히스토그램(H)**에 대해서도 선택의 기회가 제공된다. 또한 하단부의 **도표화 값**에서는 **빈도(F)**를 기준으로 하여 그릴 것인지, **퍼센트(C)**를 기준으로 하여 그릴 것인지를 선택할 수 있다.

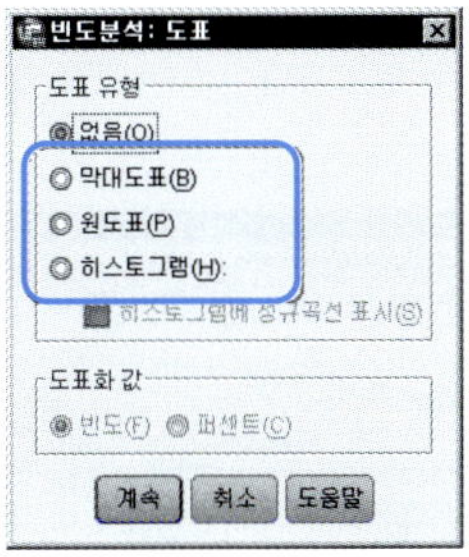

그림 6.5.6 도표(C) 대화상자

막대도표(B)를 선택한 후 [계속] 과 [확인] 을 눌러 실행하면 막대도표가 작도된다(**<그림 6.5.7>** 참조).

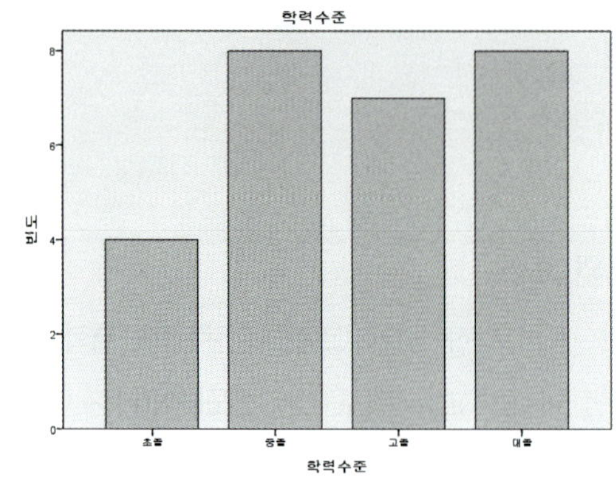

그림 6.5.7 SPSS에서의 막대도표

출력결과 창에서 그래프 부분을 마우스로 두 번 클릭하면 **<그림 6.5.8>**처럼 **도표 편집기** 창이 뜬다. 상단의 메뉴 및 아이콘을 이용하면 도표의 제목이나 X축 및 Y축의 제목, 눈금의 폭, 그래프의 색깔, 글자의 크기 등에 대한 편집이 가능하다.

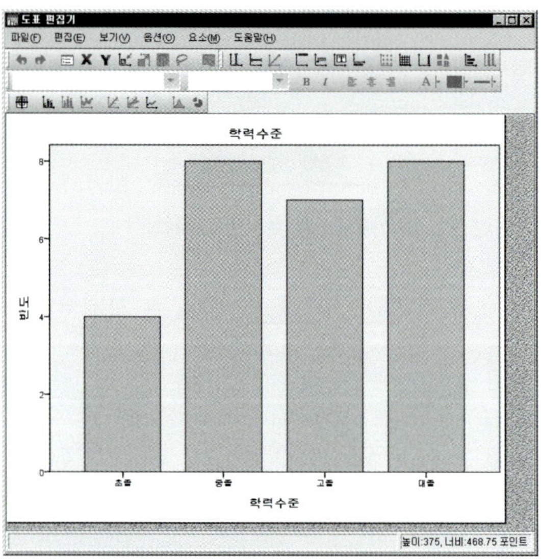

그림 6.5.8 도표 편집기 창에서의 도표 편집

동일한 절차에 의해 원도표를 그리면 **<그림 6.5.9>**와 같다. 마찬가지로 **도표 편집기** 창에서 여러 가지 설정을 수정할 수 있다.

기술통계

[데이터집합1] D:₩SPSS를 이용한 조사방법 및 통계분석의 이해 Data₩(6장)C

기술통계량

	N	최소값	최대값	평균	표준편차
연령	20	19	71	38.20	15.028
유효수(목록별)	20				

그림 6.5.9 SPSS에서의 원도표

히스토그램은 **6.1.2.2. 히스토그램**에서 이미 언급한 바와 같이 연속형 자료에 대한 도표이다. 따라서 연령에 대해 히스토그램을 작도해 보자.

<그림 6.5.6>에서 **히스토그램(H):**을 선택하여 동일한 절차를 수행한다. 이때 **히스토그램에 정규곡선 표시(S)**를 체크하면 도표에 정규곡선이 표현된다. **<그림 6.5.10>**은 히스토그램 작도 결과이다. **도표 편집기** 창을 이용하여 계급구간, 색깔, 글꼴 등 여러 가지 설정을 변경해 보도록 하자.

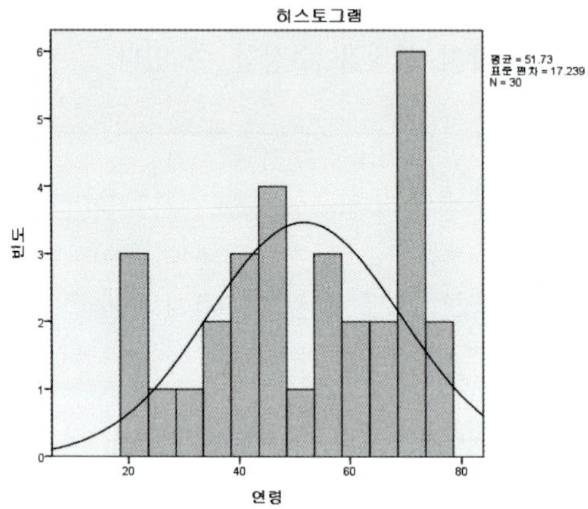

그림 6.5.10 SPSS에서의 히스토그램

6.5.2. 보고서에서의 빈도분석 결과 표현

보편적으로 실제 연구보고서를 작성할 때는 SPSS의 결과를 있는 그대로 제시하는 것이 다소 부자연스럽다. 또한 소수점 이하 자리 역시 통상 둘째 자리까지 표현하는 것이 관례이다. 따라서 연구자가 원하는 대로 재구성해야 한다. **<그림 6.5.11>**처럼 빈도분포표를 마우스로 한번 클릭하면 왼쪽에 ➡가 표시되며 선택할 수 있다. Ctrl+C로 해당 표를 복사한 후, Excel 창에 Ctrl+V로 붙여넣기를 하면 **<그림 6.5.12>**처럼 복사가 되는데, 마우스 왼쪽 버튼을 누른 채 원하는 범위를 드래그하여 선택한 후 마우스 오른쪽을 눌러 **셀 서식(F)...**을 지정한다.

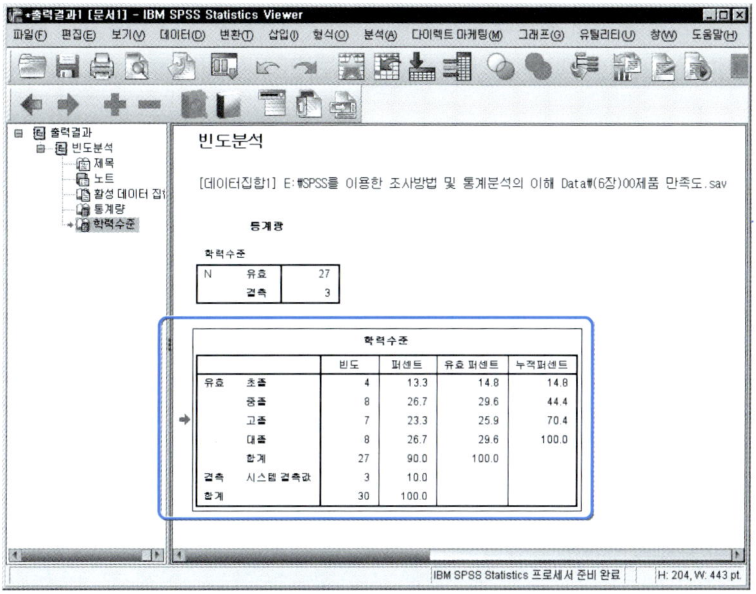

그림 6.5.11 빈도분포표의 선택

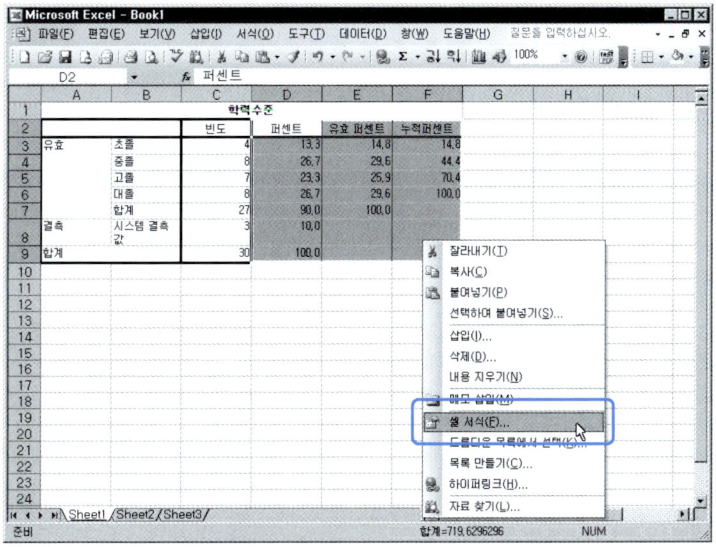

그림 6.5.12 빈도분포표를 Excel에서 수정하기

셀 서식 대화상자에서 원하는 영역의 **소수 자릿수(D), 1000단위 구분기호(,) 사용(U)** 등을 지정한다.

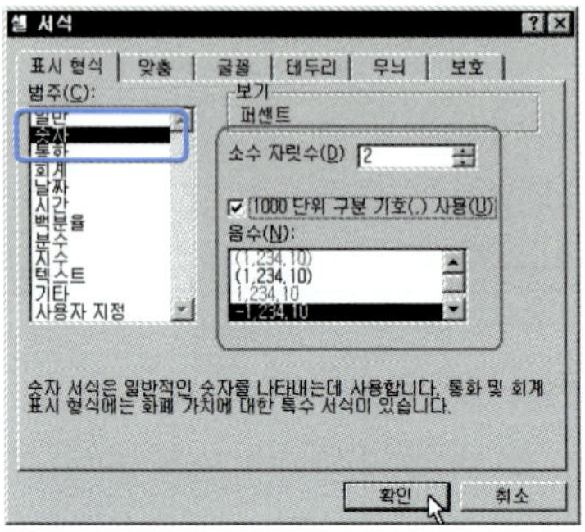

그림 6.5.13 Excel의 셀 서식 대화상자

<그림 6.5.14>처럼 결측치로 인해 사용할 수 없는 '퍼센트' 변수를 지운 후, 결과로 반영할 부분을 드래그하여 선택한다. 이 부분을 복사(Ctrl+C)한 후, 한글문서 등에 붙여넣기(Ctrl+V)하여 원하는 대로 편집한다. 한편 막대도표와 원도표 역시 SPSS의 결과를 활용하기보다는 Excel 등 다른 프로그램을 이용하는 것이 훨씬 시각적으로 훌륭한 결과를 제시할 수 있다.

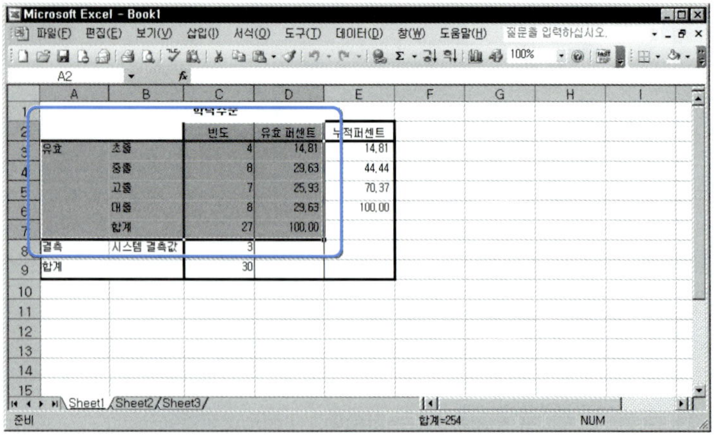

그림 6.5.14 Excel에서 반영할 빈도분석 결과 선택

<표 6.5.2>는 저자가 보고서에서 빈도분석에 대한 결과를 제시하는 양식이다. 이처럼 SPSS의 결과를 그대로 보여줄 것이 아니라, 한 번 더 손을 거쳐 편집하면 시각적 전달력이 우수한 결과 제시가 가능하다.

> 응답자의 학력수준을 살펴보면 초졸 4명(14.81%), 중졸 8명(29.63%), 고졸 7명(25.93%), 대졸 8명(29.63%)으로 초졸 학력소지자가 상대적으로 적은 비중을 차지하였다(**<표 6.5.2>** 참조).

❖ 표 6.5.2] **학력변수에 대한 빈도분포표 제시 예시**

		응답빈도	%
학력수준	초졸	4	14.81
	중졸	8	29.63
	고졸	7	25.93
	대졸	8	29.63
	계	27	100.00

※무응답 제외.

만일 분석결과에서 소수점 이하의 자릿수를 살펴보는 것이 목적이라면 상기 예처럼 Excel로 복사하는 등의 행위가 번거롭다. 이럴 때는 **출력결과** 창에서 결과를 수정함으로써 간단하게 살펴볼 수 있다. **<그림 6.5.15>**에서 두 번 눌러서 활성화 라는 지시처럼 두 번을 누르면 영역을 선택할 수 있게 되는데, 이때 **<그림 6.5.16>**처럼 마우스 왼쪽 버튼을 누른 채 원하는 범위를 드래그하여 수정하고자 하는 영역을 까맣게 선택·지정하고, 마우스 오른쪽 버튼을 눌러 **셀 특성(C)...** 명령을 수행한다.

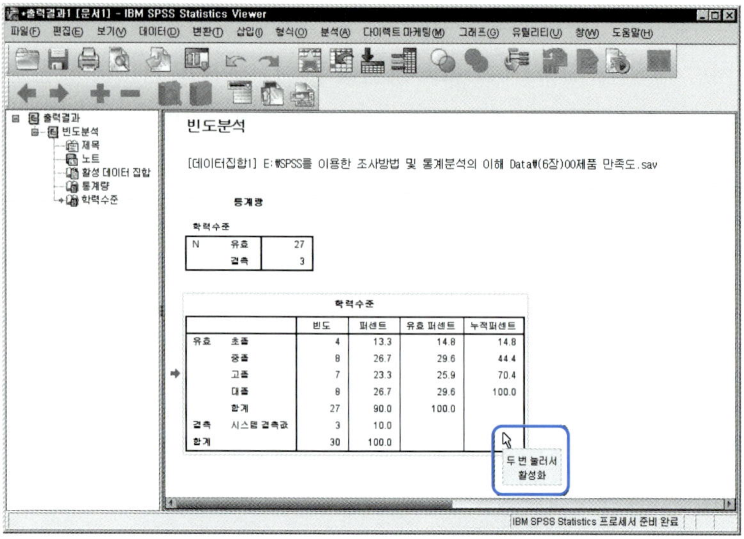

그림 6.5.15 빈도분포표 두 번 눌러 활성화하기

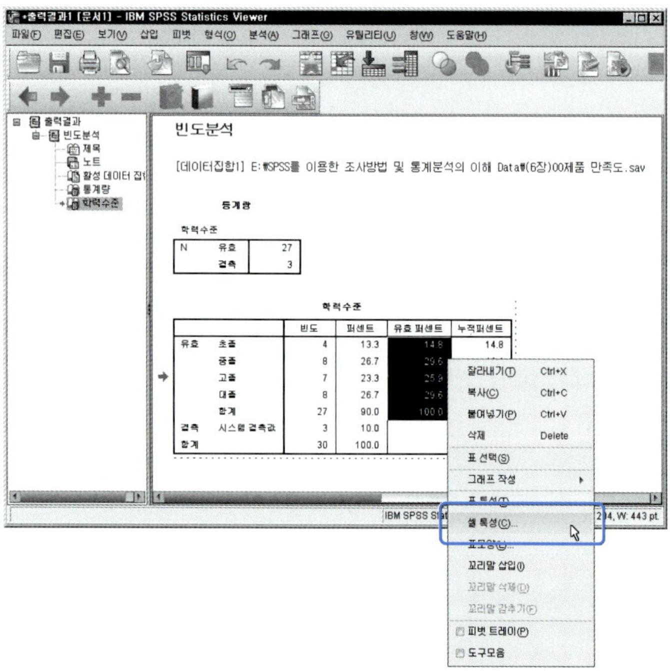

그림 6.5.16 셀 특성(C) 명령

<그림 6.5.17>처럼 상단 형식 값 에서 **소수점이하자리(D):**를 2로 바꾸고 확인 을 누르면 **<그림 6.5.18>**과 같이 소수점 이하 자릿수를 조정할 수 있다.

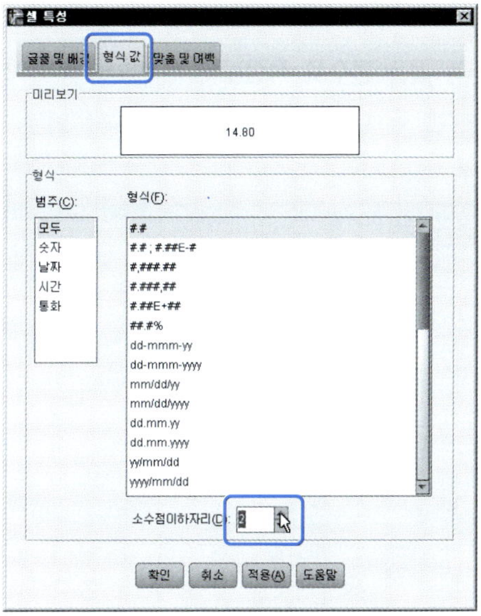

그림 6.5.17 셀 특성 – 형식 값

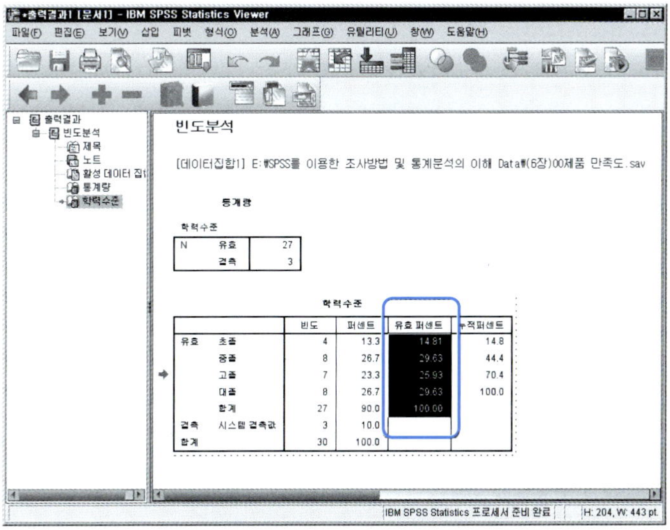

그림 6.5.18 소수점 조정 결과

6.5.3. SPSS를 이용한 기술통계(D)

<그림 6.5.19>와 같이 **분석(A)-기술통계량(E)-기술통계(D)**를 실행하면 **<그림 6.5.20>**의 대화상자가 뜨는데, [➜]로 **변수(V):**에 분석하고자 하는 연령을 옮긴다. 여기에서 **표준화 값을 변수로 저장(Z)**을 체크하면 연령의 Z값을 변수로 저장할 수 있다. [확인]을 누르면 **<그림 6.5.21>**의 결과가 나타난다.

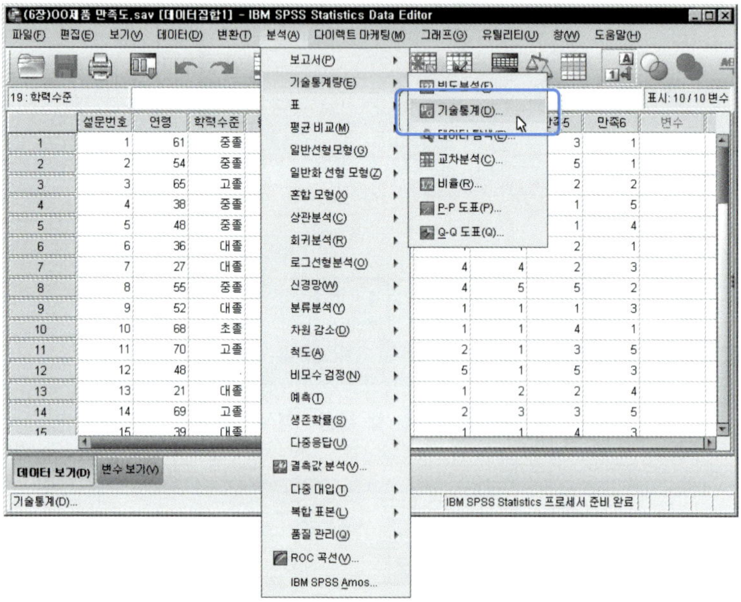

그림 6.5.19 분석(A) – 기술통계량(E) – 기술통계(D)

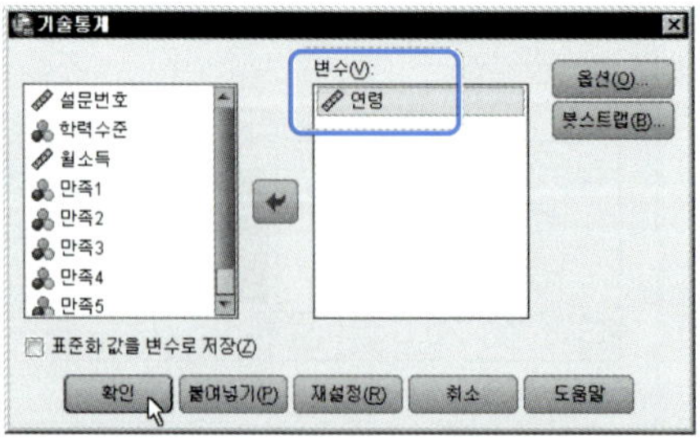

그림 6.5.20 기술통계(D) 대화상자

기술통계

[데이터집합1] E:₩SPSS를 이용한 조사방법 및 통계분석의 이해 Data₩(6장)00제품 만족도.sav

기술통계량

	N	최소값	최대값	평균	표준편차
연령	30	21	77	51.73	17.239
유효수 (목록별)	30				

그림 6.5.21 기술통계(D) 결과

한편 **<그림 6.5.20>**의 옵션(O)... 에서는 다양한 기술통계량을 선택할 수 있다. 기본적으로는 **평균(M)**과 **산포도**의 **표준편차(T)**, **최소값(N)**, **최대값(X)**이 선택되어 있으나, 다른 사항들도 선택하여 결과를 살펴보기 바란다(**<그림 6.5.22>** 참조).

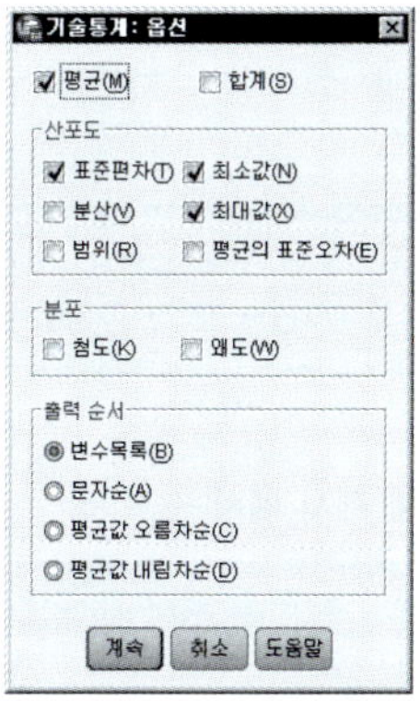

그림 6.5.22 기술통계(D) – 옵션(O)

6.5.4. 보고서에서의 기술통계 결과 표현

기술통계 결과 역시 실제 연구보고서에서는 그대로 제시할 수는 없다. 빈도분석과 마찬가지로 Excel을 활용하여 시각적 전달력이 높도록 편집할 필요가 있다.

상기 빈도분석의 결과 제시와 마찬가지로 **출력결과** 창에서 원하는 사항을 복하여 Excel에 붙여넣고 편집하였다(**<표 6.5.23>** 참조). 가급적이면 사례수를 의미하는 N은 응답빈도와 같은 용어로 바꿔주는 것이 좋겠다.

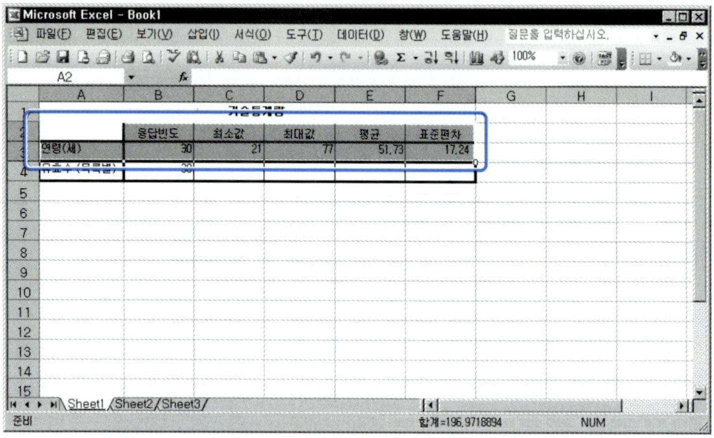

그림 6.5.23 Excel에서 반영할 기술통계 결과 선택

보고서에 최종적으로 표현될 수 있는 기술통계 결과는 **<표 6.5.3>**과 같다.

> 응답자의 연령은 최소 21세에서 최대 77세까지로서 평균 51.73세로 나타났다. 한편 표준편차를 근거할 때, 응답자 간의 연령 편차는 다소 큰 것을 볼 수 있다(**<표 6.5.3>** 참조).

❖ 표 6.5.3] **응답자의 연령 기술통계 제시 예시**

	응답빈도	최소값	최대값	평 균	표준편차
연령(세)	30	21	77	51.73	17.24

6.5.5. SPSS를 이용한 데이터 탐색(E)

데이터 탐색(E)에서는 보다 상세한 기술통계량을 살펴볼 수 있다. **분석(A)-기술통계량(E)-데이터 탐색(E)**을 실행하여 대화상자를 불러낸 후 연령을 로 **종속변수(D):** 위치에 옮긴다. **표시**에서 **모두(B)**는 통계량과 도표를 모두 보여주는 선택이며, **통계량(A)**과 **도표(L)**는 각각 해당 내용만 선택할 수 있도록 돕는다(**<그림 6.5.24>**, **<그림 6.5.25>** 참조).

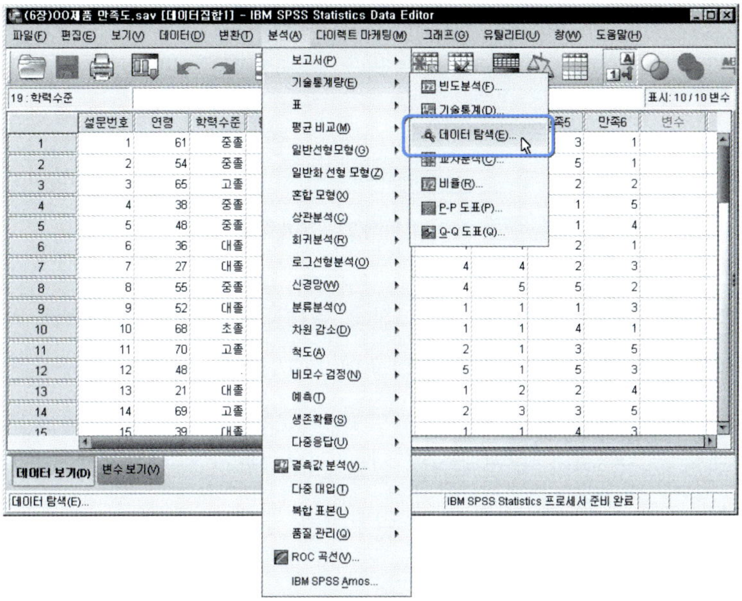

그림 6.5.24 분석(A) – 기술통계량(E) – 데이터 탐색(E)

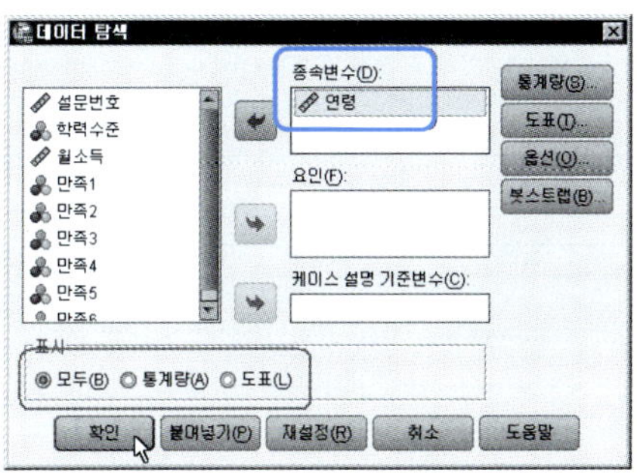

그림 6.5.25 데이터 탐색(E) 대화상자

통계량(S)... 을 누르면 기술통계 및 이상값, 백분위수 등을 살펴볼 수 있다. 기본적으로는 **기술통계(D)**가 선택되어 있다(<그림 6.5.26> 참조).

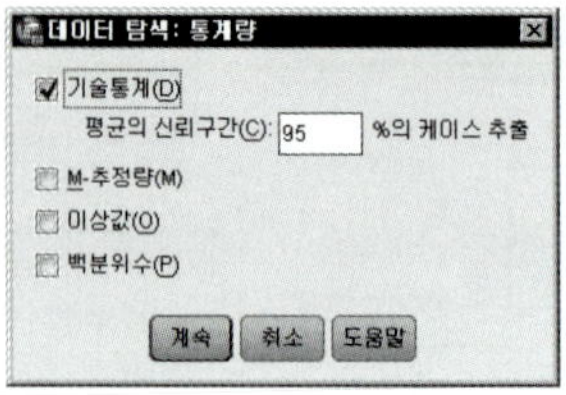

그림 6.5.26 데이터 탐색(E) – 통계량(S) 대화상자

케이스 처리 요약에서 연령에 대한 전체 유효응답 및 결측치의 빈도와 비율을 보여주며, **기술통계**에서는 평균, 평균의 95% 신뢰구간, 5% 절삭평균, 중위수, 분산, 표준편차, 최소값, 최대값, 범위, 사분위범위, 왜도, 첨도 등 다양한 통계결과를 볼 수 있다. 또한 줄기 · 잎도표와 상자도표가 기본적으로 제공되어 데이터의 분포상태와 이상치 및 극단치의 양상을 한눈에 파악할 수 있다 (**<그림 6.5.27>** 참조).

데이터 탐색

[데이터집합1] E:₩SPSS를 이용한 조사방법 및 통계분석의 이해 Data₩(6장)00제품 만족도.sav

케이스 처리 요약

	케이스					
	유효		결측		전체	
	N	퍼센트	N	퍼센트	N	퍼센트
연령	30	100.0%	0	0.0%	30	100.0%

기술통계

			통계량	표준오차
연령	평균		51.73	3.147
	평균의 95% 신뢰구간	하한	45.30	
		상한	58.17	
	5% 절삭평균		52.06	
	중위수		53.00	
	분산		297.168	
	표준편차		17.239	
	최소값		21	
	최대값		77	
	범위		56	
	사분위수 범위		31	
	왜도		-.267	.427
	첨도		-1.046	.833

연령

```
연령 Stem-and-Leaf Plot

 Frequency    Stem &  Leaf

     4.00        2 .  1137
     4.00        3 .  2689
     6.00        4 .  224588
     4.00        5 .  2445
     5.00        6 .  11589
     7.00        7 .  0002267

 Stem width:        10
 Each leaf:        1 case(s)
```

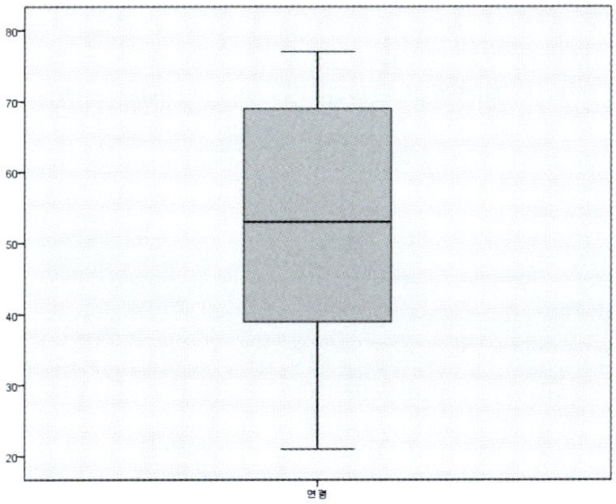

그림 6.5.27 데이터 탐색(E) 결과(1)

[도표(T)...]를 클릭하여 나타나는 <그림 6.5.28> 창에서는 **기술통계**의 **줄기와 잎그림(S)**, **히스토그램(H)**을 선택할 수 있다. 기본적으로 **줄기와 잎그림(S)**이 선택되어 있는데, 추가적으로 **히스토그램(H)**을 선택해 보자. **검정과 함께 정규성도표(O)**는 n<30일 경우, 표본의 정규성을 검정할 때 이용하는데, 이에 대한 내용은 **13. 비모수적 검증의 이해**에서 다루고 있다. **검정과 함께 정규성도표(O)**를 선택한 후 [계속]을 누른다.

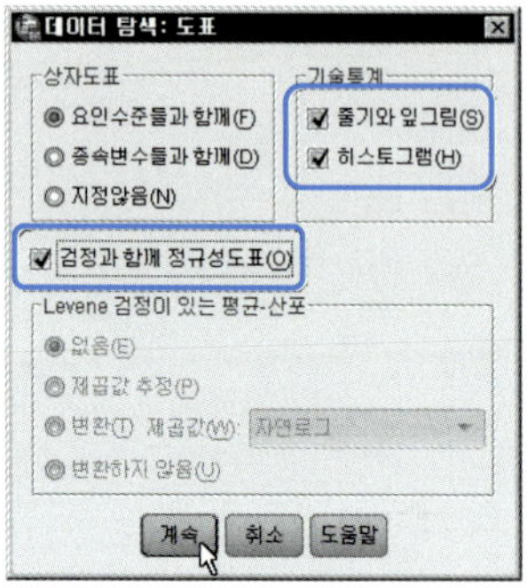

그림 6.5.28 데이터 탐색(E) – 도표(T) 대화상자

<그림 6.5.29>와 같이 **출력결과** 창에 몇 가지 내용이 추가되어 있음을 관찰할 수 있다.

데이터 탐색

[데이터집합1] E:₩SPSS를 이용한 조사방법 및 통계분석의 이해 Data₩(6장)00제품 만족도.sav

케이스 처리 요약

	케이스					
	유효		결측		전체	
	N	퍼센트	N	퍼센트	N	퍼센트
연령	30	100.0%	0	0.0%	30	100.0%

기술통계

			통계량	표준오차
연령	평균		51.73	3.147
	평균의 95% 신뢰구간	하한	45.30	
		상한	58.17	
	5% 절삭평균		52.06	
	중위수		53.00	
	분산		297.168	
	표준편차		17.239	
	최소값		21	
	최대값		77	
	범위		56	
	사분위수 범위		31	
	왜도		-.267	.427
	첨도		-1.046	.833

정규성 검정

	Kolmogorov-Smirnov[a]			Shapiro-Wilk		
	통계량	자유도	유의확률	통계량	자유도	유의확률
연령	.127	30	.200*	.942	30	.101

*. 이것은 참인 유의확률의 하한값입니다.

a. Lilliefors 유의확률 수정

연령

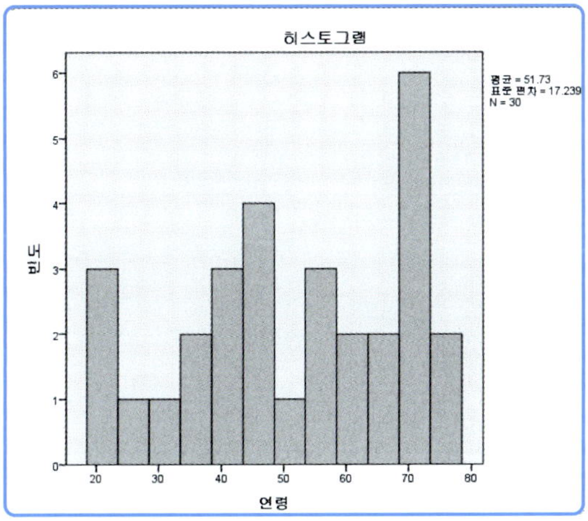


```
연령 Stem-and-Leaf Plot

 Frequency    Stem &  Leaf

     4.00        2 .  1137
     4.00        3 .  2689
     6.00        4 .  224588
     4.00        5 .  2445
     5.00        6 .  11589
     7.00        7 .  0002267

 Stem width:        10
 Each leaf:       1 case(s)
```

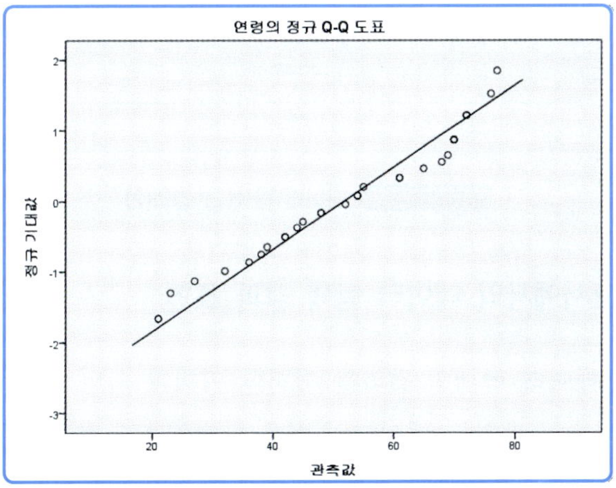

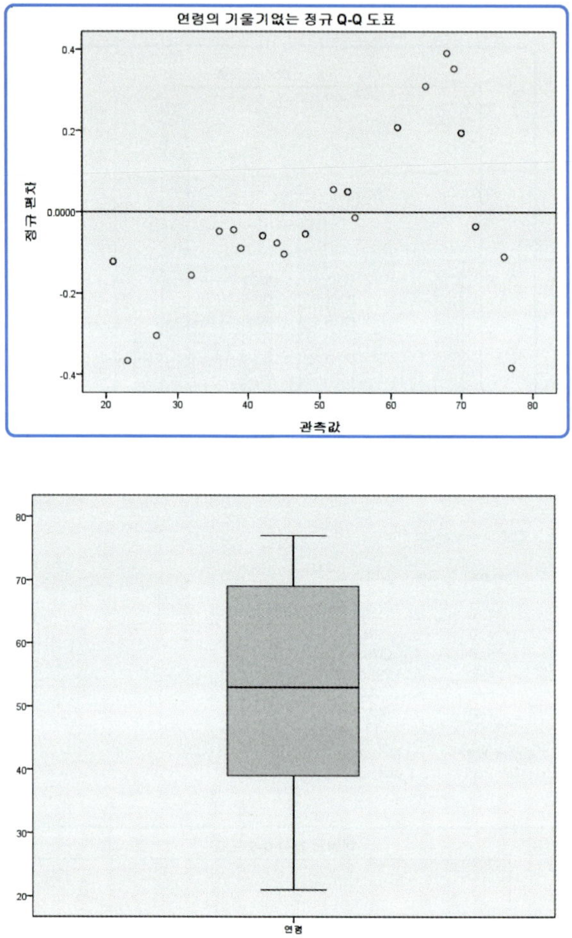

그림 6.5.29 데이터 탐색(E) 결과(2)

6.5.6. 보고서에서의 데이터 탐색 결과 표현

실무에서는 데이터 탐색의 결과를 제시할 기회가 거의 없다. 다만, 극단치 및 이상치가 다수 존재하는 데이터의 경우에 한해 5% 절삭평균의 제시가 필요하기도 하다. 이럴 경우에도 기술통계표에 부수적으로 기재해 주는 정도로 정보제공을 할 수 있다(<표 6.5.4> 참조).

❖ 표 6.5.4] 응답자의 연령 기술통계 및 5% 절삭평균 제시 예시

	기술통계량					5% 절삭평균
	응답빈도	최소값	최대값	평 균	표준편차	
연령(세)	20	19	71	38.20	15.03	31.17

6.5.7. 보고서에서의 리커트 척도 결과 제시

리커트 척도를 바라보는 시각은 여전히 의견이 분분하다. 사회과학적 견지에서 리커트 척도는 등간척도로 분류하므로 빈도, 최소값, 최대값, 평균, 표준편차 등 기술통계를 제시할 수 있으나, 원론적인 관점에서 리커트 척도는 서열척도에 가깝기에 수학적인 연산이 불가능하며 따라서 빈도분석의 결과를 제시해야 하는 것이 보다 합당할 수 있다.

저자는 리커트 척도 문항의 결과를 **<표 6.5.5>**처럼 제시한다. 응답에 대한 빈도와 %, 평균과 표준편차를 함께 제시하면 리커트 척도의 특성을 모두 반영한 결과제시가 되기 때문이다.

××식품에서 새로 출시한 ○○제품을 총 1,500명의 시식단에게 맛, 가격, 양, 외형, 색깔, 포장상태 등 총 6개의 항목으로 평가하도록 하였다. 해당 제품은 전반적으로 5점 만점에 평균 3.84점으로 보통을 상회하는 비교적 긍정적인 평가를 받았다. 특히 제품의 색깔과 제품의 가격은 각각 평균 4.05점과 평균 4.00점으로 상대적으로 높은 평가를 받고 있었다. 반면 제품의 맛은 평균 3.20점으로 상대적으로 낮은 평가를 받은 것으로 볼 때, 제품의 본격적인 출시 전에 맛에 대한 소비자의 만족도를 이끌어낼 수 있는 개선대책이 필요할 것으로 사료된다(**<표 6.5.5>** 참조).

❖ 표 6.5.5] 리커트 척도 문항의 결과 제시 예시

		응답빈도(%)					평균 (표준 편차)
		매우 불만족	불만족	보통	만족	매우 만족	
제품 만족도	1) 제품의 맛에 만족하십니까?	51 (3.52)	171 (11.82)	514 (35.52)	446 (30.82)	265 (18.31)	3.20 (0.73)
	2) 제품의 가격에 만족하십니까?	15 (1.04)	88 (6.08)	418 (28.87)	626 (43.23)	301 (20.79)	4.00 (0.73)
	3) 제품의 양에 대해 만족하십니까?	7 (0.48)	70 (4.83)	385 (26.57)	638 (44.03)	349 (24.09)	3.90 (0.72)
	4) 제품의 외형에 대해 만족하십니까?	6 (0.42)	88 (6.10)	520 (36.06)	540 (37.45)	288 (19.97)	3.95 (0.89)
	5) 제품의 색깔에 대해 만족하십니까?	6 (0.42)	87 (6.05)	535 (37.18)	561 (38.99)	250 (17.37)	4.05 (0.51)
	6) 제품의 포장상태는 만족스럽습니까?	9 (0.64)	68 (4.87)	446 (31.95)	571 (40.90)	302 (21.63)	3.85 (0.75)
만족도 전체							3.84 (0.44)

※ N = 1,500이며, 각 사항별로 무응답은 제외함.

생각해 봅시다! 〈통계학은 관점이다〉

어느 정책에 대한 의사결정을 위해 해당 정책에 대한 찬성과 반대비율을 조사해 봤더니, 찬성 60%, 반대 40%라고 나타났다고 가정해 보자. 이 경우, 해당 정책은 성공한 것이라 할 수 있겠는가? 선뜻 성공을 거론하기가 쉽지 않다. 그렇다면 결정이 어려우니 비율을 조금 조정해 보자. 동일한 조사에서 이번에는 찬성 70%, 반대 30%라는 결과가 나타났다고 하자. 그렇다면 이번에는 해당 정책이 성공한 것이라고 말할 수 있겠는가? 많은 사람들이 성공에 손을 들어줄 것이다. 그러나 저자의 생각은 조금 다르다. 통계는 관점이다. 첫 번째와 두 번째의 경우 모두 반대의 비율이 너무 높다. 이 비율이 80% 對 20%가 되더라도 반대의 20%는 충분히 고려해야 할 대상인 것이다. 반대에 대한 의견을 충분히 듣고 수용함으로써 이들의 찬성을 이끌어내기 위한 방법과 방향을 모색하는 것이 올바른 의사결정자라 할 수 있을 것이다.

생각해 봅시다! 〈리커트 척도의 함정〉

우리는 사람의 태도를 측정할 때 간편하면서도 다양한 통계적 처리가 가능하므로 리커트 척도를 주로 사용한다. 그러나 리커트 척도를 이용할 때 다음의 두 가지를 신중하게 고민해 볼 필요가 있다. 첫째는, **응답범주에 긍정이 앞설 때와 부정이 앞설 때 응답은 어떻게 달라지는가**'이며, 둘째는, **리커트 척도의 중립적 태도인 3점은 언제나, 누구에게나 중립으로 인정될 수 있는가**이다.

저자는 이를 확인해 보기 위해 ○○대학교 기초통계학 과목을 수강하는 학생 100명을 대상으로 '귀하의 학교생활에 대한 전반적인 만족수준은 어느 정도입니까?'라는 질문을 통해 실험하였다. 동일 문항을 세 번 묻되, **한 문항은** 전형적인 리커트 척도로 구성하여 '매우 만족한다'에서부터 '전혀 불만족한다'까지로 **긍정이 응답범주의 앞에 위치하도록 하여 구성**하고, **다른 한 문항**에서는 '귀하는 지금까지의 학교생활을 생각해 볼 때 전반적으로 어느 정도 만족하고 계십니까?'라고 문구를 약간 변경하면서 '전혀 불만족한다'에서부터 '매우 만족한다'로 **부정의 응답범주가 가장 앞서게 함**으로써 첫 번째 문항과 응답범주의 순서를 달리하였다. 마지막으로는 **중립적 태도의 기준을 잡기 위해 응답범주의 영향을 받지 않도록 만족수준에 대해 100점 만점에 몇 점인지 직접 기재하는 한 문항**을 포함시켰다.

이 실험에 총 89명이 응답하였는데, 각 결과는 상이하게 나타났다. 먼저, 평균 점수를 근거로 할 때, **긍정이 앞선 첫 번째 문항은** '매우 만족한다'가 1점에 책정되었기에 역환산을 선행한 후 검토하니 최소 2점에서 최대 5점까지 **평균 3.27점**이었다. **부정이 앞선 두 번째 문항은** 최소 2점에서 최대 5점까지 평균 3.20점으로 나타났다. 이로 볼 때 **유사한 조건하에서 응답범주에 긍정이 앞서면 점수가 미미하지만 높게 나타난다**고 볼 수 있다.

다음으로, **100점 만점의 문항은** 5점 만점으로 환산 시 1.00점에서 4.50점까지로 평균 3.29점이었다. 이 문항에 대해 **성별에 따라 평균을 비교해 보니 통계적으로 유의한 차이를 보였는데,** 남자는 평균 3.56점, 여자는 평균 3.14점으로 **남학생의 평균 점수가 상대적으로 높았다. 산술평균은 집단의 대표치,** 즉 **해당집단의 중심이라 할 수 있으므로, 리커트 척도에서 3점이 중립이라는 전제는 상당히 작위적인 기준임이 증명된다고 볼 수 있다.**

07
추정과 가설검증

07 추정과 가설검증

실제로는 표본추출을 통해 모집단의 특성을 추정하는 과정에서는 모집단의 특성을 알지 못한다. 그러므로 표본의 통계량으로부터 모수치를 예측해내야 한다. 여기에서의 예측은 이른바 추론(推論, inference)이라고 하겠는데, 이는 **5.1.1. 모집단과 표본**의 **<그림 5.1.2> 모수치와 (표본)통계량의 관계**에서 표현한 것과 같이 표본으로부터 얻은 자료를 기초로 모집단을 유추해내는 과정이다.

추론은 모집단의 분포, 즉 정규분포를 가정할 수 있는지 또는 가정할 수 없는지에 따라 각각 **모수적(母數的, Parametric) 추론**과 **비모수적(非母數的, Non-Parametric) 추론**으로 구분할 수 있다.

이처럼 표본의 통계량으로부터 모수치를 예측해 나가는 과정에 대한 일련의 학문적 체계를 추론통계학(Inferential statistics)이라 하며, **추정(推定, Estimation)**과 **가설검증(假說檢證, Hypothesis Testing)**으로 분류된다.

여기에서 추정이란 표본에 의한 검증통계량을 이용하여 모집단의 특성이 어떠할 것인지를 추측하는 것이고, 가설검증은 모수에 대한 특정 가설을 수립한 후, 표본을 추출하여 통계량을 계산한 뒤 이를 바탕으로 가설의 합당 여부를 판단하는 것이라 할 수 있다.

추정은 다시 모수(모평균, 모분산, 모표준편차, 모비율)를 표본통계량(표본평균, 표본분산, 표본표준편차, 표본비율)의 단일값으로 추정하는 점추정(點推定, Point estimation)과 미지의 모수가 확률적으로 포함되어 있을 것으로 판단되는 구간을 표본으로 추정하는 구간추정(區間推定, Interval estimation)으로 구분된다.

7.1. 추정(Estimation)에 대한 이론적 접근

7.1.1. 모수의 점추정

7.1.1.1. 모평균의 점추정

먼저 모평균(μ)을 점추정하는 방법으로는 표본평균, 표본중앙값, 표본최빈값이 있으나, 대표적으로 쓰이는 추정량은 표본평균이 해당된다.

표본평균이 얼마나 좋은 추정량인가를 나타내는 기본적인 기준으로는 두 가지가 있는데, 먼저 불편추정량(不偏推定量, Unbiased Estimator)이다. 모수의 추정량인 평균이 모수와 같다면 이때의 평균을 모수의 불편추정량이라 한다. 다시 말해 표본평균($\overline{X}$)이 모평균(μ)과 일치될 때 표본평균($\overline{X}$)을 불편추정량이라 할 수 있는 것이다.

다음으로는 표준오차($\frac{S}{\sqrt{n}}$)이다. 어떤 불편추정량이 얼마나 정확한 추정량인지를 파악하는 것은 표준오차(표본평균의 표준편차)가 얼마나 작은지에 달려있다. 즉, 표준오차가 작을수록 정확한 추정량이라 할 수 있다.

7.1.1.2. 모분산과 모표준편차의 점추정

이미 알고 있듯이 분산과 표준편차는 자료의 분포에 대한 사항이다. 즉, 평균으로부터 얼마나 떨어져 있는가를 나타내는 수치가 바로 분산과 표준편차라 할 수 있다.

한편 편차의 합, 즉 관측치와 평균값 간의 차이의 합($\sum_{i=1}^{n}(X_i - \overline{X})$)은 항상 0이 되는 성질을 가진다. 따라서 편차의 총합으로 자료의 분포상태를 알기에는 불가능하므로 편차 제곱의 총합($\sum_{i=1}^{n}(X_i - \overline{X})^2$)을 이용한다. 모분산의 추정량인 표본분산($s^2$)과 모표준편차의 추정량인 표본표준편차($s$)는 다음과 같이 편차 제곱의 총합($\sum_{i=1}^{n}(X_i - \overline{X})^2$)을 자유도($n-1$)로 나누는 것으로 표현되며, 이때의 통계량을 불편추정량이라 칭한다.

$$s^2 = \frac{1}{n-1}\sum_{i=1}^{n}(X_i - \overline{X})^2$$

$$s = \sqrt{\frac{1}{n-1}\sum_{i=1}^{n}(X_i - \overline{X})^2}$$

7.1.1.3. 모비율의 점추정

특정한 속성에 대한 비율이 P인 모집단에서 n개의 표본을 무작위추출하였다. 이 표본집단에서 나타내는 표본비율은 p로 표기되며, $P = p$일 때, p는 P의 불편추정량이 된다.

또한 표준오차(표본평균의 표준편차)는 $\sqrt{\frac{p(1-p)}{n}}$ 로 정의된다.

7.1.1.4. 좋은 추정량이 될 요건

표본의 통계량으로 모수치를 추정하는 데 있어 좋은 추정량이 되기 위해서는 불편성(Unbiasedness), 효율성(Efficiency), 일치성(Consistency), 충족성(Sufficiency)의 네 가지 요건을 만족시켜야 한다.

첫째, 불편성이란, 표본통계량이 모수치와 일치할 때 좋은 추정량이 된다는 특성이며, 이런 경우에 표본통계량의 평균을 모수의 불편추정량(Unbiased Estimator)이라 한다.

둘째, 효율성이란, 여러 개의 추정량이 존재할 경우, 분산이 가장 작은 쪽이 효율적이라는 의미로서, 이런 경우 효율추정량(Efficient Estimator)이라고 지칭한다.

셋째, 일치성은 좋은 추정량은 표본의 크기가 커질수록 표본오차가 작아지고 추정량이 모수에 가까워지는 성질을 말한다. 이런 표본통계량을 일치추정량(Consistent Estimator)이라고 한다.

넷째, 충족성은 동일한 표본으로부터 얻은 추정량이 모수에 관한 모든 정보와 지식을 포함하고 있음을 의미하며, 이때의 표본통계량은 충족추정량(Sufficient Estimator)이라 한다.

7.1.2. 모수의 구간추정

모수의 점추정이 단일값으로 추정되는 것과 달리, **모수의 구간추정**은 모수가 일정한 확률로 어느 한계 내에서 있게 될 신뢰구간을 구하는 것을 의미한다.

구간추정은 점추정과 마찬가지로 평균에 대한 추정과 비율에 대한 추정으로 구분할 수 있다.

7.1.2.1. 모평균의 구간추정

모평균의 구간추정은 모분산을 아는 경우와 모분산을 모르는 경우로 나누어 살펴볼 필요가 있다.

먼저 **모분산을 아는 경우**에는 다음과 같이 각각 정의된다.

$$\mu = \overline{X} \pm Z_{\frac{\alpha}{2}} \frac{\sigma}{\sqrt{n}}$$

여기에서 $Z_{\frac{\alpha}{2}}$에는 신뢰수준이 90%, 95%, 99%일 때 각각의 값을 적용한다[1]. 예를 들어, 신뢰수준 95%일 때 μ의 구간추정은 다음과 같이 정의된다.

$$\overline{X} - 1.96\frac{\sigma}{\sqrt{n}} < \mu < \overline{X} + 1.96\frac{\sigma}{\sqrt{n}} \quad \Leftrightarrow \quad \mu = \overline{X} \pm 1.96\frac{\sigma}{\sqrt{n}}$$

구간추정에 대한 예제 1

예제 7-1. 우리나라 근로자의 하루 평균 업무시간을 추정하려고 한다. 이들의 업무시간은 정규분포를 이루며, 분산이 4로 나타났다. 무작위로 추출한 25명 근로자들의 일평균 업무시간을 조사하였더니 평균 7.2시간으로 나타났다. 다음에 대해 각각 일평균 업무시간을 구간추정하여라.

1) 90% 신뢰구간을 구하여라.
2) 95% 신뢰구간을 구하여라.
3) 99% 신뢰구간을 구하여라.

☞ 먼저, $\overline{X} = 7.2,\ \sigma = 2,\ n = 25$이므로 $\mu = 7.2 \pm Z_{\frac{\alpha}{2}}\frac{2}{\sqrt{25}}$

1) 90% 신뢰구간

☞ $Z_{0.1} = 1.64$이므로, $\mu = 7.2 \pm 1.64\frac{2}{\sqrt{25}} = 7.2 \pm 0.656$

$\therefore\ 6.544 < \mu < 7.856$ (6.54시간, 7.86시간)

2) 95% 신뢰구간

☞ $Z_{0.05} = 1.96$이므로, $\mu = 7.2 \pm 1.96\frac{2}{\sqrt{25}} = 7.2 \pm 0.784$

$\therefore\ 6.416 < \mu < 7.984$ (6.42시간, 7.98시간)

3) 99% 신뢰구간

☞ $Z_{0.01} = 2.57$이므로, $\mu = 7.2 \pm 2.57\frac{2}{\sqrt{25}} = 7.2 \pm 1.028$

$\therefore\ 6.172 < \mu < 8.228$ (6.17시간, 8.23시간)

다음으로는 **모집단의 분산을 모르지만 표본의 크기가 큰 경우**이다. 이 경우에도 모분산을 아는 경우와 마찬가지로 Z분포를 따른다고 볼 수 있다. 모분산을 모르므로 아래의 식과 같이 σ대신 s를 적용한다.

$$\mu = \overline{X} \pm Z_{\frac{\alpha}{2}}\frac{s}{\sqrt{n}}$$

1) 90%인 경우 $Z=1.64$, 95%인 경우 $Z=1.96$, 99%인 경우 $Z=2.57$

신뢰수준 95%일 때 μ의 구간추정은 다음과 같이 정의된다.

$$\overline{X} - 1.96\frac{s}{\sqrt{n}} < \mu < \overline{X} + 1.96\frac{s}{\sqrt{n}} \quad \Leftrightarrow \quad \mu = \overline{X} \pm 1.96\frac{s}{\sqrt{n}}$$

구간추정에 대한 예제 2

예제 7-2. 우리나라 근로자의 한 달 평균임금을 추정하기 위해 근로자 100명을 무작위 추출하였다. 이들의 평균임금은 120만 원으로 조사되었으며, 임금에 대한 분산이 100만 원으로 나타났다. 근로자의 월평균 임금의 95% 신뢰구간을 계산하여라.

☞ $Z_{0.05} = 1.96$이므로, $\mu = 120 \pm 1.96\frac{10}{\sqrt{100}} = 120 \pm 1.96$

$\therefore$ $118.04 < \mu < 121.96$ (118.04만 원, 121.96만 원)

마지막으로 **모집단의 분산을 모르면서 표본의 크기가 작은 경우**에는 t분포를 따른다. 다만, 이 경우에도 표본의 분포는 정규분포가 가정되어야 한다.

$$\mu = \overline{X} \pm t_{(\frac{\alpha}{2},\ n-1)}\frac{s}{\sqrt{n}}$$

$t_{\frac{\alpha}{2}}$은 각 신뢰수준 및 표본개수를 고려하여 t분포표에서 찾아서 적용한다. 예를 들어, 표본개수가 16이고 신뢰수준이 95%라면 자유도는 15이므로 $t_{(0.025,\ 15)}$는 2.131이다. 이를 대입하면 μ의 구간추정은 다음과 같이 정의될 수 있다.

$$\overline{X} - 2.131\frac{s}{\sqrt{n}} < \mu < \overline{X} + 2.131\frac{s}{\sqrt{n}} \Leftrightarrow \mu = \overline{X} \pm 2.131\frac{s}{\sqrt{n}}$$

구간추정에 대한 예제 3

예제 7-3. 자원봉사자들의 평균 자원봉사 참여시간에 대해 알아보기 위해 ○○시청 자원봉사자 16명을 선별하여 살펴보니 평균 자원봉사 참여시간이 21.4시간이었고, 표준편차는 1.8로 나타났다. 자원봉사자들의 평균 자원봉사 시간에 대한 90% 신뢰구간을 구하여라. 단, 자원봉사 참여시간은 정규분포를 이룬다.

☞ 먼저, $1-\alpha = 0.90$이므로 $\frac{\alpha}{2} = 0.05$이고, 자유도는 $n-1 = 16-1 = 15$

또한 t분포표에 의해 $t_{(0.05,\ 15)} = 1.753$

☞ $\overline{X} = 21.4,\ S = 1.8,\ n = 16$이므로,

$$\mu = \overline{X} \pm t_{(\frac{\alpha}{2},\ n-1)} \frac{s}{\sqrt{n}} = 21.4 \pm 1.753 \frac{1.8}{\sqrt{16}} = 21.4 \pm 0.789$$

$\therefore\ 20.611 < \mu < 22.189$ (20.611시간, 22.189시간)

7.1.2.2. 모비율의 구간추정

일상생활에서는 모비율에 대한 추정의 경우가 종종 발생된다. 국회의원선거에서 특정 후보에 대한 지지율 조사가 가장 대표적인 예이다. 또한 특정 정책에 대한 국민들의 반대 비율에 대한 조사 등이 있을 수 있다. 모비율에 대한 구간추정 역시 모평균에 대한 구간추정과 마찬가지로 표본의 비율을 통해 가능하다. 모비율에 대한 구간추정은 다음과 같이 정의된다. 여기에서 $(1-p)$는 때에 따라 q로 표기되기도 한다.

$$P = p \pm Z_{\frac{\alpha}{2}} \sqrt{\frac{p(1-p)}{n}}$$ ………………… 대표본에서의 모비율 추정

구간추정에 대한 예제 4

예제 7-4. △△그룹에서 직장 내 자원봉사활동 참여율을 알아보고자 500명의 직원을 대상으로 표본조사를 하였더니 40명이 참여한 것으로 나타났다. △△그룹의 자원봉사 참여율의 95% 신뢰구간을 구하여라.

☞ $p = \frac{40}{500} = 0.08$이므로,

☞ $p = p \pm Z_{\frac{\alpha}{2}} \sqrt{\frac{p(1-p)}{n}} = 0.08 \pm 1.96 \sqrt{\frac{0.08(1-0.08)}{500}} = 0.08 \pm 0.0237$

$\therefore\ 0.0562 < p < 0.1037$ (5.6%, 10.4%)

7.1.3. 두 모수의 차에 대한 구간추정

예를 들어, 미술치료 프로그램 참여 전과 참여 후의 대상자 만족도의 차이 변화, 성별에 따른 프로그램 참여율의 비교 등과 같이 일상생활에서는 두 개의 값 또는 비율을 서로 비교하는 경우가 많이 발생한다.

본 단원에서는 이와 같이 두 모집단의 차이를 추정하는 방법에 대해 논의하고자 한다.

7.1.3.1. 모평균의 차에 대한 구간추정

두 모평균의 차에 대한 구간추정 역시 **모평균의 구간추정**과 마찬가지로 모분산을 아는 경우와 모르는 경우로 나누어 살펴보아야 한다.

먼저, **모분산을 아는 경우**에는 다음과 같다.

$$\mu_1 - \mu_2 = (\overline{X_1} - \overline{X_2}) \pm Z_{\frac{\alpha}{2}} \sqrt{\frac{\sigma_1^2}{n_1} + \frac{\sigma_2^2}{n_2}}$$

두 모수의 구간추정에 대한 예제 1

예제 7-5. ○○휘트니스 센터와 ××휘트니스 센터의 월이용료 차이를 알아보고자 한다. ○○휘트니스 센터의 월이용료의 분산이 30만 원, ××휘트니스 센터의 월이용료 분산이 25만 원이며, 각각 정규분포를 따른다. ○○휘트니스 센터에서 15명의 회원을 표본추출하여 월이용료를 조사한 결과 평균 23만 원으로 나타났으며, ××휘트니스 센터에서 10명의 회원을 표본추출하여 조사한 결과 평균 18만 원으로 나타났다. 두 휘트니스 센터의 월평균 이용료의 차이에 대한 95% 신뢰구간을 추정하여라.

☞ $\overline{X_1} = 23,\ \overline{X_2} = 18,\ \sigma_1^2 = 30,\ \sigma_2^2 = 25,\ n_1 = 15,\ n_2 = 10$이고,

신뢰구간이 95%면 $Z_{0.05} = 1.96$이므로

☞ $\mu_1 - \mu_2 = (\overline{X_1} - \overline{X_2}) \pm Z_{\frac{\alpha}{2}} \sqrt{\frac{\sigma_1^2}{n_1} + \frac{\sigma_2^2}{n_2}}$

$= (23 - 18) \pm 1.96 \sqrt{\frac{30}{15} + \frac{25}{10}} \fallingdotseq 5 \pm 4.158$

$\therefore\ 0.842 < (\mu_1 - \mu_2) < 9.158$ (0.84만 원, 9.16만 원)

다음으로 **모분산을 모르는 경우지만 표본의 크기가 큰 경우**는 모분산(σ^2) 대신 표본분산(s^2)을 적용한다.

$$\mu_1 - \mu_2 = (\overline{X_1} - \overline{X_2}) \pm Z_{\frac{\alpha}{2}} \sqrt{\frac{s_1^2}{n_1} + \frac{s_2^2}{n_2}}$$

두 모수의 구간추정에 대한 예제 2

예제 7-6. △△전자와 □□전자 직원들의 최근 3년간 총 근무시간의 차이를 알아보고자 한다. △△전자와 □□전자에서 각각 150명과 100명의 직원을 무작위추출하여 평균 총 근무시간을 조사해 보니 각각 1,400시간과 1,200시간이고, 표준편차는 각각 120시간, 80시간으로 나타났다. 두 회사 직원들의 총 근무시간의 차이에 대한 95% 신뢰구간을 구하여라.

☞ $\mu_1 - \mu_2 = (\overline{X_1} - \overline{X_2}) \pm Z_{\frac{\alpha}{2}} \sqrt{\frac{s_1^2}{n_1} + \frac{s_2^2}{n_2}}$

$= (1400 - 1200) \pm 1.96 \sqrt{\frac{14400}{150} + \frac{6400}{100}} \fallingdotseq 200 \pm 24.8$

$\therefore\ 175.2 < (\mu_1 - \mu_2) < 224.8$ (175.2시간, 224.8시간)

끝으로 **모집단의 분산을 모르면서 표본의 크기가 작은 경우**는 **모평균의 구간추정**과 마찬가지로 t분포를 따른다. 물론 이 경우에도 표본의 분포는 정규분포가 가정되어야 한다. 여기에서 s_p^2는 **합동표본분산**이라 한다.

$$\mu_1 - \mu_2 = (\overline{X_1} - \overline{X_2}) \pm t_{\frac{\alpha}{2}, n_1 + n_2 - 2} \sqrt{s_p^2 \left(\frac{1}{n_1} + \frac{1}{n_2}\right)}$$

$$s_p^2 = \frac{(n_1 - 1)s_1^2 + (n_2 - 1)s_2^2}{n_1 + n_2 - 2}$$

두 모수의 구간추정에 대한 예제 3

예제 7-7. A지역과 B지역은 모두 영구임대아파트 단지이다. 두 영구임대아파트 단지 입주민에게 적절한 교육서비스의 기획을 위해 입주민의 나이 차이가 얼마나 나는지를 살펴보고자 동사무소를 통해 입주민의 나이를 무작위추출하였다. 이 자료를 이용하여 두 영구임대아파트 단지 입주민의 나이에 대한 모평균의 차이의 90% 신뢰구간을 구하여라. 단 두 모집단은 정규분포를 이루고, 분산은 동일하다고 전제할 수 있다.

A 영구임대아파트 입주민 나이	41, 44, 49, 44, 43, 48, 47, 46, 45, 46, 46, 43, 45
B 영구임대아파트 입주민 나이	55, 35, 39, 40, 47, 39, 37, 39, 41, 47, 42, 46

☞ 먼저, $\overline{X_A}=45.15$, $\overline{X_B}=42.25$이고, $s_A^2=4.808$, $s_B^2=30.932$이므로, $s^2_{(n_A-1)A}=57.696$, $s^2_{(n_B-1)B}=340.252$이다.

∴ 합동표본분산 $s_p^2=\dfrac{(n_A-1)s_A^2+(n_B-1)s_B^2}{n_A+n_B-2}$

$$=\frac{57.696+340.252}{13+12-2}=17.3021$$

☞ 자유도 23이며, 유의수준 90%이므로, $t_{0.05,23}=1.714$

$$\mu_A-\mu_B=(\overline{X_A}-\overline{X_B})\pm t_{\frac{\alpha}{2},n_A+n_B-2}\sqrt{s_p^2\left(\frac{1}{n_1}+\frac{1}{n_2}\right)}$$

$$=(45.15-42.25)\pm 1.714\sqrt{17.3021\left(\frac{1}{13}+\frac{1}{12}\right)}$$

$$\fallingdotseq 2.9\pm 2.854$$

∴ $0.046<(\mu_1-\mu_2)<5.754$ (0.05세, 5.75세)

7.1.3.2. 모비율의 차에 대한 구간추정

모비율의 차에 대한 구간추정은 모평균의 차에 대한 구간추정과 비슷하며, 다음과 같이 정의된다.

$$P_1-P_2=(p_1-p_2)\pm Z_{\frac{\alpha}{2}}\sqrt{\frac{p_1(1-p_1)}{n_1}+\frac{p_2(1-p_2)}{n_2}}$$

.... 대표본인 경우

두 모수의 구간추정에 대한 예제 4

예제 7-8. A社와 B社 직원 중에서 생산성 향상을 위한 역량강화 교육에 참여한 비율을 각각 비교해 보고자 한다. 두 회사에서 각각에 대해 아래의 표와 같이 표본조사를 실시하였다. 생산성 향상을 위한 역량강화 교육 참여율에 대한 95%의 신뢰구간을 구하여라.

	직원 표본수	참여자의 수	미참여자의 수
A社	150명	114명	43명
B社	100명	63명	37명

☞ 먼저, $p_A = \frac{114}{150} = 0.76,\ p_B = \frac{63}{100} = 0.63$이므로,

$$P_A - P_B = (p_A - p_B) \pm Z_{\frac{\alpha}{2}} \sqrt{\frac{p_A(1-p_A)}{n_A} + \frac{p_B(1-p_B)}{n_B}}$$

$$= (0.76 - 0.63) \pm 1.96 \sqrt{\frac{0.76(1-0.76)}{150} + \frac{0.63(1-0.63)}{100}}$$

$$= 0.13 \pm 0.117$$

$\therefore\ 0.013 < (P_A - P_B) < 0.247$ (1.3%, 24.7%)

7.2. 가설검증에 대한 이론적 접근

본 장에서는 가설검증에 대해 다루고자 한다. **가설**이 무엇인지에 대해서는 이미 **2. 조사방법론의 이해**의 **2.1.3. 연구모형 및 가설설정**에서 살펴보았다. 또한 **제Ⅰ종 오류**와 **제Ⅱ종 오류** 및 **유의수준**에 대해서는 **5. 통계분석을 위한 기초**에서 다루고 있으므로 참고하기 바란다.

7.2.1. 가설의 개념

가설은 **대립가설**(Alternative Hypothesis)과 **귀무가설**(Null Hypothesis)의 두 가지로 구분한다. 각각은 H_1(또는 H_a)과 H_0으로 표시하며, 통계분석을 거쳐 검증하는 대상은 H_0, 즉 귀무가설이다. 연구의 목적이 되는 연구가설(≒ 대립가설)[2)]은

직접적으로 검증할 수 없기에 이와 논리적으로 반대의 입장을 취하는 귀무가설을 수립한 후, 이 귀무가설의 진위 여부를 검증함으로써 연구가설을 간접적으로 검증하는 것이다. 다시 말해 귀무가설, 즉 대립가설의 반대되는 가설이 거짓이면 역으로 대립가설이 참이라고 할 수 있지 않겠느냐 하는 것이 가설 검증의 기본적인 논점이라고 할 수 있는 것이다.

예를 들어, 특정 제품에 대한 소비자 만족도를 성별에 따라 상호 비교를 목적으로 한다고 가정해 보자. 이 연구의 목적은 성별에 따른 만족도의 차이를 알고자 하는 것이다. 따라서 이에 반하는 귀무가설, 즉 성별에 따른 만족도의 차이는 없다는 가설을 수립한 후 이에 대한 진위 여부를 판결하게 된다. 여기에서 차이가 없다는 귀무가설이 기각되면 역으로 차이가 있다고 할 수 있다고 보는 것이다. 성별에 따라 만족도의 차이가 없다는 것은 '남자의 만족수준=여자의 만족수준'이므로 등호(=)의 개념으로 표현이 가능하다.

이상을 통해 정리하면, **귀무가설은 기각을 목적으로 하고 있으며, 등호(=)의 개념이 포함된 '~이(가) 없다'의 형태**가 되어야 한다[3].

7.2.2. 가설검증의 유형

가설검증의 유형은 **양측검증**(Two-Tailed Test)과 **단측검증**(One-Tailed Test)의 두 가지로 정리될 수 있다.

양측검증은 '성별에 따른 만족도의 차이가 있다($\mu_{남} \neq \mu_{여}$)'는 대립가설 형태이다. 어느 한쪽이 높거나 낮은지에 대한 정보가 없으므로, 귀무가설을 통해 차이의 유무를 검증하고자 하는 경우이다. 반면 단측검증은 '남자의 만족수준은 여자의 만족수준에 비해 높다($\mu_{남} > \mu_{여}$)'와 같이 정보를 가지고 시작하는 것이다. 이와 같은 경우에는 이미 선행연구 등을 통해 어느 한쪽이 다른 한쪽에 비해 높은 것은 아는데 정말로 높은지를 재검증하고자 하는 경우가

2) 완벽히 등호(=)로 표현하지 않은 이유는 **2.1.3.4. 가설(Hypothesis)**의 각주 4)를 참고하기 바란다.

3) 각 통계분석 방법에 따라 'A와 B는 차이가 없다', 'A와 B 간에는 관계가 없다', 'A는 B에 영향이 없다'와 같이 모두 '없다'라는 개념이 귀무가설이다.

해당된다고 할 수 있다.

양측검증과 단측검증에 따른 가설검증의 유형을 정리하면 **<표 7.1.1>**과 같다. 표본평균으로 모평균을 추정하는데 있어서 두 수치 간에 차이의 유무를 검증하고자 하는 경우에는 양측검증이 되며, 두 수치 중 어느 한 수치가 다른 한 수치에 비해 높거나 낮은지에 대한 검증을 하고자 하는 경우에는 단측검증이 되는 것이다.

❖ 표 7.2.1] **가설검증의 유형**

	관 심	구 성
양측검증	차이의 유무에 대한 관심	$H_0 : \mu = \overline{X}$ $H_1 : \mu \neq \overline{X}$
단측검증 (우측검증)	모평균보다 표본평균이 작은지 관심	$H_0 : \mu = \overline{X}$ $H_1 : \mu > \overline{X}$
단측검증 (좌측검증)	모평균보다 표본평균이 큰지 관심	$H_0 : \mu = \overline{X}$ $H_1 : \mu < \overline{X}$

※ 편의상 평균을 이용하여 설명함.

7.2.3. 가설검증의 절차

첫째, **가설의 설정이다**. 연구의 목적이 되는 대립가설과 이에 반대되는 귀무가설을 설정한다.

둘째, **유의수준을 결정한다**. 연구자가 적용하고자 하는 유의수준을 결정한다. 보통 0.05, 즉 95%의 신뢰수준을 유지하는 선에서 결정되지만, 때에 따라서는 0.1 또는 0.01과 같이 유의수준이 결정될 수도 있다. 유의수준의 결정에서는 동일한 연구보고서에서는 되도록 같은 유의수준을 적용하는 것이 바람직하다. 만일 부득이 이것이 지켜지지 못하는 경우에는 적어도 동일한 통계분석기법에 한해서라도 동일한 유의수준을 적용하는 것이 바람직하다. 동일한 연구보고서 내에서 유의수준이 자주 바뀌거나 다양하게 규정하게 되면, 연구의 일관성이 부족해 보이며, 연구자가 유리한 결론을 이끌어내기 위해 작위적인 개입을 시도했다고 인지될 우려가 있기 때문이다.

셋째, **적절한 통계분석방법을 결정한다**[4]. 각 변수는 척도의 수준에 따라 t분포, F분포, χ^2분포 등 다양한 형태의 확률분포를 보이므로, 적용하고자 하는 변수, 즉 독립변수와 종속변수가 각각 질적수준(명목 및 서열수준의 척도)인지, 양적수준(등간 및 비율수준의 척도)인지를 잘 파악하여 적절한 통계분석방법을 결정한다.

넷째, **계산된 검증통계량에 대한 유의확률을 유의수준과 비교하여 귀무가설의 기각과 채택을 결정한다**[5].

다섯째, **결과를 해석한다.** 귀무가설의 기각과 채택 여부에 따라 결과를 해석하고 결론을 맺는다. 가설검증에 의한 의사결정에서는 단정적으로 표현하면 안 되며, '~라고 할 수 있다'처럼 언급하는 것이 원칙이다. 이는 해당 결과가 본 연구에서만 나타난 것일 뿐 다른 상황에서 시도한다면 다를 수 있기 때문이다. 예를 들어, '성별에 따른 만족도의 차이가 없다'라는 귀무가설이 기각되었다고 가정해 보자. 이것에 대한 결론으로는 '유의수준 0.05에서 귀무가설이 기각되었다. 따라서 성별에 따른 만족도는 차이를 보인다고 할 수 있다'는 시각이 적절하다는 것이다.

4) 본 단계는 통계분석 프로그램을 사용할 때 필요한 과정이다. 만일 검증통계량을 산식에 의해 직접 계산하고자 한다면, 본 단계는 필요가 없다.

5) 산식에 의한 직접계산인 경우, 산출된 검증통계량을 임계치와 비교하여 유의성을 판단한다.

08 교차분석의 이해

08 교차분석의 이해

8.1. 교차분석에 대한 이론적 접근

교차분석은 **질적**인 **독립변수**와 **질적**인 **종속변수**가 등장했을 때 적용하는 것으로, 질적인 두 변수 간의 상호관련성을 파악하기 위해서 사용하는 방법이라 할 수 있다. 예를 들면, 성별에 따른 선호도의 분포가 어떻게 차이를 보이는지를 알아보고자 하는 경우가 대표적이다.

교차분석에 의한 검증통계량(χ^2)을 계산하기 위해서는 각 칸 $Cell$마다 실제로 관측된 관측빈도(O_{ij})뿐 아니라, 두 변수 간에 아무런 관련성이 없다면 출현할 것이라 예상되는 빈도, 다시 말해 이론적으로 출현이 기대되는 빈도인 기대빈도E_{ij}를 알아야 한다. χ^2가 크다는 것은 이 기대빈도와 실제로 관찰된 관측빈도의 차이가 크다는 것을 뜻하기 때문이다.

각 칸 $Cell$의 기대빈도(E_{ij})는 다음에 의해 계산할 수 있다.

$$E_{ij} = \frac{\text{해당 칸}(cell)\text{이 속한 열의 총빈도} \times \text{해당 칸}(cell)\text{이 속한 행의 총빈도}}{\text{전체 빈도}}$$

		A(행)				계
		A_1	A_2	A_3	…	
B (열)	B_1	O_{11} / E_{11}	O_{21} / E_{21}	O_{31} / E_{31}	… / …	O_{i1} / E_{i1}
	B_2	O_{12} / E_{12}	O_{22} / E_{22}	O_{32} / E_{32}	… / …	O_{i2} / E_{i2}
	B_3	O_{13} / E_{13}	O_{23} / E_{23}	O_{33} / E_{33}	… / …	O_{i3} / E_{i3}
	⋮	⋮ / ⋮	⋮ / ⋮	⋮ / ⋮	⋮ / ⋮	⋮ / ⋮
계		O_{1j} / E_{1j}	O_{2j} / E_{2j}	O_{3j} / E_{3j}	… / …	O_{ij} / E_{ij}

위의 표처럼 기대빈도가 계산되면 교차분석의 검증통계량(χ^2)은 다음에 의해 산출한다.

$$\chi^2 = \sum_{i=1}^{A}\sum_{j=1}^{B}\frac{(O_{ij}-E_{ij})^2}{E_{ij}} \sim \chi^2_{(A-1)(B-1)}$$

한편 **교차분석**은 다음과 같이 가설에 따라 **독립성 검증**(Test of Independent)과 **동질성 검증**(Test of Homogeneity)으로 구분된다.

구 분	가 설
독립성 검증	H_0 : 응답범주(=수준)들끼리는 서로 관련이 없다(독립적이다).
	H_1 : 응답범주(=수준)들끼리는 서로 관련이 있다(독립적이지 않다).
동질성 검증	H_0 : 응답범주(=수준)들끼리는 서로 분포가 동일하다.
	H_1 : 응답범주(=수준)들끼리는 서로 분포가 동일하지 않다.

교차분석 예제

예제 8-1. 아래 자료는 ○○극장에서 영화 시사회를 개최하면서 이전에도 영화 시사회에 참여한 경험이 있는지에 대해 남녀 25명에게 조사한 결과이다. 성별과 시사회 참여경험 간에 서로 관련이 있는지를 검증하여라.

		참여경험		계
		있 다	없 다	
성 별	남 자	2	9	11
	여 자	10	4	14
계		12	13	25

☞ ① 가설 설정

H_0 : 성별과 참여경험은 관련이 없다.

H_1 : 성별과 참여경험은 관련이 있다.

② 유의수준 결정

$\alpha = 0.05$

③ 검증통계량 계산

• 기대빈도 계산

$$E_{11} = \frac{12 \times 11}{25} = 5.28, \quad E_{21} = \frac{13 \times 11}{25} = 5.72,$$

$$E_{12} = \frac{12 \times 14}{25} = 6.72, \quad E_{22} = \frac{13 \times 14}{25} = 7.28$$

		참여경험		계
		있 다	없 다	
성 별	남 자	$5.28(E_{11})$	$5.72(E_{12})$	11
	여 자	$6.72(E_{21})$	$7.28(E_{22})$	14
계		12	13	25

$$\therefore \chi^2 = \frac{(2-5.28)^2}{5.28} + \frac{(9-5.72)^2}{5.72} + \frac{(10-6.72)^2}{6.72} + \frac{(4-7.28)^2}{7.28} = 6.997$$

④ 검증통계량과 임계치 비교

$\chi^2 = 6.997 > 3.841 = \chi^2_{(1)}$ 이므로 귀무가설 기각

⑤ 결과해석

유의수준 0.05에서 귀무가설이 기각되었다. 따라서 성별과 시사회 참여경험은 관련이 있다고 할 수 있다.

8.2. SPSS를 이용한 교차분석

8.2.1. SPSS를 이용한 교차분석

SPSS를 이용하여 **<예제 8-1>**을 검증해 보자. 설문조사로 수집된 자료는 **<표 8.2.1>**처럼 구성되었다[6].

❖ 표 8.2.1] **성별별 시사회 참여경험 유무**

일련번호	1	2	3	4	5	6	7	8	9	10	11	12	13	14	15
성별	남자	남자	여자	여자	남자	여자	남자	남자	여자	여자	여자	남자	여자	여자	여자
참여경험	있다	없다	있다	있다	없다	없다	없다	없다	없다	있다	있다	없다	있다	없다	있다

<표 8.2.1>을 **<그림 8.2.1>**과 같이 코딩하되, 데이터는 가급적이면 숫자로 코딩하는 것이 좋으므로 문자로 된 원자료의 성별 및 참여경험을 숫자로 코딩한 후, 변수 보기(V)의 값 에서 변수값 설명을 추가한다. **분석(A)-기술통계량(E)-교차분석(C)**을 실행한다.

6) 만일 **<예제 8-1>**과 같은 형태로 자료가 주어졌다면 **3. SPSS의 기본적 기능**의 **3.3.4.5. 가중케이스(W)**에서 설명한 것처럼 인원변수를 만들어 가중케이스로 지정한다. 자세한 것은 해당 단원을 참고하기 바란다.

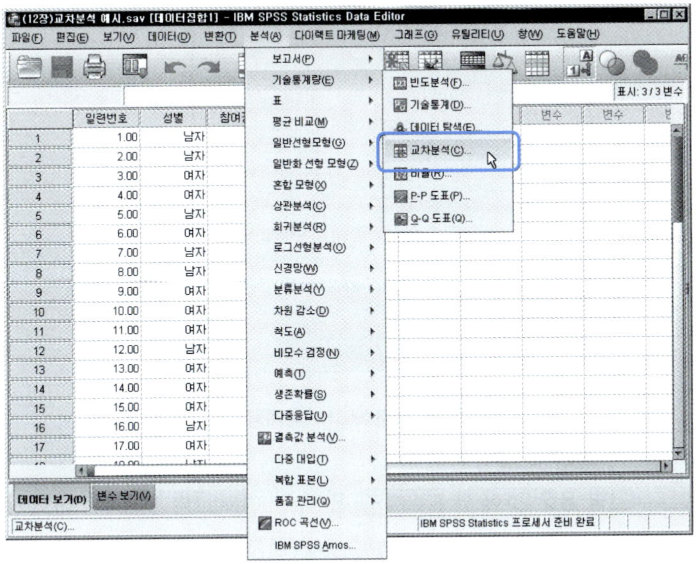

그림 8.2.1 〈표 8.2.1〉의 코딩 및 교차분석(C) 실행

<그림 8.2.2>처럼 [→]를 이용하여 **행(W)**:과 **열(C)**:에 각각 성별 과 참여경험 을 옮긴다. 위치가 서로 바뀌어도 결과를 읽는데 지장은 없으나, 가급적 종속변수를 **열(C)**:에 위치시키는 것이 최종적으로 결과를 제시하는데 활용하기가 좋다. [통계량(S)...] 에서는 **<그림 8.2.3>**처럼 **카이제곱(H)**을 선택한다.

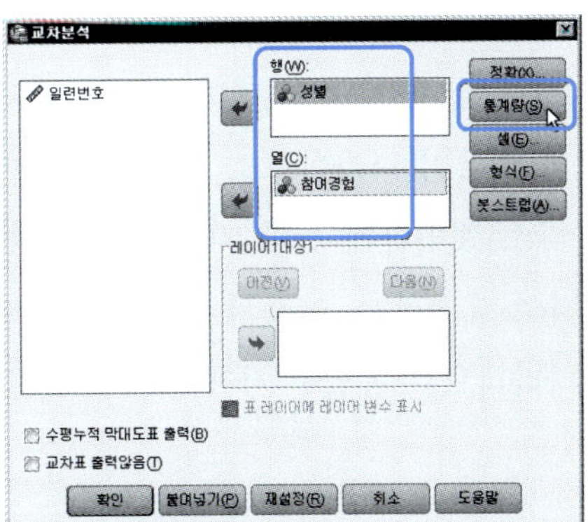

그림 8.2.2 교차분석(C) 대화상자

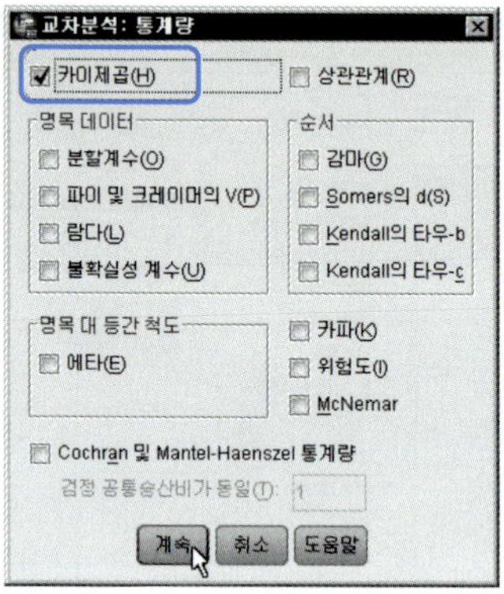

그림 8.2.3 교차분석(C) – 통계량(S) 대화상자

이번에는 **<그림 8.2.2>**에서 셀(E)... 을 누르면 **<그림 8.2.4>** 대화상자가 뜬다. 여기에서는 **빈도**에서 **관측빈도(O)**가 선택되어 있으며, 추가적으로 **기대빈도(E)**도 결과에 포함시킬 수 있다. **퍼센트**에서는 독립변수의 위치에 맞춰 선택하는 것이 결과를 해석하는 데 용이하다. 교차분석의 목적은 독립변수의 각 범주별로 종속변수의 범주에 해당되는 비율의 차이를 알고자 하는 것이다. 본 예는 독립변수인 성별 이 **행(W):**에 있으므로 **행(R)**을 선택한다. 이유인즉슨 남자의 참여 유경험자와 무경험자 비율, 여자의 참여 유경험자와 무경험자 비율을 상호 비교가 목적이므로 각각 남자 100%에서의 참여비율과 여자 100%에서의 참여비율을 비교하는 것이 의미가 있기 때문이다. 만일 종속변수인 참여경험 의 위치에 맞춰 **열(C)**을 선택하면 참여 유경험자 중 남녀 비율, 참여 무경험자 중 남녀 비율이 나타나므로 독립변수(성별)를 기준으로 하려는 당초의 목적에서 다소 벗어나게 된다. 마찬가지로 **전체(T)**를 선택하면 총 25명(100.00%)에서 남자의 유경험자, 여자의 유경험자, 남자의 무경험자, 여자의 무경험자 비율이 나타나므로 동일한 사례가 아닌 경우에는 서로 비교하기가 용이하지 않다[7].

7) **전체(T)**를 선택하면 사례수가 많은 *Cell*에서는 무조건 비율이 높게 나타나게 된다.

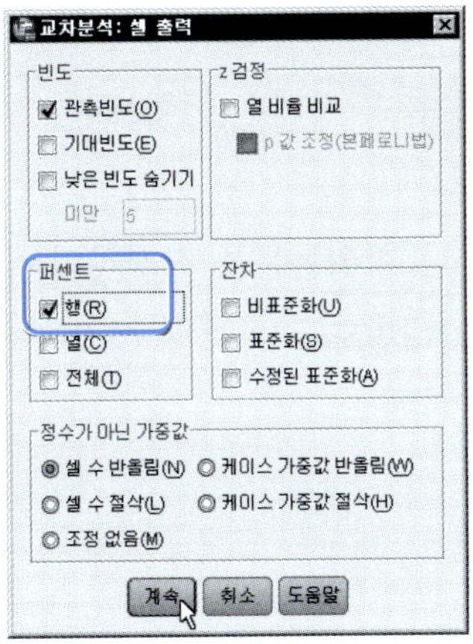

그림 8.2.4 교차분석(C) – 셀(E) 대화상자

<그림 8.2.5>는 교차분석의 결과이다. 먼저 **카이제곱 검증**을 보고 유의성을 판단한다. 교차분석이 유의하다고 결정되면 **성별*참여경험 교차표**, 즉 교차분할표에서 해당 사항별 비율을 참고하여 결론을 내린다.

한편 교차분석에서는 유의성만큼이나 주의해야 할 사항이 있는데 **카이제곱 검증**표의 하단부에 명시된 '**a. ○셀 (○○.0%)은(는) 5보다 작은 기대 빈도를 가지는 셀입니다. 최소기대빈도는 ○.○○입니다.**'이다. 이 문구는 하나의 *Cell*, 즉 하나의 칸에는 최소한의 5명(개) 이상의 기대빈도[8]가 확보되는 것이 바람직한데, 이 기준을 위배하는 경우가 전체 *Cell*의 20% 미만이어야 함을 의미한다. 아무리 교차분석 결과가 유의하다고 할지라도 5보다 작은 기대빈도를 가지는 *Cell*이 전체의 20.0%를 넘게 되면 사실상 교차분석이 신뢰를 잃게 된다. 이는 Cochran의 이론으로서, Cochran은 자유도가 2 이상이면서 기대빈도가 5 이상인 *Cell*이 전체 *Cell*의 20%를 넘는 경우라면 계산된 검증통계량이 χ^2 분포에 근사한다는 것[9]을 밝혀냈다. 그러므로 만일 이 규정이 충족되지 못하면 ① 표본크기를 늘리거나, ② 응답범주를 연관성 있는 것끼리 재범주화하

8) 관측빈도가 아니라 기대빈도임에 유념해야 한다.

9) Cochran, W. G.(1954). Some Methods for Strengthening the Common χ^2 Tests. Biometrics, 10, pp.417-451.

거나, ③ 사례수가 너무 적어 전체의 흐름에 영향을 주지 못하는 범주를 제외시키는 등의 작업을 통해 유효 사례수를 확보한 후에 다시 교차분석을 실시해야 한다[10].

그러나 이 원칙은 실무나 학위논문을 작성하면서 흔하게 간과되는 사항이다. 본 예는 5보다 작은 기대빈도를 가지는 *Cell*이 0셀(0.0%)이므로 충족되었다고 할 수 있다.

교차분석

[데이터집합1] E:\SPSS를 이용한 조사방법 및 통계분석의 이해 Data\(12장)교차분석 예시.sav

케이스 처리 요약

	케이스					
	유효		결측		전체	
	N	퍼센트	N	퍼센트	N	퍼센트
성별 * 참여경험	25	100.0%	0	0.0%	25	100.0%

성별 * 참여경험 교차표

			참여경험		전체
			있다	없다	
성별	남자	빈도	2	9	11
		성별 중 %	18.2%	81.8%	100.0%
	여자	빈도	10	4	14
		성별 중 %	71.4%	28.6%	100.0%
전체		빈도	12	13	25
		성별 중 %	48.0%	52.0%	100.0%

카이제곱 검정

	값	자유도	점근 유의확률 (양측검정)	정확한 유의확률 (양측검정)	정확한 유의확률 (단측검정)
Pearson 카이제곱	6.997[a]	1	.008		
연속수정[b]	5.026	1	.025		
우도비	7.435	1	.006		
Fisher의 정확한 검정				.015	.011
선형 대 선형결합	6.717	1	.010		
유효 케이스 수	25				

a. 0 셀 (0.0%)은(는) 5보다 작은 기대 빈도를 가지는 셀입니다. 최소 기대빈도는 5.28입니다.
b. 2x2 표에 대해서만 계산됨

그림 8.2.5 교차분석(C) 결과

10) 이미 조사가 끝난 시점이므로 ①은 현실성이 떨어지기에 ② 혹은 ③의 방법을 이용하는 것이 좋겠다.

8.2.2. 보고서에서의 교차분석 결과 표현

교차분석은 특히 더 결과에 대한 일반화 감각이 요구된다. 결과의 제시는 **<표 8.2.2>**와 같으며, 결론은 [ ]와 같이 정리하면 의미전달에 무리가 없을 것이다. 교차분석은 비율에 대한 논의이므로 응답사례보다는 비율을 부각시키는 것으로 결론을 내리는 것이 바람직하다.

> 남녀 간 시사회 참여경험의 차이는 **<표 8.2.2>**와 같다. 교차분석 결과, χ^2값이 6.997이며, 유의확률이 0.008로서, 남녀 간 시사회 참여경험 비율은 유의한 차이를 나타내고 있었는데, 시사회 참여 유경험자 비율이 남자와 여자가 각각 18.18%(2명)와 71.43%(10명)로 여자가 월등히 높은 참여율을 보이고 있었다. 시사회에 대한 남자의 참여를 제약하는 요소가 무엇인지 추가 검토가 요구된다.

❖ 표 8.2.2] **교차분석 결과 제시 예시**

		참여경험[명(%)]		계
		있 다	없 다	
성 별	남 자	2(18.18)	9(81.82)	11(100.00)
	여 자	10(71.43)	4(28.57)	14(100.00)
	계	12(48.00)	13(52.00)	25(100.00)
	$\chi^2(p)$	6.997***(0.008)		

*<0.1 **<0.05 ***<0.01

09 T검증의 이해

09 T검증의 이해

9.1. 모평균 검증에 대한 이론적 접근

표본평균($\overline{X}$)을 이용하여 모평균(μ)을 추정하는 것에는 모분산(σ^2)을 아는 경우와 모분산을 모르는 경우로 나뉜다.

9.1.1. 모분산을 아는 경우

모분산을 아는 경우 검증통계량의 계산은 다음의 산식에 의해 이루어진다.

$$Z = \frac{\overline{X} - \mu_0}{\frac{\sigma}{\sqrt{n}}}$$

모평균에 대한 가설검증 예제 1

예제 9-1. 어떤 연구자가 우리 나라 제조업 분야에서 근무하는 근로자의 초봉을 수년간 조사한 결과, 평균 120만 원에 표준편차가 20인 정규분포를 따르고 있었다. 올해 제조업 분야에서 처음 근무를 시작한 근로자의 평균 초봉수준이 120만 원이 되는지 알아보기 위해 전국의 제조업 분야에서 근무를 시작한 50명의 신입 근로자를 무작위추출하였다. 이들의 평균 초봉은 123만 원으로 나타났는데, 이를 근거로 우리나라 제조업 분야 근로자의 초봉은 120만 원과 차이가 나타나는지 유의수준 5%에서 검증하여라.

☞ ① 가설 설정

$H_0 : \mu = 120$

$H_1 : \mu \neq 120$ (양측검증)

② 유의수준 결정

$\alpha = 0.05$이므로 $Z_{\frac{\alpha}{2}} = 1.96$

③ 검증통계량 계산

$$Z = \frac{\overline{X} - \mu_0}{\frac{\sigma}{\sqrt{n}}} = \frac{123 - 120}{\frac{20}{\sqrt{50}}} = 1.06$$

④ 검증통계량과 임계치 비교

$|Z| = 1.06 < 1.96 = Z_{\frac{\alpha}{2}}$ 이므로 귀무가설 채택

⑤ 결과해석

유의수준 0.05에서 귀무가설이 채택되었다. 그러므로 올해 우리나라 제조업 분야에서 근무를 시작하는 근로자의 초봉은 120만 원이라고 할 수 있다.

9.1.2. 모분산을 모르는 경우

9.1.2.1. 대표본일 경우

모분산을 모르는 경우에도 **표본의 크기가 큰 대표본의 경우**는 모집단의 분산을 알고 있는 때와 산식상에서 큰 차이는 없으며, σ 대신 s를 반영한다.

$$Z = \frac{\overline{X} - \mu_0}{\frac{s}{\sqrt{n}}}$$

모평균에 대한 가설검증 예제 2

예제 9-2. 우리나라 100대 기업 직원들의 평균 자원봉사시간은 30시간으로 조사된 바 있다. 이를 확인하기 위해 100대 기업에서 100명의 자원봉사 유경험자를 무작위추출하여 자원봉사시간을 조사했더니 평균 33시간이고 표준편차가 10으로 나타났다. 이에 우리나라 100대 기업 직원들의 평균 자원봉사시간이 30시간과 차이가 있는지를 검증하여라. 단, 유의수준은 0.05이다.

☞ ① 가설 설정

$H_0 : \mu = 30$

$H_1 : \mu \neq 30$ (양측검증)

② 유의수준 결정

$\alpha = 0.05$이므로 $Z_{\frac{\alpha}{2}} = 1.96$

③ 검증통계량 계산

$$Z = \frac{\overline{X} - \mu_0}{\frac{s}{\sqrt{n}}} = \frac{33 - 30}{\frac{10}{\sqrt{100}}} = 3.00$$

④ 검증통계량과 임계치 비교

$|Z| = 3.00 > 1.96 = Z_{\frac{\alpha}{2}}$ 이므로 귀무가설 기각

⑤ 결과해석

유의수준 0.05에서 귀무가설이 기각되었다. 그러므로 100대 기업 직원의 평균 자원봉사시간은 30시간이 아니라고 할 수 있다.

9.1.2.2. 소표본일 경우

한편 **모분산을 모르면서 표본의 크기가 작은 소표본의 경우**는 t분포를 따르게 된다. 따라서 산식은 다음과 같다.

$$t = \frac{\overline{X} - \mu_0}{\frac{s}{\sqrt{n}}}$$

모평균에 대한 가설검증 예제 3

예제 9-3. ○○그룹 영업부 직원 이직률이 비교적 높은 편이라 직원의 평균 재직기간이 20개월에 불과하다고 조사되었다. 연구자는 실제로 ○○그룹 영업부의 직원 평균 재직기간이 20개월에 불과한지 알아보기 위해 10명의 직원을 뽑아 재직기간을 살펴보았다. ○○그룹 영업부의 직원 재직기간이 정규분포를 이룬다고 가정할 때 유의수준 5%에서 이를 검증하여라.

직 원	1	2	3	4	5	6	7	8	9	10
재직기간	15	25	16	28	22	20	34	30	18	22

☞ ① 가설 설정

$H_0 : \mu = 20$

$H_1 : \mu \neq 20$ (양측검증)

② 유의수준 결정

$\alpha = 0.05$이므로 $t_{\frac{\alpha}{2}, n-1} = t_{0.025, 9} = 2.262$

③ 검증통계량 계산

$\overline{X} = 23,\ s = 6.218,\ n = 10$

$$t = \frac{\overline{X} - \mu_0}{\frac{s}{\sqrt{n}}} = \frac{23 - 20}{\frac{6.218}{\sqrt{10}}} = 1.525$$

④ 검증통계량과 임계치 비교

$|t| = 1.525 < 2.262 = t_{0.025, 9}$이므로 귀무가설 채택

⑤ 결과해석

유의수준 0.05에서 귀무가설이 채택되었다. 따라서 ○○그룹 영업부 직원들의 평균 재직기간은 20개월이라고 할 수 있다.

9.2. SPSS를 이용한 모평균에 대한 검증

9.2.1. SPSS를 이용한 일표본 T 검증

SPSS에서의 **일표본 T 검증**이 **모분산을 모르면서 표본의 크기가 작은 소표본의 경우**에 대한 것이다.

SPSS를 이용하여 상술한 **<예제 9-3>**을 검증해 보겠다. **<그림 9.2.1>**과 같이 주어진 자료를 코딩하고 **분석(A)-평균 비교(M)-일표본 T 검정(S)**을 실행한다.

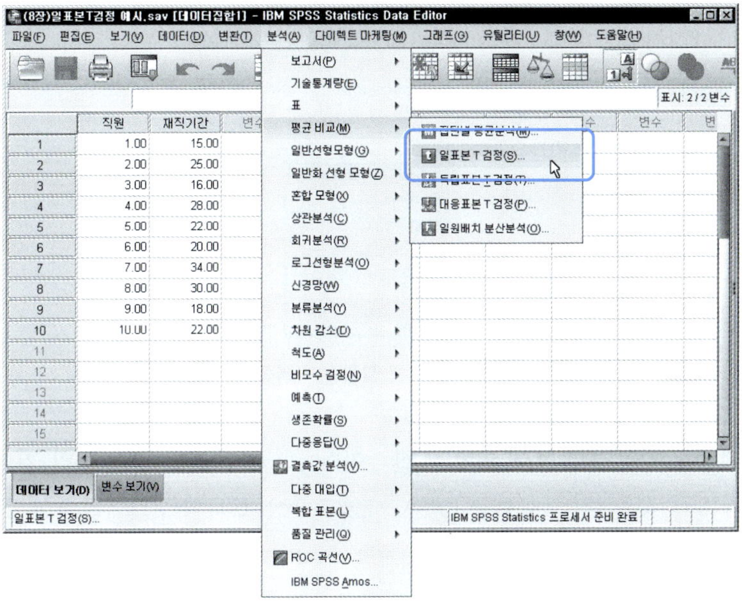

그림 9.2.1 〈예제 9-3〉의 코딩 및 일표본 T 검정(S) 실행

<그림 9.2.2> 대화상자에서 그림처럼 재직기간 을 로 **검정변수(T)**:에 옮기고 하단의 **검정값(V)**:에는 검증을 위해 비교기준이 되는 20을 입력한다.

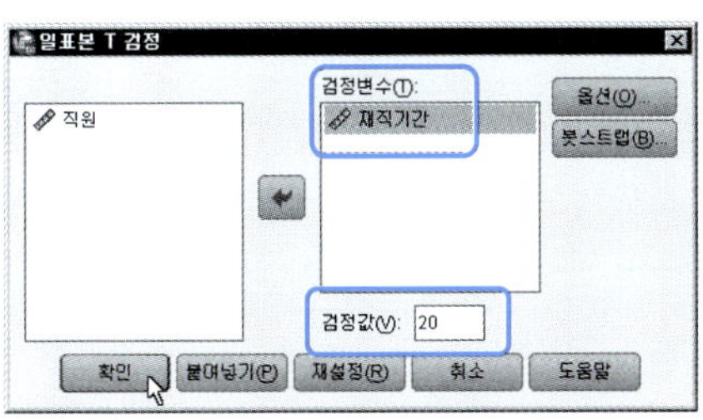

그림 9.2.2 일표본 T 검정(S) 대화상자

옵션(O)... 을 누르면 **신뢰구간(C)**을 설정할 수 있다. 95%가 기본으로 설정되어 있다. 신뢰구간의 지정은 귀무가설의 유의성을 검증할 수 있는 검증통계량 및 유의확률(p)에 영향을 주지 않으나, 결과에서 각 신뢰수준에 따라 신뢰구간을 살펴볼 수 있다. 각각 90%, 95%, 99%를 차례로 입력하여 결과의 변화를 살펴보기 바란다.

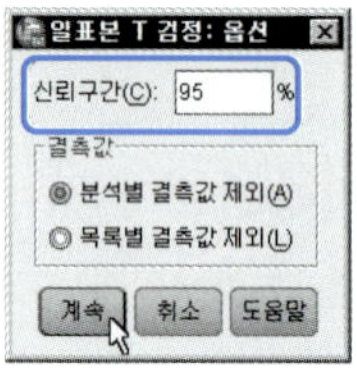

그림 9.2.3 일표본 T 검정(S) – 옵션(O) 대화상자

<그림 9.2.4>는 **일표본 T 검증**의 결과이다. 평균과 표준편차 등의 기술통계량 및 t값과 자유도, 유의확률, 95% 신뢰구간이 제시된다. 본 결과와 **<예제 9 – 3>**의 결과와 비교하면 동일한 결론을 내릴 수 있다[1].

한편 **유의확률**에 **(양쪽)**이라고 나타나는 것은 주어진 유의확률이 양측검증일 때의 값이므로 단측검증인 경우는 해당 유의확률 수치를 ÷2로 계산한다. 또한 본 사례는 분석의 예이므로 사례가 극히 적음을 무시하였다. 실제로는 $n<30$일 경우, 정규성 검증을 선행하여 ① 정규성이 만족되면 현재와 같은 모수적 방법을, ② 정규성이 만족되지 않으면 비모수적 방법을 이용해야 한다.

1) 검증통계량을 직접 산식에 의해 계산한 경우에는 이를 임계치와 비교하여 귀무가설의 유의성을 판단하지만, SPSS를 비롯한 통계 프로그램에서는 검증통계량에 대한 유의확률을 유의수준과 비교하여 통해 귀무가설의 기각과 채택 여부를 판단한다. 산식에 의한 계산에서는 임계치에 비해 검증통계량이 크면 클수록 귀무가설이 기각될 확률이 높아지며, 통계 프로그램에 의한 유의확률은 유의수준에 비해 작으면 작을수록 귀무가설 기각 확률이 높다.

[데이터집합1] E:₩SPSS를 이용한 조사방법 및 통계분석의 이해 Data₩(8장)일표본T검정 예시.sav

일표본 통계량

	N	평균	표준편차	평균의 표준오차
재직기간	10	23.0000	6.21825	1.96638

일표본 검정

	검정값 = 20					
					차이의 95% 신뢰구간	
	t	자유도	유의확률 (양쪽)	평균차	하한	상한
재직기간	1.526	9	.161	3.00000	-1.4483	7.4483

그림 9.2.4 일표본 T 검정(S) 결과

9.2.2. 보고서에서의 일표본 T 검증 결과 표현

일표본 T 검증은 실제로 쓰이는 경우가 극히 적다. 이유인즉슨, 많은 연구들이 비교를 요하는 모평균(σ)을 알 수 없으며, 기존의 결과와 단일 변수로서의 결과를 비교하는 연구가 진행되는 사례가 거의 없기 때문이다. 따라서 본 서에서도 해당 결과의 제시는 생략하겠다.

9.3. 두 모평균 차이 검증에 대한 이론적 접근

9.3.1. 모분산을 아는 경우

두 모평균의 차에 대한 구간추정에 대한 식은 다음과 같이 정의됨을 이미 살펴보았다.

$$\mu_1 - \mu_2 = (\overline{X_1} - \overline{X_2}) \pm Z_{\frac{\alpha}{2}} \sqrt{\frac{\sigma_1^2}{n_1} + \frac{\sigma_2^2}{n_2}}$$

상술한 산식을 Z에 대해 정리하면 다음과 같으며, 이 식이 바로 **두 모평균의 차에 대한 검증** 산식이 된다.

$$Z = \frac{(\overline{X_1} - \overline{X_2}) - (\mu_1 - \mu_2)}{\sqrt{\frac{\sigma_1^2}{n_1} + \frac{\sigma_2^2}{n_2}}}$$

두 모평균의 차에 대한 가설검증 예제 1

예제 9-4. A도(道)와 B도(道)의 공립도서관의 연평균 이용자 수가 동일한지를 알아보기 위해 A도에서 10개 도서관, B도에서 15개 도서관을 무작위추출하여 연평균 이용자 수를 조사하였더니 각각 평균 1,000명과 950명으로 나타났다. $\sigma_1 = 20$, $\sigma_2 = 10$이며 정규분포를 가정한다고 했을 때, 두 도(道) 간의 연평균 이용자 수의 차이를 5% 유의수준에서 검증하여라.

☞ ① 가설 설정

$H_0 : \mu_A = \mu_B (\mu_A - \mu_B = 0)$

$H_1 : \mu_A \neq \mu_B (\mu_A - \mu_B \neq 0)$ (양측검증)

② 유의수준 결정

$\alpha = 0.05$이므로 $Z_{\frac{\alpha}{2}} = 1.96$

③ 검증통계량 계산

$Z = \frac{(\overline{X_A} - \overline{X_B}) - (\mu_A - \mu_B)}{\sqrt{\frac{\sigma_A^2}{n_A} + \frac{\sigma_B^2}{n_B}}}$에서 H_0에 의해 $(\mu_A - \mu_B) = 0$이므로

$$= \frac{(1{,}000 - 950)}{\sqrt{\frac{400}{10} + \frac{100}{15}}} = 7.319$$

④ 검증통계량과 임계치 비교

$|Z| = 7.319 > 1.96 = Z_{\frac{\alpha}{2}}$ 이므로 귀무가설 기각

⑤ 결과해석

유의수준 0.05에서 귀무가설이 기각되었다. 그러므로 두 도(道) 소재 공립도서관의 연평균 이용자 수는 차이를 보인다고 할 수 있다.

9.3.2. 모분산을 모르는 경우

9.3.2.1. 대표본일 경우

표본의 크기가 큰 대표본의 경우는 모집단의 분산을 알고 있는 때와 산식상에서 큰 차이는 없고, σ 대신 s를 사용하면 된다.

$$Z = \frac{(\overline{X_1} - \overline{X_2}) - (\mu_1 - \mu_2)}{\sqrt{\frac{s_1^2}{n_1} + \frac{s_2^2}{n_2}}}$$

두 모평균의 차에 대한 가설검증 예제 2

예제 9-5. 장애아동에게 미술치료기법(A)과 놀이치료기법(B)을 적용하여 치료를 위한 개입을 시작하였다. 두 치료사가 제공한 치료기간을 비교함으로써 두 가지 방법이 차이를 보이는지 알아보고자 한다. 미술치료기법으로 치료한 환자 100명은 평균 125일, 놀이치료기법을 적용한 60명에 대해서는 평균 135일의 치료기간이 소요되었다. 각각 표준편차가 20과 30일 때 두 가지 개입방법의 차이가 있다고 할 수 있는지 5%의 유의수준에서 검증하여라.

☞ ① 가설 설정

$H_0 : \mu_A = \mu_B \ (\mu_A - \mu_B = 0)$

$H_1 : \mu_A \neq \mu_B \ (\mu_A - \mu_B \neq 0)$ (양측검증)

② 유의수준 결정

$\alpha = 0.05$이므로 $Z_{\frac{\alpha}{2}} = 1.96$

③ 검증통계량 계산

$Z = \frac{(\overline{X_A} - \overline{X_B}) - (\mu_A - \mu_B)}{\sqrt{\frac{s_A^2}{n_A} + \frac{s_B^2}{n_B}}}$에서 H_0에 의해 $(\mu_A - \mu_B) = 0$이므로

$$= \frac{(125 - 135)}{\sqrt{\frac{400}{100} + \frac{900}{60}}} = -2.294$$

④ 검증통계량과 임계치 비교

$|Z| = 2.294 > 1.96 = Z_{\frac{\alpha}{2}}$ 이므로 귀무가설 기각

⑤ 결과해석

유의수준 0.05에서 귀무가설이 기각되었다. 그러므로 두 가지 개입방법 간에는 통계적으로 유의한 차이를 보인다고 할 수 있다.

9.3.2.2. 소표본일 경우

표본의 크기가 작은 소표본의 경우는 t분포를 따르며, 다음과 같은 산식에 의해 검증통계량의 산출이 가능하다. SPSS에서의 **독립표본 T 검증**의 원리이다. 표본의 분포는 정규분포가 가정되어야 하며, s_p^2는 **합동표본분산**이라 한다.

$$t_{\frac{\alpha}{2},n_1+n_2-2} = \frac{(\overline{X_1} - \overline{X_2}) - (\mu_1 - \mu_2)}{\sqrt{s_p^2(\frac{1}{n_1} + \frac{1}{n_2})}}$$

$$s_p^2 = \frac{(n_1-1)s_1^2 + (n_2-1)s_2^2}{n_1+n_2-2}$$

두 모평균의 차에 대한 가설검증 예제 3

예제 9-6. 수입차를 판매하는 A社와 B社가 각각 매주 판매한 수입차 수의 차이를 알아보기 위해 2007년 주별 판매 실적을 무작위로 선정하여 아래의 표의 결과를 얻었다. 이 두 판매社의 주간 판매 실적이 차이가 있는지 유의수준 5%에서 검증해 보라.

A社 판매실적(대)	124	107	104	86	105	108	103	105		
B社 판매실적(대)	107	103	106	92	89	84	101	97	97	111

☞ ① 가설 설정

$H_0 : \mu_A = \mu_B (\mu_A - \mu_B = 0)$

$H_1 : \mu_A \neq \mu_B (\mu_A - \mu_B \neq 0)$ (양측검증)

② 유의수준 결정

$\alpha = 0.05$이므로 $t_{\frac{\alpha}{2},\, n_1+n_2-2} = t_{0.025,16} = 2.120$

③ 검증통계량 계산

$\overline{X_A} = 105.25$, $\overline{X_B} = 98.700$이고, $s_A^2 = 105.643$, $s_B^2 = 73.122$이므로,

합동표본분산 $s_p^2 = \frac{(n_A-1)s_A^2 + (n_B-1)s_B^2}{n_A+n_B-2}$

$= \frac{(8-1)105.643 + (10-1)73.122}{8+10-2} = 87.35$

$\therefore t_{\frac{\alpha}{2},\, n_1+n_2-2} = \frac{(\overline{X_A} - \overline{X_B}) - (\mu_A - \mu_B)}{\sqrt{s_p^2(\frac{1}{n_A} + \frac{1}{n_B})}}$ 에서 $(\mu_A - \mu_B) = 0$이므로,

$= \frac{(105.25 - 98.70)}{\sqrt{87.35(\frac{1}{8} + \frac{1}{10})}} = 1.478$

④ 검증통계량과 임계치 비교

$|t| = 1.478 < 2.120 = t_{\frac{\alpha}{2}, n_1+n_2-2}$ 이므로 귀무가설 채택

⑤ 결과해석

유의수준 0.05에서 귀무가설이 채택되었다. 따라서 A · B 두 회사의 주간 판매 실적은 차이가 없다고 할 수 있다.

9.4. SPSS를 이용한 두 모평균의 차에 대한 검증

9.4.1. SPSS를 이용한 독립표본 T 검증

<예제 9-6>의 예를 SPSS에 **<그림 9.4.1>**처럼 입력한다. **'회사종류'**는 A社와 B社에 대해 각각 1과 2로 코딩한 후, 변수값에 대한 설명을 **'1 = A社, 2 = B社'**로 정의하고 를 이용하여 변수값 보기 상태로 변경한 화면이다.

물론 시설종류변수는 변수 보기(V) 의 유형 에서 **문자(R)**로 지정 후 각각 A社와 B社라고 코딩해도 독립변수로 적용이 가능하다. 그러나 이미 **6. 자료의 특성에 대한 기술**의 **6.5. SPSS를 이용한 기술통계**에서도 언급했듯이 문자변수의 경우, 이후의 분산분석 등에서는 인식을 못하기 때문에 데이터는 가급적이면 숫자로 입력하는 습관을 가지는 것이 바람직하다.

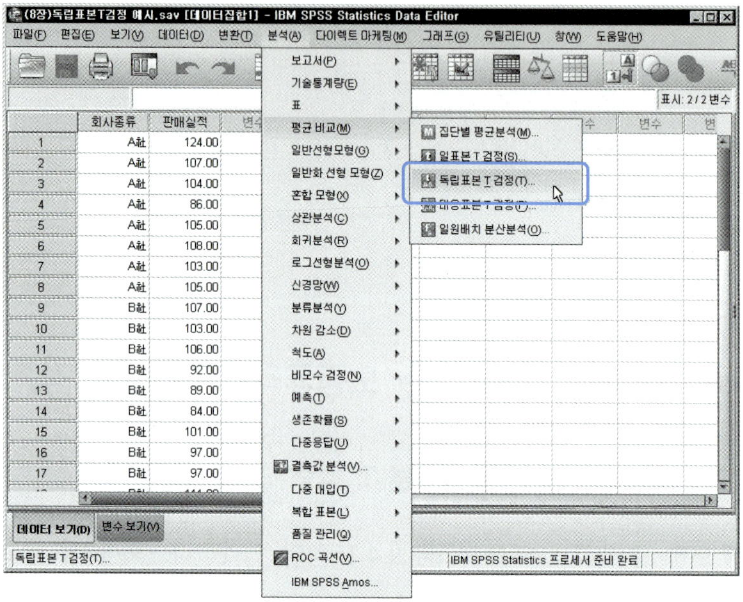

그림 9.4.1 〈예제 9-6〉의 코딩 및 독립표본 T 검정(T) 실행

분석(A)-평균 비교(M)-독립표본 T 검정(T)을 실행하여 <그림 9.4.2> 대화상자를 불러낸다. **검정변수(T):**에는 판매실적을, **집단변수(G):**에는 회사종류를 ➡를 이용하여 각각 이동시킨다. 현재 컴퓨터는 집단의 구분이 어떤 규칙에 의해 이루어졌는지 알지 못한다. 따라서 집단정의(D)...로 이 규칙을 부여해야 한다.

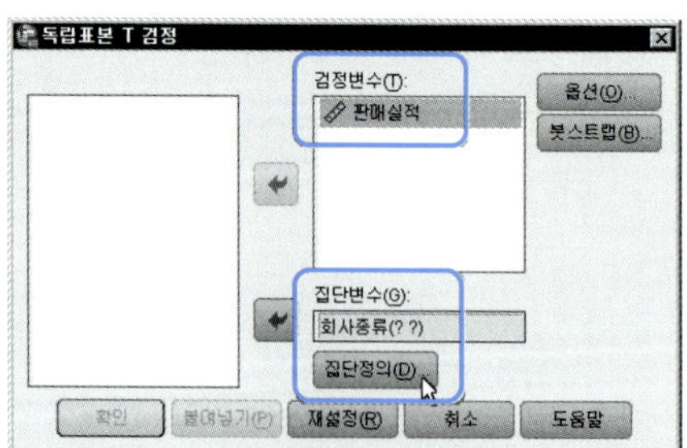

그림 9.4.2 독립표본 T 검정(T) 대화상자

<그림 9.4.3> 대화상자에서 **지정값 사용(U)**의 **집단 1:**과 **집단 2:**에 대해 우리가 코딩하면서 정의했던 1과 2를 각각 입력한다. 만일 문자로 코딩된 독립변수라면 해당 범주값을 직접 적는다.

한편 옵션(O)... 에서는 **일표본 T 검증**과 마찬가지로 **신뢰구간(C)**을 설정할 수 있으므로 90%, 95%, 99%를 차례로 입력하면서 결과의 변화를 참고하기 바란다.

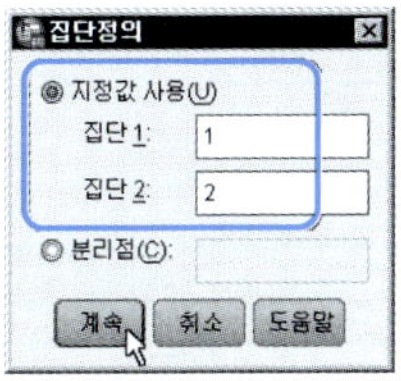

그림 9.4.3 독립표본 T 검정(T) – 집단정의(D) 대화상자

계속 과 확인 을 누르면 **<그림 9.4.4>**처럼 결과가 나타난다. 두 집단별로 기본적인 기술통계량이 제시되며, 유의확률을 유의수준과 비교하여 결론을 내린다. 유의확률이 유의수준보다 작으면 귀무가설을 기각할 수 있다.

독립표본 T 검증은 다른 다양한 추론통계기법과 달리 기본가정의 만족 여부에 대해 상대적으로 엄격하지 않다[2]. 기본적으로 정규성의 만족 여부만 전제하며, 등분산성이 가정되는 경우와 가정되지 않는 경우를 선택하여 판단한다. 등분산성에 대한 검증은 결과에 제시된 **Levene의 등분산 검정**에서 판독한다. '두 집단의 분산은 같다'는 귀무가설을 F값과 이에 대한 유의확률로 선(先) 점검한다. 본 결과에서 보면, $F = 0.129$이며 유의확률(p)은 0.724로 유의수준 0.05에서 귀무가설이 채택되었다. 즉, 두 집단의 분산은 같음이 입증되었다. 따라서 **등분산이 가정**되었고, 이에 따라 **등분산이 가정됨**의 t값과 유의확률(p)을 사용한다. 만일 등분산성에 대한 선(先) 점검에서 귀무가설이 기각되면

2) 분산분석과 회귀분석의 경우에는 잔차의 정규성, 등분산성, 독립성이 만족되어야 하며, 다중회귀분석에서는 3가지 기본가정에 다중공선성이 없어야 한다는 전제가 추가된다. 자세한 것은 해당 분석에 대한 단원을 참고하기 바란다.

등분산이 가정되지 않음의 t값과 유의확률(p)의 적용을 받게 되는 것이다. 본 결과에서는 **<예제 9-6>**에서 계산한 바와 마찬가지로 귀무가설이 채택됨을 볼 수 있다.

[데이터집합1] E:₩SPSS를 이용한 조사방법 및 통계분석의 이해 Data₩(8장)독립표본T검정 예시.sav

집단통계량

	회사종류	N	평균	표준편차	평균의 표준오차
판매실적	A社	8	105.2500	10.27827	3.63392
	B社	10	98.7000	8.55115	2.70411

독립표본 검정

		Levene의 등분산 검정		평균의 동일성에 대한 t-검정						
									차이의 95% 신뢰구간	
		F	유의확률	t	자유도	유의확률 (양쪽)	평균차	차이의 표준오차	하한	상한
판매실적	등분산이 가정됨	.129	.724	1.477	16	.159	6.55000	4.43326	-2.84808	15.94808
	등분산이 가정되지 않음			1.446	13.645	.171	6.55000	4.52963	-3.18889	16.28889

그림 9.4.4 독립표본 T 검정(T) 결과

9.4.2. 보고서에서의 독립표본 T 검증 결과 표현

보고서상에서의 **독립표본 T 검증** 결과는 **<표 9.4.1>**처럼 제시할 수 있다. 기본적으로 응답빈도, 평균, 표준편차를 명시해 주는 동시에 검증통계량(t)과 이에 대한 유의확률(p)을 제시한다. **<표 9.4.2>**는 유의한 결과가 나타난 경우이다. t값과 (p)사이에 *로 유의수준 유의성 여부를 안내하였다. 과거에는 연구자가 설정한 유의수준에 대한 유의성 여부만을 명시하였으나, 독자로 하여금 판단을 직접 할 수 있도록 이처럼 유의확률과 연구자의 관점을 모두 제시하는 것이 현재의 흐름이다.

한편 본 저자는 독자의 이해를 돕기 위한 각 유의수준별 유의성 여부를 표의 하단에 *<0.1 **<0.05 ***<0.01과 같이 제시하였다. 간혹 일부 연구에서 0.05, 0.01, 0.001에 대해 추가정보를 제시하는데, 이는 저자의 입장에서는 바람직하지 않다고 본다. 보편적으로 우리가 연구에서 사용하는 유의수준은 0.1, 0.05, 0.01로서, 90%, 95%, 99%의 신뢰수준에서의 통계분석결과를 사용

한다. 그렇기에 일부에서 0.001, 즉 99.999%의 신뢰수준까지의 정보제공은 무의미하다고 할 수 있을 것이다. 그러므로 정확한 의사전달을 위해서는 저자의 방식처럼 0.1, 0.5, 0.01의 유의수준별로 유의성 여부에 대한 정보제공 방식이 보다 합리적일 것으로 사료된다.

두 결과에 대한 해석을 **<표 9.4.1>**과 **<표 9.4.2>**로 2개를 제시하였다. **<표 9.4.1>**은 **<그림 9.4.4>**에 대한 것으로 원칙에 입각하였으며, 다른 하나는 다른 사례로서 좀 더 평이한 문장으로 결론을 내려보겠다. 후자가 다소 매끄럽다고 느껴질 것이다.

> A社와 B社의 주간 수입차 판매대수 실적은 유의수준 0.05에서 $t=1.477$, $p=0.159$로서 통계적으로 유의한 차이를 보이지 않았다. 따라서 두 회사의 주간 판매 실적은 차이가 없다고 할 수 있다(**<표 9.4.1>** 참조).

❖ 표 9.4.1] **독립표본 T 검증 결과 제시 예시 1**

		시 설	
		A社	B社
주간 수입차 판매대수	빈 도	8	10
	평 균	105.25	98.70
	표준편차	10.28	8.55
	$t(p)$	1.477(0.159)	

*<0.1 **<0.05 ***<0.01

> 직원의 친절도 및 전문성에 대한 만족도는 대부사업 안내 여부에 따라 다른 결과를 보였다. 안내를 받은 응답자는 그렇지 않은 응답자에 비해 직원의 친절도 및 전문성에 대해 보다 높은 만족수준을 보이고 있었다(**<표 9.4.2>** 참조).

❖ 표 9.4.2] 독립표본 T 검증 결과 제시 예시 2[3)]

		대부사업 안내 여부	
		있 다	없 다
직원의 친절도 및 전문성에 대한 만족도	빈 도	110	91
	평 균	4.49	4.17
	표준편차	0.51	0.75
	$t(p)$	3.598***(0.000)	

*<0.1 **<0.05 ***<0.01

9.5. 사전 · 사후 평균 차이 검증에 대한 이론적 접근

앞 단원에서는 서로 다른 두 집단의 평균의 차이를 검증하여 차이의 유의성 여부를 판단하는 것에 대해 학습하였다. 그러나 이와 달리 하나의 집단이 전과 후를 비교하여 어떻게 달라졌는지가 주요 관심이 될 때가 있다. 이와 같은 경우를 **쌍체비교(雙體比較, Paired Comparison)**라고 한다.

쌍체비교는 표면적으로는 두 개의 집단처럼 보이지만, 실질적으로는 하나의 집단에 대한 두 번의 조사로서 표본이 한 집단이다. 기본 원리는 사전의 측정값과 사후의 측정값 간에 차이를 계산하여 차이의 관측치들을 산출한 후, 이 산출값으로 모평균에 대한 검증을 실시하는 것이다.

다른 경우와 마찬가지로 모분산(σ^2)을 알거나 혹은 모르는 각각의 경우에 따라 설명된다.

9.5.1. 모분산을 아는 경우

D는 계산된 차이들을 정리한 관측치라고 가정하고, 차이의 모집단 평균을 δ로 표기하면, **모분산을 아는 경우**의 검증통계량은 다음의 산식에 의해 계산된다.

3) 본 사항은 지난 2007년 근로복지공단의 '산재보험 재활 · 복지사업 수혜자 만족도 조사' 연구용역의 결과에서 발췌한 것으로서, 저자가 통계분석 및 보고서 집필에 참여하였다.

$$Z = \frac{\overline{D} - \delta_0}{\frac{\sigma}{\sqrt{n}}} \quad \left(\fallingdotseq \frac{\overline{X} - \mu_0}{\frac{\sigma}{\sqrt{n}}} \right)$$

9.5.2. 모분산을 모르는 경우

9.5.2.1. 대표본일 경우

표본의 크기가 큰 대표본의 경우는 σ 대신 s를 반영한 산식이 적용되며, 마찬가지로 **모평균에 대한 검증**과 매우 유사하다.

$$Z = \frac{\overline{D} - \delta_0}{\frac{s}{\sqrt{n}}} \quad \left(\fallingdotseq \frac{\overline{X} - \mu_0}{\frac{s}{\sqrt{n}}} \right)$$

9.5.2.2. 소표본일 경우

표본의 크기가 작은 소표본의 경우는 t분포를 따르며, 다음의 산식이 적용된다.

$$t = \frac{\overline{D} - \delta_0}{\frac{s}{\sqrt{n}}} \quad \left(\fallingdotseq \frac{\overline{X} - \mu_0}{\frac{s}{\sqrt{n}}} \right)$$

사전 평균과 사후 평균에 대한 검증 예제

예제 9-7. A社 직원들의 직무교육이 업무능력에 효과가 있는지 알아보기 위해 직원 16명을 선별하여 직무교육 전과 후 간의 업무능력점수를 산출해 보았더니 다음과 같았다. 전체 직원의 전후 간 차이의 분포는 정규분포를 이룬다고 가정했을 때 직무교육이 효과가 있었는지 유의수준 5%에서 검증하여라.

직원	1	2	3	4	5	6	7	8	9	10	11	12	13	14	15	16
교육전	90	75	90	70	82	91	78	88	89	90	79	89	81	86	92	80
교육후	83	77	90	67	78	96	87	85	81	80	82	94	82	81	96	75
차이	7	−2	0	3	4	−5	−9	3	8	10	−3	−5	−1	5	−4	5

☞ ① 가설 설정

$H_0 : \delta = 0$

$H_1 : \delta \neq 0$ (양측검증)

② 유의수준 결정

$\alpha = 0.05$이므로 $t_{\frac{\alpha}{2}, n-1} = t_{0.025,15} = 2.131$

③ 검증통계량 계산

$$\overline{D} = \frac{\sum_{i=1}^{n} D_i}{n} = \frac{16}{16} = 1$$

$$s = \sqrt{\frac{\sum_{i=1}^{n}(D_i - \overline{D})^2}{n-1}} = \sqrt{\frac{442}{15}} = \sqrt{29.467} = 5.428$$

$\therefore t = \dfrac{\overline{D} - \delta}{\frac{s}{\sqrt{n}}}$에서 H_0에 의해 $\delta = 0$이므로,

$$= \frac{1}{\frac{5.428}{\sqrt{16}}} = 0.737$$

④ 검증통계량과 임계치 비교

$|t| = 0.737 < 2.131 = t_{0.025,15}$이므로 귀무가설 채택

⑤ 결과해석

유의수준 0.05에서 귀무가설이 채택되었다. 따라서 직무교육의 업무능력 향상에 대한 효과는 없다고 할 수 있다.

9.6. SPSS를 이용한 사전 평균과 사후 평균에 대한 검증

9.6.1. SPSS를 이용한 대응표본 T 검증

사전과 사후의 평균 비교, 즉 쌍체비교는 SPSS에 **대응표본 T 검정(P)**에서 할 수 있다. 먼저 **<그림 9.6.1>**처럼 **<예제 9-7>**을 코딩한 후 **분석(A)-평균 비교(M)-대응표본 T 검정(P)**을 실행한다.

그림 9.6.1 <예제 9-7>의 코딩 및 대응표본 T 검정(P) 실행

<그림 9.6.2>의 대화상자에서 교육전 과 교육후 를 **대응 변수(V):**에 그림과 같이 반영해야 한다. 교육전 을 선택하고 [→]를 누르면 오른쪽 **대응 변수(V):**의 변수1 에, 교육후 를 선택하고 [→]를 누르면 오른쪽 **대응 변수(V):**의 변수2 에 각각 입력된다. 변수1 과 변수2 의 변수를 서로 바꾸고 싶다면 [↔]을 누른다(<그림 9.6.2> 참조).

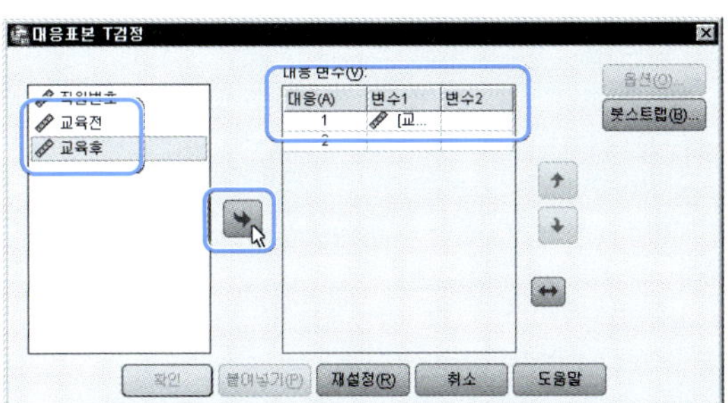

그림 9.6.2 대응표본 T 검정(P) 대화상자

옵션(O)... 에서는 **신뢰구간(C)** 설정이 가능하며, 95%가 기본으로 설정되어 있다.

<그림 9.6.3>은 **대응표본 T 검증** 결과이다. 교육전과 교육후의 평균, 응답빈도, 표준편차 등 기술통계량과, 교육전과 교육후 간의 상관계수가 제시된다. **대응표본 검정**에서 보면 t값이 0.737이며, 이에 대한 유의확률(p)이 0.473으로서 귀무가설이 채택되었음을 알 수 있다.

[데이터집합1] E:₩SPSS를 이용한 조사방법 및 통계분석의 이해 Data₩(8장)대응표본T검정 예시.sav

대응표본 통계량

		평균	N	표준편차	평균의 표준오차
대응 1	교육전	84.3750	16	6.61186	1.65296
	교육후	83.3750	16	7.85600	1.96400

대응표본 상관계수

		N	상관계수	유의확률
대응 1	교육전 & 교육후	16	.731	.001

대응표본 검정

		대응차					t	자유도	유의확률 (양쪽)
		평균	표준편차	평균의 표준오차	차이의 95% 신뢰구간 하한	상한			
대응 1	교육전 - 교육후	1.00000	5.42832	1.35708	-1.89255	3.89255	.737	15	.473

그림 9.6.3 대응표본 T 검정(P) 결과

한편 **대응표본 T 검증**은 대응되는 두 변수 간의 차이 변수를 생성하여 **일표본 T 검증**을 수행하는 것과 동일하다.

<그림 9.6.4>처럼 **변환(T)-변수 계산(C)**에서 두 변수의 차이 변수를 만든다.

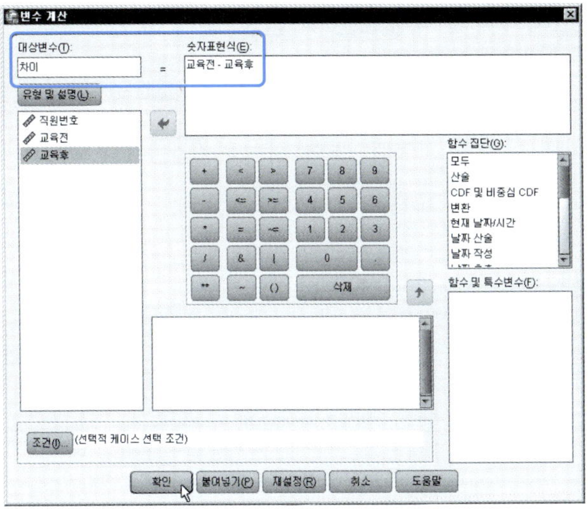

그림 9.6.4 차이 변수의 생성

9.2. SPSS를 이용한 모평균에 대한 검증의 **9.2.1. SPSS를 이용한 일표본 T 검증**을 참고하여 **<그림 9.6.5>**와 같이 실행해 보기 바란다. 단, 두 변수 간의 차이가 없다는 귀무가설을 검증하는 것이므로 **검정값(V):**에는 '0'을 입력해야 한다.

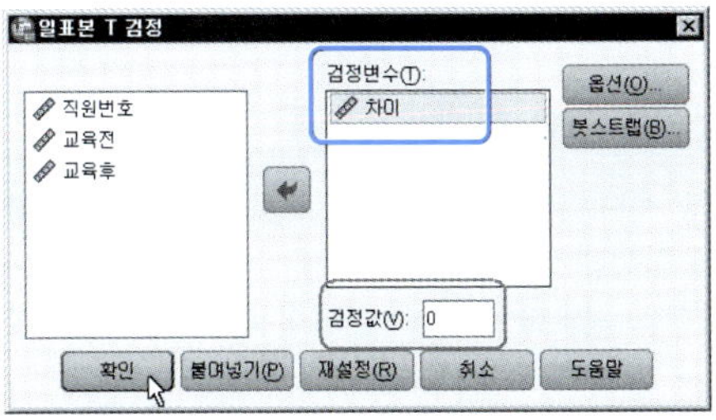

그림 9.6.5 차이 변수의 일표본 T 검정(S)

9.6.2. 보고서에서의 대응표본 T 검증 결과 표현

보고서 또는 학위논문에서 **대응표본 T 검증**에 대한 결과 제시는 **<표 9.6.1>** 정도로 처리하면 무방할 것이다. 또한 다음의 ▭처럼 일반화를 하면 의미 전달에 충분할 것으로 사료된다.

> A社 직원들의 직무교육이 업무능력에 효과가 있는지 알아보기 위해 직무교육 전·후 간 참여자의 업무능력점수를 대응표본 T 검증으로 검증해 본 결과, $t=0.737$, $p=0.473$으로 유의수준 0.05에서 통계적으로 유의한 차이를 나타내지 못하였다. 이로 볼 때, 현재 시행 중인 직무교육은 업무능력 향상에 실질적으로 도움을 주지 못하고 있다고 판단되며, 개선이 필요할 것으로 사료된다(**<표 9.6.1>** 참조).

❖ 표 9.6.1] **대응표본 T 검증 결과 제시 예시**

		기술통계량			$t(p)$
		응답빈도	평 균	표준편차	
직무교육실시	전(前)	16	84.38	6.61	0.737(0.473)
	후(後)	16	83.38	7.86	

*<0.1 **<0.05 ***<0.01

생각해 봅시다! 〈결과표를 한 페이지에 출력하기〉

최종적인 연구보고서 및 학위논문에 SPSS 결과를 표현하기 위해서는 일련의 편집작업을 거쳐야 한다. 그러나 분석 결과를 탐색적으로 살펴보거나, 혹은 약식의 보고를 위해서 Output을 그대로 출력하는 경우가 간혹 발생한다. 이때 SPSS의 결과표가 너무 커서 한 페이지에 출력되지 않는 경우를 경험할 것이다. 이 경우 여러 페이지로 나뉘어 출력되다 보니 보기에 불편한 것은 물론이고 인쇄용지를 불필요하게 낭비하게 된다. 이처럼 실무에서 통계분석 작업을 하다 보면 한 페이지로 출력이 되지 않는 길거나 혹은 넓은 결과표로 인해 번거로울 때가 있다. 대부분의 사용자들은 이에 대한 해결방법으로 결과를 한글 문서나 그림판 등으로 옮긴 뒤 크기를 조정하여 출력하게 된다. 그러나 번거롭게 결과를 옮겨가면서 조정하지 않고 SPSS Output(SPSS 뷰어) 창에서 출력 형태를 조정할 수 있다.

다음 그림은 회사종류별 판매실적의 차이를 검증한 결과인 **<그림 9.4.4>**이다. **독립표본 T 검증** 결과는 표가 넓기 때문에 한 장에 출력하기가 여간해서 쉽지 않다. 물론 편집용지를 가로로 조정한다면 한 장에 출력이 가능하겠지만, 그러다 보면 **독립표본 T 검증** 결과표 하나로 인해 전체 모든 결과가 가로로 인쇄되는 불편함이 초래된다.

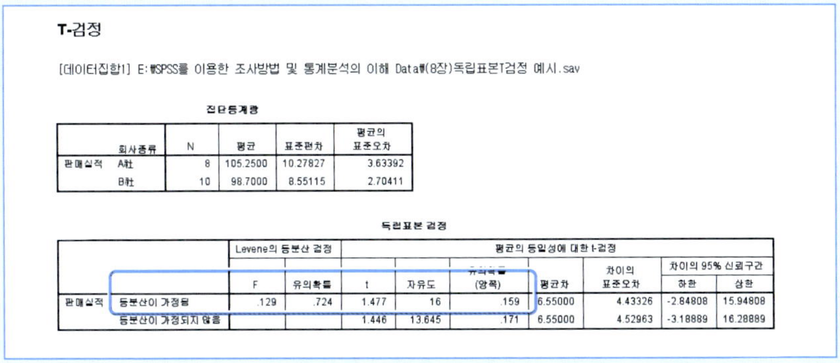

T-검정

[데이터집합1] E:₩SPSS를 이용한 조사방법 및 통계분석의 이해 Data₩(8장)독립표본T검정 예시.sav

집단통계량

	회사종류	N	평균	표준편차	평균의 표준오차
판매실적	A社	8	105.2500	10.27827	3.63392
	B社	10	98.7000	8.55115	2.70411

독립표본 검정

		Levene의 등분산 검정		평균의 동일성에 대한 t-검정						
									차이의 95% 신뢰구간	
		F	유의확률	t	자유도	유의확률 (양쪽)	평균차	차이의 표준오차	하한	상한
판매실적	등분산이 가정됨	.129	.724	1.477	16	.159	6.55000	4.43326	-2.84808	15.94808
	등분산이 가정되지 않음			1.446	13.645	.171	6.55000	4.52963	-3.18889	16.28889

상기 결과를 출력하거나 **파일(F)-인쇄 미리보기(V)**에서 보면 아래 그림처럼 **독립표본 검정** 표가 양분되어 나타난다.

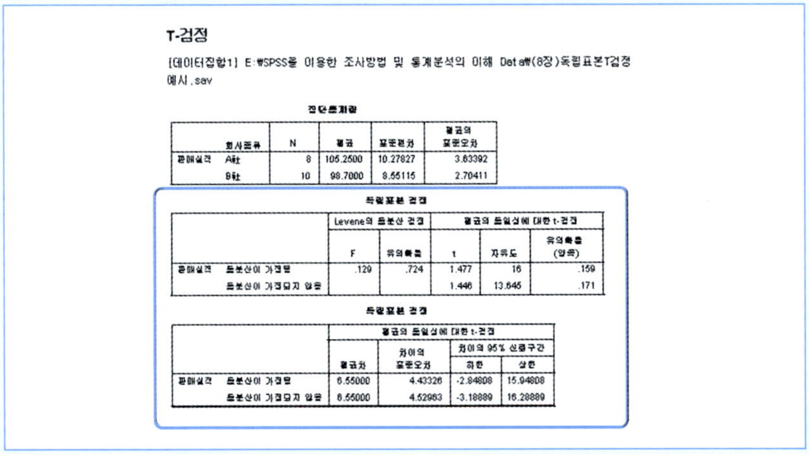

T-검정

[데이터집합1] E:₩SPSS를 이용한 조사방법 및 통계분석의 이해 Data₩(8장)독립표본T검정 예시.sav

집단통계량

	회사종류	N	평균	표준편차	평균의 표준오차
판매실적	A社	8	105.2500	10.27827	3.63392
	B社	10	98.7000	8.55115	2.70411

독립표본 검정

		Levene의 등분산 검정		평균의 동일성에 대한 t-검정		
		F	유의확률	t	자유도	유의확률 (양쪽)
판매실적	등분산이 가정됨	.129	.724	1.477	16	.159
	등분산이 가정되지 않음			1.446	13.645	.171

독립표본 검정

		평균의 동일성에 대한 t-검정			
				차이의 95% 신뢰구간	
		평균차	차이의 표준오차	하한	상한
판매실적	등분산이 가정됨	6.55000	4.43326	-2.84808	15.94808
	등분산이 가정되지 않음	6.55000	4.52963	-3.18889	16.28889

해결을 위해서는 먼저 아래 그림처럼 해당 분석결과를 마우스로 더블 클릭한다.

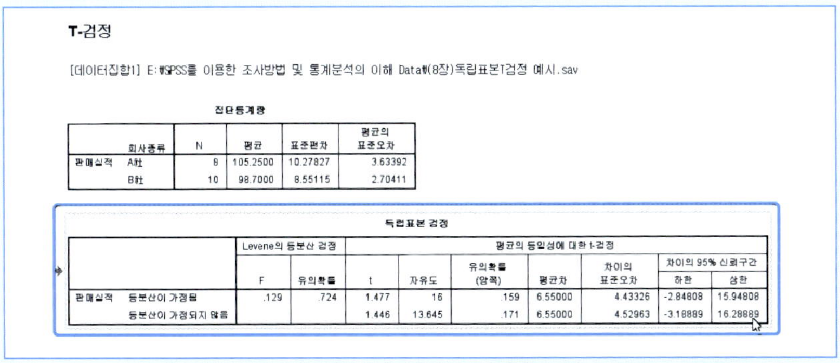

T-검정

[데이터집합1] E:₩SPSS를 이용한 조사방법 및 통계분석의 이해 Data₩(8장)독립표본T검정 예시.sav

집단통계량

	회사종류	N	평균	표준편차	평균의 표준오차
판매실적	A社	8	105.2500	10.27827	3.63392
	B社	10	98.7000	8.55115	2.70411

독립표본 검정

		Levene의 등분산 검정		평균의 동일성에 대한 t-검정						
									차이의 95% 신뢰구간	
		F	유의확률	t	자유도	유의확률 (양쪽)	평균차	차이의 표준오차	하한	상한
판매실적	등분산이 가정됨	.129	.724	1.477	16	.159	6.55000	4.43326	-2.84808	15.94808
	등분산이 가정되지 않음			1.446	13.645	.171	6.55000	4.52963	-3.18889	16.28889

새로 나타난 **피벗 테이블 독립표본 검정** 창에서 **형식(O)-표 특성(T)**을 실행한다.

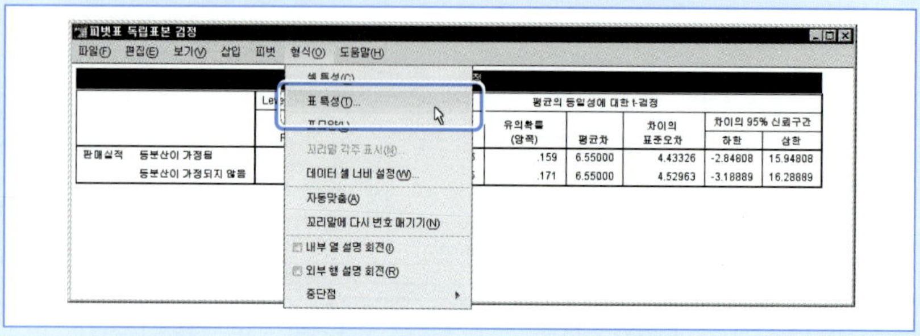

대화상자의 상단에서 [인쇄 중] 을 선택한 후, **넓은 표를 조정하여 쪽 맞춤(W)** 및 **긴 표를 조정하여 쪽 맞춤(R)**을 선택하고 [확인] 을 누른다. 이때 **긴 표를 조정하여 쪽 맞춤(R)**은 결과표가 세로로 지나치게 길어서 여러 장으로 분할되어 출력되는 경우에 유용하다.

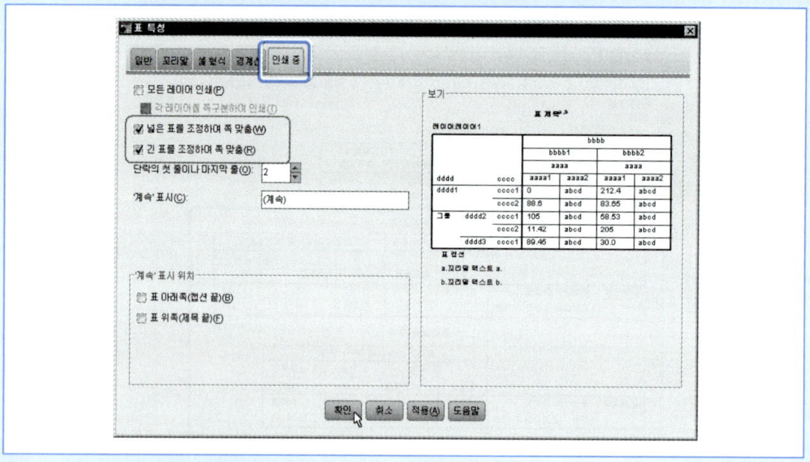

다시 출력을 하거나 **파일(F)-인쇄 미리보기(V)**를 실행하면 아래 그림처럼 한 페이지의 폭에 맞게 조정된 것을 확인할 수 있다.

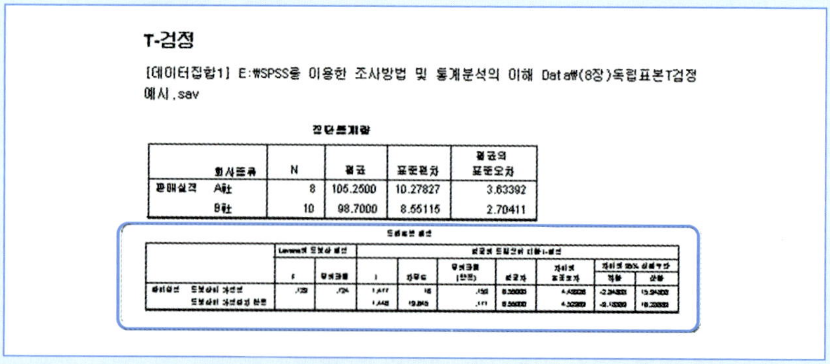

10 분산분석의 이해

10 분산분석의 이해

집단A와 집단B의 두 집단 간 평균차이를 검증한다면 **독립표본 T 검증**을 수행한다. 만일 비교해야 할 집단이 집단A, 집단B, 집단C의 3개라면 어떻게 해야 할까? 이때도 **독립표본 T 검증**을 활용하려면 A=B, B=C, C=A 등 총 3회를 검증해야 한다. 만일 네 집단 혹은 다섯 집단, 나아가 10개의 집단 간 평균차이를 검증해야 한다면 어떻게 할 것인가? 이처럼 집단의 수가 많아져서 n개가 된다면 **독립표본 T 검증**의 실시 횟수는 ${}_nC_2$만큼 기하급수적으로 늘어날 것이다. 그런데 비교해야 할 집단이 늘어난다는 것은 **독립표본 T 검증**을 반복적으로 수행하는 것의 번거로움에만 국한되는 문제는 아니다. 1회 검증에서 신뢰구간은 95%, 즉 0.95의 수준이다. 따라서 3회 검증이라면 신뢰구간은 0.95^3으로서, 0.857이다. 점차 비교해야 할 집단의 수가 늘어나 가령 10개 집단을 2개 집단끼리 비교한다면 ${}_{10}C_2=45$이므로 신뢰구간이 0.95^{45}, 즉 0.099가 된다. 이는 100% 중에서 오로지 9.9%만이 믿을 수 있는 결과라는 것을 말하며, 신뢰구간이 좁아진다는 것은 그만큼 **제 I 종 오류**가 커지게 됨을 뜻한다. 결국 두 집단의 평균차이를 검증하는 **독립표본 T 검증**을 반복적으로 사용하지 못한다는 결론에 도달하게 된다. 이처럼 독립변수의 응답범주가 3개 이상인 경우에 평균차이를 검증하는 방법이 바로 **분산분석**(ANalysis Of VAriance : ANOVA)이다.

모집단으로부터 추출되어 정규성을 만족하는 3개의 집단이 있다고 가정했을 때, 모분산을 추정하는 방법은 ① 각 집단의 분산을 계산하거나, ② 3개 집단 각각의 평균을 하나의 사례로 간주하고 이 사례들의 분산을 계산하는[1] 두 가지 방법이 있다. 만일 분산분석의 귀무가설인 '세 집단의 평균이 차이가 없다'가 참이라면, ①과 ②에 의해 계산한 분산은 같은 값이 나올 것이다. 왜냐하면 세 집단의 평균이 같다는 것은 세 집단이 동일한 집단으로 볼 수 있으므로 분산 역시 같을 수 있기 때문이다. 분산분석은 바로 이러한 개념에서 출발한다. 다시 말해 평균을 비교하고자 하는 각 집단 간의 분산이 같다면 각 집단의 평균은 동일하다고 판단할 수 있는 것이다.

원인변수, 즉 독립변수가 1개인 경우에는 **일원분산분석**(One-Way ANOVA) 또는 **일원배치분산분석**, 독립변수가 2개인 경우에는 **이원분산분석**(Two-Ways ANOVA) 또는 **이원배치분산분석**이라고 한다. 독립변수가 2개 이상인 경우를 **다원분산분석**(Multi-Ways ANOVA) 또는 **다원배치분산분석**이라고 지칭한다[2].

원칙적으로 **분산분석**은 세 가지의 **기본가정**이 만족되어야 한다. 첫째, 각 집단에 해당되는 모집단의 분포가 정규분포이어야 한다(**정규성**, Normality), 둘째, 각 집단에 해당되는 모집단의 분산은 같아야 한다(**등분산성**, Homogeneity of Variance), 셋째, 각 모집단 내에서의 오차나 모집단 간의 오차는 서로 독립이어야 한다(**독립성**, Independence)[3].

아울러 분산분석에서는 각 요인들이 갖는 평균이 동일한지를 검증하지만 평균이 같지 않은 것으로 검증결과가 나타날 경우, 어느 집단과 어느 집단의 평균이 동일하게 분류되고, 어느 집단과 어느 집단의 평균이 서로 이질적으로 분류되는지는 알 수 없다.

1) 중심극한정리에 의한 표집분포를 생각하면 이해가 쉬울 것이다. 표집분포란, 표본추출을 반복해서 각각의 표본추출마다 계산한 평균을 모아 다시 하나의 분포를 만든 것이다.

2) 독립변수가 늘어남에 따라 함께 고려되어야 하는 상호작용(=교호작용)이 증가되므로 실제로는 이원분산분석 이상은 거의 쓰이지 않는다.

3) 원칙적으로는 분산분석 실시 후, 세 가지 기본가정에 대한 만족 여부를 검증해야 한다. 그러나 실무에서는 대부분의 경우에서 이를 생략한다.

따라서 반드시 **사후분석(= 다중비교, Post HOC Multiple Comparisons)**을 실시해야 한다. 사후분석은 각 집단들의 차이가 유의할 때, 차이가 어떤 집단들에게서 발생되고 있는지를 검토하기 위해 추가적인 통계분석을 실시하는 것이다. 주로 사용되는 사후분석방법으로는 Scheffé, Tukey(**정직 유의차 검증; Honestly Significant Difference, HSD**), LSD(**최소 유의차 검증; Least Significant Difference**), S-N-K, Duncan(**다중범위 검증; new Multiple Range Test, MRT**), Bonferroni 등이 있다. Tukey나 Scheffé의 방법은 집단분리 성향이 다소 보수적, 즉 되도록 집단분리를 하지 않으려는 성향이 큰 반면, LSD 및 Duncan은 집단분리 성향이 다소 진보적, 즉 가급적이면 집단으로 분리하려는 성향이 있다. 따라서 Tukey나 Scheffé의 방법은 교육학이나 심리학 등 사람에 대한 접근이 빈번한 학문에서 많이 사용한다.

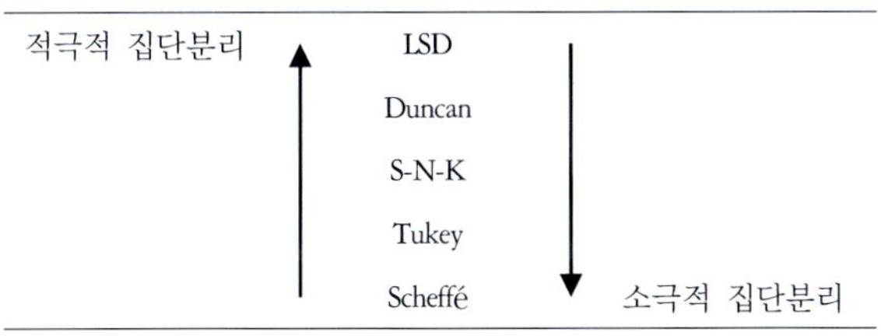

10.1. 일원분산분석에 대한 이론적 접근

<표 10.1.1>처럼 총 k개의 집단에 각각 n개의 자료가 있다고 가정해 보자. 표 안의 기호는 각 집단의 각 번째 자료를 뜻한다. 가령 X_{11}은 첫 번째 집단의 첫 번째 자료이며, X_{32}는 세 번째 집단의 두 번째 자료를 지칭하고 있다. 또한 첫 번째 집단의 개별 구성요소인 X_{11}에서 X_{1n}까지의 평균을 계산한 것이 $\overline{X_1}$이다. 이런 맥락에서 $\overline{X_3}$이란 세 번째 집단의 자료들의 평균을 뜻하며, $\overline{X_k}$는 k번째 집단의 평균을 의미한다.

❖ 표 10.1.1] 일원분산분석을 위한 표본자료

집단 \ 사례	1	2	3	…	n	
1	X_{11}	X_{12}	X_{13}	…	X_{1n}	$\overline{X_1}$
2	X_{21}	X_{22}	X_{23}	…	X_{2n}	$\overline{X_2}$
3	X_{31}	X_{32}	X_{33}	…	X_{3n}	$\overline{X_3}$
⋮	⋮	⋮	⋮	⋮	⋮	…
k	X_{k1}	X_{k2}	X_{k3}	…	X_{kn}	$\overline{X_k}$
						$\overline{X}$

※ 관측치는 X_{ij}로 표기 : i번째 집단의 j번째 관측치.

분산분석은 F값을 이용하여 표본평균 간의 분산과 각 표본 내의 분산을 비교함으로써 다수 모집단 평균의 차이를 검증하는 것이다. 이를 위해 총분산을 집단 내 분산과 집단 간 분산으로 나누어 이들 간의 비율에 의해 집단 간의 차이를 검증한다.

F값을 구하기 위해서는 먼저 편차자승의 합(Sum of Squares, SS)[4]을 계산해야 하는데, 편차자승의 합은 총 편차자승의 합(Sum of Squares Total, SST), 집단 간 편차자승의 합(Sum of Squares Between groups, SSB), 집단 내 편차자승의 합(Sum of Squares Within groups, SSW)으로 분류되며, 각각의 계산식은 아래와 같다.

$$SST = \sum_{i=1}^{k}\sum_{j=1}^{n}(X_{ij} - \overline{X})^2 = \sum(\text{개별관측치} - \text{전체평균})^2 = SSB + SSW$$

$$SSB = \sum_{i=1}^{k} n_j(\overline{X_i} - \overline{X})^2 = \sum n \times (\text{각 집단 내 평균} - \text{전체평균})^2$$

$$SSW = \sum_{i=1}^{k}\sum_{j=1}^{n}(X_{ij} - \overline{X_i})^2 = \sum(\text{개별관측치} - \text{각 집단 내 평균})^2$$

(X_{ij} : i번째 요인의 j번째 측정치, $\overline{X_i}$: i번째 요인의 평균, $\overline{X}$: $(k \times n)$개 측정치의 전체평균)

4) 편차자승은 각 관찰값(X)이 평균($\overline{X}$)으로부터 떨어진 값을 제곱한 것이며, 이 값들을 합한 것이 바로 편차자승의 합이다.

상기 식으로 각각의 값이 계산되면 아래처럼 분산분석표를 작성한다.

요 인	제곱합	자유도	평균제곱	F
집단 간	SSB or $SSTR$	$k-1$	MSB or $MSTR=\dfrac{SSB}{k-1}$	$\dfrac{MSB}{MSW}$
집단 내	SSW or SSE	$n-k$	$MSW=\dfrac{SSW}{n-k}$	
전 체	SST	$n-1$		

※ MSB(*Mean Squares Between groups*) : 집단 간 분산의 제곱합 평균.
※ MSW(*Mean Squares Within groups*) : 집단 내 분산의 제곱합 평균.
※k=집단수, n=사례

분산분석표에서 계산된 검증통계량(F_0)은 아래의 가설 검증에 이용되는데, F분포표상의 임계치인 $F_{(k-1,\ n-k,\ \alpha)}$, 즉 $F_{(\text{집단 간 자유도, 집단 내 자유도, }\alpha)}$와 비교하여 유의성 여부를 진단한다. 이때 F_0이 임계치보다 크면 귀무가설이 기각되고, 임계치보다 작으면 귀무가설이 채택된다.

H_0 : $\mu_1 = \mu_2 = \mu_3 = \cdots \mu_p$(모든 집단의 평균은 차이가 없다)

H_1 : H_0가 아니다(적어도 하나의 집단에서는 차이를 보인다[5])

일원분산분석 예제

예제 10-1. ○○社에서 각 부서별 업무 만족도 조사를 실시하여 어떤 차이를 보이는지 알아보고자 한다. 총 10개 문항으로 만족도를 조사한 후, 문항의 평균값으로 업무 만족도 수준을 비교 분석하기로 하였다. 아래는 각 부서마다 표본으로 선정된 6명의 결과이다. 정규분포를 가정할 수 있다고 전제했을 때 이들 부서별로 직원들의 업무 만족도 평균에 차이가 있는지 검증하여라.

회사 \ 직원	1	2	3	4	5	6
총무부(A)	3.9	6.0	5.5	4.2	3.1	5.1
영업부(B)	4.7	6.3	4.0	5.4	7.1	4.5
기획부(C)	3.2	4.1	6.2	5.3	4.9	3.5

5) '모두 같다'의 **역**은 '적어도 하나는 다르다'이다. 만일 '모두 다르다'라고 전제한다면, 이는 **대우**에 해당된다. 귀무가설은 대립가설과 논리적으로 역의 관계이므로 주의해야 한다.

☞ ① 가설 설정

$H_0 : \mu_1 = \mu_2 = \mu_3$

H_1 : not H_0

② 유의수준 결정

$\alpha = 0.05$

③ 검증통계량 계산

$\overline{X_A} = 4.6,\ \overline{X_B} = 5.3,\ \overline{X_C} = 4.5,\ \overline{X} = 4.8$

- $SSB = 6(4.6-4.8)^2 + 6(5.3-4.8)^2 + 6(4.5-4.8)^2 = 2.280$
- $SSW = (3.9-4.6)^2 + (4.7-5.3)^2 + (3.2-4.5)^2 + (6.0-4.6)^2 + (6.3-5.3)^2 + (4.1-4.5)^2 + \cdots + (5.1-4.6)^2 + (4.5-5.3)^2 + (3.5-4.5)^2 = 19.380$
- $SST = (3.9-4.8)^2 + (4.7-4.8)^2 + (3.2-4.8)^2 + (6.0-4.8)^2 + \cdots + (4.5-4.8)^2 + (3.5-4.8)^2 = 21.660$

요 인	제곱합	자유도	평균제곱	F
집단 간	2.280	2	1.140	0.882
집단 내	19.380	15	1.292	
전 체	21.660	17		

④ 검증통계량과 임계치 비교

$F_0 = 0.882 < 3.68 = F_{(2,\ 15,\ 0.05)}$이므로 귀무가설 채택

⑤ **결과해석** : 유의수준 0.05에서 귀무가설이 채택되었다. 그러므로 각 부서별 업무 만족도의 차이는 없다고 할 수 있다.

⑥ 사후분석 → 귀무가설이 채택되었으므로 불필요함

10.2. 이원분산분석에 대한 이론적 접근

이원분산분석은 2개의 질적 독립변수가 작용할 때 집단 간의 평균차이를 비교・검증하는 방법이다. **이원분산분석**은 반복이 있는가와 반복이 없는가에 따라 다르게 접근해야 한다. 반복의 유무란, 두 가지 요인에 해당되는 관측치를 한 번만 조사했다면 반복이 없는 경우이며, 두 번 이상으로 조사가 이루어졌다면 반복이 없는 경우를 의미한다.

예를 들면, **<표 10.2.1>**과 같은 형태라 하겠다. A, B, C社에서 각각 생산한 a, b, c제품에 대한 소비자의 평가결과로서, **반복측정이 없는 경우**와 **있는 경우**에 대한 데이터 셋을 보여준다. 반복측정이 없는 경우는 한 번의 조사가 이루어졌고, 반복측정이 있는 경우는 동일한 조건에 대해 2회 이상의 조사가 이루어진 것을 의미한다고 보면 이해가 쉬울 것이다.

❖ 표 10.2.1] **반복유무별 데이터 구성**

		A社	B社	C社
제품평가	a제품 평가점수	87.22	95.01	82.74
	b제품 평가점수	88.91	100.00	85.92
	c제품 평가점수	92.43	77.86	77.48

〈반복측정이 없는 경우〉

		A社	B社	C社
제품평가	a제품 평가점수	92.47	88.78	70.54
		93.52	89.74	69.75
	b제품 평가점수	82.67	91.52	86.35
		88.47	90.53	85.99
	c제품 평가점수	78.87	85.86	92.68
		79.96	89.73	93.00

〈반복측정이 있는 경우〉

이원분산분석의 주 목적은 독립변수들 각각의 효과(주효과)와 더불어 독립변수들 간의 상호작용효과를 검증하는 것이다. 따라서 다소 비약하자면 상호작용효과를 검증하기 위한 **반복측정이 있는 이원분산분석**이 사실상 **이원분산분석**의 실제라 하겠다.

그러나 주로 사람의 성향을 파악하는 데 연구의 주 목적을 두고 있는 사회과학 분야에서 **반복측정이 있는 이원분산분석**을 사용하는 것에는 상당히 위험이 뒤따른다. 이유인즉슨, 반복 실험은 여러 가지 내적 타당도 저해요인의 영향, 특히 검사요인의 개입을 배제하기 힘들며, 나아가 윤리적인 문제가 야기되기 때문이다. 물론 **반복측정이 없는 이원분산분석**이라면 상기 문제점들로부터 다소 자유롭기에 충분히 사용할 수 있으나, 이는 독립변수별로 **일원분산분석**을 각각 실시하는 것과 다름이 없다. 결국 사회과학 분야에서 **이원분산분석**의 활용수준은 극히 낮다고 봐도 과언이 아닌 것이다. 따라서 이원분산분석은 자세한 설명은 생략하고, 분산분석표의 구성형태 및 해석에 치중하여 설명하겠다.

10.2.1. 반복측정이 없는 경우

반복측정이 없는 이원분산분석의 기본적인 **분산분석표**는 **<표 10.2.2>**의 형태이다.

❖ 표 10.2.2] 반복측정이 없는 이원분산분석표

요 인	제곱합	자유도	평균제곱	F
처 리	$SSTR$	$a+b-2$	$MSTR=\dfrac{SSTR}{a+b-2}$	$\dfrac{MSTR}{MSE}$
처리A	SSA	$a-1$	$MSA=\dfrac{SSA}{a-1}$	$\dfrac{MSA}{MSE}$
처리B	SSB	$b-1$	$MSB=\dfrac{SSB}{b-1}$	$\dfrac{MSB}{MSE}$
오 차	SSE	$n-a-b+1$	$MSE=\dfrac{SSE}{n-a-b+1}$	
계	SST	$n-1$		

※$SSTR=SSA+SSB$

상기 **분산분석표**의 결과에서 $SSTR$에 대한 유의성은 원칙적으로는 검증이 이루어져야 하지만, 실제 업무나 기타 연구보고서 작성에서는 생략한다[6]. 따라서 반복이 없는 이원분산분석에서는 두 개의 독립변수에 대해 각각의 유의성 여부를 검증하게 되며, 이에 대한 가설은 다음과 같다.

① 요인 A에 대한 가설

$H_0 : a_1 = a_2 = \cdots \ a_a$(A요인에 대해 모든 집단의 평균은 차이가 없다).

$H_1 : H_0$가 아니다(적어도 하나의 집단에서는 차이를 보인다).

② 요인 B에 대한 가설

$H_0 : b_1 = b_2 = \cdots \ b_b$(B요인에 대해 모든 집단의 평균은 차이가 없다).

$H_1 : H_0$가 아니다(적어도 하나의 집단에서는 차이를 보인다).

6) 그러나 사실상 $SSTR$에 대해서는 '어떠한 요인도 효과가 없다'는 귀무가설로써 유의성 검증을 해야 한다. 여기에서 기각이 되면 A요인과 B요인에 대해 각각 유의성 검증을 실시하며, 채택이 되면 바로 기본가정에 대한 검증을 실시하는 것이 원칙이다.

각 요인에 대한 유의성 검토가 끝나고 난 후에는 기본가정에 대한 만족 여부, 즉 정규성, 등분산성, 독립성의 충족 여부를 검증해야 한다.

10.2.2. 반복측정이 있는 경우

반복측정이 없는 경우와 달리 **반복측정이 있는 이원분산분석**에서는 두 요인 즉, 두 독립변수 간의 상호 = 교호작용 효과도 함께 검토되어야 한다. 기본적인 **분산분석표**는 **<표 10.2.3>**이라 할 수 있다.

❖ 표 10.2.3] **반복측정이 있는 이원분산분석표**

요 인	제곱합	자유도	평균제곱	F
처 리	$SSTR$	$ab-1$	$MSTR=\dfrac{SSTR}{ab-1}$	$\dfrac{MSTR}{MSE}$
처리A	SSA	$a-1$	$MSA=\dfrac{SSA}{a-1}$	$\dfrac{MSA}{MSE}$
처리B	SSB	$b-1$	$MSB=\dfrac{SSB}{b-1}$	$\dfrac{MSB}{MSE}$
상호작용	$SSAB$	$(a-1)(b-1)$	$MSAB=\dfrac{SSAB}{(a-1)(b-1)}$	$\dfrac{MSAB}{MSE}$
오 차	SSE	$n-ab$	$MSE=\dfrac{SSE}{(n-ab)}$	
계	SST	$n-1$		

※$SSTR = SSA + SSB + SSAB$

마찬가지로 $SSTR$에 대해서는 실제로는 검증이 생략되고[7], 먼저 상호작용에 대한 유의성 검증을 실시한다.

7) 각주 6)과 마찬가지로, 원칙적으로는 $SSTR$에 대해서는 '어떠한 요인도 효과가 없다'는 귀무가설을 검증하여야 하며, 채택과 기각에 따라 각 요인의 유의성 검증을 하거나, 바로 기본가정에 대한 검증을 실시한다.

① 상호작용에 대한 가설

H_0 : 요인A와 요인B 간의 상호작용 효과가 없다.

H_1 : 요인A와 요인B 간의 상호작용 효과가 있다.

상호작용에 대한 유의성 검증에서 귀무가설이 채택되게 되면, 상호작용이 빠진 분산분석표를 작성하며[8], 귀무가설이 기각되게 되면, 상호작용을 반영한 분산분석표를 작성하게 된다.

② 요인 A에 대한 가설

H_0 : $a_1 = a_2 = \cdots a_a$(A요인에 대해 모든 집단의 평균은 차이가 없다)

H_1 : H_0가 아니다(적어도 하나의 집단에서는 차이를 보인다)

③ 요인 B에 대한 가설

H_0 : $b_1 = b_2 = \cdots b_b$(B요인에 대해 모든 집단의 평균은 차이가 없다)

H_1 : H_0가 아니다(적어도 하나의 집단에서는 차이를 보인다)

또한 각 요인에 대한 유의성 검토 후에는 기본가정에 대한 만족 여부를 검증한다.

8) 이때 유의하지 못한 상호작용의 $SSAB$, 자유도(df), $MSAB$는 오차에 합산된다.

10.3. SPSS를 이용한 세 집단 이상의 평균 차이 검증

10.3.1. SPSS를 이용한 일원분산분석

<그림 10.3.1>은 A, B, C, D 네 백화점 고객들의 이용자 만족도 점수 자료이다. 백화점 A, B, C, D에 대해 각각 1, 2, 3, 4로 코딩하고, 변수 보기(V) 의 값 에서 각 숫자에 대해 1=A백화점, 2=B백화점, 3=C백화점, 4=D백화점으로 변수값 설명을 부여하였다. **분석(A)-평균 비교(M)-일원배치 분산분석(O)**을 실행한다.

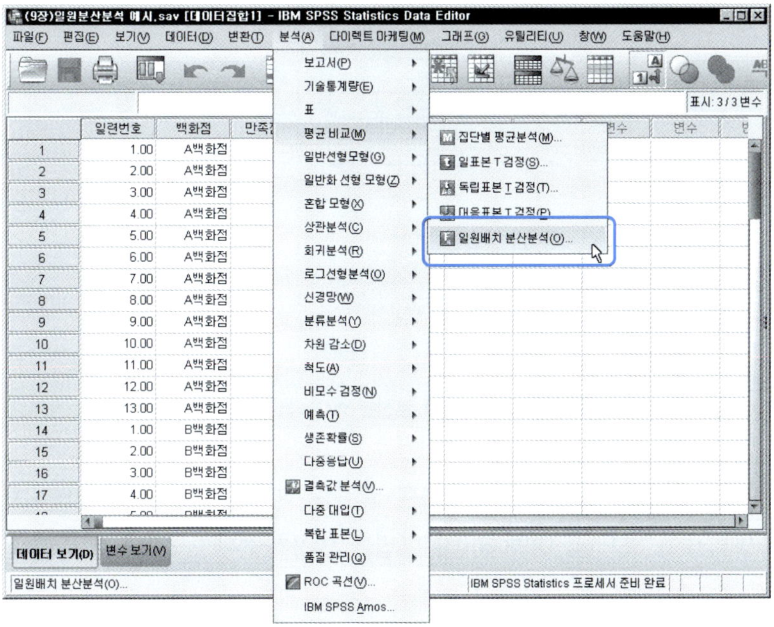

그림 10.3.1 〈예제 10-1〉의 코딩 및 일원배치 분산분석(O) 실행

<그림 10.3.2>의 대화상자에서 ➡를 이용하여 **종속변수(E):**에 만족점수, **요인(F):**에 백화점을 위치시킨다.

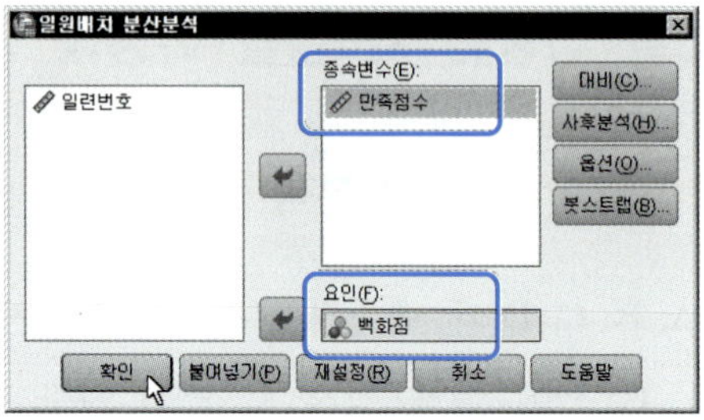

그림 10.3.2 일원배치 분산분석(O) 대화상자

옵션(O)... 에서는 **통계량**의 **기술통계(D)**를 선택한다. 또한 분산분석의 기본가정인 **등분산성**을 검토하려면 **분산 동질성 검정(H)**[9]을 체크한다(**<그림 10.3.3>** 참조).

그림 10.3.3 일원배치 분산분석(O)-옵션(O) 대화상자

사후분석(H)... 에서는 여러 가지 사후분석 방법을 선택적으로 실시할 수 있다. 다양한 방법들이 있으나, **Duncan(D)** 방법을 이용하겠다[10]. 계속 을 누른다(**<그림 10.3.4>** 참조).

9) **분산의 동질성(H)** 결과는 보고서 등에 직접적으로 제시하지 않으며, 보편적으로 검토가 생략되지만, 원칙상으로는 검토가 되어야 한다.

10) 통상 일원배치 분산분석은 각 집단의 등분산성이 충족되어야만 사용하므로 본 예에서는 고려하지 않았다. 만일 등분산성이 충족되지 못한다면 이는 결국 모수통계의 기본조건을 충족시키지 못하는 것이므로 집단 간 평균차이검증에 비모수적 기법인 **kruskal-wailis 검증**을 이용해야 한다. 이에 대해서는 **13. 비모수적 검증의 이해**를 참고하기 바란다. 하단의 **등분산을 가정하지 않음**의 사후분석방법은 이때 사용한다.

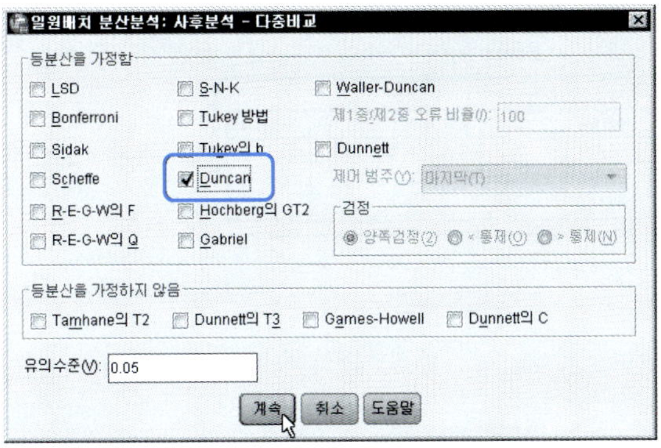

그림 10.3.4 일원배치 분산분석(O)-사후분석(H) 대화상자

<그림 10.3.5>는 [확인]을 눌러 나타난 결과이다. 각 집단별 기술통계량과 분산분석표, 사후검증 결과가 나타난다. F통계량과 p값으로 볼 때, 유의수준 5%에서 통계적으로 유의하게 나타났다. 즉, 네 집단의 만족도 평균은 차이가 없다는 귀무가설이 기각된 것이다. 각 집단이 어떻게 차이를 보이는지는 사후검증 결과로 해석한다. C백화점과 B백화점, B백화점과 D백화점, D백화점과 A백화점 등 총 3개의 집단으로 분류된다.

일원배치 분산분석

[데이터집합1] E:₩SPSS를 이용한 조사방법 및 통계분석의 이해 Data₩(9장)일원분산분석 예시.sav

기술통계

만족점수

	N	평균	표준편차	표준오차	평균에 대한 95% 신뢰구간		최소값	최대값
					하한값	상한값		
A백화점	13	3.8577	.68587	.19023	3.4432	4.2722	2.78	5.00
B백화점	13	3.1800	.94979	.26342	2.6060	3.7540	2.11	5.00
C백화점	13	3.0415	.74322	.20613	2.5924	3.4907	1.40	4.01
D백화점	13	3.8046	.82249	.22812	3.3076	4.3016	2.45	5.00
합계	52	3.4710	.86439	.11987	3.2303	3.7116	1.40	5.00

분산의 동질성 검정

만족점수

Levene 통계량	df1	df2	유의확률
.471	3	48	.704

일원배치 분산분석

만족점수

	제곱합	df	평균 제곱	F	유의확률
집단-간	6.889	3	2.296	3.531	.022
집단-내	31.217	48	.650		
합계	38.106	51			

사후검정
동일집단군

만족점수

Duncan[a]

백화점	N	유의수준 = 0.05에 대한 부집단		
		1	2	3
C백화점	13	3.0415		
B백화점	13	3.1800	3.1800	
D백화점	13		3.8046	3.8046
A백화점	13			3.8577
유의확률		.664	.054	.867

동일 집단군에 있는 집단에 대한 평균이 표시됩니다.
a. 조화평균 표본 크기 13.000을(를) 사용합니다.

그림 10.3.5 일원배치 분산분석(O) 결과

기본가정에 대한 만족 여부를 **검증**해 보자. 먼저 **등분산성** 검증은 **<그림 10.3.3>**에서 **분산 동질성 검정(H)**을 체크함으로써 결과가 나타났다. Levene의 F통계량과 이에 대한 p값으로써 '모든 집단의 분산은 동일하다'는 귀무가설의 기각과 채택 여부를 검증한다. 본 자료에서는 Levene의 F값이 0.471이며 이에 대한 p값이 0.704이므로 분산의 동질성이 만족되고 있음을 알 수 있다.

정규성 검증을 위해 **분석(A)-기술통계량(E)-데이터 탐색(E)**을 실행한다(**<그림 10.3.6>** 참조). **<그림 10.3.7>**처럼 **종속변수(D):**에는 만족점수를, **요인(F):**에는 백화점을 옮긴 후 도표(T)... 를 누른다.

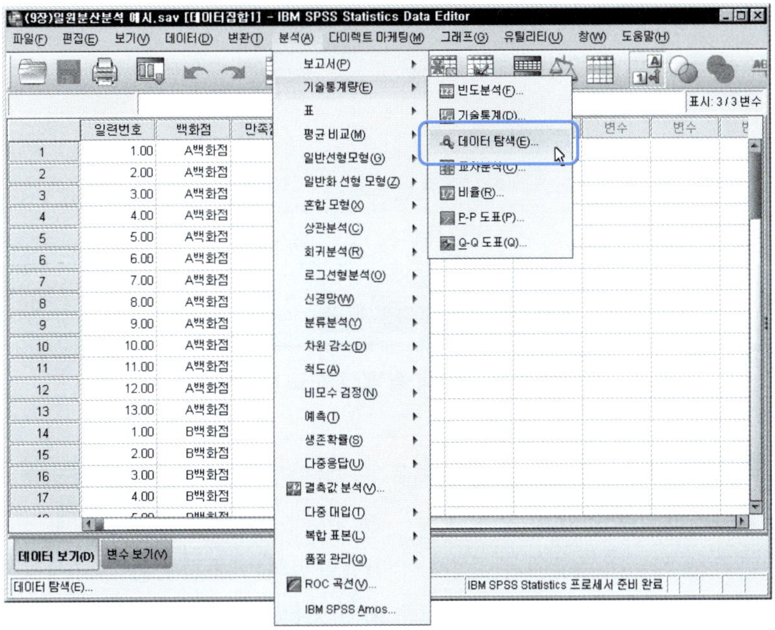

그림 10.3.6 정규성 진단을 위한 데이터 탐색(E) 실행

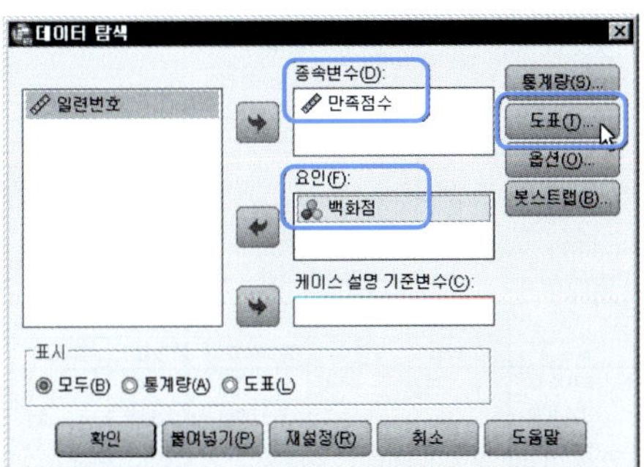

그림 10.3.7 데이터 탐색(E) 대화상자

검정과 함께 정규성도표(O)를 선택하고, **기술통계**의 **줄기와 잎그림(S)**은 필요없는 선택사항이므로 간결한 결과도출을 위해 해제하자. 계속 을 눌러 해당 대화상자를 닫고(<**그림 10.3.8**> 참조), 확인 을 눌러 **데이터 탐색(E)**을 실시한다.

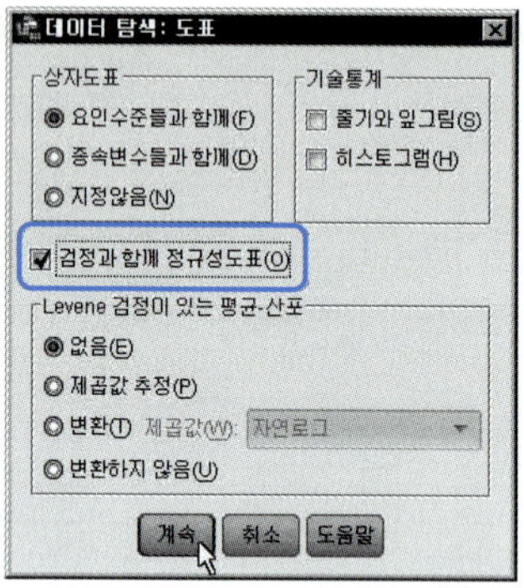

그림 10.3.8 데이터 탐색(E)-도표(T) 대화상자

<그림 10.3.9>처럼 여러 가지가 결과가 나타나지만 이 중에서 정규성 검정표를 살펴본다. **Kolmogorov-Smirnov**[a] 통계량과 유의확률(p)을 볼 때, 'A백화점의 만족점수는 정규성을 만족한다', 'B백화점의 만족점수는 정규성을 만족한다', 'C백화점의 만족점수는 정규성을 만족한다', 'D백화점의 만족점수는 정규성을 만족한다'는 각각의 귀무가설이 모두 채택되고 있다. 즉, 각 백화점의 만족점수들이 모두 정규성이 충족되었다.

⋮

⋮

정규성 검정

	백화점	Kolmogorov-Smirnov[a]			Shapiro-Wilk		
		통계량	자유도	유의확률	통계량	자유도	유의확률
만족점수	A백화점	.120	13	.200*	.964	13	.816
	B백화점	.157	13	.200*	.877	13	.065
	C백화점	.205	13	.139	.914	13	.210
	D백화점	.141	13	.200*	.952	13	.634

*. 이것은 참인 유의확률의 하한값입니다.

a. Lilliefors 유의확률 수정

⋮

⋮

그림 10.3.9 정규성 검증 결과

마지막으로 **독립성** 검증을 위해서는 **분석(A)-비모수 검정(N)-레거시 대화 상자(L)-런(R)**에서 수행한다. **런 검증**(Runs test)은 일련의 관측값들이 무작위적으로 나타난 것인지를 검증하는 방법이다. 여기에서 의미하는 **런**(Runs)이란, 동일한 관측값이 연속적으로 이어진 것(a sequence of like observations)을 의미하는 것으로서, 잔차를 계산하여 인접한 잔차들 간의 부호를 비교하여 계열상관(Serial correlation)을 검토하는 것이다[11]. 다시 말해 양의 수치가 양의 수치로, 음의 수치가 음의 수치로 이어지는 경향이 있다면 이는 양의 계열상관이 있다는 의미이고, 만일 음의 수치가 양의 수치로, 양의 수치가 음의 수치로 연결되는 경향이 강하다면 이는 음의 계열상관이 존재함을 뜻한다.

일원배치분산분석(O)에서는 잔차변수를 생성할 수 없으므로 **분석(A)-일반선형모형(G)-일변량(U)**을 응용한다(<그림 10.3.10> 참조).

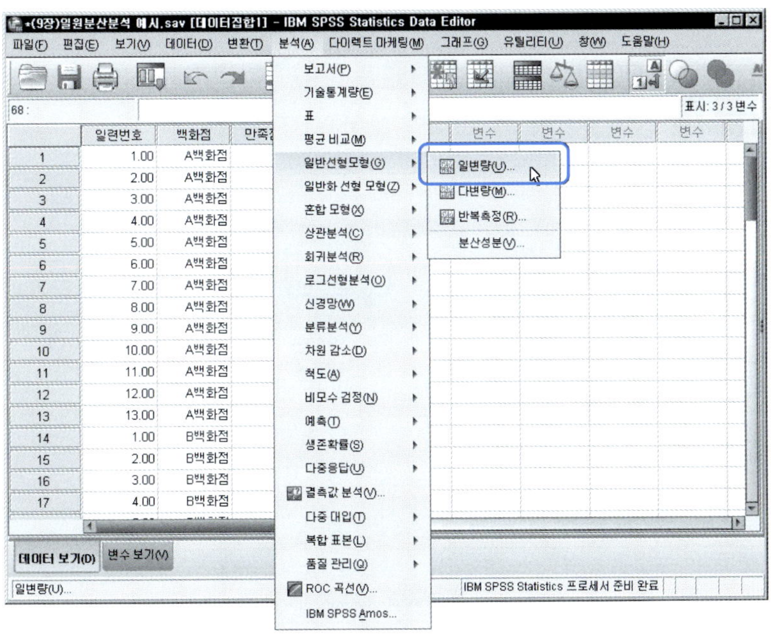

그림 10.3.10 독립성 검증을 위한 분석(A)-일반선형모형(G)-일변량(U) 실행

11) 실제로는 잔차변수를 생성하지 않고 이하의 과정을 좇아 만족점수에 대한 독립성 검증을 실행해도 동일한 결과를 얻을 수 있다. 그러나 원칙적으로 잔차에 대한 논의이므로 잔차변수 생성부터 다루고자 한다.

분석(A)-일반선형모형(G)-일변량(U) 대화상자에서 **종속변수(D):**에 만족점수, **모수요인(F):**에 백화점을 넣고 저장(S)... 을 누른다(**<그림 10.3.11>** 참조).

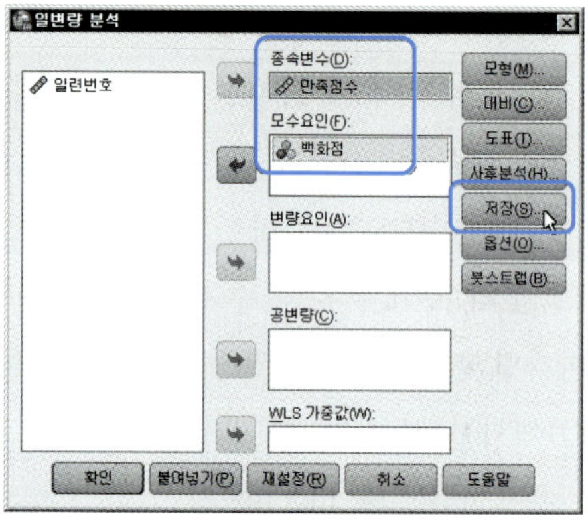

그림 10.3.11 분석(A)-일반선형모형(G)-일변량(U) 대화상자

잔차의 **비표준화(N)**를 선택하고 계속 을 누른 후(**<그림 10.3.12>** 참조), **<그림 10.3.11>**에서 확인 을 눌러 일변량 분석을 실행한다.

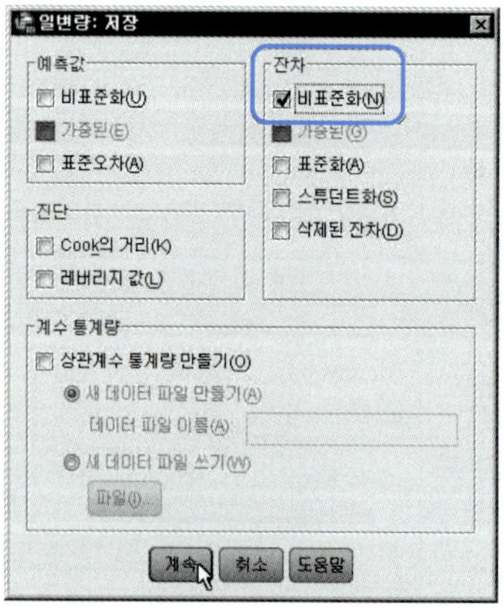

그림 10.3.12 분석(A)-일반선형모형(G)-일변량(U)-저장(S) 대화상자

데이터 편집기 창에 RES_1 변수가 생성되었으니(**<그림 10.3.13>** 참조), 이제 각 백화점마다 선택하여 차례로 **런 검증(Runs test)**을 실시해야 하므로 **데이터(D)-케이스 선택(S)**을 활용한다(**<그림 10.3.14>** 참조).

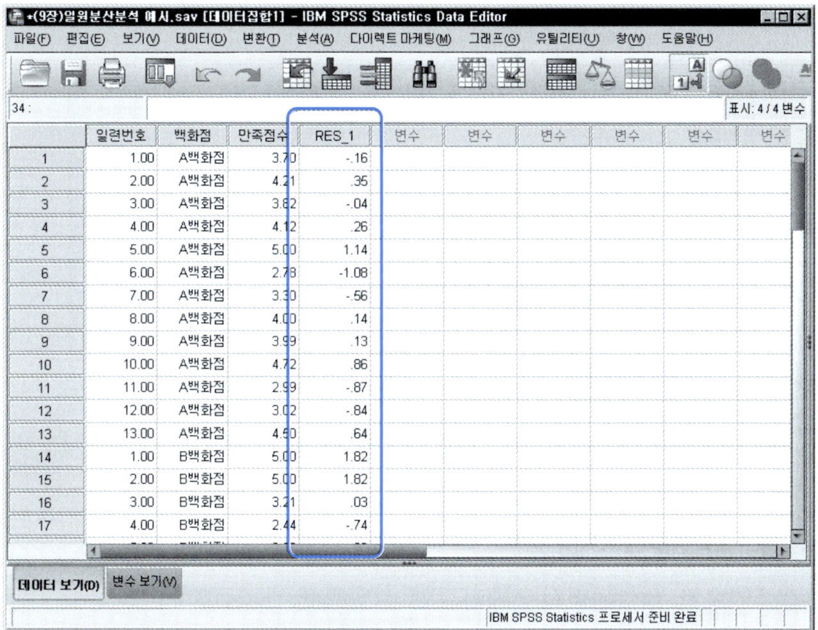

그림 10.3.13 **잔차변수 생성 결과**

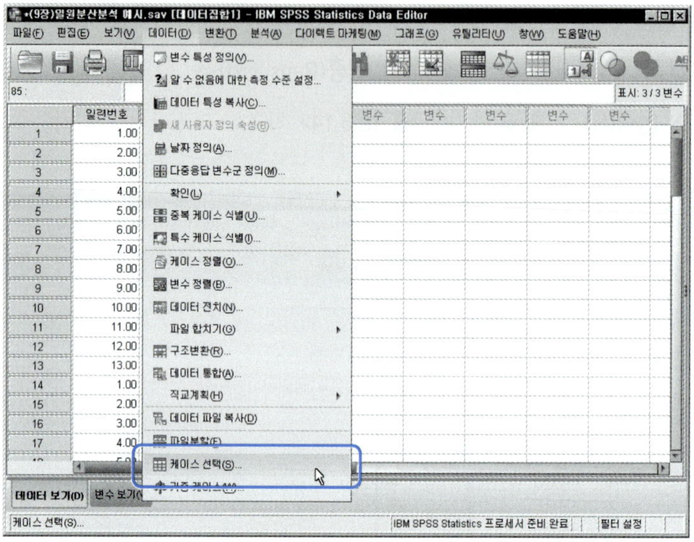

그림 10.3.14 독립성 검증을 위한 데이터(D)-케이스 선택(S)

<그림 10.3.15> 및 <그림 10.3.16>처럼 조건(I)... 을 이용하여 **'백화점=1'**, 즉 A 백화점을 선택하는 조건을 부여하고 계속 을 누른다.

<그림 10.3.15>에서 확인 이 활성화되어 이를 누르면 <그림 10.3.17>처럼 filter_$ 변수가 생성되면서 A백화점만 선택된다.

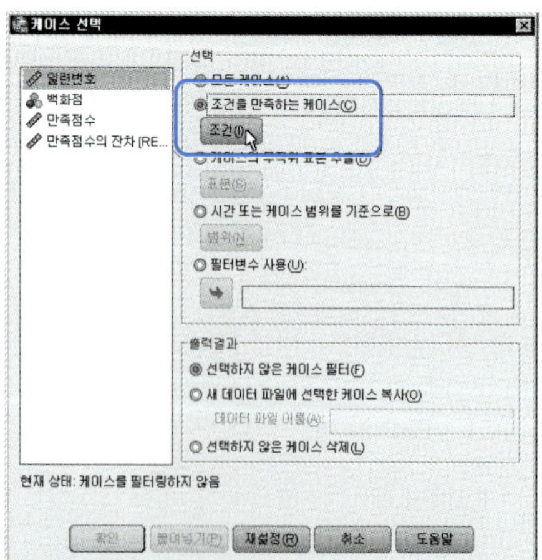

그림 10.3.15 데이터(D)-케이스 선택(S) 대화상자

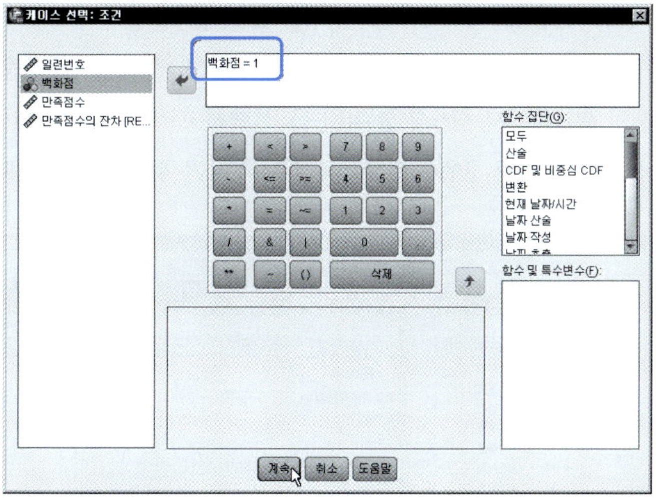

그림 10.3.16 데이터(D)-케이스 선택(S)-조건(I) 대화상자

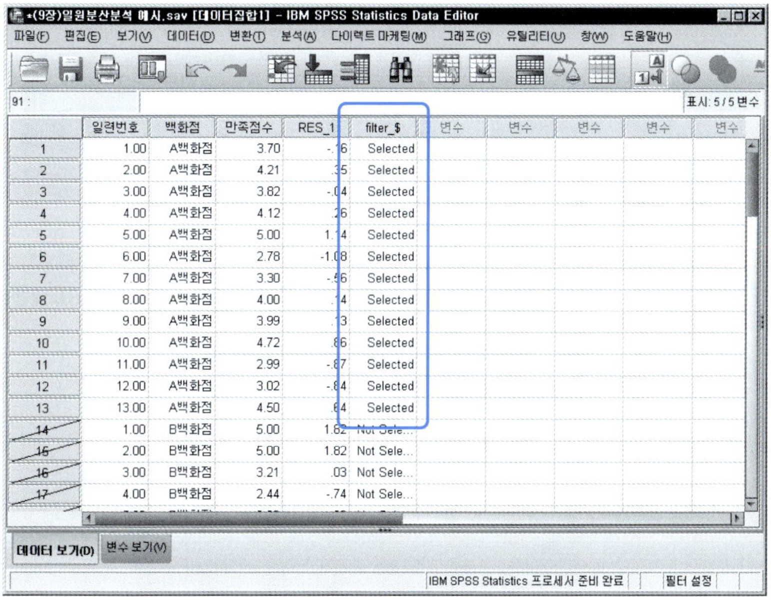

그림 10.3.17 독립성 검증을 위한 케이스 선택(S) 결과

분석(A)-비모수 검정(N)-레거시 대화 상자(L)-런(R)을 실행하여(<그림 10.3.18> 참조) **<그림 10.3.19>**처럼 ➡를 이용하여 만족점수의 잔차 [RES_1]를 **검정변수(T):**로 옮긴 후, 하단의 **절단점**에서 **사용자 정의(C):**를 선택하고 '0'을 입력한다. 이때 기본적으로 선택되어 있는 **중위수(M)**는 혼선을 줄이기 위해 선택을 해제한다[12].

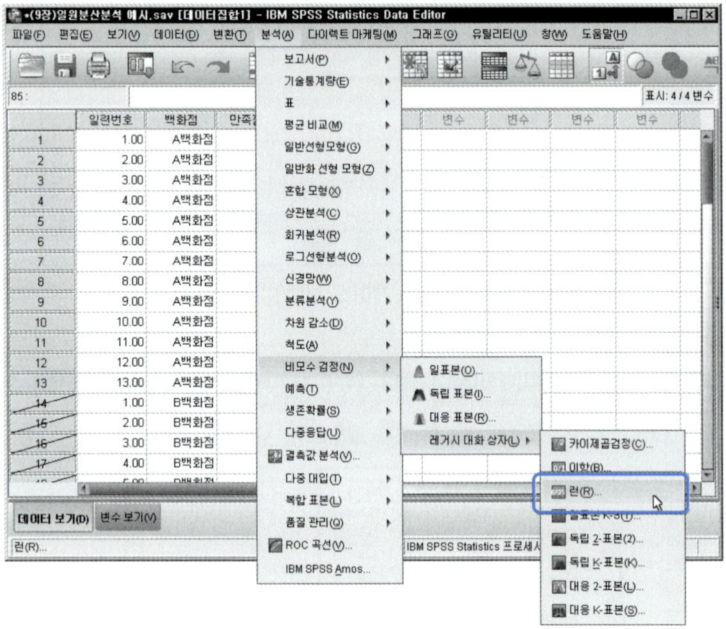

그림 10.3.18 독립성 검증을 위한 비모수 검정(N)-레거시 대화 상자(L)-런(R) 실행

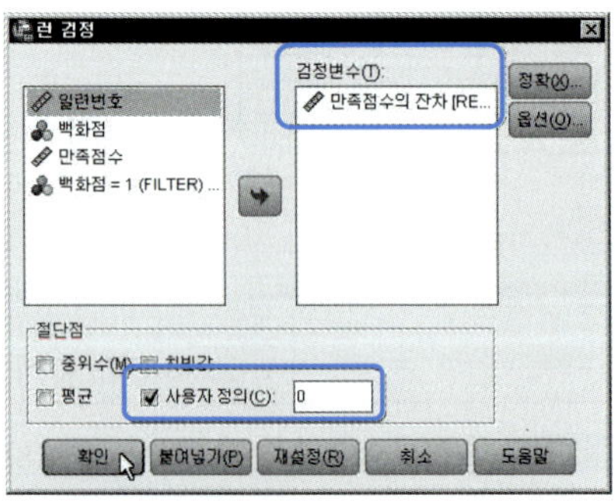

그림 10.3.19 런(R) 검증 대화상자

12) 해제하지 않고 실행해도 결과의 표 하단에 a.중위수라고 명시된 표가 하나 더 나오는 것이므로 그냥 두어도 무방하다.

확인 을 누르면 결과가 나타난다. **독립성** 검증은 Z통계량과 이에 대한 p값을 이용하며, 귀무가설은 'A백화점의 만족점수는 독립성을 만족한다'이다. 본 자료는 Z통계량이 0.022, 이에 대한 p값이 0.982로 귀무가설이 채택되었으며, 독립성이 만족되고 있다(**<그림 10.3.20>** 참조). B백화점, C백화점, D백화점 만족점수의 독립성 진단은 위의 **케이스 선택(S)** 절차를 참고하여 각자 해보기 바란다.

비모수 검정

[데이터집합1] E:₩SPSS를 이용한 조사방법 및 통계분석의 이해 Data₩(9장)일원분산분석 예시.sav

런 검정

	만족점수의 잔차
검정값[a]	.0000
전체 케이스	13
런의 수	8
Z	.022
근사 유의확률(양측)	.982

a. 사용자 지정.

그림 10.3.20 독립성 검증을 위한 RUN 검증 결과

10.3.2. 보고서에서의 일원분산분석 결과 표현

보고서에서 **일원분산분석** 결과는 사후분석에 대한 일반화가 중요하다. 그런데, 많은 경우 사후분석에서 특정 응답범주(= **수준**)가 명확하게 분류되지 않고 본 결과와 같이 2개의 집단에 공통으로 포함되는 경우가 매우 많다.

<표 10.3.2>의 결론을 보자. F통계량과 p값을 명시하고 귀무가설의 기각과 채택 여부에 대한 언급이 있은 후, 연이어 사후분석으로 얻어진 집단의 분리를 언급하고 있다. B백화점과 D백화점이 명확히 분리되지 못하고 각각 두 집단에 중복 소속된 것을 볼 수 있다. 'C백화점과 B백화점의 1집단, B백화점과 D백화점의 2집단, D백화점과 A백화점의 3집단 등 총 3개 집단으로 분류

되는데 1집단보다는 2집단, 2집단보다는 3집단의 평균점수가 높다고 할 수 있다'와 같이 결론을 맺는 것이 원칙이겠으나, 이런 경우는 ▭와 같이 가장 높은 점수의 집단과 가장 낮은 점수의 집단을 집중적으로 언급하며 결론을 기술한다.

한편 SPSS에서 처리되는 모든 통계분석 결과에서는 소수점 이하의 자리에 대해 **<그림 10.3.5>**처럼 '.×××'으로 표현된다. 많은 연구결과 보고에서 이것을 그대로 표현해 주는데 이것은 SPSS 프로그램의 표현방식이므로 사실상 옳지 않다. 따라서 **<표 10.3.2>**와 같이 '0.×××'으로 모두 명시해 주는 것이 바람직하다. 이는 모든 분석에서 동일하다.

> 서울시 ○○구 소재 A, B, C, D백화점 이용자 만족도 조사 결과, 유의수준 0.05에서 $F=3.531$, $p=0.022$로서 통계적으로 유의한 차이를 보였다. C백화점과 B백화점에 비해 D백화점과 A백화점 이용자의 만족도가 상대적으로 높게 나타났다(**<표 10.3.2>** 참조).

❖ 표 10.3.2] **일원분산분석 결과 제시 예시**

		백화점 구분			
		A백화점 (A)	B백화점 (B)	C백화점 (C)	D백화점 (D)
이용자 만족도	빈 도	13	13	13	13
	평 균	3.86	3.18	3.04	3.80
	표준편차	0.69	0.95	0.74	0.85
	$F(p)$	3.531**(0.022)			
	Duncan's test	(C)·(B) < (B)·(D) < (D)·(A)			

*<0.1 **<0.05 ***<0.01

10.3.3. SPSS를 이용한 이원분산분석

본 단원에서 제시된 자료는 반복측정이 없으나, 활용방법을 살펴보는 것이므로 **반복측정이 있는 이원분산분석**이라는 가정하에 상호작용을 고려하며 실습해 보겠다[13].

<표 10.3.3>은 서울시 ○○구 소재 4개 백화점 이용자 만족도 조사 결과이다.

❖ 표 10.3.3] **서울시 ○○구 소재 4개 백화점 이용자 만족도 조사 결과**

		1	2	3	4	5	6	7	8	9	10	11	12	13
A백화점	성별	남	여	남	여	여	남	남	여	남	여	남	남	여
	만족 점수	3.70	4.21	3.82	4.12	5.00	2.78	3.30	4.00	3.99	4.72	2.99	3.02	4.50
B백화점	성별	여	여	남	남	남	여	남	남	여	남	남	여	여
	만족 점수	5.00	5.00	3.21	2.44	2.22	2.58	3.47	2.11	3.01	3.45	2.87	3.65	2.33
C백화점	성별	남	남	남	남	여	여	남	여	남	여	여	남	남
	만족 점수	1.40	3.42	3.36	3.66	2.00	4.01	3.55	2.98	3.65	2.75	2.33	3.22	3.21
D백화점	성별	남	남	여	여	남	남	남	남	남	여	여	남	여
	만족 점수	4.88	4.36	3.85	2.99	3.68	4.42	4.52	4.10	5.00	2.45	3.01	3.33	2.87

<그림 10.3.21>과 같이 코딩 후 **분석(A)-일반선형모형(G)-일변량(U)**을 실행한다.

13) **반복측정이 없는 이원분산분석**은 독립변수 간의 상호작용을 고려하지 않는다. 따라서 **반복측정이 있는 이원분산분석**에서 상호작용이 유의하지 않을 때와 동일한 방법으로 접근해야 한다. 즉, 후술되는 **<그림 10.3.24>**처럼 **사용자 정의(C)**에서 각 요인(**독립변수**)을 하나씩 이동시킨 후 분석에 임하되, 필요에 따라 **<그림 10.3.25>**과 같이 사후분석을 실시한다.

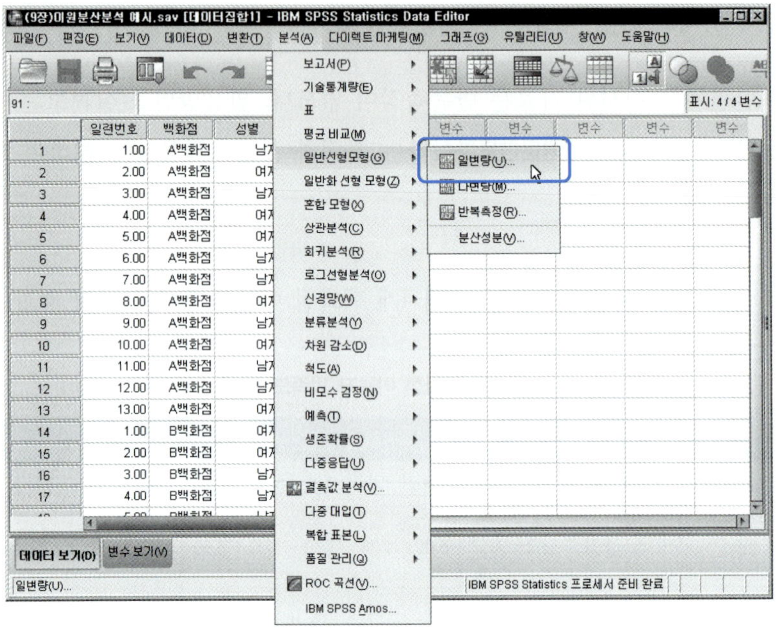

그림 10.3.21 〈표 10.3.3〉의 코딩 및 일반선형모형(G)-일변량(U)

<그림 10.3.22>에서 **종속변수(D):**에 만족점수, **모수요인(F):**에 백화점과 성별을 옮기고 모형(M)... 을 누른다.

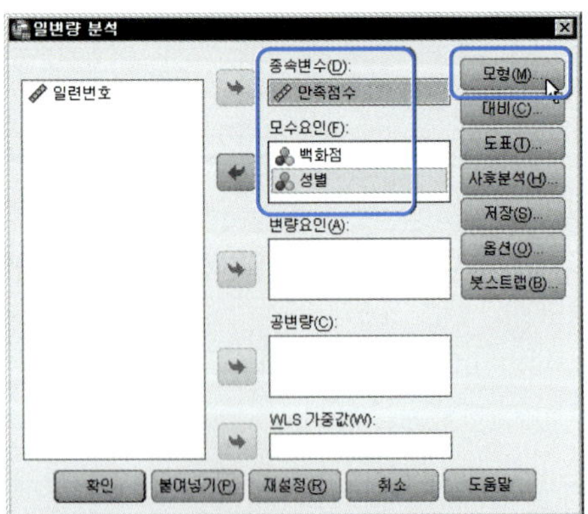

그림 10.3.22 일반선형모형(G)-일변량(U) 대화상자

모형설정의 **완전요인모형(A)**이 기본적으로 선택되어 있다(**<그림 10.3.23>** 참조).

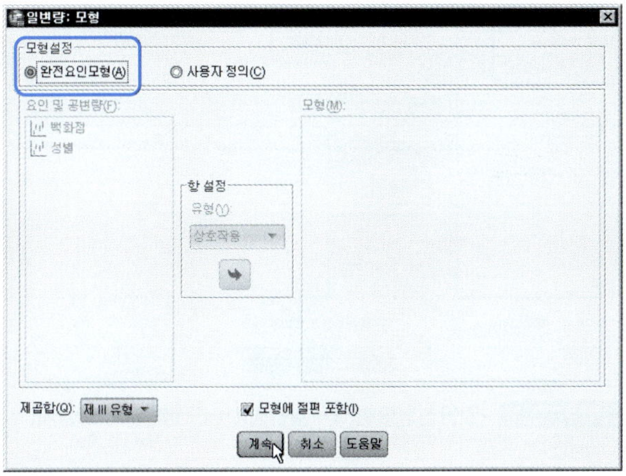

그림 10.3.23 **일반선형모형(G)–일변량(U)–모형(M) 대화상자(1)**

만일 **완전요인모형(A)**으로 결과를 산출하였는데, 상호작용이 유의하지 않다면 다시 본 대화상자로 돌아와서 **<그림 10.3.24>**처럼 **사용자 정의(C)**를 이용해야 한다[14]. 이때 주의할 것은 키보드의 왼쪽 Shift 나 Ctrl을 누르면서 성별과 백화점을 한꺼번에 선택하여 옮기면 백화점*성별 처럼 상호작용으로 반영되므로 반드시 한 번에 하나씩 이동해야 한다. 그러나 이때 **항 설정**의 **유형(Y):**을 상호작용 이 아닌 주효과 로 바꾼다면 변수를 한꺼번에 옮길 수 있다.

14) 이렇게 하면 상호작용, 즉 **백화점*성별**의 $SSAB$, 자유도(df), $MSAB$는 각각 오차에 합산된 분산분석표가 나타난다. 아울러 **반복측정이 없는 이원분산분석**의 경우에는 처음부터 **사용자 정의(C)**를 선택하여 독립변수를 하나씩 옮긴다.

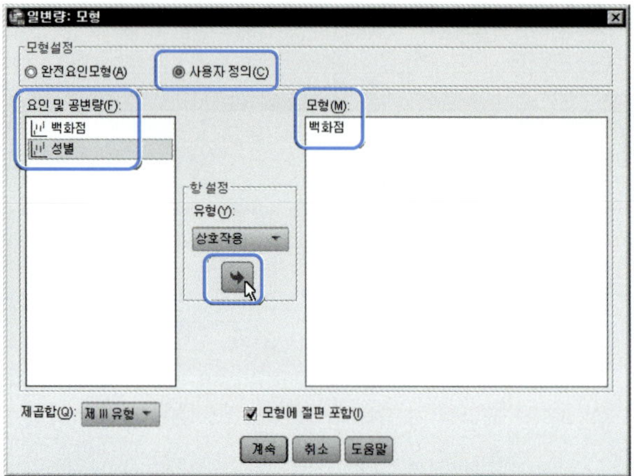

그림 10.3.24 일반선형모형(G)-일변량(U)-모형(M) 대화상자(2)

사후분석(H)... 은 **일원배치 분산분석**의 사후분석과 동일하다. 사후분석이 필요한 **요인(F)**을 선택하여 ➡ 로 **사후검정변수(P):**에 옮기면 하단의 여러 가지 사후분석 방법이 선택할 수 있도록 활성화된다. 다만, 이 명령은 **상호작용이 유의하지 않을 때 유의한 독립변수의 사후분석 수행**을 위해 사용한다(<그림 10.3.25> 참고).

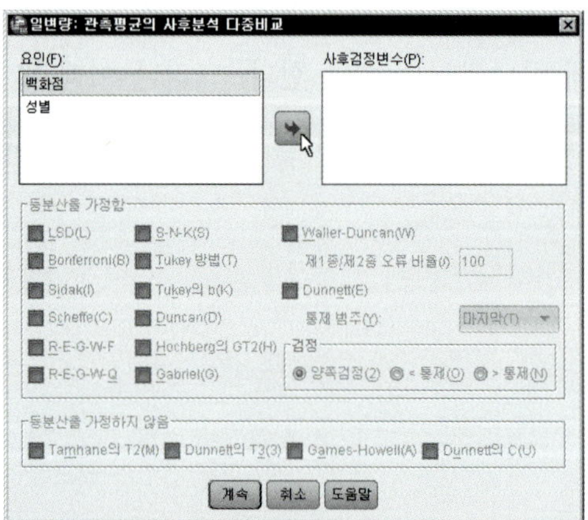

그림 10.3.25 일반선형모형(G)-일변량(U)-사후분석(H) 대화상자

도표(T)... 는 두 독립변수의 **상호작용이 유의한 경우**의 사후분석에 이용된다[15]. **수평축 변수(H)**:와 **선구분 변수(S)**:에 각각의 독립변수를 이동·위치시키는데, **선구분 변수(S)**:에는 응답범주의 수가 적은 독립변수를 놓는 것이 결과를 해석할 때 편리하다. 본 예에서는 **성별** 변수의 응답범주가 **백화점** 변수보다 적으므로 **선구분 변수(S)**:에는 **성별** 변수를 옮기도록 하겠다. **도표(T)**:의 추가(A) 를 누르면 백화점*성별 이 추가된다. 계속 을 누른다(<그림 10.3.26> 참조).

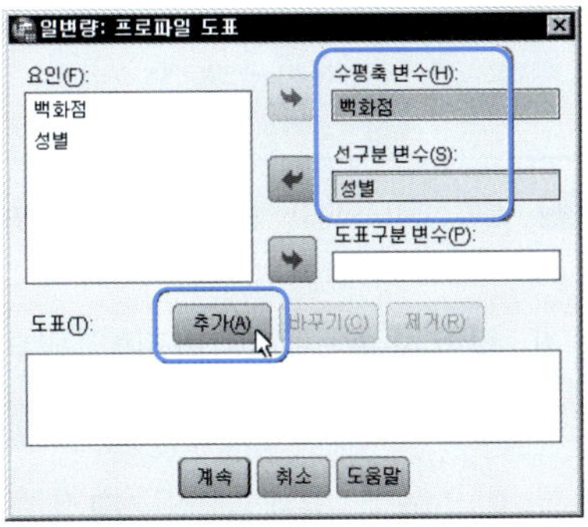

그림 10.3.26 일반선형모형(G)-일변량(U)-도표(T) 대화상자

옵션(O)... 에서는 <그림 10.3.27>과 같이 **표시**의 **기술통계량(D)**과 **동질성 검정(H)**을 선택하면 기술통계치 도출과 **등분산성** 검토를 할 수 있다.

15) 상호작용이 존재하는 경우 상호작용의 의미가 각 독립변수의 의미보다 더 큰 영향을 미친다. 그렇기 때문에 각 독립변수의 유의성에 대해 크게 고려하지 않는다. 반면 상호작용이 유의하지 않는 경우에는 각 독립변수의 영향을 확인해야 하므로 상호작용을 제외한 순수 요인만을 반영한 분산분석을 실시한다.

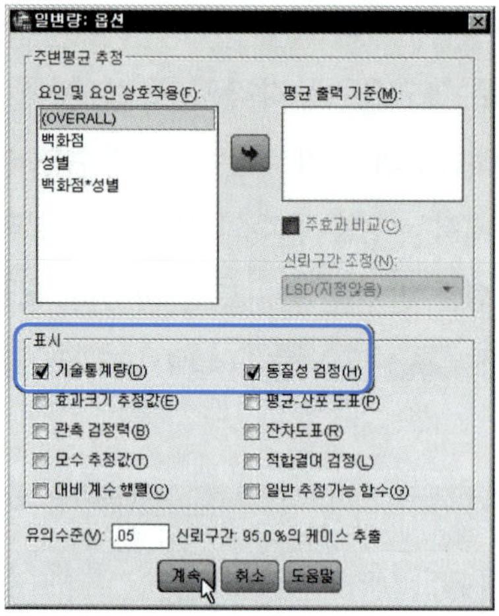

그림 10.3.27 일반선형모형(G)–일변량(U)–옵션(O) 대화상자

결과에서는 가장 먼저 상호작용, 즉 백화점*성별의 유의성을 파악한다. **<그림 10.3.28>**에서 볼 때 상호작용이 유의하다. [모형(M)...]에서 **<그림 10.3.24>**처럼 **사용자 정의(C)**를 이용하여 주효과만을 재검증하는 것이 아니라 **<그림 10.3.26>**의 [도표(T)...] 이용 사후분석을 반영하여 재분석한다.

⋮

개체-간 효과 검정

종속 변수: 만족점수

소스	제 III 유형 제곱합	자유도	평균 제곱	F	유의확률
수정 모형	17.640ª	7	2.520	5.418	.000
절편	597.381	1	597.381	1284.329	.000
백화점	6.389	3	2.130	4.579	.007
성별	.032	1	.032	.069	.794
백화점 * 성별	10.686	3	3.562	7.658	.000
오차	20.466	44	.465		
합계	664.580	52			
수정 합계	38.106	51			

a. R 제곱 = .463 (수정된 R 제곱 = .377)

⋮

그림 10.3.28 이원분산분석 결과 중 상호작용 유의성 진단

<**그림 10.3.29**>은 최종 결과이다. 먼저 **기술통계량**에서는 백화점 종류에 따라 성별별로 평균과 표준편차 등의 기술통계가 제시된다. 그런데 **<그림 10.3.22>** 처럼 **모수요인(F):**에 백화점 다음에 성별 을 옮기는 것이 아니라 먼저 성별 을 옮기고 다음에 백화점을 옮기면 이 결과 역시 성별에 따라 백화점 종류별로 기술통계가 제시된다.

다음으로 **개체-간 효과 검정**에서 보면 **<그림 10.3.28>**에서 이미 파악한 것처럼 상호작용을 의미하는 **백화점*성별**이 유의하며, 독립변수(**주효과**) 중에서는 백화점이 유의하다.

끝으로 **프로파일 도표**를 보고 결과를 해석한다. **상호작용이 유의하면 어느 시점에서 두 선이 서로 교차하는데, 그 교차점을 중심으로 해석**한다. 이처럼 이원분산분석에서 상호작용효과가 있는 경우는 상호작용효과를 해석하면서 독립변수(**주효과**)의 해석도 같이 이루어지기에 별도로 독립변수에 대한 해석을 하지 않는다.

일변량 분산분석

[데이터집합1] E:₩SPSS를 이용한 조사방법 및 통계분석의 이해 Data₩(9장)이원분산분석 예시.sav

개체-간 요인

		변수값 설명	N
백화점	1.00	A백화점	13
	2.00	B백화점	13
	3.00	C백화점	13
	4.00	D백화점	13
성별	1.00	남자	30
	2.00	여자	22

기술통계량

종속 변수: 만족점수

백화점	성별	평균	표준편차	N
A백화점	남자	3.3714	.46827	7
	여자	4.4250	.38553	6
	합계	3.8577	.68587	13
B백화점	남자	2.8243	.57480	7
	여자	3.5950	1.17675	6
	합계	3.1800	.94979	13
C백화점	남자	3.1838	.74152	8
	여자	2.8140	.76794	5
	합계	3.0415	.74322	13
D백화점	남자	4.2863	.56778	8
	여자	3.0340	.50900	5
	합계	3.8046	.82249	13
합계	남자	3.4377	.79534	30
	여자	3.5164	.96813	22
	합계	3.4710	.86439	52

오차 분산의 동일성에 대한 Levene의 검정[a]

종속 변수: 만족점수

F	df1	df2	유의확률
1.670	7	44	.141

여러 집단에서 종속변수의 오차 분산이 동일한 영가설을 검정합니다.

a. Design: 절편 + 백화점 + 성별 + 백화점 * 성별

개체-간 효과 검정

종속 변수: 만족점수

소스	제 III 유형 제곱합	자유도	평균 제곱	F	유의확률
수정 모형	17.640[a]	7	2.520	5.418	.000
절편	597.381	1	597.381	1284.329	.000
백화점	6.389	3	2.130	4.579	.007
성별	.032	1	.032	.069	.794
백화점 * 성별	10.686	3	3.562	7.658	.000
오차	20.466	44	.465		
합계	664.580	52			
수정 합계	38.106	51			

a. R 제곱 = .463 (수정된 R 제곱 = .377)

프로파일 도표

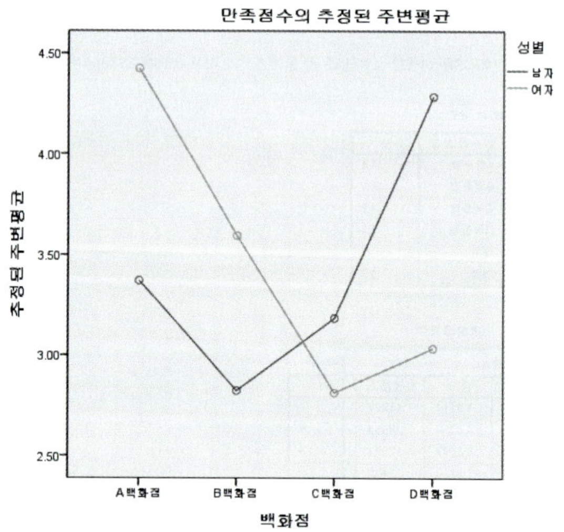

그림 10.3.29 이원분산분석 결과

한편 기본가정에 대한 만족은 **10.3.1. SPSS를 이용한 일원분산분석**에서 다루고 있는 기본가정에 대한 만족 여부 검증 부분을 참고하기 바란다.

10.3.4. 보고서에서의 이원분산분석 결과 표현

이미 기술한 바와 같이 **이원분산분석**은 사회과학 분야에서 활용도가 극히 낮다. 저자 역시 짧은 식견과 부족한 경험 탓에 몸담고 있는 분야에서 이원분산분석의 분석사례를 다양하게 접해보지 못하였다. 따라서 **이원분산분석** 결과는 아래와 같이 해석만 제안하고자 한다.

서울시 ○○구 소재 A, B, C, D백화점 이용자의 만족점수를 보면 A백화점과 B백화점에서는 여자가 상대적으로 높았던 반면, C백화점과 D백화점에서는 남자가 상대적으로 높게 나타났다.

11
상관분석의 이해

11 상관분석의 이해

우리는 일상생활에서 많은 경우 두 현상 간의 관계가 궁금할 때가 있다. 성적과 IQ지수 간의 관계, 소득과 소비수준 간의 관계, 서비스 품질과 만족도 간의 관계 등이 대표적인 예이다. 이와 같은 변량 간의 관계를 상관관계라고 표현하며, 이를 밝히는 통계분석적 기법을 **상관분석**이라고 한다.

상관분석은 원칙적으로 독립변수와 종속변수의 구분이 명확하지 않고, 두 변수 간의 관계에 대한 유의미성 및 관계의 강도 파악만이 가능하다는 점에서 본다면 탐색적인 성격을 지닌다고 할 수 있다. 원인과 결과라는 관계가 명확하다면 구태여 상관분석을 할 필요 없이 다음 단원에서 다루는 회귀분석을 수행한다.

한편 상관관계를 보여주는 상관계수는 변수의 성향에 따라 3종류로 분류될 수 있는데, 첫째, 두 변수가 모두 연속형 변수(**양적변수**)일 때 사용하는 **피어슨의 상관계수**(Pearson's correlation coefficient), 둘째, 서열변수 간의 상관관계를 살펴볼 수 있는 **스피어만의 순위차 상관계수**(Spearman's rank-order correlation coefficient) 및 **감마**(Gamma) **계수**, 셋째, 명목변수 간의 상관관계로서 **파이**(Pie) **계수** 및 **람다**(Lamda) **계수**가 있다. 이처럼 상관관계를 표현하는 상관계수의 종류는 다양하다. 하지만 흔히 상관분석이라 하면 피어슨의 상관계수에 의한 분석을 의미한다. 따라서, 본 단원에서는 피어슨의 상관계수를 중심으로 살펴보고자 한다.

11.1. 상관분석에 대한 이론적 접근

11.1.1. 산점도

산점도(散點圖, Scatter diagram)란, 좌표평면상에 두 변량 X_i와 Y_i의 순서쌍을 표현한 그림으로서, 이를 통해 두 변수 간의 선형적 관계 여부를 쉽게 파악할 수 있다.

11.1.2. 상관계수

상관계수는 두 변량 사이에서 나타나는 관계의 정도를 수치로 표현한 것으로서, 통상 r로 표현되며, $-1 \leq r \leq 1$의 값을 취한다. 부호가 (−)일 때는 부적상관관계 또는 음의 상관관계라고 하고, (+)일 때는 정적상관관계 또는 양의 상관관계라고 칭한다. r이 $|1|$에 가까울수록 관계의 정도가 강한 것이며, 0에 가까울수록 관계의 정도가 약한 것이다. r이 0이며 무관계, 즉 서로 관계가 없는 것이 된다[16].

상관계수는 두 변량(X, Y)의 공분산을 X, Y 각각의 분산 제곱근의 곱, 즉 표준편차의 곱으로 나눈 값이다. 따라서 상관 정도를 측정하기 위해서는 먼저 **공분산(共分散, Covariance)**을 계산해야 하는데, 표본 공분산은 S_{XY}로 표현하며 다음과 같이 계산한다[17].

$$S_{XY} = \frac{\sum_{i=1}^{n}(X_i - \overline{X})(Y_i - \overline{Y})}{n-1} = \frac{\sum_{i=1}^{n} X_i Y_i}{n-1} - \overline{X}\,\overline{Y}$$

16) 상관계수(r) 값은 학자마다 다소 이견을 보이며 주장되고 있으나, 보편적으로 0.20 이하는 거의 무시할 만한 상관관계, 0.20~0.40은 낮은 상관관계, 0.40~0.60은 보통수준의 상관관계, 0.60~0.80은 높은 상관관계, 0.80 이상은 강한 상관관계로 판단할 수 있다.

17) 편의상 X와 Y로 표현하지만 이것을 반드시 원인X과 결과Y의 의미로 단정해서는 안 된다.

공분산이 계산되었다면 다음의 식에 의해 상관계수(r)를 계산한다.

$$r = \frac{S_{XY}}{S_X S_Y} = \frac{\dfrac{\sum_{i=1}^{n}(X_i - \overline{X})(Y_i - \overline{Y})}{n-1}}{\sqrt{\dfrac{\sum_{i=1}^{n}(X_i - \overline{X})^2}{n-1} \times \dfrac{\sum_{i=1}^{n}(Y_i - \overline{Y})^2}{n-1}}}$$

$$= \frac{\sum_{i=1}^{n}(X_i - \overline{X})(Y_i - \overline{Y})}{\sqrt{\sum_{i=1}^{n}(X_i - \overline{X})^2 \times \sum_{i=1}^{n}(Y_i - \overline{Y})^2}}$$

계산된 상관계수(r)는 다음의 식에 대입하여 검증통계량(t)을 계산한다.

$$t = \frac{r - \rho}{\sqrt{\dfrac{(1-r^2)}{(n-2)}}}$$

검증통계량(t)이 계산되면 t분포에서의 임계치, 즉 $t_{(\frac{\alpha}{2},\ n-2)}$와 비교하여 아래의 귀무가설($H_0$)에 대한 유의성을 진단한다.

$H_0 : \rho = 0$(두 변수 간에는 상관관계가 없다)

$H_1 : \rho \neq 0$(두 변수 간에는 상관관계가 있다)

상관분석 예제

예제 11-1. 아래 자료는 ××전자에서 새로 출시한 휴대용 게임기를 총 12명의 이용자에게 무료 대여하여 일정기간 사용하게 한 후 조사한 만족도 결과이다. 이들의 연령과 제품 만족도는 정규분포를 따른다고 가정할 때, 나이와 제품 만족도 간에는 상관관계를 보이고 있는지 검증하여라.

참여자	A	B	C	D	E	F	G	H	I	J	K	L
연령(X_i)	12	15	9	22	17	10	19	20	21	18	14	26
제품 만족도(Y_i)	64	67	58	76	69	61	70	73	74	70	66	87

☞ ① 가설 설정

$H_0 : \rho = 0$

$H_1 : \rho \neq 0$

② 유의수준 결정

$\alpha = 0.05$

③ 검증통계량 계산

$\overline{X_i} = 16.92, \quad \overline{Y_i} = 69.58$

- 공분산$(S_{XY}) = \dfrac{\sum_{i=1}^{n}(X_i - \overline{X})(Y_i - \overline{Y})}{n-1} = 37.689$
- $S_x = \sqrt{\dfrac{\sum_{i=1}^{n}(X_i - \overline{X})^2}{n-1}} = 5.107, \quad S_y = \sqrt{\dfrac{\sum_{i=1}^{n}(Y_i - \overline{Y})^2}{n-1}} = 7.597$
- 상관계수$(r) = \dfrac{S_{XY}}{S_X S_Y} = \dfrac{37.689}{5.107 \times 7.597} = 0.971$
- 검증통계량$(t) = \dfrac{r-\rho}{\sqrt{\dfrac{(1-r^2)}{(n-2)}}} = \dfrac{0.971-0}{\sqrt{\dfrac{(1-0.971^2)}{(13-2)}}} = 13.470$

④ 검증통계량과 임계치 비교

- 임계치 : $t_{(\frac{\alpha}{2},\ n-2)} = t_{(0.025,\ 11)} = 2.201 < 13.470 \Rightarrow$ 귀무가설 기각

⑤ **결과해석** : 유의수준 0.05에서 귀무가설이 기각되었다. 따라서 연령과 제품 만족도 간에는 강한 정적 관계가 있다고 할 수 있다.

11.2. SPSS를 이용한 상관관계 분석

11.2.1. SPSS를 이용한 피어슨 상관분석

<예제 11-1>에서 다룬 사례를 SPSS로 실습하기 위해 **<그림 11.2.1>**처럼 코딩한다. 원칙적으로는 상관분석 실시 전에 먼저 연령과 제품 만족도 간에 관계의 양상이 어떻게 나타나는지 산점도를 이용하여 검토해 봐야 한다. 메뉴에서 **그래프(G)-레거시 대화 상자(L)-산점도/점도표(S)**를 실행한다.

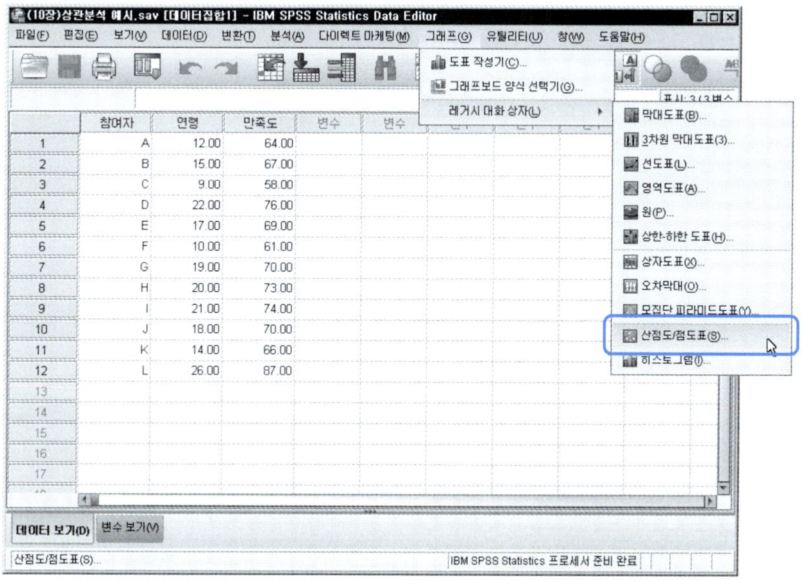

그림 11.2.1 〈예제 11-1〉의 코딩 및 산점도/점도표(S) 실행

기본적으로 **단순 산점도**()가 선택되어 있다. **단순 산점도** 외에도 **다중회귀분석**을 실행하면서 각 독립변수와 종속변수가 어떻게 선형관계를 형성하고 있는지 대략적으로 살펴보기 위해 **행렬 산점도**()가 간혹 쓰인다. [정의]를 누르면 **<그림 11.2.3>** 대화상자가 뜨는데, **Y-축(Y):**과 **X-축(X):**에 만족도와 연령을 각각 옮기고, [확인]을 누른다.

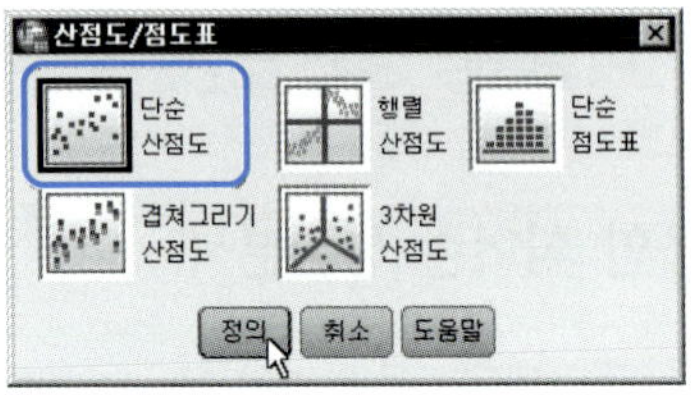

그림 11.2.2 산점도/점도표(S) 대화상자

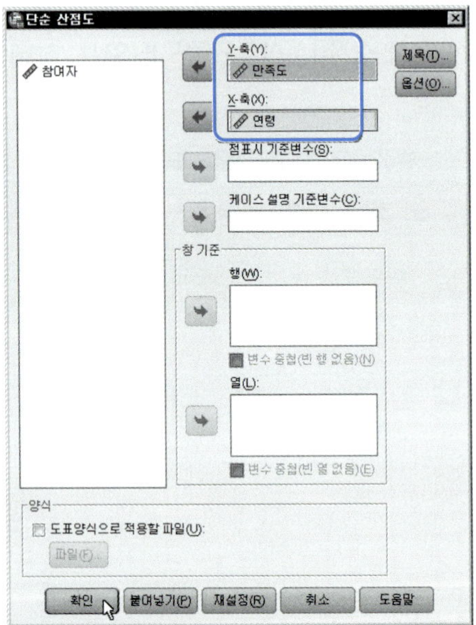

그림 11.2.3 산점도/점도표(S)-정의 대화상자

출력결과(Viewer) 창에 산점도가 나타났으며, 선형관계가 관찰된다(<**그림 11.2.4**> 참조).

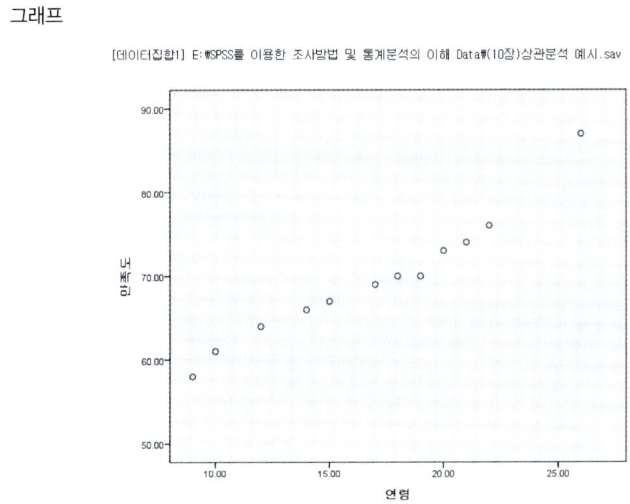

그림 11.2.4 단순 산점도 결과

산점도에서 선형관계가 확인되었으니 상관분석을 실시한다. **분석(A)-상관분석(C)-이변량 상관계수(B)**를 실행한다(<그림 11.2.5> 참조).

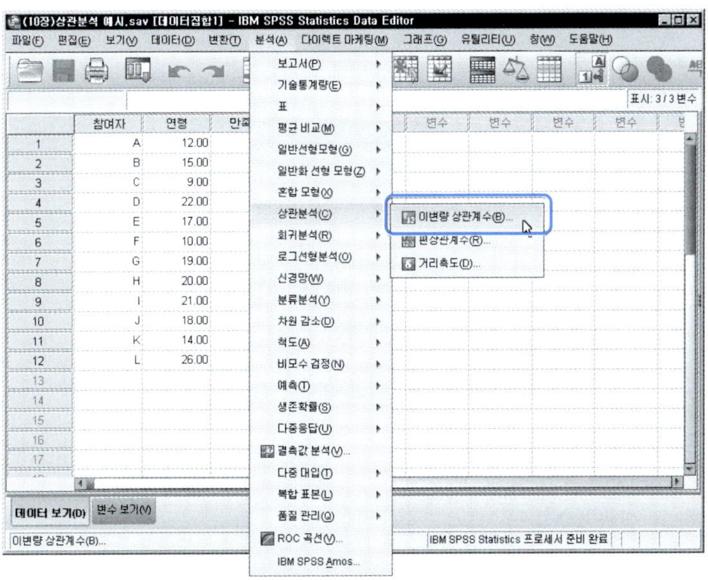

그림 11.2.5 분석(A)–상관분석(C)–이변량 상관계수(B) 실행

<그림 11.2.6> 대화상자에서 **변수(V):**에 연령과 만족도를 옮긴 후, **상관관계**의 **Pearson**이 선택된 것을 확인한다(<그림 11.2.6> 참조).

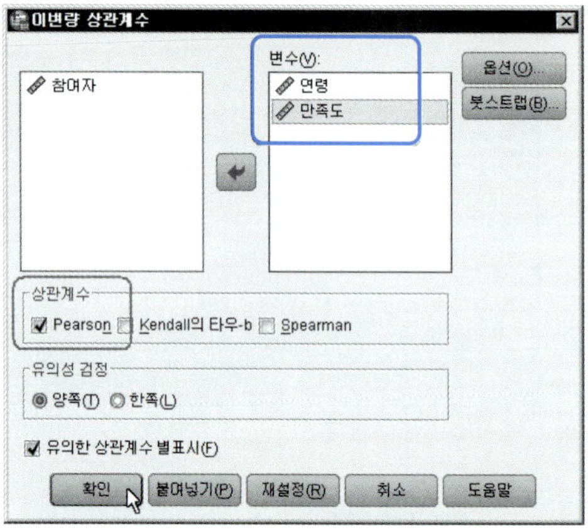

그림 11.2.6 이변량 상관계수(B) 대화상자

만일 평균 및 표준편차를 보고 싶다면 옵션(O)... 을 활용한다. 옵션(O)... 에서 **통계량**의 **평균과 표준편차(M)**를 선택하고 계속 을 누른다(<그림 11.2.7> 참조).

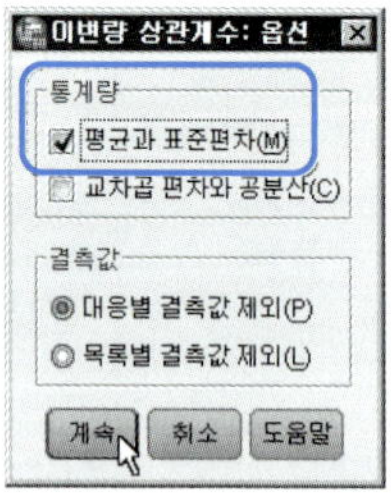

그림 11.2.7 이변량 상관계수(B)–옵션(O) 대화상자

<그림 11.2.8>은 상관분석이 실행된 결과이다. 옵션(O)... 에서 선택한 대로 **기술통계량**이 **상관계수**표와 함께 제시되었다.

상관계수

[데이터집합1] E:₩SPSS를 이용한 조사방법 및 통계분석의 이해 Data₩(10장)상관분석 예시.sav

기술통계량

	평균	표준편차	N
연령	16.9167	5.10718	12
만족도	69.5833	7.59735	12

상관계수

		연령	만족도
연령	Pearson 상관계수	1	.971**
	유의확률 (양쪽)		.000
	N	12	12
만족도	Pearson 상관계수	.971**	1
	유의확률 (양쪽)	.000	
	N	12	12

**. 상관계수는 0.01 수준(양쪽)에서 유의합니다.

그림 11.2.8 상관분석(C) 결과

11.2.2. 보고서에서의 상관분석 결과 표현

상관분석 결과 제시 및 일반화는 다음의 **<표 11.2.2>**와 같이 한다. 한편 SPSS의 상관분석에서는 '**. **상관계수는 0.01 수준(양쪽)에서 유의합니다**'라는 문구가 부연으로 기재되면서 결과의 상관계수에 *이 표현된다. 그러나 가급적이면 결과 제시는 이미 **9. T검증의 이해**의 **9.4. SPSS를 이용한 두 모평균의 차에 대한 검증** 중 **9.4.2. 보고서에서의 독립표본 T 검증 결과 표현** 단원에서 밝혔듯이 *<0.1 **<0.05 ***<0.01 경우를 모두 기재하는 것이 바람직하겠다. 이에 대한 이유는 관련 단원을 참고하기 바란다.

> ××전자에서 새로 출시한 휴대용 게임기 사용자의 연령과 제품 만족도 간에는 유의한 상관관계가 나타났는데, 상관계수(r)가 0.971로서 매우 강한 정적 관계를 보였다. 이로 볼 때, 사용자의 연령은 제품 만족도와 매우 밀접한 관계가 있다고 보인다(**<표 11.2.2>** 참조).

❖ 표 11.2.2] **상관분석 결과 제시 예시**

		연 령	만족도
연 령	r (p)	1.000 .	
만족도	r (p)	0.971*** (0.000)	1.000 .

*<0.1 **<0.05 ***<0.01

상술한 예와 달리 많은 변수 간의 상관관계를 살펴본다면, 아래의 **<표 11.2.3>**과 같을 것이다. 결과의 일반화는 □ 내용처럼 전반적인 흐름을 명시하면서 가장 높은 변수쌍 및 가장 낮은 변수쌍을 집중적으로 해석한다.

> A1부터 A7까지 각 사항 간의 상관관계를 살펴보면 **<표 11.2.3>**과 같다. 전반적으로 모두 유의한 상관관계를 보인 가운데, A1과 A2는 상관계수가 0.823으로 강한 상관관계를 보이고 있어 매우 밀접한 관련이 있는 변수로 추정되었다.
>
> 반면 A5와 A6을 비롯하여 A1과 A6, A1과 A5, A3과 A5, A4와 A5, A5와 A7은 상관계수가 각각 0.217, 0.313, 0.324, 0.342, 0.364, 0.379로 상대적으로 낮은 관련성을 보이는 변수군이라 할 수 있다.

❖ 표 11.2.3] **다변수일 때의 상관분석 결과 제시 예시**

		A1	A2	A3	A4	A5	A6	A7
A1	r (p)	1.000 .						
A2	r (p)	0.823*** (0.000)	1.000 .					
A3	r (p)	0.480*** (0.000)	0.563*** (0.000)	1.000 .				
A4	r (p)	0.515*** (0.000)	0.509*** (0.000)	0.595*** (0.000)	1.000 .			
A5	r (p)	0.324*** (0.000)	0.437*** (0.000)	0.342*** (0.000)	0.364*** (0.000)	1.000 .		
A6	r (p)	0.313*** (0.000)	0.401*** (0.000)	0.505*** (0.000)	0.412*** (0.000)	0.217*** (0.002)	1.000 .	
A7	r (p)	0.564*** (0.000)	0.567*** (0.000)	0.444*** (0.000)	0.446*** (0.000)	0.379*** (0.000)	0.403*** (0.000)	1.000 .

*<0.1 **<0.05 ***<0.01

12 회귀분석의 이해

12 회귀분석의 이해

회귀라는 용어는 영국의 유전학자였던 갈튼(Francis Galton, 1822~1911)에 의해 시작되었다. 그는 지난 1885년 부자 간의 키의 관계를 연구하여 발표하였는데, 그의 논문[1]에서 '아들의 키는 인류의 평균키에 회귀하려는 경향이 있다'는 문구를 발표함으로써 회귀라는 용어가 비롯되었다.

이후 피어슨(Karl Pearson, 1857~1936)이 부자지간의 키의 함수관계를 연구하면서 아버지의 키를 독립변수 X, 아들의 키를 종속변수 Y로 표현하여 회귀분석의 1차 함수적 모형을 도출하면서 발전되었다.

회귀분석은 쉽게 말해서 상관관계의 발전적 개념이라고 할 수 있다. 상관관계에서는 두 변량 간의 선형적 관계가 있는지 없는지를 파악하고 그 관계의 강도를 계산하였다면, 회귀분석에서는 상관분석의 설명적 성격에 예측적인 성격을 더한 개념이라고 볼 수 있다. 그러므로 회귀분석은 상관분석과 달리 독립변수와 종속변수의 구분이 명확하다.

또한 상관분석과 마찬가지로 독립변수와 종속변수가 모두 양적인 변수, 즉 연속형 변수일 때 이용이 가능하다[2].

1) Regression toward Mediocrity in Hereditary Stature.

2) 때에 따라 범주형 변수를 독립변수로 투입하는 경우도 있는데, 이는 후에 다룰 **더미변수를 이용한 회귀분석**에서 설명하겠다.

12.1. 회귀분석에 대한 이론적 접근

12.1.1. 단순회귀분석

단순회귀분석은 종속변수에 영향을 주는 독립변수가 하나인 경우에 이용한다. 예를 들어, 키가 몸무게에 미치는 영향, 지능지수가 성적에 미치는 영향 등이 해당된다.

수많은 점들이 좌표평면에 흩어져 있다고 가정하자. 이 점들을 대변할 수 있는 하나의 직선을 긋는다면 **<그림 12.1.1>**과 같을 것이다. 이때 이 가상의 직선을 회귀식이라고 하며 아래와 같이 표현할 수 있다. 회귀식에서 Y는 실제값이 아니라 추정된 값이므로 $\hat{Y}$으로 표기한다.

$$\hat{Y} = \alpha + \beta X$$

상기 회귀식으로 그림상의 어느 한 점을 설명한다고 해보자. 그런데 이 점은 완벽하게 직선 위에 놓이지 못할 수 있으므로 회귀식으로 설명함에 있어 오차ϵ를 포함하게 된다. 이를 식으로 표현한 것이 회귀모형이라고 하며 아래의 식과 같다. 여기에서 Y는 실제값이다.

$$Y = \alpha + \beta X + \epsilon$$

<그림 12.1.1>은 회귀모형과 회귀식의 관계를 보여주는 그림이다.

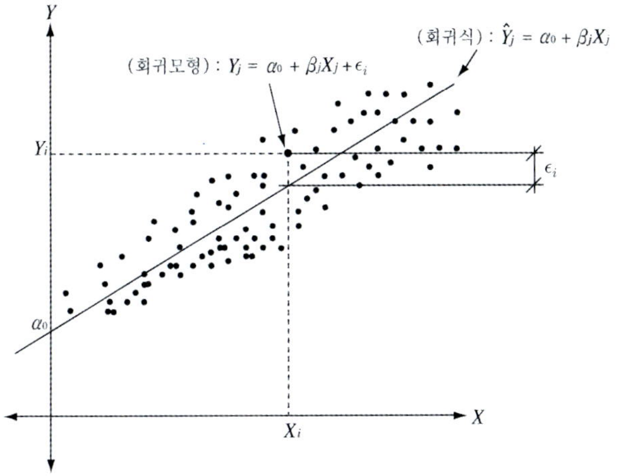

그림 12.1.1 **회귀모형과 회귀식의 관계**

$(X_i,\ Y_i)$에 대한 실제 관측결과, 회귀모형은 $Y_i = \alpha_0 + \beta_1 X_i + \epsilon_i$이므로, 추정된 회귀식 $\widehat{Y}_i = \alpha_0 + \beta_1 X_i$와는 ϵ_i만큼 오차가 발생한다.

$$\begin{array}{rrcl} & Y_i & = & \alpha_0 + \beta_1 X_i + \epsilon_i \\ -) & \widehat{Y}_i & = & \alpha_0 + \beta_1 X_i \\ \hline & Y_i - \widehat{Y}_i & = & \epsilon_i \end{array}$$

따라서, 상기 식에 의해 ϵ_i는 $Y_i - \widehat{Y}_i$으로 표현된다.

한편 **<그림 12.1.2>**와 같이 전체변동($Y_i - \overline{Y}$)은 회귀식에 의해 설명되는 부분$\widehat{Y}_i - \overline{Y}$과 오차에 의한 부분($Y_i - \widehat{Y}_i$)의 합으로 구성된다.

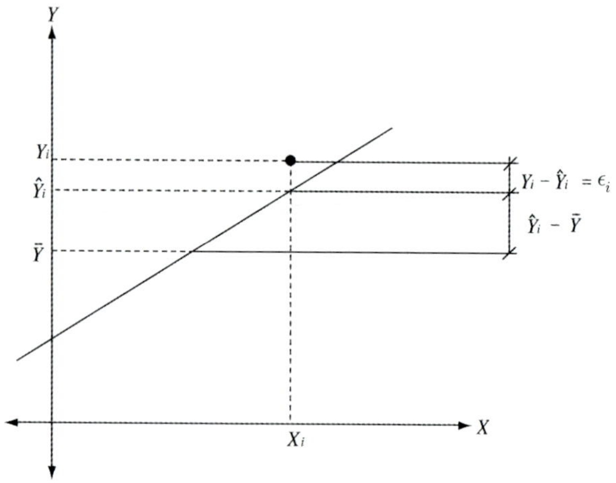

그림 12.1.2 전체변동$(Y_i - \overline{Y})$의 분해

따라서 다음과 같은 식이 성립된다.

$$Y_i - \overline{Y} = (\widehat{Y}_i - \overline{Y}) + (Y_i - \widehat{Y}_i)$$

위 식의 각각에 대해 편차제곱의 합을 적용하면 다음과 같다.

$$\sum_{i=1}^{n}(Y_i - \overline{Y})^2 = \sum_{i=1}^{n}(\widehat{Y}_i - \overline{Y})^2 + \sum_{i=1}^{n}(Y_i - \widehat{Y}_i)^2$$

여기에서 $\sum_{i=1}^{n}(Y_i - \overline{Y})^2$는 SST, $\sum_{i=1}^{n}(\widehat{Y}_i - \overline{Y})^2$는 SSR, $\sum_{i=1}^{n}(Y_i - \widehat{Y}_i)^2$는 SSE 이며, 이를 이용하여 **<표 12.1.1>**의 분산분석표를 작성하고, 검정통계량(F)을 임계치($F_{(\alpha,\ 1,\ n-2)}$)와 비교하여 귀무가설($H_0 : \beta=0$)을 검증한다.

❖ 표 12.1.1] **단순회귀분석 분산분석표**

요 인	제곱합	자유도	평균제곱	F
회 귀	$SSR=\sum(\hat{Y}_i-\overline{Y})^2$	1	$MSR=\frac{SSR}{1}$	$\frac{MSR}{MSE}$
잔 차	$SSE=\sum(Y_i-\hat{Y}_i)^2$	$n-2$	$MSE=\frac{SSE}{n-2}$	
전 체	$SST=\sum(Y_i-\overline{Y})^2$	$n-1$		

SSR : 회귀에 의해 설명되는 변동, SSE : 설명되지 못하는 변동, SST : 총변동.

다음으로는 아래의 식을 이용하여 $\hat{Y}=a+bX$에서의 회귀계수(b)와 상수(a)를 계산한다.

$$b=\frac{n\sum X_iY_i-\sum X_i\sum Y_i}{n\sum X_i^2-(\sum X_i)^2}=\frac{\sum X_iY_i-n\overline{X}\,\overline{Y}}{\sum X_i^2-n\overline{X}^2}$$

$$a=\overline{Y}-b\overline{X}=\frac{\sum Y_i}{n}-b\frac{\sum X_i}{n}$$

계산된 회귀계수(b)는 아래의 식을 이용하여 검정통계량(t)을 계산한 후, 임계치($t_{(\frac{\alpha}{2},\ n-2)}$)와 비교하여 유의성을 진단한다.

$$t=\frac{b-\beta}{S_b}=\frac{b}{S_b}=\frac{b}{\dfrac{S_e}{\sqrt{\sum(X_i-\overline{X})^2}}}$$

$$S_e=\sqrt{\frac{\sum(Y_i-\hat{Y}_i)^2}{n-2}}=\sqrt{\frac{SSE}{n-2}}$$

(S_b : 회귀계수 b의 표준오차, S_e : 추정의 표준오차)

단순회귀분석에 대한 해석은 ① F값에 의한 회귀분석의 유의성 판단, ② R^2에 의한 회귀분석의 설명력 수준 검토, ③ t값에 의한 독립변수(계수)의 유의성 판단, ④ 기본가정에 대한 검증의 4단계에 의한다.

첫째, 회귀분석의 유의성 여부는 분산분석표(**<표 12.1.1>** 참조)를 통해 F값에 대한 유의확률을 근거로 판단하는데, MSR은 회귀식에 의한 편차제곱의 평균이며, MSE는 잔차에 의한 편차제곱의 합이다.

둘째, 회귀분석에서는 회귀모형의 설명력도 중요하게 검토되어야 한다. 아무리 회귀분석을 통해 제시된 예측모형이 유의하더라도 현상에 대한 설명력이 너무 낮다면 분석결과의 효용성이 떨어지기 때문이다. 설명력은 결정계수라고 칭하며 R^2으로 표기된다. R^2은 0에서 1 사이의 값을 지닌다.

$$R^2 = \frac{SSR}{SST} = 1 - \frac{SSE}{SST} \quad (0 \le R^2 < 1)$$

그런데 결정계수(R^2)는 변수가 많으면 많을수록 무조건 높아지는 경향을 보인다. 이런 단점을 보완하기 위해 수정된 결정계수($adj-R^2$)를 사용하기도 한다.

$$adj-R^2 = 1-(1-R^2)\times\frac{n-1}{n-k-1} \quad (k\text{는 독립변수의 수})$$

셋째, 독립변수의 유의성은 t값에 의해 결정한다. 단순회귀분석에서는 F값과 t값에 대한 유의확률이 동일하게 나타난다. 그러므로 F값이 유의하다면 t값도 자연스럽게 유의하다고 판단할 수 있다. t값에 대한 계산은 상술한 식에 의해 이루어진다.

넷째, 단순회귀분석은 3가지 기본가정이 충족되어야 한다. 바로 오차항의 **정규성**, **등분산성**, **독립성**이다[3]. 따라서 회귀분석을 실시한 후에는 기본가정에 대한 충족 여부를 검정해야 한다.

한편 **회귀분석 시 적정 표본의 크기**는 정해진 것은 없다. 물론 모수적 기법이므로 $n \ge 30$이어야 하지만, 이 외에는 통상 **'변수의 개수×10'**을 충족해야 한다고 회자되기도 한다.

3) 기본가정에 대해서는 **10. 분산분석의 이해**에서 한차례 설명된 바 있다.

단순회귀분석 예제

예제 12-1. 아래 자료는 ××전자에서 새로 출시한 휴대용 게임기를 총 12명의 이용자에게 무료 대여하여 일정기간 사용하게 한 후 조사한 만족도 결과이다. 연령이 제품 만족도에 미치는 영향을 유의수준 5%에서 검정하여라.

참여자	A	B	C	D	E	F	G	H	I	J	K	L
연령(X_i)	12	15	9	22	17	10	19	20	21	18	14	26
제품 만족도(Y_i)	64	67	58	76	69	61	70	73	74	70	66	87

☞ ① 가설 설정

$H_0 : \beta = 0$

$H_1 : \beta \neq 0$

② 유의수준 결정

$\alpha = 0.05$

③ 검증통계량 계산

$\overline{X_i} = 16.92, \quad \overline{Y_i} = 69.58$

참여자	A	B	C	D	E	F	G	H	I	J	K	L	계	평균
연령 (X_i)	12	15	9	22	17	10	19	20	21	18	14	26	203	16.917
만족도 (Y_i)	64	67	58	76	69	61	70	73	74	70	66	87	835	69.583
X_i^2	144	225	81	484	289	100	361	400	441	324	196	676	3,721	
Y_i^2	4,096	4,489	3,364	5,776	4,761	3,721	4,900	5,329	5,476	4,900	4,356	7,569	58,737	
$X_i Y_i$	768	1,005	522	1,672	1,173	610	1,330	1,460	1,554	1,260	924	2,262	14,540	

• $b = \dfrac{n\sum X_i Y_i - \sum X_i \sum Y_i}{n\sum X_i^2 - (\sum X_i)^2} = \dfrac{12\times 14,540 - 203\times 835}{12\times 3,721 - 203^2} = 1.445$

• $a = \overline{Y} - b\overline{X} = 69.583 - 1.445\times 16.917 = 45.138$

• ※ $\hat{Y} = 45.138 + 1.445X$

참여자	A	B	C	D	E	F	G	H	I	J	K	L	계
$(X_i-\overline{X})^2$	24.174	3.674	62.674	25.840	0.007	47.840	4.340	9.507	16.674	1.174	8.507	82.507	286.917
$(Y_i-\overline{Y})^2$	31.174	6.674	134.174	41.174	0.340	73.674	0.174	11.674	19.507	0.174	12.840	303.340	634.917
$\hat{Y}_i$	62.477	66.812	58.143	76.927	69.702	59.588	72.592	74.037	75.482	71.147	65.367	82.707	834.982
$(\hat{Y}_i-\overline{Y}_i)^2$	50.493	7.678	130.891	53.931	0.014	99.916	9.053	19.836	34.796	2.446	17.774	172.228	599.057
$(Y_i-\hat{Y}_i)^2$	2.318	0.035	0.020	0.859	0.493	1.995	6.719	1.076	2.197	1.316	0.400	18.431	35.860

요 인	제곱합	자유도	평균제곱	F
회 귀	599.057	1	599.057	167.054
잔 차	35.860	10	3.586	
전 체	634.917	11		

• $R^2 = \frac{SSR}{SST} = 1 - \frac{SSE}{SST} = 1 - \frac{\sum(Y_i - \hat{Y}_i)^2}{\sum(Y_i - \overline{Y}_i)^2} = 1 - \frac{35.860}{634.917}$

$= 0.944$

$\sqrt{\sum(X_i - \overline{X})^2} = \sqrt{286.917^2} = 16.939$

$S_e = \sqrt{\frac{\sum(Y_i - \hat{Y}_i)^2}{n-2}} = \sqrt{\frac{35.860^2}{12-2}} = 1.894$

• $t = \frac{b}{\frac{S_e}{\sqrt{\sum(X_i - \overline{X})^2}}} = \frac{1.445}{\frac{1.894}{16.939}} = 12.925$

④ 검정통계량과 임계치 비교

• 임계치 : $F_{(\alpha,\ 1,\ n-2)} = F_{(0.05,\ 1,\ 10)} = 4.96 < 167.054 = F$

• 임계치 : $t_{(\frac{\alpha}{2},\ n-2)} = t_{(0.025,\ 11)} = 2.228 < 12.925 = t$

⑤ 결과해석 : 유의수준 0.05에서 귀무가설이 기각되었다. 따라서 연령은 제품 만족도에 유의한 영향을 준다고 할 수 있다. 연령이 증가될수록 제품 만족도가 높아지는 것을 알 수 있다.

12.1.2. 다중회귀분석

다중회귀분석은 종속변수에 영향을 주는 독립변수가 2개 이상일 때를 의미하는 것으로서, **중다회귀분석**, 또는 **중회귀분석**이라고도 지칭된다. 예를 들어, 키와 나이가 몸무게에 미치는 영향, 지능지수와 학습시간이 성적에 미치는 영향 등이 해당되겠다.

다중회귀분석의 회귀모형은 다음과 같으며, 여기에서 α는 상수, β_1, β_2, $\cdots\beta_i$는 회귀계수, ϵ은 오차항을 의미한다.

$$Y = \alpha + \beta_1 X_1 + \beta_2 X_2 + \cdots + \beta_i X_i + \epsilon$$

다중회귀분석의 회귀식은 다음과 같이 표현된다.

$$\hat{Y} = \alpha + \beta_1 X_1 + \beta_2 X_2 + \cdots + \beta_n X_n$$

독립변수가 2개인 경우를 고려하면 표본회귀식은 다음과 같다.

$$\hat{Y} = a + b_1 X_1 + b_2 X_2$$

상기 식을 최소제곱법을 적용하여 a, b_1, b_2를 계산한다. 이때 잔차의 자승합은 아래의 식으로 계산할 수 있다.

$$\sum_{i=1}^{n} e_i^2 = \sum_{i=1}^{n} (Y_i - \hat{Y}_i)^2 = \sum_{i=1}^{n} (Y_i - a - b_1 X_{1i} - bX_{2i})^2$$

잔차의 자승합을 최소로 하는 a, b_1, b_2를 구하기 위해서는 a, b_1, b_2를 각각 1차 편미분하고 0으로 놓으면 아래와 같은 정규방정식을 얻을 수 있다.

$$\sum Y_i = na + b_1 \sum X_{i1} + b_2 \sum X_{i2}$$
$$\sum Y_{i1} Y_i = a \sum X_{i1} + b_1 \sum X_{i1}^2 + b_2 \sum X_{i1} X_{i2}$$
$$\sum Y_{i2} Y_i = a \sum X_{i2} + b_1 \sum X_{i1} X_{i2} + b_2 \sum X_{i2}^2$$

세 식을 연립방정식으로 풀면 다음과 같이 a, b_1, b_2를 구할 수 있다.

$$b_1 = \frac{\sum x_{i1} y_i \sum x_{i2}^2 - \sum x_{i2} y_i \sum x_{i1} x_{i2}}{\sum x_{i1}^2 \sum x_{i2}^2 - (\sum x_{i1} x_{i2})^2}$$

$$b_2 - \frac{\sum x_{i2} y_i \sum x_{i1}^2 - \sum x_{i1} y_i \sum x_{i1} x_{i2}}{\sum x_{i1}^2 \sum x_{i2}^2 - (\sum x_{i1} x_{i2})^2}$$

$$a = \overline{Y} - b_1\overline{X_1} - b_2\overline{X_2}$$

$$(X_{i1} - \overline{X_1} = x_{i1},\ X_{i2} - \overline{X_2} = x_{i2},\ Y_i - \overline{Y} = y_i)$$

계산된 회귀계수(b_1, b_2)는 아래의 식을 이용하여 검정통계량(t_1, t_2)을 각각 계산하여 임계치($t_{(\frac{\alpha}{2},\ n-k-1)}$)와 비교하여 회귀계수($\beta_1$, β_2)의 유의성을 진단한다.

$$t_1 = \frac{b_1 - \beta_1}{S_{b_1}} = \frac{b_1}{S_{b_1}} = \frac{b_1}{S_e\sqrt{\dfrac{\sum x_{i2}^2}{\sum x_{i1}^2 \sum x_{i2}^2 - (\sum x_{i1}x_{i2})^2}}}$$

$$t_2 = \frac{b_2 - \beta_2}{S_{b_2}} = \frac{b_2}{S_{b_2}} = \frac{b_2}{S_e\sqrt{\dfrac{\sum x_{i1}^2}{\sum x_{i1}^2 \sum x_{i2}^2 - (\sum x_{i1}x_{i2})^2}}}$$

$$S_e = \sqrt{\frac{\sum(Y_i - \widehat{Y}_i)^2}{n-k-1}} = \sqrt{\frac{SSE}{n-k-1}}$$

(S_{b_i} : 회귀계수 b_i의 표준오차, S_e : 추정의 표준오차, $X_{i1} - \overline{X_1} = x_{i1}$, $X_{i2} - \overline{X_2} = x_{i2}$)

<표 12.1.2>는 다중회귀분석에서 회귀모형의 유의성을 검정하기 위한 분산분석표이다.

❖ 표 12.1.2] 다중회귀분석 분산분석표

요 인	제곱합	자유도	평균제곱	F
회 귀	$SSR = \sum(\widehat{Y}_i - \overline{Y})^2$	k	$MSR = \frac{SSR}{k}$	$\frac{MSR}{MSE}$
잔 차	$SSE = \sum(Y_i - \widehat{Y}_i)^2$	$n-k-1$	$MSE = \frac{SSE}{n-k-1}$	
전 체	$SST = \sum(Y_i - \overline{Y})^2$	$n-1$		

※ SSR : 회귀에 의해 설명되는 변동, SSE : 설명되지 못하는 변동, SST : 총변동.
※ k는 독립변수의 수.

다중회귀분석에 대한 해석도 단순회귀분석과 동일하다. 다만, ④의 과정에서 기본가정에 대한 검증 시 **다중공선성**에 대한 진단이 추가된다. 다중공선성은 **분산팽창요인**(Variance Inflation Factor, VIF)값과 **공차한계**(Tolerance Limit, TOL)를 통해 검토된다. 분산팽창요인(VIF)은 10 이상이면 다중공선성이 의심되며, 공차한계(TOL)는 0.1 이하면 다중공선성이 있다고 판단하게 된다.

$$VIF = \frac{1}{1-R^2}$$

$$TOL = \frac{1}{VIF}$$

한편 다중회귀분석에서는 다수의 독립변수가 투입됨으로써 종속변수에 대한 설명력과 예측력을 증가시킬 수 있는 장점이 있는 반면, 의미없는 독립변수가 투입됨으로써 궁극적으로 회귀모형의 적합도나 타당도를 저해시킬 가능성이 있다. 따라서 유의한 독립변수만을 선별하여 효과적으로 투입함으로써 회귀분석의 예측력을 높일 필요가 있다.

유의한 독립변수의 **선택방법**에는 **전진선택법**(Forward selection), **후방소거법**(Backward elimination), **단계선택법**(Stepwise selection)의 3가지가 있다.

전진선택법은 독립변수를 하나씩 추가해 나가면서 관계의 유의성 여부를 판단하는 방법으로, 유의하지 않은 변수가 나타날 때까지 독립변수의 추가를 지속한다. 즉, 첫 단계에서 종속변수와 가장 높은 상관관계를 보이는 독립변수를 추가하여 회귀분석을 실시하고, 다음 단계에서는 첫 단계에서의 독립변수를 제외한 나머지 중에서 높은 상관관계가 나타나는 독립변수를 추가한다. 이런 과정을 지속해 나가며 최종적으로 유의한 변수가 없을 때까지 반복하는 것이다.

후방소거법은 전진선택법과 반대 방식이다. 모든 독립변수가 투입된 상태에서 회귀분석을 실시한 후, 유의확률이 가장 큰 독립변수의 순으로 차례로 제거해 나가면서 유의하지 않은 변수가 더 이상 없을 때까지 반복적으로 회귀분석을 실시하는 방법이다.

단계선택법은 전진선택법을 기본으로 하여 후방소거법을 조합한 방법으로 가장 많이 쓰이는 변수선택 방법이다. 전진선택법의 경우, 한번 선택된 변수의 경우에는 한번 유의성이 만족된 변수는 다른 변수가 투입되었다 하더라도 재검토하지 않는 단점이 있다. 단계선택법은 이를 보완한 방법이다. 단계선택법에서는 비록 기존에 유의하다고 판단되었던 변수라 하더라도 변수가 투입되면 그때마다 기존의 투입된 변수에 대한 재검토를 반복적으로 시행함으로써 가장 최적의 모형을 뽑아낸다. 다만, 단계선택법에 의한 다중회귀분석은 영향력이 있는 변수를 찾아내거나 변수들 간의 새로운 관계성을 모색하는 탐색적 연구에서 충분한 가치를 발휘할 수 있지만, 가설검증을 위한 연구에는 부적합하다는 견해[4]가 제기되고 있다.

12.1.3. 더미변수 이용 회귀분석

회귀분석은 두 연속형 변수, 즉 양적변수끼리의 논의이다. 다시 말해 연속형 독립변수(X)가 연속형 종속변수(Y)에 미치는 영향력의 유의성 및 크기를 검증해내는 방법인 것이다. 그러나 대표적으로 성별과 같은 경우, 비록 범주형 변수지만 영향력의 크기를 결정하는 과정에서 중요한 요인으로 작용하는 경우가 있다.

이처럼 범주형 변수를 회귀분석에 반영하기 위해서는 이를 **더미변수(假變數, Dummy variable)**로 바꾼 후 투입한다.

더미변수는 '**응답범주(=수준) −1**'개만큼 만들며, 더미변수의 응답범주는 '0'과 '1'로 정의되는데, 0은 해당되지 않음을, 1은 해당됨을 의미한다.

예를 들어, 성별 변수를 회귀분석에 투입하고자 한다면 먼저 더미변수로 새롭게 생성해야 하는데, 성별은 응답범주(**=수준**)가 '남자'와 '여자'로 2개이므로 2−1=1개의 더미변수를 만들게 된다. 1개의 더미변수에서 기준으로 삼

4) 양병화(2011). 「다변량데이터 분석법의 이해」. 서울 : 커뮤니케이션북스, p. 97.

을 사항, 가령 남자를 기준으로 한다면 여자는 0, 남자는 1을 부여하여 새로운 변수로 코딩한다[5].

❖ 표 12.1.3] **참여시간과 성과 현황**

	참여시간(X_i)	성별(D_i)	성과(Y_i)
1	22	0	125
2	17	1	132
⋮	⋮	⋮	⋮
i	41	0	134

※D_i : 여자(0), 남자(1).

<표 12.1.3>의 회귀식을 도출한다면 다음과 같다.

$$\widehat{Y_i} = \alpha + \beta_1 X_i + \beta_2 D_i$$

D_i에 여자(0)와 남자(1)를 각각 대입하면 상기 회귀식은 다음과 같이 성별에 따라 구분된다.

$$\text{남자} : \widehat{Y_i} = (\alpha + \beta_2) + \beta_1 X_i$$

$$\text{여자} : \widehat{Y_i} = \alpha + \beta_1 X_i$$

2개의 회귀식은 기울기(β_1)는 동일하지만 절편**(=상수)**은 다르다. 즉, 남자와 여자 간에는 절편**(=상수)**만큼 기본적인 차이를 내포하고 있게 된다.

성별처럼 2개의 응답범주**(=수준)**가 아니라 여러 개의 응답범주**(=수준)**가 있는 혈액형을 더미변수로 만든다고 가정해 보자. 혈액형은 A, B, O, AB 등 응답범주**(=수준)**가 총 4개이므로 4−1=3개의 더미변수가 생성된다.

5) 항상 Raw Data는 보존하는 습관을 유지하는 것이 중요하다. 따라서 변수의 속성을 변경하거나, 혹은 다른 형태로 가공할 때 기존의 변수에 덮어씌우기보다 새로운 변수로 코딩해놓는 것이 좋다.

A형을 기준으로 삼는다고 전제하면, A형은 3개의 더미변수에서 모두 1값을 가진다. 다음으로는 D_1과 D_2에서만 1이 등장하면 B형, D_1에서만 1이 등장하면 O형, 어떠한 더미변수에서도 1이 등장하지 않으면 AB형을 의미한다.

❖ 표 12.1.4] **혈액형에 대한 더미변수 요령**

	D_1	D_2	D_3	
A	1	1	1	⇒ 기준
B	1	1	0	
O	1	0	0	
AB	0	0	0	

한편, 더미변수를 다른 독립변수와 함께 다중회귀분석에 반영하려면 **상호(교호)작용 변수**의 영향을 고려할 필요가 있다.[6] 상호작용 변수는 더미변수와 연속형 독립변수를 곱해서 만든다.

$$\text{상호작용 변수} = \text{더미변수} \times \text{연속형 독립변수}$$

만일 더미변수가 여러 개라면 각각을 모두 연속형 독립변수에 곱해서 상호작용변수를 만든다. 위의 혈액형과 같이 더미변수가 3개 D_1, D_2, D_3일 경우에는 연속형 독립변수 X가 하나라면 D_1X, D_2X, D_3X의 3개 상호작용 변수가 회귀분석에 함께 반영되어야 하는 것이다.

또한 **더미변수 이용 회귀분석**에서는 **다중회귀분석**의 경우처럼 **단계선택** 등 변수 선택을 적용하지 않고, **입력**으로써 모든 변수를 동시에 함께 고려한다. 단계선택으로 유의한 변수를 선택적으로 추출하게 되면 더미변수가 누락되는 경우가 발생된다. 더미변수는 중요한 요인으로 분석에 반드시 포함되어야 하므로 변수를 선택하지 않고 모두 투입하는 **입력**이 적절하다.

6) 이는 더미변수이용 회귀분석에서 상호작용변수를 반드시 고려해야 한다는 것은 아니다. 이미 여러 선행연구 내지는 이론에 근거하여 연구모형을 수립하는 과정을 거쳤다면 상호작용의 유무가 충분히 검토되었을 것이므로, 특정 표본으로부터 산출된 통계치에 의해 상호작용 효과를 검토하는 것은 바람직하지 않다. 다만, 본 서에서는 상호작용 변수를 고려한다는 전제 하에 관련 내용을 다루고 있다.

12.1.4. 로지스틱 회귀분석

로지스틱 회귀분석은 연속형 독립변수가 이분형(**예/아니요, 있다/없다 등**) 종속변수에 미치는 영향력의 유의성 및 강도를 검증하는 방법이다.

로지스틱 회귀분석에 의한 회귀모형은 회귀분석처럼 다양한 기본가정(**정규성, 등분산성, 독립성**)이 전제되지 않으며, 종속변수와 독립변수의 관계를 비선형적으로 표현하므로 때에 따라서는 예측력이 월등히 높을 수 있다.

로지스틱 회귀분석에서는 승산비(odds ratio)를 근거로 어떤 사건이 발생할 확률을 예측해낸다. 승산비는 $\mathrm{Exp}(\beta)$로 표기되며, 이를 근거로, '**독립변수가 한 단위 증가될 때 ~이 될 확률이 몇 %이다**'로 해석한다. 로지스틱 회귀분석은 의학계에서 주로 쓰이며, 사회과학 분야에서 유용성이 그리 높지 않다[7].

12.2. SPSS를 이용한 회귀분석

12.2.1. SPSS를 이용한 단순회귀분석

<예제 12-1>을 **<그림 12.2.1>**처럼 코딩한 후 **분석(A)-회귀분석(R)-선형(L)**을 실행한다.

7) 의학계에서는 독립변수의 단위변화가 매우 조심스럽다. 가령, 어떤 신약에 대해 임상실험을 진행 중이라고 가정해 보자. 피험자에게 혹은 피험동물에게 투약되는 신약의 개수는 매우 엄격히 통제되어야 한다. 약의 개수는 의학실험의 실패와 성공, 나아가 사람의 생명을 좌우할 만큼 매우 민감한 사안이기 때문이다. 그렇기에 독립변수가 한 단위 변화, 즉 투입하는 약의 개수가 변화할 때 종속변수의 변화 확률이 매우 중요한 것이다. 반면 사회과학 분야에서는 어떠한가? 프로그램 만족도에 따른 후속 프로그램에 참여 여부를 예측한다고 가정해 보자. 의학계처럼 독립변수의 단위변화가 의사결정에서 매우 신중을 기해야 할 만큼 엄격성이 유지되어야 하는 사안인가? 프로그램 만족도 5점과 4점 간의 차이가 신중을 기할 만큼 큰 의미라고 볼 수 있겠는가? 더구나 사회과학에서는 의학계처럼 엄격한 실험설계, 즉 진실험설계가 윤리적·현실적으로 불가능하기 때문에 외생변수의 빈번한 개입을 알면서도 준실험설계 내지는 원시실험설계에서 의사결정을 하게 된다. 이와 같은 이유로 로지스틱 회귀분석은 사회과학에서 정밀한 통계분석기법으로 간주되기에는 한계가 있다. 한편 로지스틱 회귀분석에서는 독립변수의 응답범주(=수준)가 많으면 의미가 없으며, 보통 10개 이내의 응답범주(=수준)가 좋다.

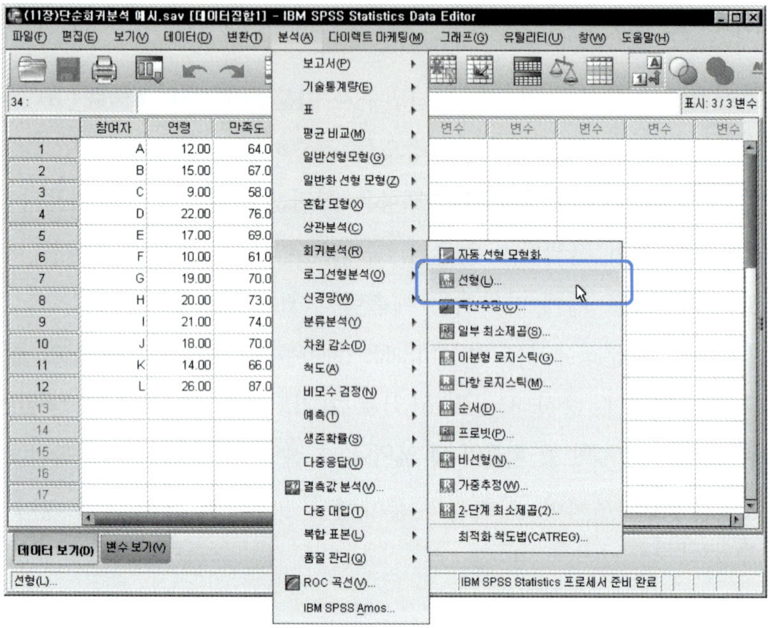

그림 12.2.1 분석(A)-회귀분석(R)-선형(L) 실행

<그림 12.2.2> 대화상자에서 **종속변수(D)**:에는 만족도, **독립변수(I)**:에는 연령을 옮긴다.

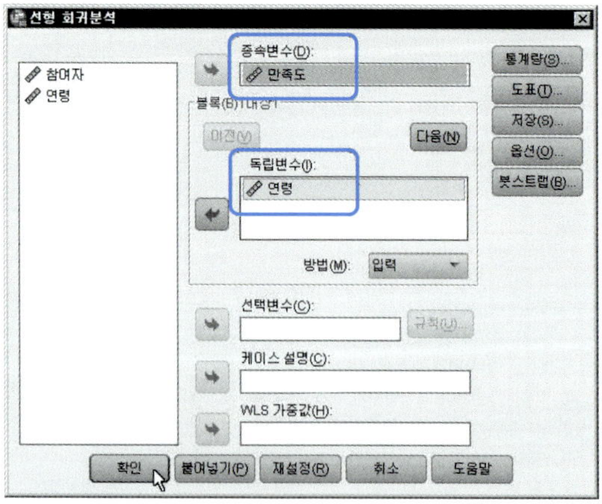

그림 12.2.2 분석(A)-회귀분석(R)-선형(L) 대화상자

통계량(S)... 은 필수선택요소는 아니다. R^2와 $adj-R^2$ 계산을 위해 기본적으로 **모형 적합(M)**이 선택되어 있다. 이 외에도 **기술통계(D)** 및 독립성 진단을 위한 **잔차**의 Durbin-Watson(U)을 선택할 수 있다[8]. 또한 **케이스별 진단(C)**을 선택하여 **밖에 나타나는 이상값(O)**에 [3] **표준편차**를 지정한다[9](<그림 12.2.3> 참조).

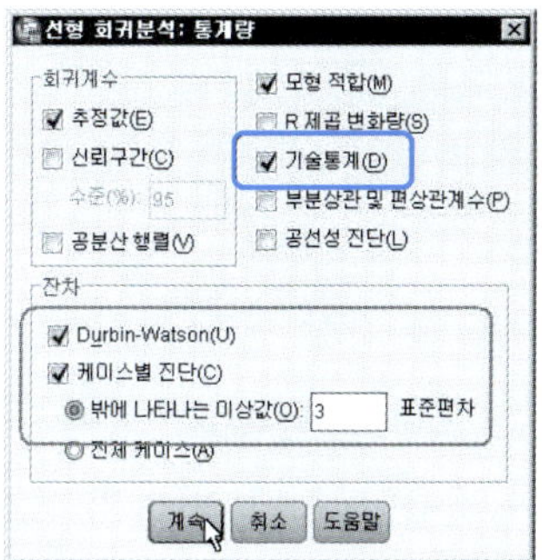

그림 12.2.3 분석(A)–회귀분석(R)–선형(L)–통계량(S) 대화상자

도표(T)... 는 기본가정 중 등분산성을 진단하기 위해 이용할 수 있다. **산점도 1 대상 1**의 Y:에는 *ZRESID, X:에는 *ZPRED를 옮기고 계속 을 누른다(<그림 12.2.4> 참조).

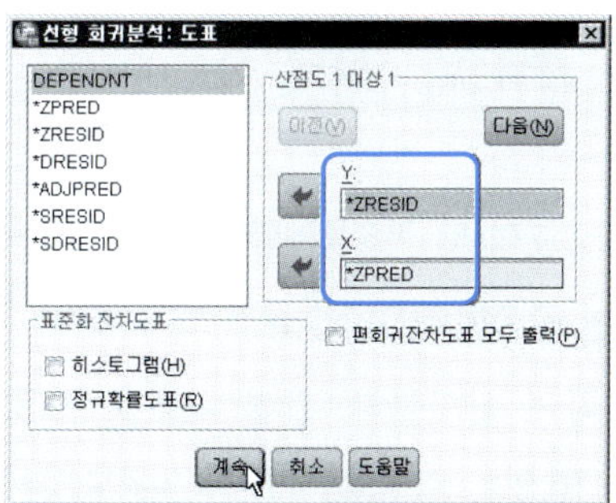

그림 12.2.4 분석(A)–회귀분석(R)–선형(L)–도표(T) 대화상자

8) 다중회귀분석에서는 본 메뉴에서 다중공선성을 진단하기 위해 **공선성 진단(L)**도 선택한다. **12.2.3. SPSS를 이용한 다중회귀분석**에서 다시 살펴보겠다.

9) 본 명령에 의하면, 잔차가 3표준편차 밖의 값인 사례의 일련번호를 표로 정리하여 보여준다. 흔히 이런 사례는 이상치로 간주되므로 제거 또는 보정 후 통계분석에 임하는 것이 바람직하다.

<그림 12.2.2>에서 [확인]을 누르면 단순회귀분석 결과가 나타난다. 다양한 결과가 제시되나, [ ] 부분만 유념하여 살펴본다.

회귀분석 결과에서는 가장 먼저 분산분석표에서 제시된 F 검정통계량의 유의성 파악이 선행되어야 한다. 본 자료는 $F=167.054$, 유의확률(p)$=0.000$으로 회귀분석의 유의성을 충족시키고 있다. 다음으로 설명력(R^2)을 살펴보면 0.944로 매우 높은 설명력을 가지고 있음을 알 수 있다. 끝으로 계수의 유의성 진단을 위해 **계수**[a]표의 t 및 유의확률을 살펴본다. $t=12.925$, 유의확률(p)$=0.000$으로 유의한 것을 볼 수 있다.

한편 회귀분석의 기본가정 중 가장 먼저 확인이 가능한 것은 **독립성**에 대한 충족 여부이다. **모형 요약**[b]의 Durbin-Watson 값이 1.181로 나타났다. Durbin-Watson은 0에서 4 사이의 값을 갖는데, 2에 가까울수록 독립성이 만족된다고 판단한다. 0에 가까울 때는 정적상관관계(**양의 상관관계**), 4에 가까울 때는 부적상관관계(**음의 상관관계**)를 갖는다. 본 자료는 독립성을 충족시킨다고 보기에는 다소 무리가 있어 보인다.

다음으로는 **등분산성**에 대한 사항이다. 등분산성은 **'회귀 표준화 잔차'**와 **'회귀 표준화 예측값'**에 의한 **산점도**로 파악할 수 있는데, 산점도상에서 특정 패턴, 가령 옆으로 누운 깔때기 등의 양상을 띤다면 등분산성이 의심된다고 간주한다. 전반적으로 골고루 퍼져있는 모양을 나타낸다면 등분산성이 만족된다고 볼 수 있다(<그림 12.2.5> 참조).

끝으로 **정규성** 검토는 **분석(A)-기술통계량(E)-데이터 탐색(E)**에서 시행한다. **데이터 탐색(E)** 대화상자의 **종속변수(D):**에 만족도를 넣고 [도표(T)...]에서 **검정과 함께 정규성도표(O)**를 선택하여 실시한다. 관련 내용은 **10.3. SPSS를 이용한 세 집단 이상의 평균 차이 검증**의 **10.3.1. SPSS를 이용한 일원분산분석**을 참고하기 바란다.

회귀분석

[데이터집합1] E:₩SPSS를 이용한 조사방법 및 통계분석의 이해 Data₩(11장)단순회귀분석 예시.sav

기술통계량

	평균	표준편차	N
만족도	69.5833	7.59735	12
연령	16.9167	5.10718	12

상관계수

		만족도	연령
Pearson 상관	만족도	1.000	.971
	연령	.971	1.000
유의확률 (단측)	만족도	.	.000
	연령	.000	.
N	만족도	12	12
	연령	12	12

진입/제거된 변수[a]

모형	진입된 변수	제거된 변수	방법
1	연령[b]	.	입력

a. 종속변수: 만족도

b. 요청된 모든 변수가 입력되었습니다.

모형 요약[b]

모형	R	R 제곱	수정된 R 제곱	추정값의 표준오차	Durbin-Watson
1	.971[a]	.944	.938	1.89367	1.181

a. 예측값: (상수), 연령

b. 종속변수: 만족도

분산분석[a]

모형		제곱합	자유도	평균 제곱	F	유의확률
1	회귀 모형	599.057	1	599.057	167.054	.000[b]
	잔차	35.860	10	3.586		
	합계	634.917	11			

a. 종속변수: 만족도

b. 예측값: (상수), 연령

계수[a]

모형		비표준화 계수		표준화 계수		
		B	표준오차	베타	t	유의확률
1	(상수)	45.139	1.969		22.929	.000
	연령	1.445	.112	.971	12.925	.000

a. 종속변수: 만족도

잔차 통계량[a]

	최소값	최대값	평균	표준편차	N
예측값	58.1441	82.7084	69.5833	7.37968	12
잔차	-2.59367	4.29161	.00000	1.80555	12
표준 오차 예측값	-1.550	1.779	.000	1.000	12
표준화 잔차	-1.370	2.266	.000	.953	12

a. 종속변수: 만족도

도표

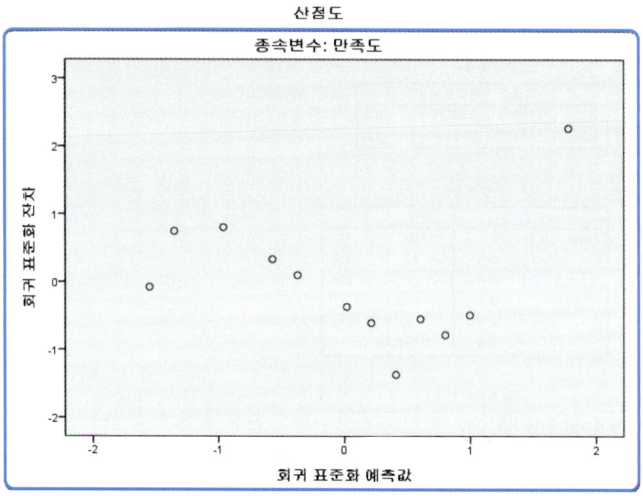

그림 12.2.5 단순회귀분석 결과

한편 연령이 35세와 37세인 게임기 이용자의 만족도를 예측한다고 가정해보자. 이 경우 **계수**[a]표를 이용하여 수립된 다음의 회귀식에 대입하여 계산한다.

$$만족도(\hat{Y}) = 45.139 + 1.445 \times 연령(X)$$

즉, 연령(X)에 35세와 37세를 각각 대입하면 95.714점과 98.604점이다. 그러나 이처럼 회귀식에 의한 계산은 상수 및 계수가 각각 소수점 4자리 이하가 반올림된 것이므로 미세하게 차이를 보이게 된다. 이럴 때 [저장(S)...]에서 **예측값**의 **비표준화(U)**를 이용하면 매우 유용하다. **<그림 12.2.6>**처럼 예측하고자 하는 35세와 37세를 각각 해당 변수의 마지막에 입력하고 **분석(A)-회귀분석(R)-선형(L)**을 실행한다.

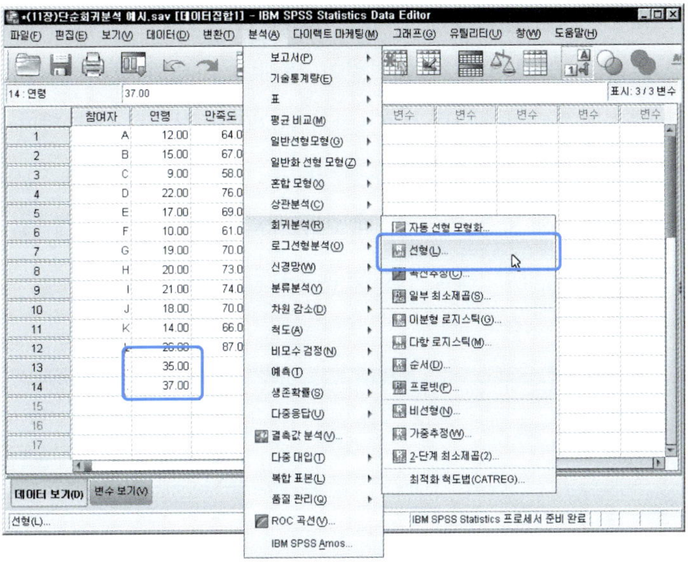

그림 12.2.6 예측하고자 하는 수치 입력 후 분석(A)-회귀분석(R)-선형(L) 실행

저장(S)... 대화상자에서 <그림 12.2.7>처럼 **예측값**의 **비표준화(U)**를 선택하고 계속 을 누른다.

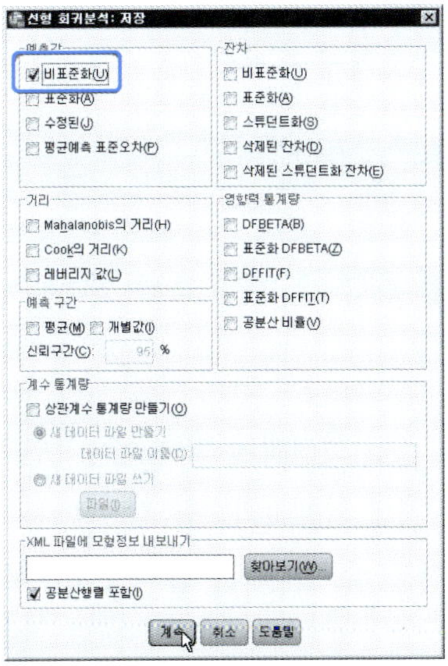

그림 12.2.7 분석(A)-회귀분석(R)-선형(L)-저장(S) 대화상자

<그림 12.2.2>에서 확인 을 누르면 **<그림 12.2.8>**과 같이 예측값이 변수로 저장이 된다. 게임기 이용자의 연령이 35세와 37세인 경우, 본 회귀분석에 의하면 만족도 점수가 각각 95.71304점과 96.60296점으로 예측된다. 이 결과는 위에서 회귀식에 의해 계산한 추정 만족도 점수와 미미하게 차이를 보이고 있다. 따라서 일정 값을 예측할 때 지금처럼 저장(S)... 에서 **예측값**의 **비표준화(U)**를 이용하면 정확한 예측치를 얻을 수 있다.

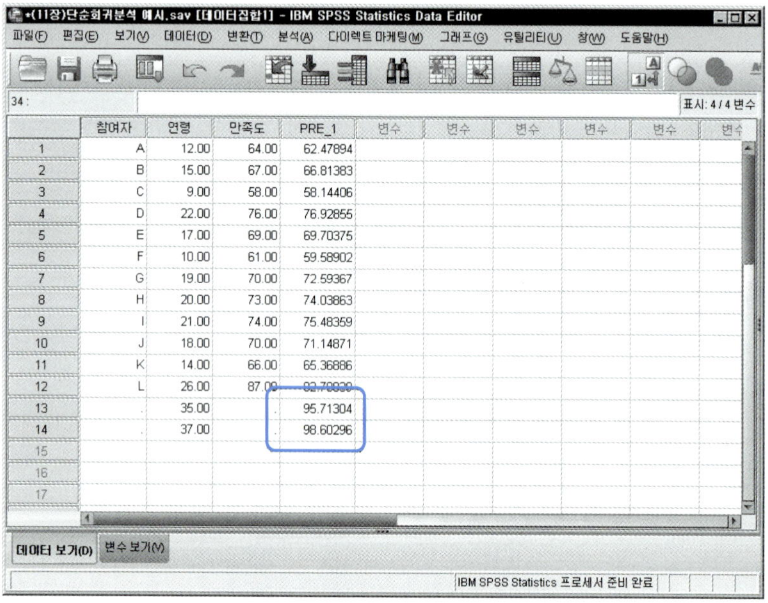

	참여자	연령	만족도	PRE_1
1	A	12.00	64.00	62.47894
2	B	15.00	67.00	66.81383
3	C	9.00	58.00	58.14406
4	D	22.00	76.00	76.92855
5	E	17.00	69.00	69.70375
6	F	10.00	61.00	59.58902
7	G	19.00	70.00	72.59367
8	H	20.00	73.00	74.03863
9	I	21.00	74.00	75.48359
10	J	18.00	70.00	71.14871
11	K	14.00	66.00	65.36886
12	L	26.00	87.00	[illegible]
13	.	35.00	.	95.71304
14	.	37.00	.	98.60296

그림 12.2.8 예측값 변수의 생성 결과

한편 만족도 변수와 PRE_1 변수의 수치를 각각 비교해 보면 차이를 나타낸다[10]. PRE_1 변수는 추정 회귀식에 의한 이론적인 수치이며, 만족도 변수는 실제 관측치이다. 이처럼 실제값과 예측값 간에는 차이가 발생한다. 이런 이유를 R^2에서 쉽게 찾을 수 있다. 본 결과의 R^2**(현상에 대한 회귀식의 설명력)**은

10) 가령 A의 만족도 점수는 64점이지만 예측값에 의하면 62.47894점이며, B의 만족도 점수는 67점인 데 비해 예측값에 의하면 66.81383점이다.

0.944로서 94.4%의 수준이다. 100% 중에서 5.6%는 본 회귀식이 설명하지 못하고 있는 것이다. 그렇기 때문에 실제값과 예측값이 일치되지 못하고 차이를 보이는 것이다. 만일 R^2가 1.000으로 100%의 설명력을 갖게 될 경우 실제 관측치와 예측값은 완벽히 일치될 것이다. 그러나 이럴 경우에는 공분산행렬이 비정칙 행렬이므로 회귀분석이 불가능하다.

12.2.2. 보고서에서의 단순회귀분석 결과 표현

단순회귀분석의 제시요령은 **<표 12.2.1>**과 같다. 비표준화계수 B, 표준화계수 β, 상수 및 계수의 t 검정통계량과 이에 대한 유의확률(p), 귀무가설의 유의성을 판단하기 위한 F 검정통계량과 유의확률(p), 설명력을 의미하는 R^2을 명시한다. 단, 회귀식을 제시하는 경우는 매우 드문데 이는 회귀분석을 시행하는 주 목적이 독립변수의 종속변수에 대한 영향력의 유무 및 크기의 검토가 주된 관심사이기 때문이다.

> 게임기 이용자의 연령은 만족도의 유의한 영향 요인으로 작용하고 있었다. 이용자 연령이 증가될수록 게임기에 대한 만족도는 높아지는 경향을 보였다(**<표 12.2.1>** 참조).

❖ 표 12.2.1] **단순회귀분석 결과 제시 예시**

	B	β	$t(p)$	$F(p)$	R^2
(상수)	45.139		22.929***(0.000)	167.054***(0.000)	0.944
이용자 연령	1.445	0.971	12.925***(0.000)		

*<0.1　**<0.05　***<0.01

12.2.3. SPSS를 이용한 다중회귀분석

<표 12.2.2>는 게임기 베타 테스트에 응한 이용자 참여 관련 세부사항과 제품이용 만족도에 대한 내용이다. 게임기 베타 테스트에 참여한 이용자들에

게는 제공 게임 소프트웨어 수(개), 정가보다 할인된 금액(만 원), 사용기간(일)을 각각 달리 적용하여 제품 만족도를 조사하였다. 이 자료를 이용하여 다중회귀분석을 시도해 보도록 하자.

❖ 표 12.2.2] **게임기 베타 테스트 관련 현황 및 이용 만족점수**

참여자	연 령	이용 게임 수	게임기 가격	사용기간	제품 만족도
A	12	8	41.67	57	64
B	15	10	41.33	64	67
C	9	7	35.67	42	58
D	22	12	47.33	81	76
E	17	14	43.33	71	69
F	10	10	39.67	48	61
G	19	18	43.67	70	70
H	20	16	46.33	73	73
I	21	22	46.67	77	74
J	18	15	44.33	75	70
K	14	11	40.33	62	66
L	26	19	54.67	83	87

주어진 자료는 **<그림 12.2.9>**처럼 코딩한 후 **그래프(G)-레거시 대화 상자(L)-산점도/점도표(S)**를 실행하여 각 독립변수(연령, 게임 수, 가격, 사용기간)와 종속변수(이용 만족도)의 관계를 개략적으로 살펴보자. **<그림 12.2.10>**과 같이 **산점도/점도표(S)** 대화상자에서 **행렬 산점도**( )를 선택하고 정의 를 누른다.

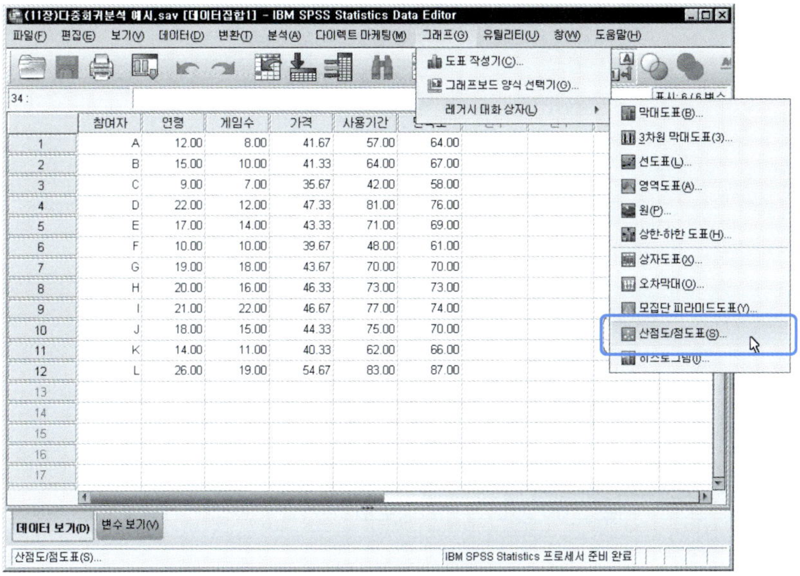

그림 12.2.9 〈표 12.2.2〉의 코딩 및 산점도/점도표(S) 실행

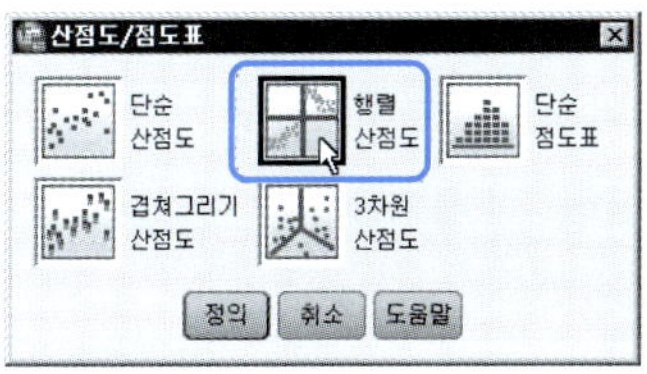

그림 12.2.10 산점도/점도표(S) 대화상자

<그림 12.2.11> 대화상자에서는 **행렬 변수(M):**에 연령, 게임수, 가격, 사용기간, 만족도를 모두 옮기고[11] 확인 을 누른다.

11) 이처럼 연속된 여러 개의 변수를 한꺼번에 이동시킬 때는 왼쪽 Shift 를 이용하면 편리하다. 키보드의 왼쪽 Shift 를 누른 상태에서 가장 위에 위치한 변수를 마우스로 선택하고 가장 마지막 변수를 또 한 번 선택하면 원하는 변수가 한꺼번에 선택된다. 한편 연속되지 않고 띄엄띄엄 위치한 변수를 한꺼번에 선택하여 이동하고 싶을 때는 Shift 대신 Ctrl 을 누른 상태에서 원하는 변수마다 마우스로 선택하면 한꺼번에 선택·이동에 편리하다.

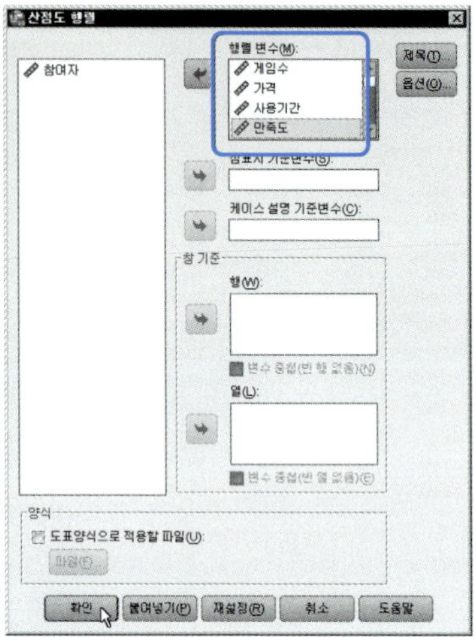

그림 12.2.11 산점도/점도표(S)-정의 대화상자

<그림 12.2.12>는 각 변수들 간의 산점도 행렬이다. 전반적으로 각 변수쌍들끼리 선형관계를 보인다. 특히 연령과 만족도, 가격과 만족도, 사용기간과 만족도는 선형 정도가 비교적 뚜렷한 편이다. 이로 볼 때, 연령, 가격, 사용기간은 만족도와 밀접한 관계가 있을 듯하다.

그래프

[데이터집합1] E:\SPSS를 이용한 조사방법 및 통계분석의 이해 Data\(11장)다중회귀분석 예시.sav

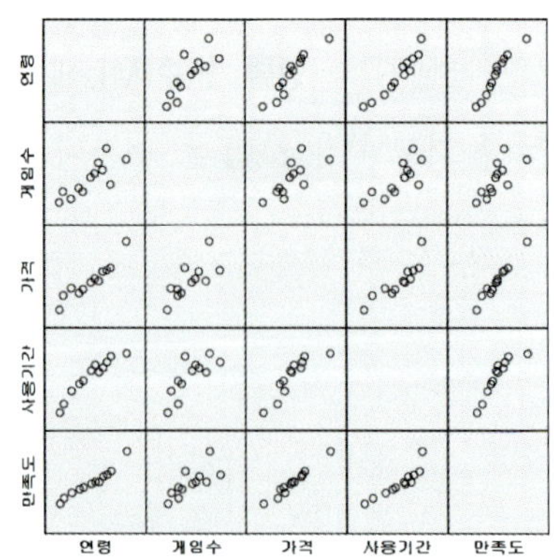

그림 12.2.12 행렬 산점도 결과

산점도를 작도해 보니 각 변수 간에 대략적으로 선형관계가 유추되었다. 이제 본격적으로 다중회귀분석을 실시해 보자. **분석(A)-회귀분석(R)-선형(L)**을 실행하고, 대화상자에서 **종속변수(D):**에 만족도를, **독립변수(I):**에 연령, 게임수, 가격, 사용기간을 옮긴다. **방법(M):**은 기본적으로 입력 이 선택되어 있다. 입력 상태에서 회귀분석을 시행하면 모든 독립변수가 고려된 결과가 나타난다. 여기에서는 단계 선택을 선택한다. 단계 선택 은 앞에서 설명한 것처럼 유의한 독립변수만 선택하는 변수 선택 기능이다(**<그림 12.2.13> <그림 12.2.14>** 참조).

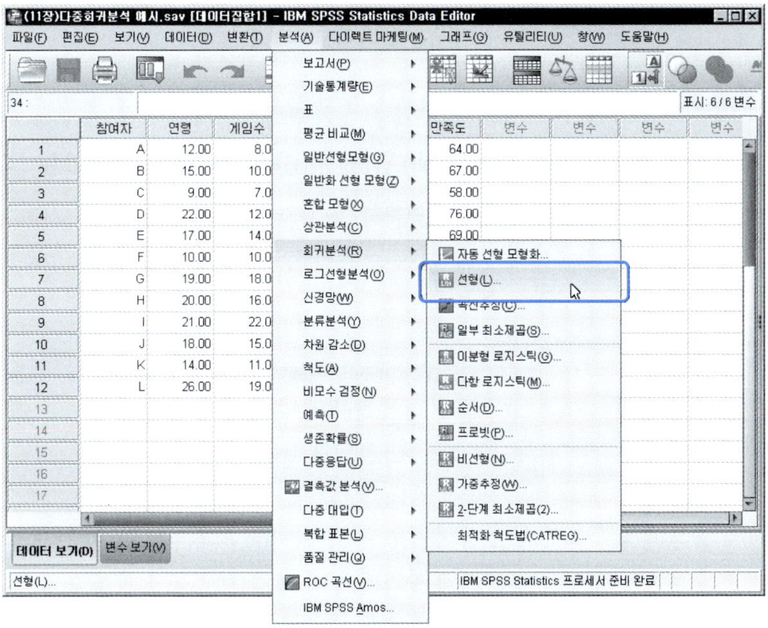

그림 12.2.13 분석(A)-회귀분석(R)-선형(L) 실행

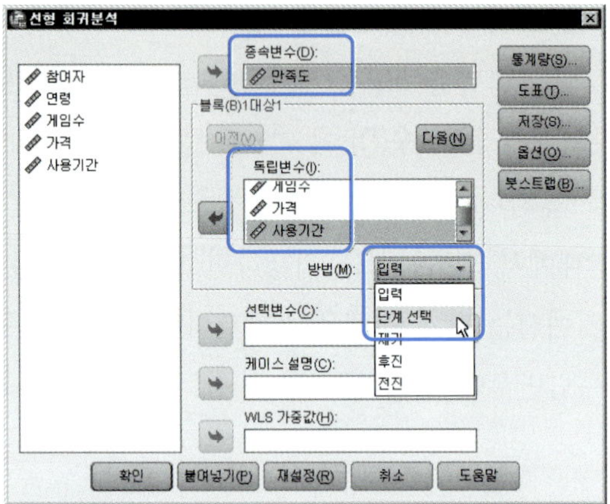

그림 12.2.14 분석(A)-회귀분석(R)-선형(L) 대화상자

단순회귀분석과 마찬가지로 통계량(S)..., 도표(T)... 를 활용한다. 통계량(S)... 에서는 **기술통계(D)**, **공선성 진단(L)**, Durbin-Watson(U)을 선택한다. **케이스별 진단(C)**의 **밖에 나타나는 이상값(O)** 3 **표준편차** 지정은 반드시 검토해야 하는 사항이 아니므로 이번에는 생략하겠다. 계속 을 누른다(**<그림 12.2.15>** 참조).

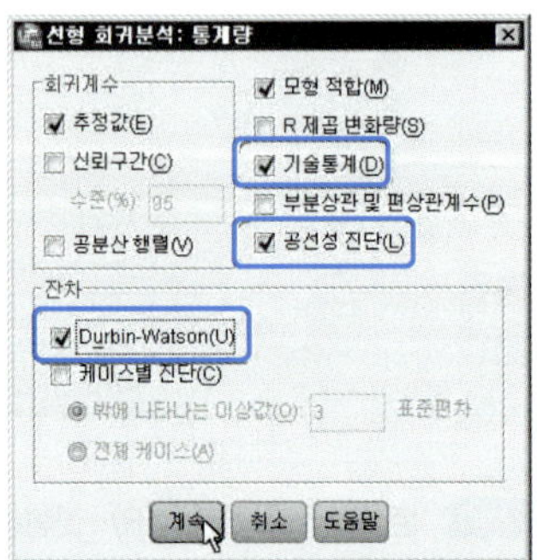

그림 12.2.15 회귀분석(R)-선형(L)-통계량(S) 대화상자

도표(T)... 는 단순회귀분석과 마찬가지로 등분산성 진단을 위해 쓰이므로, **산점도 1 대상 1**의 Y:에는 *ZRESID, X:에는 *ZPRED를 옮기고 계속 을 누른다.

단순회귀분석과 마찬가지로 다양한 결과 중 ▭ 부분만 살펴보면 된다. 단계 선택 ▾ 등 변수선택에 의한 다중회귀분석은 본 예처럼 각 결과마다 과정 Step을 모두 보여주는데, **항상 마지막 결과를 이용한다**. **분산분석**[a]표의 결과 역시 1단계와 2단계 등 과정을 모두 보여준다. 2단계가 마지막 단계이므로 이 결과를 보고 해석한다. 본 자료는 검정통계량(F)이 303.081이며, 유의확률(p)이 0.000이므로 회귀분석이 유의하다. 수정된 R^2이 0.982이므로 설명력은 매우 높다[12]. **계수**[a]표로 각 독립변수의 계수에 대한 유의성 여부를 판단한다. 유의한 변수로 선택된 가격($t = 5.074$, $p = 0.001$)과 연령($t = 2.851$, $p = 0.019$)의 검정통계량과 유의확률이 제시되어 있다.

모형 요약[C]표에 Durbin-Watson 결과를 보면 0.994이다. **독립성**은 충족하지 못하였으나[13], **'회귀 표준화 잔차'**와 **'회귀 표준화 예측값'**에 의한 **산점도**를 살펴보면, 특정 패턴이라고 볼 수 없이 흩어져 있으므로 **등분산성**은 충족되었다고 할 수 있다. **정규성** 검정은 **분석(A)-기술통계량(E)-데이터 탐색(E)**에서 검정한다. **10.3. SPSS를 이용한 세 집단 이상의 평균 차이 검증**의 **10.3.1. SPSS를 이용한 일원분산분석**을 살펴보기 바란다. **다중공선성**은 **계수**[a]에서 **공선선 통계량**의 **공차**와 **VIF** 수치로 진단한다. 가격과 연령의 **공차**가 각각 0.101, **VIF**는 각각 9.889이다. 학자에 따라서는 다중공선성이 있다는 판단기준이 **공차**는 0.3 이하, **VIF**는 3 이상으로 다소 엄격하게 주장하기도 하지만, 통상 **공차** 0.1 이하, **VIF** 10 이상이므로 본 사례는 두 기준 모두 가까스로 초과하였기에 다중공선성이 없다고 볼 수 있겠다.

12) 수정된 R^2을 이용하는 이유는 **12.2.1. SPSS를 이용한 단순회귀분석**에서 설명하고 있다.

13) 이는 본 자료의 사례수가 극히 적은 것이 하나의 원인일 수 있다.

회귀모형

[데이터집합1] E:\SPSS를 이용한 조사방법 및 통계분석의 이해 Data\(11장)다중회귀분석 예시.sav

기술통계량

	평균	표준편차	N
만족도	69.5833	7.59735	12
연령	16.9167	5.10718	12
게임수	13.5000	4.64171	12
가격	43.7500	4.78232	12
사용기간	66.9167	12.78108	12

상관계수

		만족도	연령	게임수	가격	사용기간
Pearson 상관	만족도	1.000	.971	.744	.986	.908
	연령	.971	1.000	.815	.948	.961
	게임수	.744	.815	1.000	.743	.768
	가격	.986	.948	.743	1.000	.888
	사용기간	.908	.961	.768	.888	1.000
유의확률 (단측)	만족도	.	.000	.003	.000	.000
	연령	.000	.	.001	.000	.000
	게임수	.003	.001	.	.003	.002
	가격	.000	.000	.003	.	.000
	사용기간	.000	.000	.002	.000	.
N	만족도	12	12	12	12	12
	연령	12	12	12	12	12
	게임수	12	12	12	12	12
	가격	12	12	12	12	12
	사용기간	12	12	12	12	12

진입/제거된 변수[a]

모형	진입된 변수	제거된 변수	방법
1	가격	.	단계선택 (기준: 입력할 F의 확률 <= .050, 제거할 F의 확률 >= .100).
2	연령	.	단계선택 (기준: 입력할 F의 확률 <= .050, 제거할 F의 확률 >= .100).

a. 종속변수: 만족도

모형 요약[c]

모형	R	R 제곱	수정된 R 제곱	추정값의 표준오차	Durbin-Watson
1	.986[a]	.972	.969	1.32953	
2	.993[b]	.985	.982	1.01593	.994

a. 예측값: (상수), 가격

b. 예측값: (상수), 가격, 연령

c. 종속변수: 만족도

분산분석[a]

모형		제곱합	자유도	평균 제곱	F	유의확률
1	회귀 모형	617.240	1	617.240	349.185	.000[b]
	잔차	17.677	10	1.768		
	합계	634.917	11			
2	회귀 모형	625.628	2	312.814	303.081	.000[c]
	잔차	9.289	9	1.032		
	합계	634.917	11			

a. 종속변수: 만족도

b. 예측값: (상수), 가격

c. 예측값: (상수), 가격, 연령

계수[a]

모형		비표준화 계수		표준화 계수	t	유의확률	공선성 통계량	
		B	표준오차	베타			공차	VIF
1	(상수)	1.055	3.687		.286	.781		
	가격	1.566	.084	.986	18.686	.000	1.000	1.000
2	(상수)	15.776	5.883		2.682	.025		
	가격	1.022	.201	.643	5.074	.001	.101	9.889
	연령	.538	.189	.361	2.851	.019	.101	9.889

a. 종속변수: 만족도

제외된 변수[a]

모형		베타 입력	t	유의확률	편상관계수	공선성 통계량		
						공차	VIF	최소공차한계
1	연령	.361[b]	2.851	.019	.689	.101	9.889	.101
	게임수	.024[b]	.291	.778	.096	.447	2.235	.447
	사용기간	.153[b]	1.395	.196	.422	.212	4.721	.212
2	게임수	-.089[c]	-1.307	.228	-.419	.327	3.054	.074
	사용기간	-.149[c]	-.989	.352	-.330	.071	13.993	.034

a. 종속변수: 만족도

b. 모형내의 예측값: (상수), 가격

c. 모형내의 예측값: (상수), 가격, 연령

공선성 진단[a]

모형	차원	고유값	상태지수	분산비율		
				(상수)	가격	연령
1	1	1.995	1.000	.00	.00	
	2	.005	19.162	1.00	1.00	
2	1	2.959	1.000	.00	.00	.00
	2	.040	8.548	.02	.00	.11
	3	.001	64.780	.98	1.00	.89

a. 종속변수: 만족도

잔차 통계량[a]

	최소값	최대값	평균	표준편차	N
예측값	57.0692	85.6271	69.5833	7.54157	12
잔차	-.87784	1.48002	.00000	.91894	12
표준 오차 예측값	-1.659	2.127	.000	1.000	12
표준화 잔차	-.864	1.457	.000	.905	12

a. 종속변수: 만족도

도표

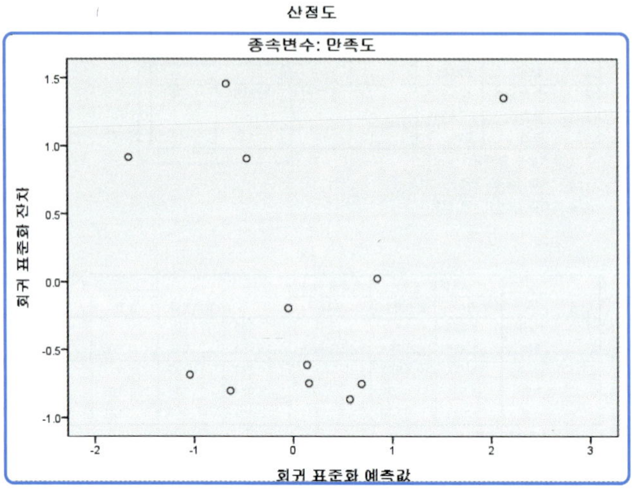

그림 12.2.16 다중회귀분석 결과

12.2.4. 보고서에서의 다중회귀분석 결과 표현

다중회귀분석은 변수를 선택하여 실시하는 것이 좋다. SPSS에서 다중회귀분석을 시행할 경우, 간혹 **방법(M)**:을 **입력**(Enter)으로 지정하고 실시하는데, 이후에 논의될 **더미변수 이용 회귀분석**이 아니라면 가급적 **단계선택**(Stepwise) 등 유의한 변수를 선택하는 방법을 이용하는 것이 바람직하다.

다중회귀분석은 기본가정 중에서 특히 다중공선성이 중요하게 검토되어야 한다. 따라서 가급적이면 **<표 12.2.3>과** 같이 공선성 진단 결과를 반영하여 제시하도록 권고한다.

> 이용자의 연령과 제품 가격은 각각 ××전자의 휴대용 게임기 관련 이용 만족도에 유의한 영향을 미치고 있었다. 게임기 만족도는 이용자 연령과 제품 가격이 증가될수록 높아지는 성향을 보이고 있었는데, β계수로 각각의 영향력을 비교해보면, 가격은 0.643, 연령은 0.361로 나타나 제품 가격의 영향력이 상대적으로 크게 작용하고 있었다(**<표 12.2.3>** 참조).

❖ 표 12.2.3] 다중회귀분석 결과 제시 예시

	B	β	$t(p)$	공선성진단		$F(p)$	$Adj-R^2$
				TOL	VIF		
(상수)	15.776		2.682^{**}(0.025)			303.081^{***}(0.000)	0.982
가 격	1.022	0.643	5.074^{***}(0.001)	0.101	9.889		
연 령	0.538	0.361	2.851^{**}(0.019)	0.101	9.889		

※ *VIF* : 분산팽창요인(Variance Inflation Factor).
※ *TOL* : 공차한계((Tolerance Limit).
*<0.1 **<0.05 ***<0.01

12.2.5. SPSS를 이용한 더미변수 이용 회귀분석

<표 12.2.4>는 ○○시 소재 3개 회사를 대상으로 실시한 성과향상 교육프로그램 참여자 현황 및 성과측정 결과 내용이다. 이 자료를 가지고 **더미변수 이용 회귀분석**을 시행해 보도록 하자.

❖ 표 12.2.4] 성과향상 교육 참여자 현황 및 성과측정 결과

일련번호	성 별	참여횟수(회)	교육시간(분)	성 과
1	남자	5	75	89
2	남자	9	109	115
3	여자	11	105	121
4	여자	14	124	142
5	남자	6	83	69
6	여자	13	125	139
7	여자	17	147	152
8	여자	7	99	94
9	여자	8	95	100
10	남자	10	108	111
11	남자	10	106	108
12	여자	13	126	132
13	여자	12	109	127

14	여자	18	131	165
15	남자	14	105	114
16	남자	9	111	109
17	남자	11	97	100
18	남자	12	102	113
19	여자	19	146	170
20	여자	21	152	201

성별, 참여횟수, 교육시간은 성과측정결과에 유의한 영향을 줄 것으로 기대되는 원인 요인이다. 그러나 연속형 독립변수에 의한 연속형 종속변수의 변화를 예측하기 위한 회귀분석에서 성별은 범주형 변수로서 회귀분석에 투입할 수가 없다. 따라서 이 변수는 더미변수로 바꿔 투입해야 한다.

성별변수는 응답범주(=수준)가 남자와 여자로 2개이므로 1개의 더미변수를 만들어야 한다. 더미변수는 **변환(T)-다른 변수로 코딩변경(R)** 명령을 이용하여 생성한다(<그림 12.2.17> 참조).

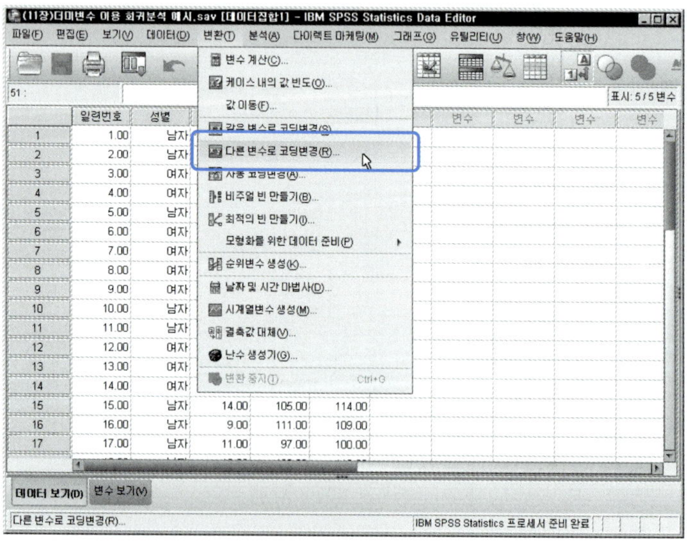

그림 12.2.17 〈표 12.2.4〉의 코딩 및 다른 변수로 코딩 변경(R) 실행

성별 을 오른쪽의 **숫자 변수(V) -> 출력변수**:로 옮긴 후, **출력변수**의 **이름(N)**:에 **더미성별**을 입력하고 바꾸기(H) 를 누르면 성별 --> 더미성별 로 새로운 변수명이 확정된다. 기존값 및 새로운 값(O)... 을 누른다(<그림 12.2.18> 참조).

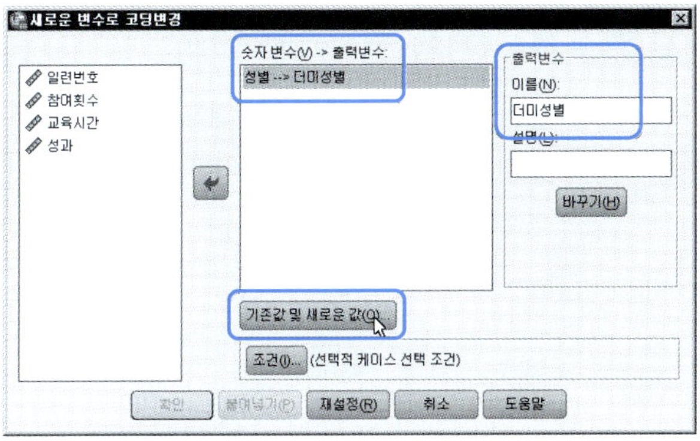

그림 12.2.18 다른 변수로 코딩변경(R) 대화상자

기존값의 **값(V)**:과 **새로운 값**의 **기준값(A)**:과 추가(A) 를 이용하여 '1 → 1', '2 → 0'으로 코딩을 변경한 후 계속 을 누른다(<그림 12.2.19> 참조).

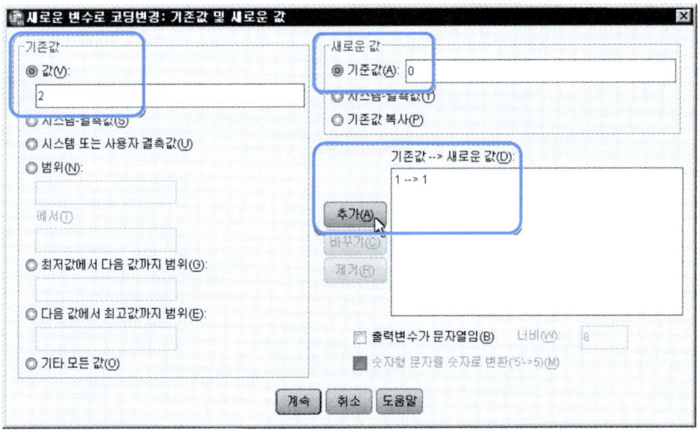

그림 12.2.19 다른 변수로 코딩변경(R)-기존값 및 새로운 값(O) 대화상자

<그림 12.2.18>에서 확인 을 누르면 **데이터 편집기** 창에 더미성별 (남자 1, 여자 0)가 생성되었다(<그림 12.2.20> 참조).

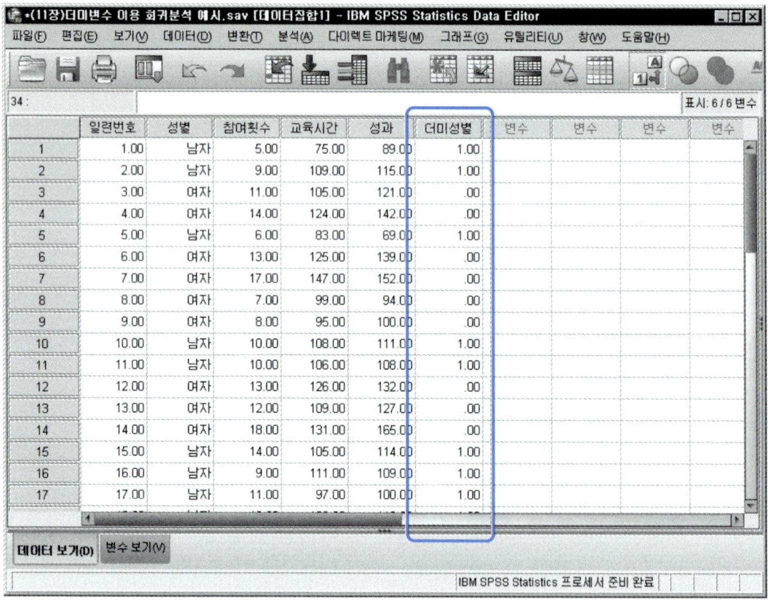

	일련번호	성별	참여횟수	교육시간	성과	더미성별	변수	변수	변수	변수
1	1.00	남자	5.00	75.00	89.00	1.00				
2	2.00	남자	9.00	109.00	115.00	1.00				
3	3.00	여자	11.00	105.00	121.00	.00				
4	4.00	여자	14.00	124.00	142.00	.00				
5	5.00	남자	6.00	83.00	69.00	1.00				
6	6.00	여자	13.00	125.00	139.00	.00				
7	7.00	여자	17.00	147.00	152.00	.00				
8	8.00	여자	7.00	99.00	94.00	.00				
9	9.00	여자	8.00	95.00	100.00	.00				
10	10.00	남자	10.00	108.00	111.00	1.00				
11	11.00	남자	10.00	106.00	108.00	1.00				
12	12.00	여자	13.00	126.00	132.00	.00				
13	13.00	여자	12.00	109.00	127.00	.00				
14	14.00	여자	18.00	131.00	165.00	.00				
15	15.00	남자	14.00	105.00	114.00	1.00				
16	16.00	남자	9.00	111.00	109.00	1.00				
17	17.00	남자	11.00	97.00	100.00	1.00				

그림 12.2.20 성별의 더미변수 생성 결과

다음으로는 더미변수와 연속형 독립변수 간의 상호작용 변수를 만든다[14]. 상호작용 변수의 생성은 **변환(T)-변수계산(C)**을 이용한다(<그림 12.2.21> 참조).

14) 앞서 밝혔듯이 본 서■에서는 상호작용 변수를 고려하는 상황을 제시하였다.

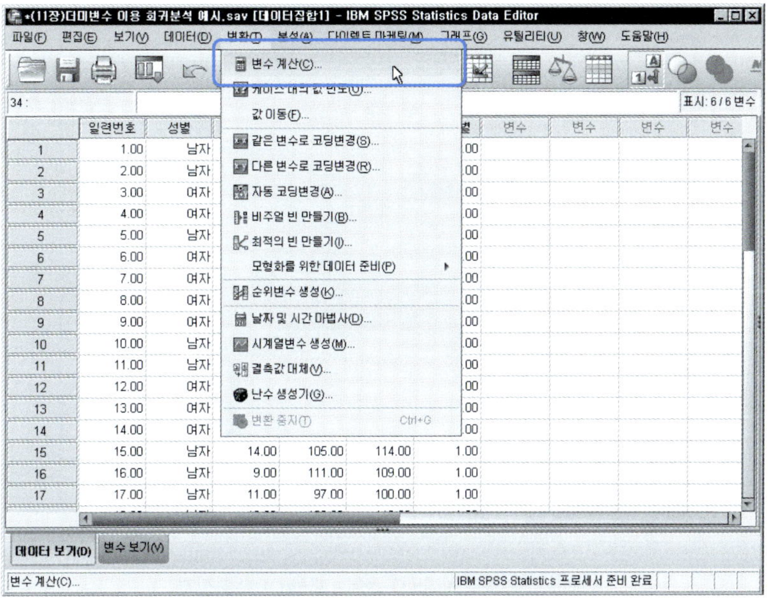

그림 12.2.21 변환(T)-변수 계산(C) 실행

변수 계산(C)의 대화상자에서 **대상변수(T)**:에 생성하고자 하는 상호작용변수의 이름을 '**상호작용1**'과 같이 명명하고, **숫자표현식(E)**:에는 '**더미성별*참여횟수**'의 수식을 작성한다. 이는 '**상호작용1**'이라는 변수를 새로 생성하는데, '**더미성별과 참여횟수를 곱한 것**'이라는 명령을 부여한 것이다. 숫자표현식을 작성할 때는 마우스와 ➡로 왼쪽의 변수를 옮겨 작성할 수도 있지만 직접 타이핑을 해도 무방하다. 이와 같은 과정을 반복하여 '**상호작용2**'='**더미성별×교육시간**' 변수도 만든다(**<그림 12.2.22>**, **<그림 12.2.23>** 참조).

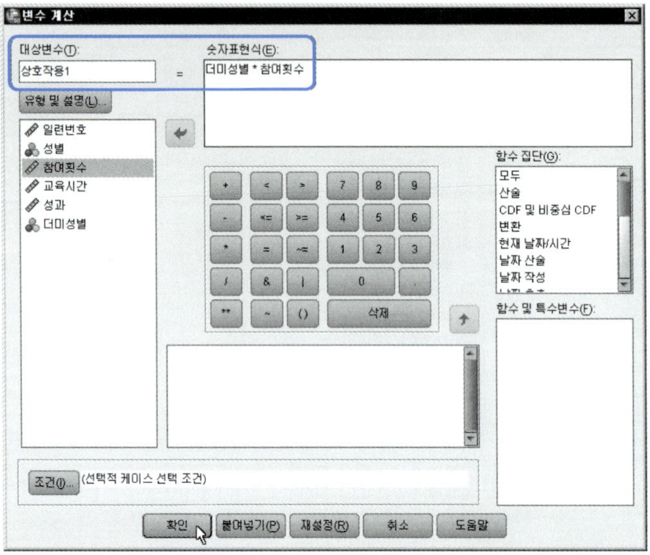

그림 12.2.22 변환(T)–변수 계산(C) 대화상자

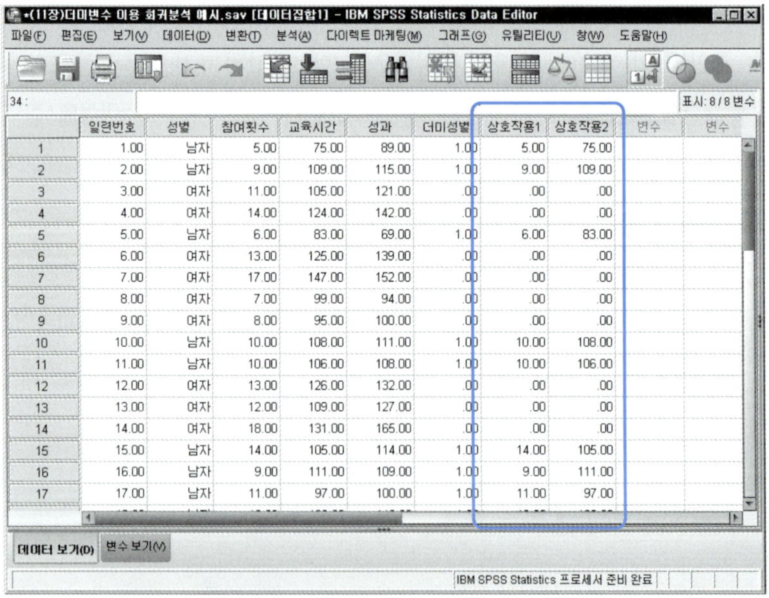

	일련번호	성별	참여횟수	교육시간	성과	더미성별	상호작용1	상호작용2	변수	변수
1	1.00	남자	5.00	75.00	89.00	1.00	5.00	75.00		
2	2.00	남자	9.00	109.00	115.00	1.00	9.00	109.00		
3	3.00	여자	11.00	105.00	121.00	.00	.00	.00		
4	4.00	여자	14.00	124.00	142.00	.00	.00	.00		
5	5.00	남자	6.00	83.00	69.00	1.00	6.00	83.00		
6	6.00	여자	13.00	125.00	139.00	.00	.00	.00		
7	7.00	여자	17.00	147.00	152.00	.00	.00	.00		
8	8.00	여자	7.00	99.00	94.00	.00	.00	.00		
9	9.00	여자	8.00	95.00	100.00	.00	.00	.00		
10	10.00	남자	10.00	108.00	111.00	1.00	10.00	108.00		
11	11.00	남자	10.00	106.00	108.00	1.00	10.00	106.00		
12	12.00	여자	13.00	126.00	132.00	.00	.00	.00		
13	13.00	여자	12.00	109.00	127.00	.00	.00	.00		
14	14.00	여자	18.00	131.00	165.00	.00	.00	.00		
15	15.00	남자	14.00	105.00	114.00	1.00	14.00	105.00		
16	16.00	남자	9.00	111.00	109.00	1.00	9.00	111.00		
17	17.00	남자	11.00	97.00	100.00	1.00	11.00	97.00		

그림 12.2.23 상호작용 변수 생성 결과

상호작용 변수의 유의성을 우선적으로 검토하기 위해 **분석(A)-회귀분석(R)-선형(L)**을 실행한다. 대화상자에서 **종속변수(D):**에는 성과 를 옮기고, **독립변수(I):**에는 더미성별, 참여횟수, 교육시간, 상호작용1, 상호작용2 를 모두 이동한다. 여기에서 주의할 점은 **방법(M):**은 반드시 입력 을 유지해야 한다(**<그림 12.2.24>** 참조).

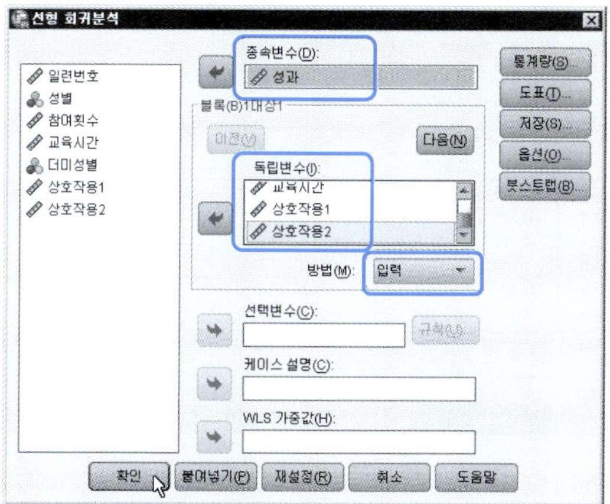

그림 12.2.24 상호작용 변수 포함 다중회귀분석

확인 을 눌러 회귀분석을 실시하고, **계수**[a]표에 제시된 **상호작용 변수들의 유의성을 검정**한다. 현재 유의수준 5%에서 **상호작용1**은 유의한 것으로 나타났다(**<그림 12.2.25>** 참조).

회귀모형

[데이터집합1] E:\SPSS를 이용한 조사방법 및 통계분석의 이해 Data\(11장)더미변수 이용 회귀분석 예시.sav

진입/제거된 변수[a]

모형	진입된 변수	제거된 변수	방법
1	상호작용2, 참여횟수, 교육시간, 상호작용1, 더미성별[b]	.	입력

a. 종속변수: 성과

b. 요청된 모든 변수가 입력되었습니다.

모형 요약

모형	R	R 제곱	수정된 R 제곱	추정값의 표준오차
1	.979[a]	.959	.945	7.30848

a. 예측값: (상수), 상호작용2, 참여횟수, 교육시간, 상호작용1, 더미성별

분산분석[a]

모형		제곱합	자유도	평균 제곱	F	유의확률
1	회귀 모형	17643.156	5	3528.631	66.062	.000[b]
	잔차	747.794	14	53.414		
	합계	18390.950	19			

a. 종속변수: 성과

b. 예측값: (상수), 상호작용2, 참여횟수, 교육시간, 상호작용1, 더미성별

계수[a]

모형		비표준화 계수		표준화 계수	t	유의확률
		B	표준오차	베타		
1	(상수)	57.000	25.224		2.260	.040
	더미성별	-46.430	33.444	-.762	-1.388	.187
	참여횟수	7.670	1.637	1.066	4.685	.000
	교육시간	-.189	.370	-.125	-.513	.616
	상호작용1	-6.053	2.077	-1.012	-2.915	.011
	상호작용2	.964	.467	1.594	2.065	.058

a. 종속변수: 성과

그림 12.2.25 상호작용 변수의 유의성 검정(1)

이제 유의하지 않은 **상호작용2** 변수를 제외하고 다중회귀분석을 다시 실시한다. 또다시 **상호작용1** 변수가 유의수준 5%에서 유의하지 않았다(**<그림 12.2.26>** 참조).

회귀모형

[데이터집합1] E:₩SPSS를 이용한 조사방법 및 통계분석의 이해 Data₩(11장)더미변수 이용 회귀분석 예시.sav

진입/제거된 변수[a]

모형	진입된 변수	제거된 변수	방법
1	상호작용1, 참여횟수, 교육시간, 더미성별[b]	.	입력

a. 종속변수: 성과

b. 요청된 모든 변수가 입력되었습니다.

모형 요약

모형	R	R 제곱	수정된 R 제곱	추정값의 표준오차
1	.973[a]	.947	.933	8.06492

a. 예측값: (상수), 상호작용1, 참여횟수, 교육시간, 더미성별

분산분석[a]

모형		제곱합	자유도	평균 제곱	F	유의확률
1	회귀 모형	17415.307	4	4353.827	66.938	.000[b]
	잔차	975.643	15	65.043		
	합계	18390.950	19			

a. 종속변수: 성과

b. 예측값: (상수), 상호작용1, 참여횟수, 교육시간, 더미성별

계수[a]

모형		비표준화 계수		표준화 계수	t	유의확률
		B	표준오차	베타		
1	(상수)	17.619	18.222		.967	.349
	더미성별	18.098	13.166	.297	1.375	.189
	참여횟수	5.129	1.192	.713	4.303	.001
	교육시간	.415	.249	.274	1.668	.116
	상호작용1	-2.403	1.204	-.402	-1.997	.064

a. 종속변수: 성과

그림 12.2.26 상호작용 변수의 유의성 검정(2)

따라서 **상호작용1** 변수를 빼고 다시 한 번 다중회귀분석을 실시하되 다중공선성 진단을 위해 <표 12.2.24>의 [통계량(S)...] 에서 **공선성 진단(L):**을 선택한다[15]. $F = 74.091$, 유의확률(p) $= 0.000$으로 회귀분석은 유의하였고, **수정된 R 제곱**이 0.920으로 설명력 역시 높았다. **계수**[a]표에서 보면 **더미성별**과 **교육시간**은 유의수준 5%에서 유의한 영향요인이 되지 못하고 있으며, '**참여횟수**'만 유의하게 나타났다(<그림 12.2.27> 참조).

회귀모형

[데이터집합1] E:₩SPSS를 이용한 조사방법 및 통계분석의 이해 Data₩(11장)더미변수 이용 회귀분석 예시.sav

진입/제거된 변수[a]

모형	진입된 변수	제거된 변수	방법
1	교육시간, 더미성별, 참여횟수[b]	.	입력

a. 종속변수: 성과

b. 요청된 모든 변수가 입력되었습니다.

15) 이처럼 <그림 12.2.25>에서는 유의하게 나타난 상호작용1이 <그림 12.2.26>에서는 유의하지 않게 변화된 것은 다중공선성 때문이다. <그림 12.2.24>의 [통계량(S)] 에서 **공선성 진단(L):**을 선택하고 상기 과정을 반복해 보면 <그림 12.2.25>에서의 상호작용2는 공차가 0.058, VIF는 205.129이고, <그림 12.2.26>에서의 상호작용1은 공차가 0.087, VIF는 11.454로 나타나 각각 다중공선성이 있는 것으로 판단된다.

모형 요약

모형	R	R 제곱	수정된 R 제곱	추정값의 표준오차
1	.966[a]	.933	.920	8.78545

a. 예측값: (상수), 교육시간, 더미성별, 참여횟수

분산분석[a]

모형		제곱합	자유도	평균 제곱	F	유의확률
1	회귀 모형	17156.005	3	5718.668	74.091	.000[b]
	잔차	1234.945	16	77.184		
	합계	18390.950	19			

a. 종속변수: 성과

b. 예측값: (상수), 교육시간, 더미성별, 참여횟수

계수[a]

모형		비표준화 계수		표준화 계수	t	유의확률	공선성 통계량	
		B	표준오차	베타			공차	VIF
1	(상수)	17.723	19.849		.893	.385		
	더미성별	-6.578	4.947	-.108	-1.330	.202	.637	1.569
	참여횟수	4.107	1.173	.571	3.503	.003	.158	6.323
	교육시간	.530	.264	.349	2.006	.062	.138	7.223

a. 종속변수: 성과

공선성 진단[a]

모형	차원	고유값	상태지수	분산비율			
				(상수)	더미성별	참여횟수	교육시간
1	1	3.375	1.000	.00	.02	.00	.00
	2	.587	2.398	.00	.48	.00	.00
	3	.035	9.801	.13	.34	.24	.00
	4	.003	35.263	.87	.16	.75	1.00

a. 종속변수: 성과

그림 12.2.27 상호작용 변수를 제외한 다중회귀분석 결과

12.2.6. 보고서에서의 더미변수 이용 회귀분석 결과 표현

더미변수 회귀분석에서는 다음의 3가지를 반드시 주의해야 한다. 첫째, 더미변수의 수는 **'응답범주(=수준) −1'**개만큼 만들어야 한다. 둘째, 더미변수와 연속형 독립변수를 곱한 **상호작용 변수**를 **생성**하고, **상호작용 변수에 대한 유의성**을 **먼저 검토**해야 한다. 셋째, **단계선택** 등 변수 선택을 적용하지 않고 **입력**으로써 모든 변수를 동시에 함께 고려해야 한다. **더미변수 이용 회귀분석**의 결과는 **다중회귀분석** 결과 제시와 비슷하다.

○○시 소재 3개 회사의 성과 측정 결과, 성과향상교육의 참여횟수가 유의한 영향요인으로 나타났는데, 참여횟수가 늘어날수록 성과 역시 증가되고 있었다. 한편 회사 직원의 성별과 교육시간은 성과를 결정하는 영향요인이 되지 못하였다(**<표 12.2.5>** 참조).

❖ 표 12.2.5] **더미변수 이용 회귀분석 결과 제시 예시**

	B	β	$t(p)$	공선성진단		$F(p)$	$Adj\text{-}R^2$
				TOL	VIF		
(상수)	17.723		0.893(0.385)			74.091***(0.000)	0.920
성 별	-6.578	-0.108	-1.330(0.202)	0.637	1.569		
참여횟수	4.107	0.571	3.503***(0.003)	0.158	6.323		
교육시간	0.530	0.349	2.006*(0.062)	0.138	7.223		

※ 성별은 더미변수임.

※ *VIF* : 분산팽창요인(Variance Inflation Factor).

※ *TOL* : 공차한계(Tolerance Limit).

*<0.1 **<0.05 ***<0.01

생각해 봅시다! 〈회귀분석에서 더미변수로만 결과를 도출하면?〉

만일 회귀분석에서 연속형 독립변수 없이 더미변수만 투입하게 되면 어떻게 결과를 해석해야 할까? 자료분석론을 수강하는 학생 20명을 무작위추출하여 다음과 같은 현황자료를 얻었다고 가정해 보자. 남녀 간의 성적의 차이는 **독립표본 T 검정**을 이용하여 검정해야 한다.

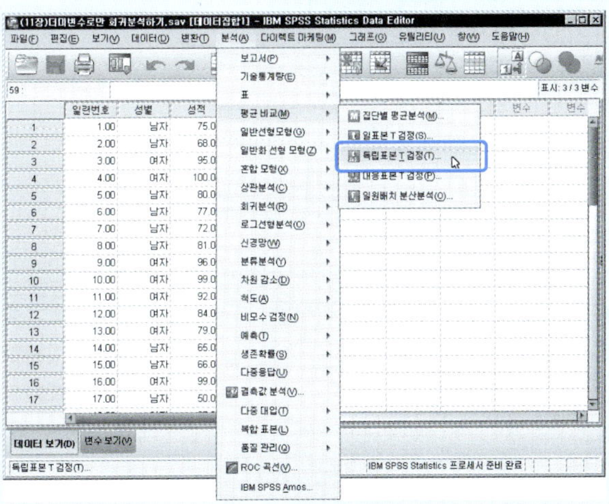

〈남녀 간 기초통계학 성적현황〉

T-검정

[데이터집합1] E:\SPSS를 이용한 조사방법 및 통계분석의 이해 Data\(11장)더미변수로만 회귀분석하기.sav

집단통계량

	성별	N	평균	표준편차	평균의 표준오차
성적	남자	10	69.0000	10.16530	3.21455
	여자	10	91.9000	7.15619	2.26299

독립표본 검정

		Levene의 등분산 검정		평균의 동일성에 대한 t-검정						
		F	유의확률	t	자유도	유의확률 (양쪽)	평균차	차이의 표준오차	차이의 95% 신뢰구간 하한	차이의 95% 신뢰구간 상한
성적	등분산이 가정됨	.972	.337	-5.825	18	.000	-22.90000	3.93121	-31.15917	-14.64083
	등분산이 가정되지 않음			-5.825	16.162	.000	-22.90000	3.93121	-31.22703	-14.57297

독립표본 검정표를 보면 성적은 남녀 간에 유의한 차이를 보이고 있다. **집단통계량**표에 근거할 때 남자(평균 69.00점)에 비해 여자(평균 91.90점)의 성적이 높게 나타나고 있다.

동일한 자료로 이번에는 성별을 더미변수로 바꾼 뒤, 더미성별 변수만으로 회귀분석을 실시하였다.

회귀모형

[데이터집합1] E:\SPSS를 이용한 조사방법 및 통계분석의 이해 Data\(11장)더미변수로만 회귀분석하기.sav

진입/제거된 변수[a]

모형	진입된 변수	제거된 변수	방법
1	더미성별[b]	.	입력

a. 종속변수: 성적

b. 요청된 모든 변수가 입력되었습니다.

모형 요약

모형	R	R 제곱	수정된 R 제곱	추정값의 표준오차
1	.808[a]	.653	.634	8.79046

a. 예측값: (상수), 더미성별

분산분석[a]

모형		제곱합	자유도	평균 제곱	F	유의확률
1	회귀 모형	2622.050	1	2622.050	33.933	.000[b]
	잔차	1390.900	18	77.272		
	합계	4012.950	19			

a. 종속변수: 성적

b. 예측값: (상수), 더미성별

계수[a]

모형		비표준화 계수 B	비표준화 계수 표준오차	표준화 계수 베타	t	유의확률
1	(상수)	91.900	2.780		33.060	.000
	더미성별	-22.900	3.931	-.808	-5.825	.000

a. 종속변수: 성적

더미변수를 이용한 회귀분석에 의한 회귀식은 '성적($\hat{Y}$) = 91.900 − 22.900×더미성별(D)'이며, 더미성별(D)의 값인 1(남자)과 0(여자)을 대입하여 계산하면 남자(1)의 성적($\hat{Y}_{남}$)은 69.000점, 여자(0)의 성적($\hat{Y}_{여}$)은 91.900점이다.

이처럼 회귀분석에서 더미변수만을 독립변수로 하여 분석에 임하면, 차이검증과 동일한 결론을 얻는다. 이럴 경우에는 **'~에 비해 ~이 (높다/낮다)'**로 해석한다.

12.2.7. SPSS를 이용한 로지스틱 회귀분석

<표 12.2.6>은 A놀이공원에 대한 이용자의 만족도 및 재이용의사 여부에 대한 자료이다. A놀이공원에서는 '만족점수가 증가될수록 재이용할 확률이 얼마나 되는가'를 살펴봄으로써 놀이공원의 이용 만족도를 높이기 위한 새로운 마케팅전략을 수립하고자 한다. 즉, '만족점수'라는 연속형 독립변수가 '재이용의사(**있다=1, 없다=0**)'라는 범주형 종속변수에 얼마나 영향력을 미치고 있는지를 파악하기를 원한다. 이 자료를 이용하여 로지스틱 회귀분석의 적용 사례를 살펴보자.

❖ 표 12.2.6] **A놀이공원 이용자 만족도 및 재이용의사**

일련번호	만족점수	재이용의사	일련번호	만족점수	재이용의사
1	79	있다	11	94	없다
2	65	있다	12	72	있다
3	88	없다	13	77	있다
4	89	없다	14	100	없다
5	93	없다	15	68	있다
6	69	없다	16	79	있다
7	86	없다	17	66	있다
8	92	없다	18	75	있다
9	98	없다	19	89	없다
10	71	있다	20	61	없다

<표 12.2.6>을 **<그림 12.2.28>**과 같이 코딩 후, **분석(A)-회귀분석(R)-이분형 로지스틱(G)**을 실행한다. 재이용의사는 이분형으로 코딩한다(**있다=1, 없다=0**).

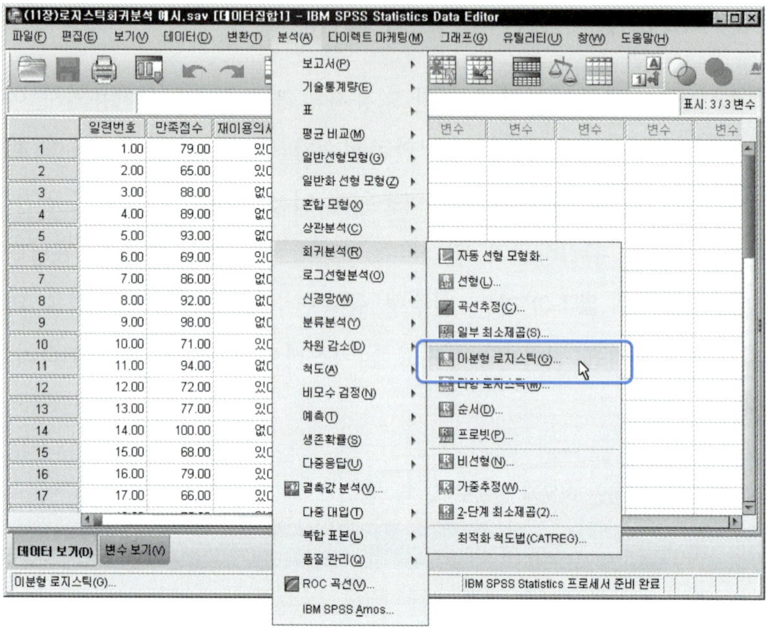

그림 12.2.28 〈표 12.2.6〉의 코딩 및 이분형 로지스틱(G) 실행

대화상자에서 **종속변수(D)**:에 재이용의사 를, **공변량(C)**:에 만족점수를 옮기고 옵션(O)... 을 누른다(<**그림 12.2.29**> 참조).

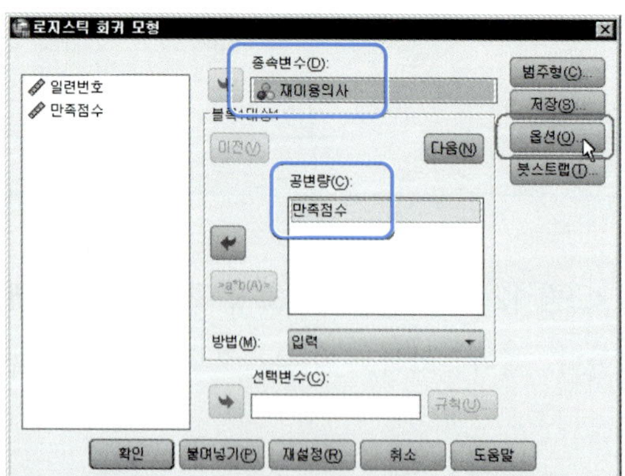

그림 12.2.29 이분형 로지스틱(G) 대화상자

통계량 및 도표의 Hosmer-Lemeshow **적합도(H)**를 선택하고 계속 을 누른다(<그림 12.2.30> 참조). 다만, Hosmer-Lemeshow **적합도(H)**는 표본의 수가 충분히 클 때만 사용하는 것이 좋다.

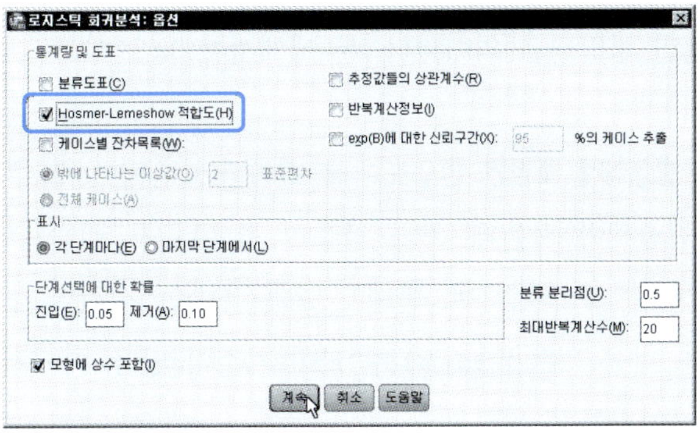

그림 12.2.30 **이분형 로지스틱(G)–옵션(O) 대화상자**

<그림 12.2.29>에서 확인 을 누르면 **<그림 12.2.31>**처럼 결과가 도출된다. 로지스틱 회귀분석에서는 가장 우선적으로 다음의 세 가지를 통해 모형의 적합성부터 파악한다. ① **모형계수 전체테스트**에서 **카이제곱**(χ^2)의 유의성을 판단한다. 본 과정에서의 χ^2는 상수항만으로 구성된 모형과 독립변수를 포함한 모형 간의 적합도 차이를 나타내는 것이다. 모형과 블록의 값들은 서로 동일한데, $\chi^2=12.902$, $p=0.000$으로 통계적으로 유의하게 나타났다. ② **Hosmer와 Lemeshow 검정**을 살펴본다. 이것에 대한 귀무가설은 '모형은 적합하다'이며, χ^2통계량이 $p>0.05$일 때, 즉 귀무가설이 채택될 때 모형이 적합한 것으로 해석한다. Hosmer와 Lemeshow 통계량은 종속변수의 실제값과 모형에 의한 예측값 간의 일치 정도(Correspondence)를 의미하는 것으로 이 값이 작을수록 모형 적합도는 높아진다. 본 사례에서는 $\chi^2=51.870$, $p=0.000$으로 통계적으로 유의하게 나타나 모형 적합도가 다소 낮다고 볼 수 있다. ③ **분류표**[a]에서 실제 관측값과 로지스틱 회귀분석으로 인한 예측값의 일치성 정도를 살펴본다. **없다**의 실제 관측값 10명에 대해 예측값은 9명으로 90.0%의 예측률을 보이며, **있다**의 실제 관측값 10명에 대해 예측값은 10명으로 100.0%의 예측률

을 보였다. 통상 전체 예측률은 80.0%를 넘어야 적합한 모형으로 판단되므로 본 자료는 전체 예측률이 95.0%로써 만족스럽다. 이상으로 볼 때 전반적으로 본 사례의 모형 적합성은 충족된다고 볼 수 있다.

두 번째로는, **모형 요약**에서 Nagelkerke R^2을 살펴본다. 이는 회귀모델의 종속변수에 대한 설명력을 의미한다. 본 예에서는 0.634이므로 63.4%의 설명력을 갖고 있다.

세 번째로, **방정식에 포함된 변수**표에서 B와 $\mathrm{Exp}(B)$[16]에 주목한다. 먼저, B의 부호에 집중해야 하는데, B가 양수인 경우는 기준(1)이 되는 종속변수일 가능성이 '높음'을 의미하며, 반대로 B가 음수인 경우는 가능성이 '낮음'으로 해석한다. 다음으로, $\mathrm{Exp}(B)$는 '1'이 기준이 된다. 따라서 1을 뺀 나머지 소수점을 증가확률로 해석한다. 예를 들어, $\mathrm{Exp}(B)=1.220$이라면 1을 뺀 나머지, 즉 0.22022.0%씩 만큼의 증가를 보인다고 해석하면 된다. 반면 본 자료처럼 1보다 작은 $\mathrm{Exp}(B)$를 보이는 경우에는 계산된 $\mathrm{Exp}(B)$값의 역수를 계산하여 기준(1)이 되는 종속변수의 반대 경우를 해석하면 된다. 따라서 본 예에서는 없다(0)일 확률이 1/0.820, 즉 1.22배 높다고 해석할 수 있다[17].

로지스틱

[데이터집합1] E:₩SPSS를 이용한 조사방법 및 통계분석의 이해 Data₩(11장)로지스틱회귀분석 예시.sav

케이스 처리 요약

가중되지 않은 케이스[a]		N	퍼센트
선택 케이스	분석에 포함	20	100.0
	결측 케이스	0	.0
	합계	20	100.0
비선택 케이스		0	.0
합계		20	100.0

a. 가중값을 사용하는 경우에는 전체 케이스 수의 분류표를 참조하십시오.

종속변수 코딩

원래 값	내부 값
없다	0
있다	1

블록 0: 시작 블록

16) $\mathrm{Exp}(B)$는 odds ratio, 즉 승산비를 의미한다.

17) 혹은 있다(1)일 확률이 18%(1-0.82)씩 감소한다고도 볼 수 있다.

분류표[a,b]

			예측		
			재이용의사		
감시됨			없다	있다	분류정확 %
0 단계	재이용의사	없다	0	10	.0
		있다	0	10	100.0
	전체 퍼센트				50.0

a. 모형에 상수항이 있습니다.

b. 절단값은 .500입니다.

방정식에 포함된 변수

		B	S.E,	Wals	자유도	유의확률	Exp(B)
0 단계	상수항	.000	.447	.000	1	1.000	1.000

방정식에 포함되지 않은 변수

			점수	자유도	유의확률
0 단계	변수	만족점수	10.512	1	.001
	전체 통계량		10.512	1	.001

블록 1: 방법 = 진입

모형 계수 전체 테스트

		카이제곱	자유도	유의확률
1 단계	단계	12.902	1	.000
	블록	12.902	1	.000
	모형	12.902	1	.000

모형 요약

단계	-2 Log 우도	Cox와 Snell의 R-제곱	Nagelkerke R-제곱
1	14.824[a]	.475	.634

a. 모수 추정값이 .001보다 작게 변경되어
계산반복수 6에서 추정을 종료하였습니다.

= Hosmer 와 Lemeshow 검정 =

단계	카이제곱	자유도	유의확률
1	51.888	8	.000

Hesmer 와 Lemeshow 검정에 대한 분할표

		재이용의사 = 없다		재이용의사 = 있다		
		감시됨	예상됨	감시됨	예상됨	합계
1 단계	1	2	1.950	0	.050	2
	2	2	1.860	0	.140	2
	3	3	2.599	0	.401	3
	4	2	1.568	0	.432	2
	5	0	.856	2	1.144	2
	6	0	.588	2	1.412	2
	7	0	.290	2	1.710	2
	8	0	.171	2	1.829	2
	9	0	.098	2	1.902	2
	10	1	.021	0	.979	1

분류표[a]

감시됨			예측 재이용의사 없다	있다	분류정확 %
1 단계	재이용의사	없다	9	1	90.0
		있다	0	10	100.0
	전체 퍼센트				95.0

a. 절단값은 .500입니다.

방정식에 포함된 변수

		B	S.E,	Wals	자유도	유의확률	Exp(B)
1 단계[a]	만족점수	-.199	.078	6.410	1	.011	.820
	상수항	15.984	6.334	6.369	1	.012	8748284.950

a. 변수가 1: 단계에 진입했습니다 만족점수. 만족점수.

그림 12.2.31 이분형 로지스틱 회귀분석 결과

12.2.8. 보고서에서의 로지스틱 회귀분석 결과 표현

로지스틱 회귀분석의 결과는 다음과 같이 일반화하여 제시한다. B값이 음수이므로 재이용할 가능성이 낮다고 할 수 있으며, Exp(B)를 고려하면 재이용 확률이 감소하고 있으므로 반대로 재이용하지 않을 확률이 증가되고 있다고 할 수 있다.

> A놀이공원의 만족점수가 재이용의사에 미치는 영향을 보면, B값을 기준할 때 만족점수가 높을수록 재이용할 가능성이 낮았으며, Exp(B)에 의하면 만족점수가 높아질수록 재이용을 하지 않을 확률이 1.22배씩 증가하고 있었다. 즉, 놀이공원에 대한 만족점수가 높아질수록 재이용하지 않을 확률이 높다. 이는 만족도와 재이용의사 사이에 다른 요인이 개입하고 있음을 간접적으로 보여주는 결과라 할 수 있다. 따라서 어떤 요인이 이들의 관계를 왜곡하고 있는지 왜곡변인을 찾는 노력이 필요할 것이다(<표 12.2.7> 참조).

❖ 표 12.2.7] 로지스틱 회귀분석 결과 제시 예시

변 수	B	S.E	Wald(p)	Exp(B)
(상수)	15.984	6.334	6.369^{**}(0.012)	–
만족점수	-0.199	0.078	6.410^{**}(0.011)	0.820

모형 적합도	Model $\chi^2(p)$	$12.902^{***}(0.000)$
	Hosmer & Lemeshow $\chi^2(p)$	$51.888^{***}(0.000)$
	Negelkerke R^2	0.634

*<0.1 **<0.05 ***<0.01

※ 종속변인 : 재이용의사(있다=1, 없다=0)

생각해 봅시다! 〈로지스틱 회귀분석이 유의하지 않았을 때 변호방법은?〉

의학계에서는 신약의 효능을 증명할 때 많은 경우에 최종적인 임상실험을 거치게 된다. 임상실험은 많은 경우에 윤리적 문제와 상충될 뿐 아니라 자칫 사람의 목숨을 좌우할 만큼 위험부담이 크기 때문에 실행하기가 쉽지 않다.

만일 어떤 신약에 대한 임상실험 종료 후, 로지스틱 회귀분석을 실시하여 약의 효능(**증상이 호전되었다=1, 호전되지 않았다=0**)을 검증하였는데 결과가 유의하지 않았다면 어떻게 할 것인가? 어렵게 진행한 임상실험의 폐기는 물론이며, 약의 효능 없음을 단정 짓고 모든 일련의 노력을 포기하겠는가? 여기에서 끝나면 다행이지만 적지 않은 경우에는 실험결과의 조작을 강요 또는 유혹받는 경우도 발생될 수 있다.

이 경우 ES(Effect Size)를 구하여 비교함으로써 약의 효능을 재검토해 볼 수 있다.

$$\text{ES} = \frac{\text{사전검사 평균} - \text{사후검사 평균}}{\text{사전검사 표준편차}}$$

만일 ES가 0.6 이상으로 나타나면 약의 효과는 유효하다고 판정할 수 있다. 다만, 사례수가 너무 적어 유의한 결과가 나타나지 않았을 수 있으므로 Sample Size를 좀 더 크게 한다면 유의한 결과, 즉 약의 효능이 유의함을 보여줄 수 있다고 일반화할 수 있다.

12.3. 회귀분석의 응용

매개변수와 조절변수는 독립변수와 종속변수의 관계에 작용한다. 그러나 이 둘 간에는 중재(mediating)와 조절(moderating)이라는 차이점이 존재한다. 즉, 매개변수는 독립변수와 종속변수의 사이에서 중재하는 역할을 수행하지만, 조절변수는 관계 내에 직접 관여하는 것이 아니라, 조절변수는 독립변수가 종속변수에 미치는 영향을 조절하는 역할을 한다. 통상 이 둘의 구분은 선행연구에 근거하여 설정한다.

매개변수를 포함시켜 나타낸 그림을 경로도형(Path Diagram)이라고 하며, **경로분석**(Path Analysis)으로 관계의 크기 및 유의성을 검증한다. 경로분석은 AMOS[18]나 LISREL[19]이란 프로그램을 이용하면 보다 정확하고 손쉽게 처리할 수 있다. 조절변수의 검증 역시 AMOS나 LISREL 프로그램에서 그룹분석을 수행하여 검증할 수 있다. 참고로 **<그림 12.3.1>**은 AMOS의 실행 초기화면이다.

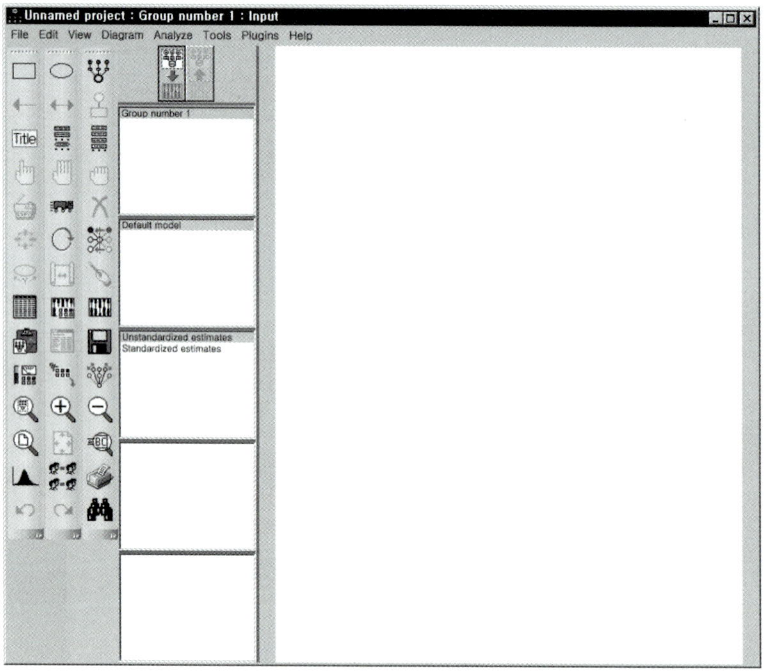

그림 12.3.1 AMOS 실행 초기화면

18) Analysis of MOment Structure

19) LInear Structual RELation

한편 **경로분석**이 **확인적 요인분석**(Confirmatory Factor Analysis : CFA)[20]과 함께 수행될 때, **구조방정식모형**(Structural Equation Modeling : SEM)이라고 지칭된다.

구조방정식모형에 대한 자세한 사항은 관련 서적을 참고하기 바라며, 본 단원에서는 회귀분석을 이용하여 매개변수 및 조절변수의 검증 방법을 간략하게 소개하기로 한다. 다만, 본 방법들은 복잡한 구조모형에는 적용할 수 없으므로 반드시 관련 프로그램을 이용하기 바란다.

12.3.1. SPSS를 이용한 매개변수 검증

<표 12.2.2>에서 연령(**독립변수**)과 제품 만족도(**종속변수**)의 인과관계 내에서 제품 가격(**매개변수**)이 어떻게 매개하고 있는지를 알고 싶다고 가정해 보자. **<그림 12.3.2>** 모형에서 연령 → 제품 만족도는 **직접효과**, 연령 → 게임기 가격과 게임기 가격 → 제품 만족도는 **간접효과**라 지칭한다.

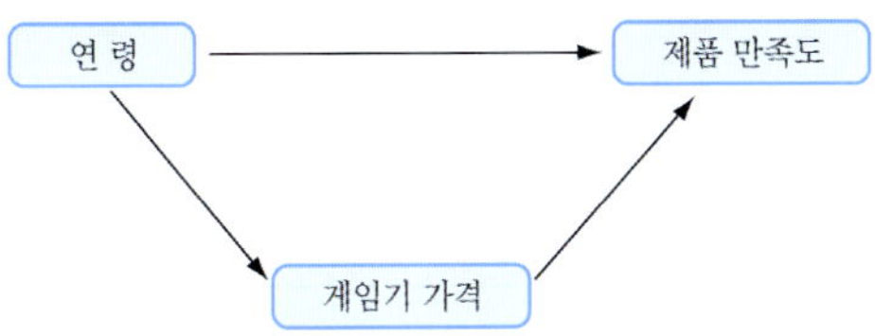

그림 12.3.2 **매개변수 경로모형**

회귀분석을 이용한 매개변수 검증은 다음의 절차를 따른다. 첫째, 독립변수와 종속변수 간에 단순회귀분석을 실시하여 표준화계수(β)를 살펴본다(**<그림 12.3.3>** 참조). 둘째, 독립변수와 매개변수를 종속변수로 전제하고 단순회귀분석을 실시하여 표준화계수(β)를 파악한다(**<그림 12.3.4>** 참조). 셋째, 독립변수와 매개변수를 모두 독립변수로 하여 종속변수에 다중회귀분석을 실시한 후 표준화계수(β)를 파악한다(**<그림 12.3.5>** 참조).

20) 본 서 **15. 측정도구의 검토**에서 설명하는 요인분석은 **탐색적 요인분석**(Exploratory Factor Analysis : EFA)이라 한다. 탐색적 요인분석은 흔히 측정하고자 하는 문항들의 구성개념 타당도(Construct validity)를 검증하고, 자료를 공통적인 하위요인으로 분류함으로써 축소하기 위한 목적으로 쓰인다. 반면 **확인적 요인분석**(Confirmatory Factor Analysis : CFA)은 연구자가 이론적 근거나 선행연구를 바탕으로 사전적 지식이 있는 상태에서 하위요인으로 분류된 각 사항들의 영향력 크기를 확인하기 위한 목적을 지닌다.

⋮

⋮

분산분석[a]

모형		제곱합	자유도	평균 제곱	F	유의확률
1	회귀 모형	599.057	1	599.057	167.054	.000[b]
	잔차	35.860	10	3.586		
	합계	634.917	11			

a. 종속변수: 만족도

b. 예측값: (상수), 연령

계수[a]

모형		비표준화 계수		표준화 계수	t	유의확률
		B	표준오차	베타		
1	(상수)	45.139	1.969		22.929	.000
	연령	1.445	.112	.971	12.925	.000

a. 종속변수: 만족도

그림 12.3.3 회귀분석을 이용한 매개변수 검증(1)

⋮

⋮

분산분석[a]

모형		제곱합	자유도	평균 제곱	F	유의확률
1	회귀 모형	226.136	1	226.136	88.888	.000[b]
	잔차	25.440	10	2.544		
	합계	251.577	11			

a. 종속변수: 가격

b. 예측값: (상수), 연령

계수[a]

모형		비표준화 계수		표준화 계수	t	유의확률
		B	표준오차	베타		
1	(상수)	28.732	1.658		17.328	.000
	연령	.888	.094	.948	9.428	.000

a. 종속변수: 가격

그림 12.3.4 회귀분석을 이용한 매개변수 검증(2)

⋮

⋮

분산분석[a]

모형		제곱합	자유도	평균 제곱	F	유의확률
1	회귀 모형	625.628	2	312.814	303.081	.000[b]
	잔차	9.289	9	1.032		
	합계	634.917	11			

a. 종속변수: 만족도

b. 예측값: (상수), 가격, 연령

계수[a]

모형		비표준화 계수		표준화 계수	t	유의확률
		B	표준오차	베타		
1	(상수)	15.776	5.883		2.682	.025
	연령	.538	.189	.361	2.851	.019
	가격	1.022	.201	.643	5.074	.001

a. 종속변수: 만족도

그림 12.3.5 회귀분석을 이용한 매개변수 검증(3)

상기과정에 의한 각 효과의 크기는 **<그림 12.3.6>**처럼 정리된다. 여기에서 주목할 것은 연령과 만족도 간의 인과관계의 크기이다. 즉, 첫째 단계의 표준화 계수(β)인 0.971과 셋째 단계의 표준화 계수(β)인 0.361이다. 첫째 단계에서 0.971이었으나, 셋째 단계에서는 0.361로 큰 폭으로 줄어들었으며, 두 경우 모두 회귀분석이 유의하였다. 이는 가격이 매개변수로서 '부분 매개'하고 있는 것이다.

만일 첫째 단계(연령 $\Rightarrow$ 만족도)가 유의하지 않고, 셋째 단계에서도 연령은 유의하지 않은 상태(연령 $\nRightarrow$ 만족도)인데, 둘째 단계(연령 $\Rightarrow$ 가격)가 유의하며 동시에 셋째 단계에서 가격만 유의한 상태(가격 $\Rightarrow$ 만족도)라면 가격은 완전 매개변수라고 한다.

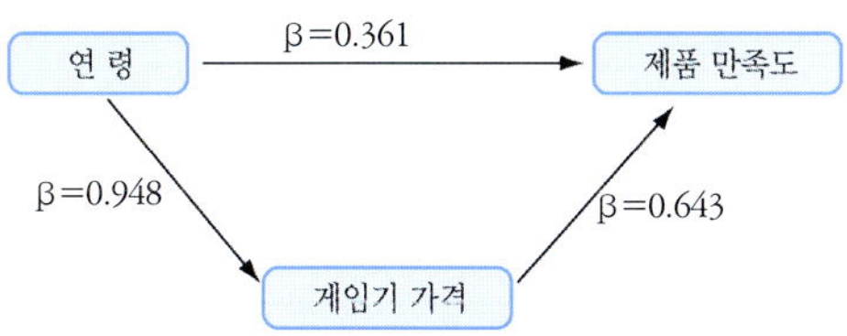

그림 12.3.6 매개변수 경로모형에서 각 효과의 크기

이때 **총효과**는 **직접효과와 간접효과의 합**으로 나타낼 수 있고, 다시 **간접효과의 합**은 **각 간접효과의 곱**으로 표현된다. 따라서 본 모형으로 정의할 수 있는 총효과는 다음과 같다.

$$
\begin{aligned}
\text{총효과} &= \text{직접효과} + \text{간접효과} \\
&= 0.361 + (0.948 \times 0.643) \\
&= 0.971
\end{aligned}
$$

한편 매개변수는 확실한 이론적 토대를 근거로 결정해야 한다. 따라서 매개변수의 지정에는 논리적 근거가 완벽하게 선행 제시되어야 한다.

12.3.2. SPSS를 이용한 조절변수 검증

이미 **12.2.5. SPSS를 이용한 더미변수 이용 회귀분석**에서 살펴본 바 있는 상호작용 변수가 바로 **조절변수**의 한 형태이다. 즉, **더미변수 이용 회귀분석**에서처럼 독립변수와 더미변수의 곱으로 만들어진 상호작용 변수가 다중회귀분석에서 유의하게 나타나면 더미변수는 조절변수라 할 수 있다.

<표 12.2.4>에서 '교육시간' 변수가 '성과' 변수에 미치는 영향을 측정하는 회귀모형에서 '성별' 변수를 조절변수로 가정하면 **<그림 12.3.7>**과 같이 표현된다.

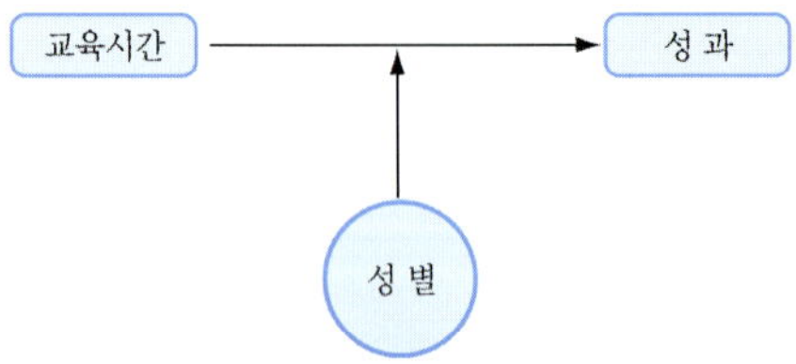

그림 12.3.7 **조절변수(성별) 경로모형**

이미 **더미변수 이용 회귀분석**에서 더미성별 과 교육시간 을 곱하여 만든 상호작용2 가 통계적으로 유의하지 않다. 이는 교육시간 과 성과 의 인과관계에 더미성별, 즉 성별 이 조절변수 역할을 하지 못한다는 것이다.

만일 성별 처럼 질적변수가 아닌 양적변수가 조절변수 역할을 한다고 가정해 보자. 즉, 상기 **매개변수 검증**의 사례인 연령과 만족도 간의 인과관계에서 가격이 조절변수 역할을 수행하는지 검증해 본다고 해보자(**<그림 12.3.8>** 참조).

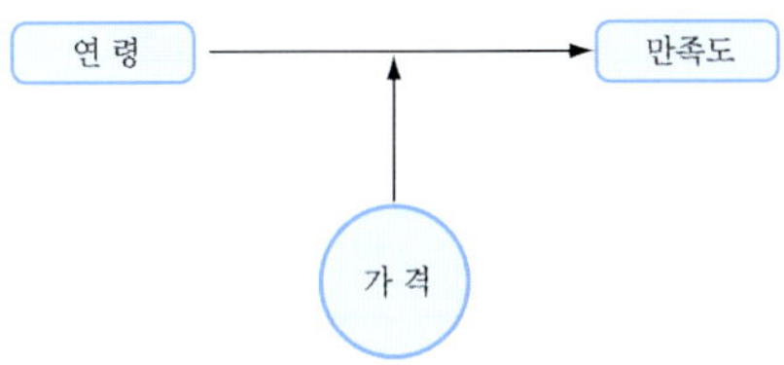

그림 12.3.8 **조절변수**(가격) **경로모형**

조절변수 검증은 상호작용 변수의 생성에서부터 시작이다. 따라서 **변환(T)-변수 계산(C)**에서 연령과 가격을 곱해 조절효과 라는 상호작용 변수를 만든다 (**<그림 12.3.9>** 참조).

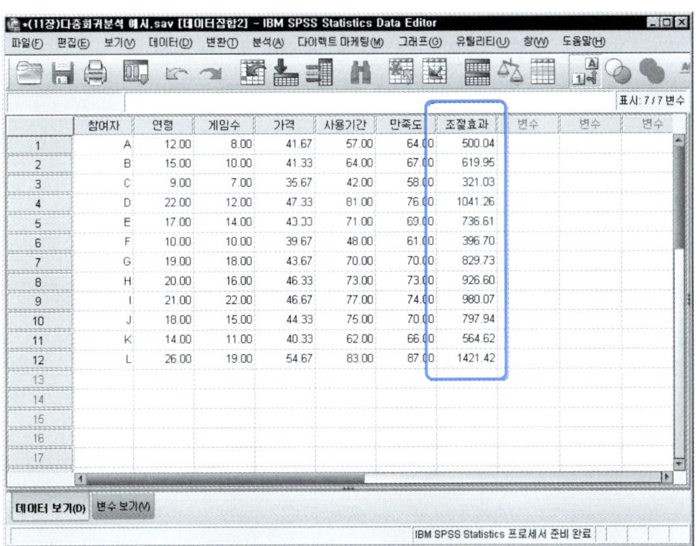
*(11장)다중회귀분석 예시.sav [데이터집합2] - IBM SPSS Statistics Data Editor

	참여자	연령	게임수	가격	사용기간	만족도	조절효과
1	A	12.00	8.00	41.67	57.00	64.00	500.04
2	B	15.00	10.00	41.33	64.00	67.00	619.95
3	C	9.00	7.00	35.67	42.00	58.00	321.03
4	D	22.00	12.00	47.33	81.00	76.00	1041.26
5	E	17.00	14.00	43.33	71.00	69.00	736.61
6	F	10.00	10.00	39.67	48.00	61.00	396.70
7	G	19.00	18.00	43.67	70.00	70.00	829.73
8	H	20.00	16.00	46.33	73.00	73.00	926.60
9	I	21.00	22.00	46.67	77.00	74.00	980.07
10	J	18.00	15.00	44.33	75.00	70.00	797.94
11	K	14.00	11.00	40.33	62.00	66.00	564.62
12	L	26.00	19.00	54.67	83.00	87.00	1421.42

그림 12.3.9 **조절효과 변수 생성**

분석(A)-회귀분석(R)-선형(L)을 실행하고, **종속변수(D):**에는 만족도, **독립변수(I):**에는 연령 및 가격과 상호작용 변수인 조절효과를 옮긴다. 물론 **방법(M):**은 입력 이다. 통계량(S)... 에서 **공선성 진단(L)**을 선택하고 회귀분석을 실행한다.

<그림 12.3.10>에서 보면 조절효과는 통계적으로 유의하다. 즉, 연령과 만족도의 인과관계 내에서 가격의 조절효과가 발생하고 있다는 것이다.

⋮

⋮

분산분석[a]

모형		제곱합	자유도	평균 제곱	F	유의확률
1	회귀 모형	629.697	3	209.899	321.702	.000[b]
	잔차	5.220	8	.652		
	합계	634.917	11			

a. 종속변수: 만족도

b. 예측값: (상수), 조절효과, 가격, 연령

계수[a]

모형		비표준화 계수		표준화 계수	t	유의확률	공선성 통계량	
		B	표준오차	베타			공차	VIF
1	(상수)	40.269	10.866		3.706	.006		
	연령	-.312	.372	-.210	-.839	.426	.016	60.786
	가격	.376	.304	.237	1.236	.251	.028	35.678
	조절효과	.024	.010	.969	2.497	.037	.007	146.384

a. 종속변수: 만족도

그림 12.3.10 조절효과 변수의 공선성 확인

그런데 **조절효과**의 **공선성 통계량**을 보면 **공차** 0.007, **VIF** 146.384로 다중공선성이 나타난다. 결국 다중공선성으로 인해 결과가 왜곡되었을 가능성이 있다는 것이다. 따라서 다중공선성 문제를 해결해야 한다. 이를 해결하기 위한 방법이 **중심화**(Centering)이다. **중심화**란, 각 변수에서 해당 변수의 평균을 빼서 편차점수를 구하는 것으로, 독립변수와 상호작용 변수 간에 나타나는 높은 상관관계를 배제시키는 방법이다. 즉, 상호작용 변수를 만들 때 (독립변수 − 독립변수의 평균) × (조절변수 − 조절변수의 평균)으로 계산한다.

중심화 기법을 적용하여 다시 상호작용 변수를 만든다. 연령의 평균이 16.9167이고 가격의 평균이 43.7500이므로 **변환(T)-변수 계산(C)**에서 이를 반영한다(**<그림 12.3.11>**, **<그림 12.3.12>** 참조).

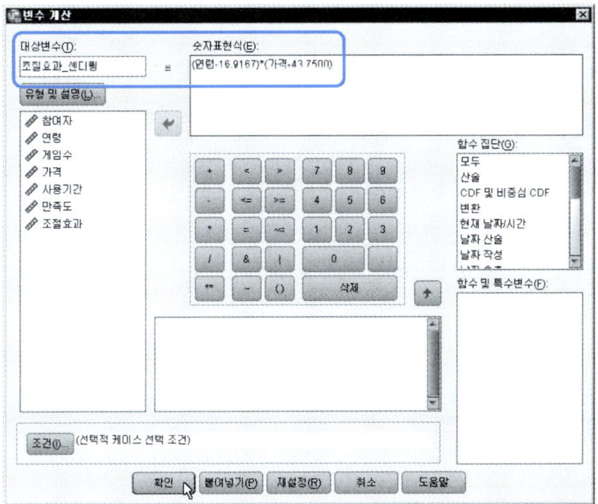

그림 12.3.11 변환(T)-변수 계산(C) 대화상자(중심화 기법 적용)

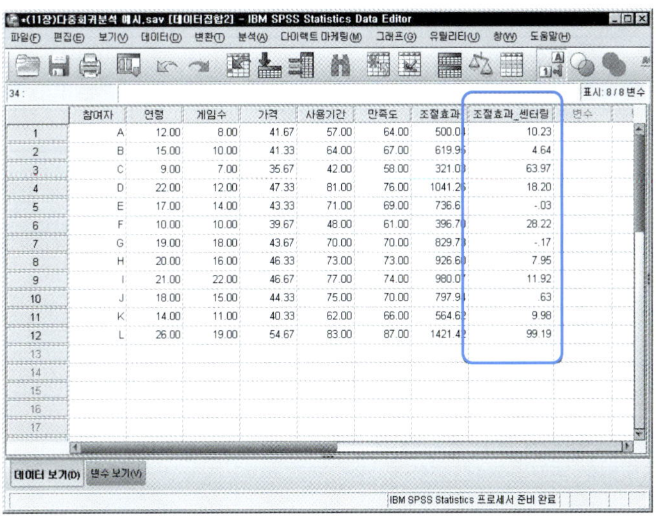

그림 12.3.12 조절효과 변수 생성 결과(중심화 기법 적용)

이제 다시 **분석(A)-회귀분석(R)-선형(L)**을 실행하고, **종속변수(D)**:에 만족도, **독립변수(I)**:에 연령, 가격, 조절효과_센터링를 옮기고 상기 과정대로 다중회귀분석을 실행한다.

<그림 12.3.13>에서 보면 **조절효과_센터링**이 통계적으로 유의하며, **공차** 0.711, **VIF** 1.406인 것으로 볼 때 다중공선성이 없다고 판단된다. 현재 가격은 연령과 만족도의 인과관계 내에서 조절변수로 작용하고 있음을 알 수 있다.

한편 조절변수 역시 매개변수와 마찬가지로 확실한 이론적 토대를 근거로 결정되어야 하므로 논리적 근거가 완벽하게 선행 제시되어야 한다.

⋮

⋮

분산분석[a]

모형		제곱합	자유도	평균 제곱	F	유의확률
1	회귀 모형	629.697	3	209.899	321.702	.000[b]
	잔차	5.220	8	.652		
	합계	634.917	11			

a. 종속변수: 만족도

b. 예측값: (상수), 조절효과_센터링, 연령, 가격

계수[a]

모형		비표준화 계수		표준화 계수	t	유의확률	공선성 통계량	
		B	표준오차	베타			공차	VIF
1	(상수)	22.638	5.425		4.173	.003		
	연령	.730	.169	.491	4.331	.003	.080	12.504
	가격	.779	.187	.490	4.158	.003	.074	13.536
	조절효과_센터링	.024	.010	.095	2.497	.037	.711	1.406

a. 종속변수: 만족도

그림 12.3.13 조절효과 검증 결과

생각해 봅시다! 〈위계적 회귀분석이란?〉

인과관계를 규명하기 위한 연구모형을 수립할 때 간혹 통제변수를 설정하는 경우가 있다. 이는 조절변수나 매개변수 혹은 허위변수, 억제변수, 왜곡변수, 혼란변수 등 다양한 외생변수의 개입을 배제하고 순수하게 독립변수와 종속변수 간의 인과관계 규명을 목적으로 하는 연구이다. 이때 활용하는 방법이 바로 **위계적 회귀분석**(Hierarchical Regression Analysis)이다. **위계적 회귀분석**은 연구자가 투입되는 독립변수의 순서를 부여하는 방식으로서 각 단계마다 추가되는 변수의 영향력을 비교하는 방법이다. 단, 이때 순서는 임의대로 결정하는 것이 아니라 반드시 선행연구 등 이론적 근거가 명확하게 뒷받침되어야 한다. **다중회귀분석의 단계선택**(Stepwise) 방식과 혼돈해서는 안 된다.

통상 일련의 독립변수와 일련의 통제변수가 있다 했을 때 먼저 통제변수만을 고려하여 회귀분석을 실시하고, 다음 단계에 독립변수를 추가하여 각 단계별로 R^2의 변화량이 통계적으로 유의한지를 검토한다.

<그림 12.2.20>의 더미성별 을 통제변수로 하고 참여횟수 와 교육시간 이 성과 에 미치는 영향을 검증한다고 가정해 보자. **분석(A)-회귀분석(R)-선형(L)**을 실행한다.

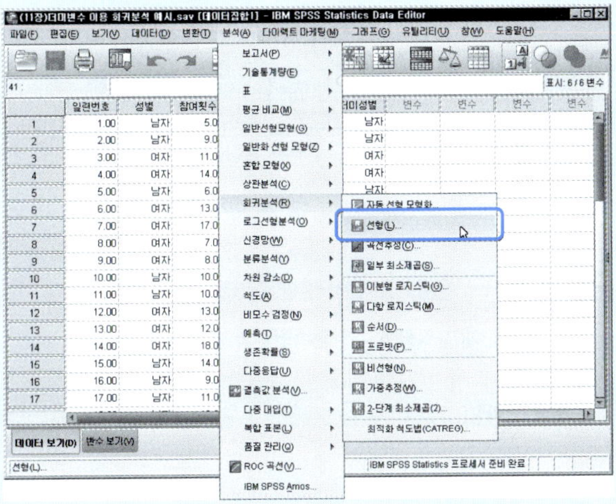

〈교육 성과측정 결과 및 분석(A)-회귀분석(R)-선형(L) 실행〉

1단계(블록(B)1대상1)에서는 먼저 통제변수의 영향력을 보므로 **종속변수(D)**:에 성과 , **독립변수(I)**:에 더미성별 을 넣고 다음(N) 을 누른다.

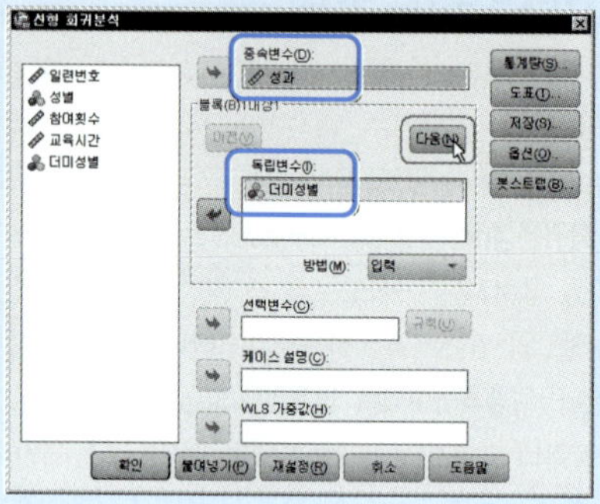

〈1단계 : 통제변수와 종속변수의 인과관계 지정〉

2단계(**블록(B)2대상2**)에서는 **독립변수(I)**:에 참여횟수 와 교육시간 을 넣고 통계량(S)... 을 누른다.

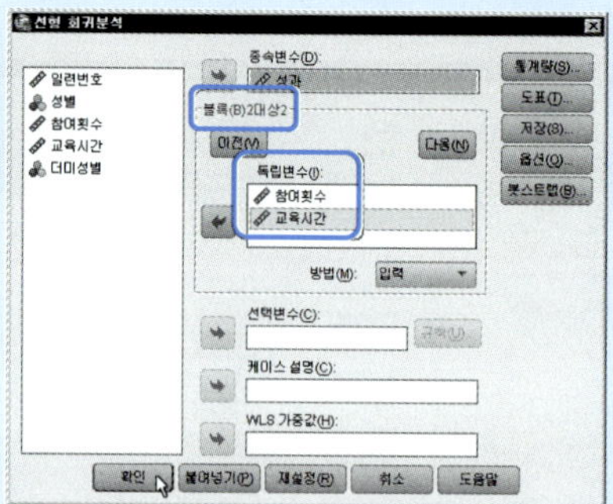

〈2단계 : 독립변수와 종속변수의 인과관계 지정〉

통계량(S)... 에서는 R **제곱 변화량(S)**과 다중공선성 진단을 위해 **공선성 진단(L)**을 선택하고 계속 을 누른다.

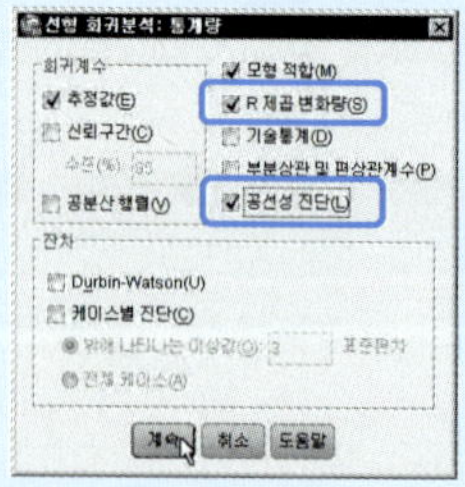

〈통계량(S)에서 R 제곱 변화량(S)과 공선성 진단(L) 선택〉

확인 을 눌러 나타난 결과이다. <그림 12.2.16> **단계선택**(Stepwise) 방식의 **다중회귀분석**과 느낌이 비슷하다. 그러나 모형 요약에 통계량 변화량이라는 수치가 보인다. 우선 1단계에서 통제변수(더미성별)가 종속변수(성과)에 미치는 영향이 유의한 가운데(F=10.649, p=0.004) 설명력이 0.372로 나타났다. 다음으로 2단계에 투입된 독립변수(참여횟수, 교육시간)로 인해 R^2이 0.561만큼 변화되었다(F=74.091, p=0.000). 즉, 독립변수(참여횟수, 교육시간)가 종속변수(성과)의 변화를 56.1% 설명하고 있으며 이런 변화는 유의하였다(p=0.000). 통제변수(더미성별)와 독립변수(참여횟수, 교육시간)를 모두 투입한 회귀모형의 설명력(R^2)은 0.933이다. 계수a에서 보면 유의수준 5%에서 **교육시간**은 유의하지 않았으나(t=2.006, p=0.062) 참여횟수는 유의한(t=3.503, p=0.003) 영향요인이 되고 있었다. 정리하면, 종속변수에 대한 회귀모형의 설명량(93.3%)에서 통제변수의 설명량(37.2%)을 뺀 나머지인 56.1%가 독립변수의 설명변량이라고 할 수 있다.

만일 아래의 그림처럼 R제곱 변화량이 유의하지 않다면(통제변수의 설명량 0.925를 제외한 나머지 7%가 연구자가 알고자 하는 설명량인데, 이에 대한 변화량이 통계적으로 유의하지 않다면), 통제변수를 통제했을 때 독립변수는 종속변수를 예측하지 못한다고 해석한다.

모형 요약

모형	R	R 제곱	수정된 R 제곱	추정값의 표준오차	통계량 변화량				
					R 제곱 변화량	F 변화량	df1	df2	유의확률 F 변화량
1	.962[a]	.925	.917	8.98175	.925	105.486	2	17	.000
2	.966[b]	.933	.920	8.78545	.007	1.768	1	16	.202

a. 예측값: (상수), 교육시간, 참여횟수
b. 예측값: (상수), 교육시간, 참여횟수, 더미성별

이처럼 투입되는 순서에 따라 설명력(R^2)과 영향력(β)을 단계별로 비교할 수 있다는 점이 위계적 회귀분석의 특징이라 할 수 있다.

회귀 모형

[데이터집합1] E:₩SPSS를 이용한 조사방법 및 통계분석의 이해 Data₩(11장)더미변수 이용 회귀분석 예시.sav

진입/제거된 변수[a]

모형	진입된 변수	제거된 변수	방법
1	더미성별[b]	.	입력
2	참여횟수, 교육시간[b]	.	입력

a. 종속변수: 성과
b. 요청된 모든 변수가 입력되었습니다.

모형 요약

모형	R	R 제곱	수정된 R 제곱	추정값의 표준오차	통계량 변화량				
					R 제곱 변화량	F 변화량	df1	df2	유의확률 F 변화량
1	.610[a]	.372	.337	25.3367	.372	10.649	1	18	.004
2	.966[b]	.933	.920	8.7854	.561	66.854	2	16	.000

a. 예측값: (상수), 더미성별
b. 예측값: (상수), 더미성별, 참여횟수, 교육시간

분산분석[a]

모형		제곱합	자유도	평균 제곱	F	유의확률
1	회귀 모형	6835.879	1	6835.879	10.649	.004[b]
	잔차	11555.071	18	641.948		
	합계	18390.950	19			
2	회귀 모형	17156.005	3	5718.668	74.091	.000[c]
	잔차	1234.945	16	77.184		
	합계	18390.950	19			

a. 종속변수: 성과

b. 예측값: (상수), 더미성별

c. 예측값: (상수), 더미성별, 참여횟수, 교육시간

계수[a]

모형		비표준화 계수		표준화 계수	t	유의확률	공선성 통계량	
		B	표준오차	베타			공차	VIF
1	(상수)	140.273	7.639		18.362	.000		
	더미성별	-37.162	11.388	-.610	-3.263	.004	1.000	1.000
2	(상수)	17.723	19.849		.893	.385		
	더미성별	-6.578	4.947	-.108	-1.330	.202	.637	1.569
	참여횟수	4.107	1.173	.571	3.503	.003	.158	6.323
	교육시간	.530	.264	.349	2.006	.062	.138	7.223

a. 종속변수: 성과

제외된 변수[a]

모형		베타 입력	t	유의확률	편상관계수	공선성 통계량		
						공차	VIF	최소공차한계
1	참여횟수	.860[b]	10.492	.000	.931	.736	1.359	.736
	교육시간	.890[b]	8.546	.000	.901	.644	1.553	.644

a. 종속변수: 성과

b. 모형내의 예측값: (상수), 더미성별

공선성 진단[a]

모형	차원	고유값	상태지수	분산비율			
				(상수)	더미성별	참여횟수	교육시간
1	1	1.671	1.000	.16	.16		
	2	.329	2.253	.84	.84		
2	1	3.375	1.000	.00	.02	.00	.00
	2	.587	2.398	.00	.48	.00	.00
	3	.035	9.801	.13	.34	.24	.00
	4	.003	35.263	.87	.16	.75	1.00

a. 종속변수: 성과

13
비모수적 검증의 이해

13 비모수적 검증의 이해

이전까지 우리는 표본 또는 모집단이 정규분포를 따르거나, 표본집단이 충분히 커서 자연스레 정규분포를 가정할 수 있는 경우, 즉 모수적 추론 방법에 대해 살펴보았다. 본 단원에서는 모집단의 분포를 알 수 없거나, 표본의 크기가 작으면서 정규성을 가정할 수 없을 때 이용되는 비모수적 검증 방법을 다루고자 한다. 비모수적 검증에는 다양한 방법들이 있으나, 본 서에서는 실무에서 가장 많이 쓰이는 비모수적 검증 방법들을 중심으로 살펴보았다.

13.1. 비모수적 검증에 대한 이론적 접근

비모수적 추론 방법에 의한 통계적 가설 검증을 비모수적 검증이라고 한다. 비모수적 검증이라 하면 흔히 복잡하고 어려울 것이라고 속단하기 쉽다. 그러나 비모수적 검증 방법 역시 모수적 검증 방법과 마찬가지로 독립변수와 종속변수의 속성에 따라 분석방법이 정해져 있다.

<표 13.1.1>과 **<그림 13.1.1>**은 표본수 및 위계에 따라 주로 쓰이고 있는 비모수적 검증 방법을 정리한 것이다.

❖ 표 13.1.1] 표본수에 따른 주로 쓰이는 비모수 검증 방법

표본수	주로 쓰이는 비모수 검증방법	비 고
1표본	x^2 적합도 검증	
	1표본 Kolmogorov-Smirnov 검증	정규성 검증
	Run 검증	독립성 검증
독립 2표본	Mann-Whitney의 U 검증	≒ 독립표본 T 검증
대응 2표본	McNemar 검증	질적인 2개의 사전・사후 종속변수
	Wilcoxon 부호순위 검증	≒ 대응표본 T 검증
독립 k표본	Kruskal-Wallis의 H 검증	≒ 일원분산분석

그림 13.1.1 주로 쓰이는 비모수적 통계분석방법 선택의 기본 도식

13.1.1. 1개의 표본(종속변수)인 경우

13.1.1.1. 적합도 검증

적합도 검증은 모집단이 특정한 분포형태를 따른다는 가정에 대해 표본의 분포를 검증하는 방법으로서, **질적인 종속변수**에 대해 적용하는 **비모수적 방법**이다. 예를 들어, 선거여론조사 등에서 지역마다 추출된 표본의 비율이 동일한지 아닌지를 검토할 때 쓰일 수 있다. **적합도 검증**의 가설은 다음과 같다.

$$H_0 : p_1 = p_2 = p_3 = \cdots p_k$$

$$H_1 : H_0\text{가 아니다.}$$

검증 통계량은 χ^2분포를 따르되, 반드시 각 범주별 기대도수는 5 이상이어야 한다. χ^2검증통계량은 아래 식에 의해 계산되며, 단측검증, 다시 말해 우측검증이다.

$$\chi^2 = \sum_{j=1}^{J} \frac{(O_j - E_j)^2}{E_j} \sim \chi^2_{(J-1,\ \alpha)}$$

범 주	1	2	3	…	J
관측빈도 수	O_1	O_2	O_3	…	O_J
기대빈도 수	E_1	E_2	E_3	…	E_J

※ $O_j(j = 1, 2, \cdots, J)$는 관측된 확률변수의 빈도수.

※ $E_j(j = 1, 2, \cdots, J)$는 J개의 범주에 대한 기대빈도수로서, $p_1 + p_2 + p_3 + \cdots + p_J = 1$일 때 $E_j = np_i(i = 1, 2, 3, \cdots, J)$로 계산됨.

χ^2 적합도 검증 예제

예제 13-1. 서울, 부산, 대구, 인천, 광주, 대전, 울산 등 총 7개의 특별시 및 광역시에서 이용자 만족도 조사를 실시하면서 선별된 표본의 수이다. 이들의 표본 크기가 균일한 비율인지를 검증해 보고자 한다.

	서울	부산	대구	인천	광주	대전	울산
이용자 만족도 표본수	110	99	96	87	86	93	101

☞ ① 가설 설정

$$H_0 : p_{\text{서울}} = p_{\text{부산}} = p_{\text{대구}} = p_{\text{인천}} = p_{\text{광주}} = p_{\text{대전}} = p_{\text{울산}} = \frac{1}{7}$$

$$H_1 : \text{not } H_0$$

② 유의수준 결정

$\alpha = 0.05$

③ 검증통계량 계산

$n = 672$이므로, 각 Cell의 기대빈도 $= \frac{672}{7} = 96$

$$\therefore \chi^2 = \frac{(110-96)^2}{96} + \frac{(99-96)^2}{96} + \frac{(96-96)^2}{96} + \frac{(87-96)^2}{96} + \frac{(86-96)^2}{96} + \frac{(93-96)^2}{96} + \frac{(101-96)^2}{96} = 4.375$$

④ 검증통계량과 임계치 비교

$\chi^2 = 4.375 < 12.592 = \chi^2_{(6,\ 0.05)}$이므로 귀무가설 채택

⑤ 결과해석 : 유의수준 0.05에서 귀무가설이 채택되었다. 그러므로 각 모든 지역의 표본 크기는 균일한 비율이라고 할 수 있다.

13.1.1.2. 1표본 콜모고로프-스미르노프 검증

1표본 콜모고로프-스미르노프 검증(Kolmogorov-Smirnov one sample test)은 모집단에서 추출된 표본의 분포가 특정한 분포를 따르는지 살펴보는 적합도 검증의 일종으로서, 상기 χ^2적합도 검증이 범주별 기대도수가 반드시 5 이상이어야 하는 제약이 있음으로 인해 제안되었다. 이 방법은 **10. 분산분석의 이해** 중 **10.3. SPSS를 이용한 세 집단 이상의 평균 차이 검증**에서 다루었듯이 많은 경우 정규성 검증에 활용된다[21].

콜모고로프-스미르노프 검증은 χ^2**적합도 검증**과 달리 연속형 자료, 즉 양적 자료에 대한 적합도 검증이므로 반드시 등간척도 및 비율척도로 구성된 변수만 적용해야 한다. **콜모고로프-스미르노프 검증**의 가설은 다음과 같다.

어떤 특정한 분포함수 $F_0(x)$에 대해,

$$H_0 : F(x_1) = F(x_2) = F(x_3) = \cdots = F(x_n) = F_0(x)$$

$H_1 : H_0$가 아니다.

21) SPSS를 이용한 **콜모고로프-스미르노프 검증**에서는 정규(Normal)분포 외에도 균일(Uniform)분포, 포아송(Poisson)분포, 지수(Exponential)함수 분포를 검증할 수 있다. 각각에 대해 **검증분포**에서 선택적으로 체크할 수 있다.

콜모고로프-스미노르프 검증은 관측 자료를 크기순으로 나열한 후 표본누적확률분포와 가설상의 이론적 모집단의 누적확률분포를 비교하여 표본의 분포가 가정한 확률분포에 적합한지를 평가한다. 이때의 통계량은 D로 표기하는데 이는 두 누적확률 간의 최대차이이다.

$$D = \max_x |F_a(X) - F_e(X)| \sim D_{(n,\ \frac{\alpha}{2})}$$

Kolmogorov-Smirnov 검증 예제

예제 13-2. 아래는 서울시 8개 자치구 중 4급 공무원의 수를 조사한 것이다. 이들의 수가 정규분포를 가정할 수 있는지 검증하여라.

자치구	A	B	C	D	E	F	G	H
4급 공무원 수	22	19	17	33	45	29	18	27

☞ ① 가설 설정

H_0 : $F(x_A) = F(x_B) = F(x_C) = F(x_D) = F(x_E) = F(x_F) = F(x_G) = F(x_H)$
$= F_0(x)$

H_1 : H_0가 아니다.

② 유의수준 결정

$\alpha = 0.05$

③ 검증통계량 계산

자치구	4급 공무원수	누적확률 $(F_a(X))$	Z	이론적 누적확률[22] $(F_e(X))$	$\|F_a(X) - F_e(X)\|$
C	17	0.125	-0.975	0.3352	0.2102
G	18	0.250	-0.870	0.3078	0.0578
B	19	0.375	-0.765	0.1462	0.2288
A	22	0.500	-0.448	0.1729	0.3271
H	27	0.625	0.079	0.0315	0.5935
F	29	0.750	0.290	0.1141	0.6359
D	33	0.875	0.712	0.2618	0.6132
E	45	1.000	1.977	0.4760	0.5240

④ 검증통계량과 임계치 비교

$D = 0.6359 > 0.454 = D_{(8,\ 0.025)}$이므로 귀무가설 채택

⑤ **결과해석** : 유의수준 0.05에서 귀무가설이 채택되었다. 따라서 서울시 8개 자치구의 4급 공무원 수는 정규분포를 가정할 수 있다.

13.1.1.3. 런 검증

런 검증(Runs test)은 **10. 분산분석의 이해**의 **10.3. SPSS를 이용한 세 집단 이상의 평균 차이 검증**에서 이미 언급한 대로 일련의 관측값들이 무작위적으로 나타난 것인지를 검증하는 방법인데, 여기에서 **런**(Runs)이란, 동일한 관측값이 연속적으로 이어진 것을 의미한다. 가령 AAABABAABBBAABABABBAA와 같이 자료가 구성되었다고 해보자. 이때 동일한 관측값이 연속적으로 이어진 것은 AAA, B, A, B, AA, BBB, AA, B, A, B, A, BB, AA이므로 **런**의 개수는 13이다. **런 검증**에서의 가설은 다음과 같다.

H_0 : 일련의 관측값은 무작위적으로 나타난 것이다.

H_1 : H_0가 아니다.

런 검증에서 검증통계량은 아래의 식으로 계산된다.

$$Z = \frac{R-\mu_R}{\sigma_R} \sim Z_{\frac{\alpha}{2}} \quad (R : \text{Run수})$$

$$\mu_R = \frac{2n_1n_2}{n_1+n_2}+1, \qquad \sigma_R = \sqrt{\frac{2n_1n_2(2n_1n_2-n_1-n_2)}{(n_1+n_2)^2(n_1+n_2-1)}}$$

Run 검증 예제

예제 13-3. 다음 성별 자료가 무작위로 추출되었는지 유의수준 5%로 검증하여라.

남남남여남남남남여남남남남남여남남남남남남여남남남남남남남여여여남여여여여남 남남남여여여여

☞ ① 가설 설정

H_0 : 성별 자료는 무작위적으로 나타난 것이다.

H_1 : 성별 자료는 무작위적으로 나타난 것이 아니다.

② 유의수준 결정

$\alpha = 0.05$

22) 정확한 이론적 누적확률 계산은 Microsoft의 Excel에서 **'=NORMDIST(소수점 둘째자리 이하값+소수점 첫째자리 이상값,0,1,1)-0.5'**의 함수식으로 할 수 있다. 예를 들어, Z값이 1.96일 때 확률계산식은 **'=NORMDIST(0.06+1.9,0,1,1)-0.5'**이며 계산된 확률은 0.4750이다. 이런 식으로 Z=0.079를 계산한다면 '=NORMDIST(0.079+0.0,0,1,1)-0.5'의 함수식이 되고, 계산된 확률은 0.0315이다

③ 검증통계량 계산

- $R = 14$
- $\mu_R = \dfrac{2n_{남}n_{여}}{n_{남}+n_{여}}+1 = \dfrac{2(30)(15)}{30+15}+1 = 21$
- $\sigma_R = \sqrt{\dfrac{2n_{남}n_{여}(2n_{남}n_{여}-n_{남}-n_{여})}{(n_{남}+n_{여})^2(n_{남}+n_{여}-1)}}$

  $= \sqrt{\dfrac{2(30\times 15)(2\times 30\times 15-30-15)}{(30+15)^2\times(30+15-1)}}$

  $= 2.939$
- $Z = \dfrac{R-\mu_R}{\sigma_R} = \dfrac{14-21}{2.939} = -2.382$

④ 검증통계량과 임계치 비교

$Z = -2.382 < -1.96 = Z_{0.025}$ 이므로 귀무가설 기각

⑤ **결과해석** : 유의수준 0.05에서 귀무가설이 기각되었다. 따라서 성별 자료는 무작위적으로 나타난 것이 아니라고 할 수 있다.

13.1.2. 독립변수가 2개의 응답범주인 경우

13.1.2.1. 맨-휘트니의 U 검증

모수적 검증 방법에서 독립된 2개의 표본, 즉 응답범주가 2개인 표본에 대한 차이검증은 **독립표본 T 검증**을 이용하였다. 이에 상응하는 **비모수적** 접근은 **2표본 중위수 검증, 왈드-월프비츠 런(Wald-Wolfowitz Runs) 검증, 2표본 콜모고로프-스미르노프(Kolmogorov-Smirnov) 검증, 모지스(Moses) 검증, 맨-휘트니(Mann-Whitney)의 U 검증** 등 다양한 방법들이 있다. 그러나 실제로는 **맨-휘트니의 U 검증**[23]을 주로 활용한다. **맨-휘트니 검증**은 독립된 두 표본 점수의 순위를 이용하여 두 집단이 동일한 모집단에서 추출되었는가를 검증하는 방법이다. **맨-휘트니 검증**에서의 가설은 **독립표본 T 검증**과 동일하게 세운다[24].

23) **맨-휘트니의 U검증**은 윌콕슨(Wilcoxon)이 맨(Mann)과 휘트니(Whitney)보다 2년 먼저 논리적으로 동일한 검증방법을 발표하였기에 윌콕슨 순위합 검증(Wilcoxon rank sum test)이라고도 한다. 그런 이유로 SPSS에서는 맨-휘트니의 U통계량과 윌콕슨의 W통계량이 같이 제시된다.

24) 물론 원칙적인 귀무가설 H_0은 '$\eta_1 = \eta_2$', 즉 '두 모집단의 중앙값은 차이가 없다'가 옳으나, 이해를 돕기 위해 임의로 평균을 언급하였다.

H_0 : 두 집단의 평균차이는 없다($\mu_A = \mu_B$).

H_1 : 두 집단의 평균차이는 있다($\mu_A \neq \mu_B$).

맨-휘트니의 U 검증의 검증통계량 계산식은 아래와 같다.

$$Z = \frac{R_1 - \mu_{R_1}}{\sigma_{R_1}} \sim Z_{\frac{\alpha}{2}} \text{ } (R_1 \text{ : 표본1의 순위합})$$

$$\mu_{R_1} = \frac{n_1(n_1 + n_2 + 1)}{2}, \qquad \sigma_{R_1} = \sqrt{\frac{n_1 n_2 (n_1 + n_2 + 1)}{12}}$$

Mann–Whitney 검증 예제

예제 13–4. 아래 자료는 A시설과 B시설이 각각 확보한 주별 후원금 실적이다. 두 시설 간 후원금 실적의 차이를 유의수준 5%에서 검증하여라.

	1	2	3	4	5	6	7	8	9	10	11	12	13	14	15
A시설	150	77	590	105	40	176	6	7	250	183	11	540	20	736	856
B시설	23	115	99	190	56	17	1840	600	763	9	65	455	298	10	396

☞ ① 가설 설정

$H_0 : \eta_1 = \eta_2$

$H_1 : \eta_1 \neq \eta_2$

② 유의수준 결정

$\alpha = 0.05$

③ 검증통계량 계산

시설	A	A	B	B	A	B	A	B	A	B	B	A	B	A	B
후원금	6	7	9	10	11	17	20	23	40	56	65	77	99	105	115
순위	1	2	3	4	5	6	7	8	9	10	11	12	13	14	15
시설	A	A	A	B	A	B	B	B	A	A	B	A	B	A	B
후원금	150	176	183	190	250	298	396	455	540	590	600	736	763	856	1840
순위	16	17	18	19	20	21	22	23	24	25	26	27	28	29	30

- $R_A = 1 + 2 + 5 + 7 + 9 + 12 + 14 + 16 + 17 + 18 + 20 + 24 + 25 + 27 + 29 = 226$
- $\mu_{R_A} = \frac{n_A(n_A + n_B + 1)}{2} = \frac{15 \times (15 + 15 + 1)}{2} = 232.500$

- $\sigma_{R_A} = \sqrt{\frac{n_A n_B (n_A + n_B + 1)}{12}} = \sqrt{\frac{15 \times 15 \times (15+15+1)}{12}} = 24.109$
- $Z = \frac{R_A - \mu_{R_A}}{\sigma_{R_A}} = \frac{226 - 232.500}{24.109} = -0.270$

④ 검증통계량과 임계치 비교

Z = -0.270 > -1.96 = $Z_{0.025}$이므로 귀무가설 채택

⑤ 결과해석 : 유의수준 0.05에서 귀무가설이 채택되었다. 따라서 두 시설의 주간 후원금 실적은 차이가 없다고 할 수 있다.

13.1.3. 대응된 2개의 표본인 경우

13.1.3.1. 맥네마 검증

예를 들어, 흡연을 하는 청소년들에게 사전에 흡연 여부에 대한 태도(**흡연한다/하지 않는다**)를 질문하고 청소년 금연학교를 수료하게끔 한 뒤에 다시 흡연 여부에 대한 태도를 물었다고 가정해 보자. 또한 한 국회의원 후보가 사전에 지지 여부(**지지한다/지지하지 않는다**)를 조사하고 매체를 통해 지지호소 연설을 한 후 지지 여부의 변화를 조사했다고 가정해 보자. 두 경우 모두 시간의 경과에 따라 질적 자료의 변화가 발생하였는지가 관심이 되는 사례이다. 이와 같은 질적인 자료의 태도변화에 대한 사전-사후설계에는 **비모수적 방법**인 **맥네마(McNemar) 검증**이 쓰인다.

맥네마 검증은 이항분포를 사용하며, 반드시 2×2의 형태를 갖추고, **前·後** 간에 동일한 질문으로 반복 조사한 결과이어야만 한다.

맥네마 검증에서의 가설은 다음과 같이 구성된다.

H_0 : 참여 전과 참여 후의 태도변화는 없다.

H_1 : 참여 전과 참여 후의 태도변화는 있다.

맥네마 검증통계량은 다음과 같이 계산된다.

		後	
		A	B
前	A	O_{11}	O_{12}
	B	O_{21}	O_{22}

$$\chi^2 = \frac{(O_{12} - O_{21})^2}{O_{12} + O_{21}} \sim \chi_1^2 \quad (\text{단, } \frac{O_{12} + O_{21}}{2} \geq 5)$$

$$\chi^2 = \frac{(|O_{12} - O_{21}| - 1)^2}{O_{12} + O_{21}} \sim \chi_1^2 \text{ (연속성 수정항 고려 時)}$$

McNemar검증 예제

예제 13-5. 아래는 청소년 금연학교 참여 전후 간에 청소년들의 흡연의사를 조사한 결과이다. 청소년 금연학교가 청소년들로 하여금 흡연의사 변화에 효과적으로 작용했는지 유의수준 5%로 검증하여라.

		참여 후 흡연의사		계
		한 다	안한다	
참여 전 흡연의사	한 다	40	20	60
	안한다	10	30	40
계		50	50	100

☞ ① 가설 설정

$H_0 : p_1 = p_2$

$H_1 : p_1 \neq p_2$

② 유의수준 결정

$\alpha = 0.05$

③ 검증통계량 계산

$$\chi^2 = \frac{(|O_{12} - O_{21}| - 1)^2}{O_{12} + O_{21}} = \frac{(|20 - 10| - 1)^2}{20 + 10} = 2.700$$

④ 검증통계량과 임계치 비교

$\chi^2 = 2.700 < 3.841 = \chi^2_{(1,\ 0.05)}$ 이므로 귀무가설 채택

⑤ 결과해석 : 유의수준 0.05에서 귀무가설이 채택되었다. 따라서 청소년 금연학교 참가 전후 간에 흡연에 대한 태도 변화는 없다고 할 수 있다.

13.1.3.2. 윌콕슨 부호순위 검증

윌콕슨 부호순위 검증(Wilcoxon Sign-Rank test)은 **모수적 검증 방법**인 **대응표본 T 검증**에 해당되는 방법이다. 물론 **부호(Sign) 검증**이 가장 오래되고 간편한 방법이나, 근래에 들어서는 **윌콕슨 부호순위 검증**이 주로 쓰인다. **윌콕슨 부호순위 검증**의 가설은 **대응표본 T 검증**의 가설과 동일하다.

두 집단의 차이의 평균을 δ로 표시할 때,

$$H_0 : \delta = 0$$

$$H_1 : \delta \neq 0$$

윌콕슨 부호순위 검증은 먼저 대응되는 각 쌍끼리 차이(δ)를 계산하고, 이 차이δ의 절대값을 크기순으로 정렬하여 순위를 정해 부호를 붙인 후, 차이가 양인 차이(δ)들의 순위를 더한 T^+를 계산한다. 이때 동점순위인 경우는 평균순위를 부여한다. 계산된 T^+을 아래의 산식에 대입하여 검증통계량을 계산한다.

$$Z = \frac{T^+ - \frac{n(n+1)}{4}}{\sqrt{\frac{n(n+1)(2n+1)}{24}}} \sim N(0,\ 1)$$

Wilcoxon Sign-Rank 검증 예제

예제 13-6. 아래 자료는 XX사회복지시설에서 담당 직원들이 후원금 모집 관련 교육을 이수하기 前과 後의 후원금 모집 실적이다. 후원금 모집 관련 교육의 효과성을 유의수준 5%에서 검증하여라.

	1	2	3	4	5	6	7	8	9	10
후원금 모집교육 前	150	77	590	105	40	6	7	11	540	20
후원금 모집교육 後	200	80	470	150	55	42	32	25	447	77

☞ ① 가설 설정

$H_0 : \delta = 0$

$H_1 : \delta \neq 0$

② 유의수준 결정

$\alpha = 0.05$

③ 검정통계량 계산

	1	2	3	4	5	6	7	8	9	10
후원금 모집교육 前	150	77	590	105	40	6	7	11	540	20
후원금 모집교육 後	200	80	470	150	55	42	32	25	447	77
δ	-50	-3	120	-45	-15	-36	-25	-14	93	-57
$\lvert\delta\rvert$	50	3	120	45	15	36	25	14	93	57
$Rank$	7	1	10	6	3	5	4	2	9	8
$Sign-Rank$	-7	-1	10	-6	-3	-5	-4	-2	9	-8

$T^{+}=19$이므로,

$$Z = \frac{T^{+}-\frac{n(n+1)}{4}}{\sqrt{\frac{n(n+1)(2n+1)}{24}}} = \frac{19-\frac{10(10+1)}{4}}{\sqrt{\frac{10(10+1)(2\times10+1)}{24}}} = -0.866$$

④ 검정통계량과 임계치 비교

$Z = -0.866 > -1.96 = Z_{0.025}$이므로 귀무가설 채택

⑤ **결과해석** : 유의수준 0.05에서 귀무가설이 채택되었다. 따라서 모집교육 前·後 간 모집실적의 차이는 없다고 할 수 있다.

13.1.4. 독립변수가 k개의 응답범주인 경우

13.1.4.1. 크루스칼-왈리스의 H 검증

크루스칼-왈리스(Kruskal-Wallis)의 H 검증[25)]은 모수적 방법에서의 **일원분산분석**에 해당되는 비모수적 방법[26)]으로서, **맨-휘트니의 U 검증**의 확장이다. 따라서 **맨-휘트니의 U 검증**의 접근방법과 동일하다. 우선 전체 N개의 자료를 크기 순서대로 정렬하여 순위를 부여하는데 이때 가장 작은 것은 1, 가장 큰 것은 N이 된다. 또한 동점인 경우는 평균 순위를 부여한다. **크루스칼-왈리스 검증**의 가설[27)]은 **일원분산분석**과 동일하게 설정하면 되겠다.

25) **크루스칼-왈리스의 순위에 의한 일원분류 분산분석**(Kruskal-Wallis One-Way Analysis of Variance by Ranks)이 정확한 표현이다.

26) 이 외에도 **독립 K-표본 중위수 검증, 존키어-터프스트라**(Jonckheere-Terpstra) **검증**이 있다.

27) 만일 k개 집단의 각 자료가 동일한 모집단으로부터 추출된 것이라면 각 자료의 순위는 k개 집단에 무작위로 배정될 것이고, 그렇기에 순위합(R_j)은 동일한 양상을 보일 것이다. 이는 결국 k개 집단의 순위합(R_j) 평균은 모두 같을 것으로 기대할 수 있다.

H_0 : $\mu_1 = \mu_2 = \mu_3 = \cdots \mu_p$(모든 집단의 평균은 차이가 없다)

H_1 : H_0가 아니다(적어도 하나의 집단에서는 차이를 보인다).

크루스칼-왈리스 검증에서 검증통계량을 계산하기 위해서는 먼저 아래와 같이 순위합(R_i)을 계산한다.

$$R_i = \sum_{i=1}^{n_j} R(X_{ij}) \quad (j=1,\ 2,\ 3,\ \cdots,\ k)$$

다음으로 검증통계량(H)은 아래의 식을 이용하여 계산한다.

$$H = \frac{12}{N(N+1)} \sum_{i=1}^{k} \frac{\sum R_i^2}{n_i} - 3(N+1) \ \sim \ \chi^2_{(k-1,\ \alpha)}$$

(N : 총 사례수, k : 표본의 수, n_i : 표본 i의 자료 수, R_i : 표본 i가 확보한 순위합)

만일 동점순위를 가지는 관측값이 있다면 이들의 평균 순위를 이용하되, 아래의 수정된 검증통계량($H^{'}$)을 구한다.

$$H^{'} = \frac{H}{1 - \sum_{j=1}^{g} \frac{(t_j^3 - t_j)}{N^3 - N}} \ \sim \ \chi^2_{(k-1,\ \alpha)}$$

(g : 동점집단의 수, t_j : j번째 동점집단의 크기)

Kruskal-Wallis 검증 예제

예제 13-7. 아래 자료는 A, B, C 세 시설이 각각 확보한 주별 후원금 실적이다. 각 시설 간 후원금 실적의 차이를 유의수준 5%에서 검증하여라.

	1	2	3	4	5	6	7	8	9	10	11	12
A시설	150	77	590	105	40	176	7	183	11	20	736	856
B시설	23	115	99	190	56	17	600	8	65	298	10	396
C시설	9	480	15	95	228	74	38	19	45	101	301	21

☞ ① 가설 설정

$H_0 : \eta_1 = \eta_2$

$H_1 : H_0$가 아니다

② 유의수준 결정

$\alpha = 0.05$

③ 검증통계량 계산

시 설	A($\sum R_A = 247$)											
후원금	7	11	20	40	77	105	150	176	183	590	736	856
순 위	1	5	9	13	18	22	24	25	26	33	35	36
시 설	B($\sum R_B = 219$)											
후원금	8	10	17	23	56	65	99	115	190	298	396	600
순 위	2	4	7	11	15	16	20	23	27	29	31	34
시 설	C($\sum R_C = 200$)											
후원금	9	15	19	21	38	45	74	95	101	228	301	480
순 위	3	6	8	10	12	14	17	19	21	28	30	32

• $R_i = \sum R_A + \sum R_B + \sum R_C = 247 + 219 + 200 = 666$

• $H = \frac{12}{N(N+1)} \sum_{i=1}^{k} \frac{(\sum R_i)^2}{n_i} - 3(N+1)$

$= \frac{12}{36 \times (36+1)} \times (\frac{247^2}{12} + \frac{219^2}{12} + \frac{200^2}{12}) - 3 \times (36+1) = 0.839$

④ 검증통계량과 임계치 비교

$\chi^2 = 0.839 < 5.992 = \chi^2_{(2,\ 0.05)}$이므로 귀무가설 채택

⑤ 결과해석 : 유의수준 0.05에서 귀무가설이 채택되었다. 따라서 세 시설의 주간 후원금 실적은 차이가 없다고 할 수 있다.

13.2. SPSS를 이용한 비모수적 검증

13.2.1. 1개의 표본(종속변수)인 경우

13.2.1.1. 적합도 검증

<예제 13-1>을 **<그림 13.2.1>**과 같이 코딩하고, **<그림 13.2.2>**처럼 **데이터(D)-가중 케이스(W)**를 실행한다. 이에 대한 설명은 **3. SPSS의 기본적 기능**의 **3.3. SPSS 메뉴의 구조** 중 **3.3.4. 데이터(D)**에서 상세히 다루고 있으니 참고하기 바란다.

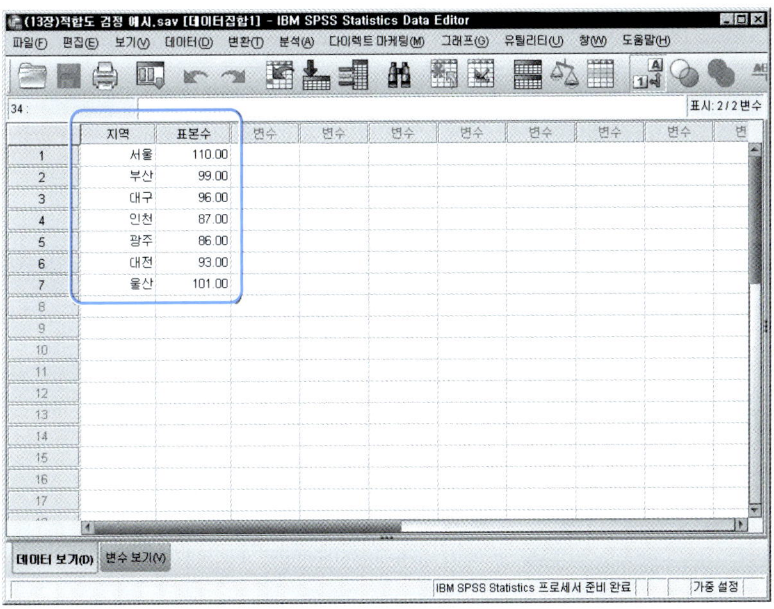

그림 13.2.1 〈예제 13-1〉의 코딩

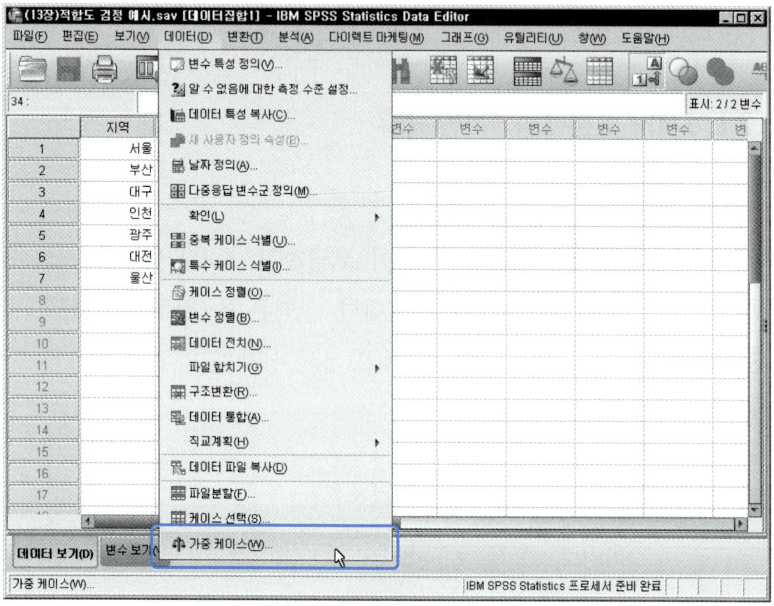

그림 13.2.2 데이터(D)-가중 케이스(W) 실행

<그림 13.2.3>처럼 **가중 케이스 지정(W)**을 선택한 후, 표본수 를 **빈도변수(F):** 로 옮겨 가중 케이스로 지정하고 확인 을 눌러 창을 닫는다. 이제 표본수 는 가중 케이스로 지정됨에 따라 누적된 빈도로 인식된다. 가령 서울의 110은 서울에 110명의 응답이 누적되어 있음을 의미하게 되는 것이다.

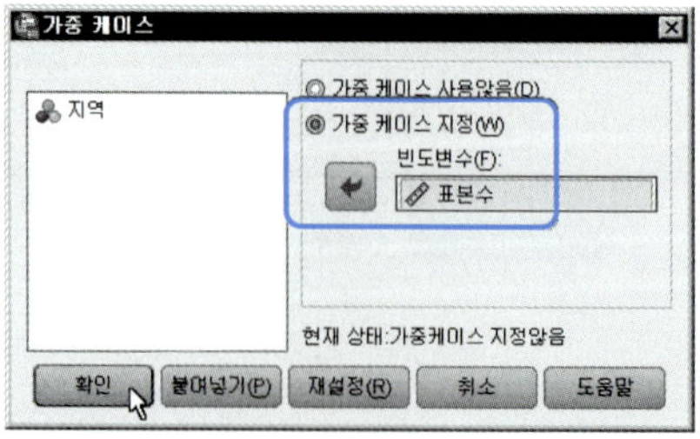

그림 13.2.3 가중 케이스(W) 대화상자

이제 **데이터 편집기**(Data Editor) 창에서 **분석(A)-비모수 검증(N)-레거시 대화 상자(L)-카이제곱검정(C)**을 실행한다(<그림 13.2.4> 참조).

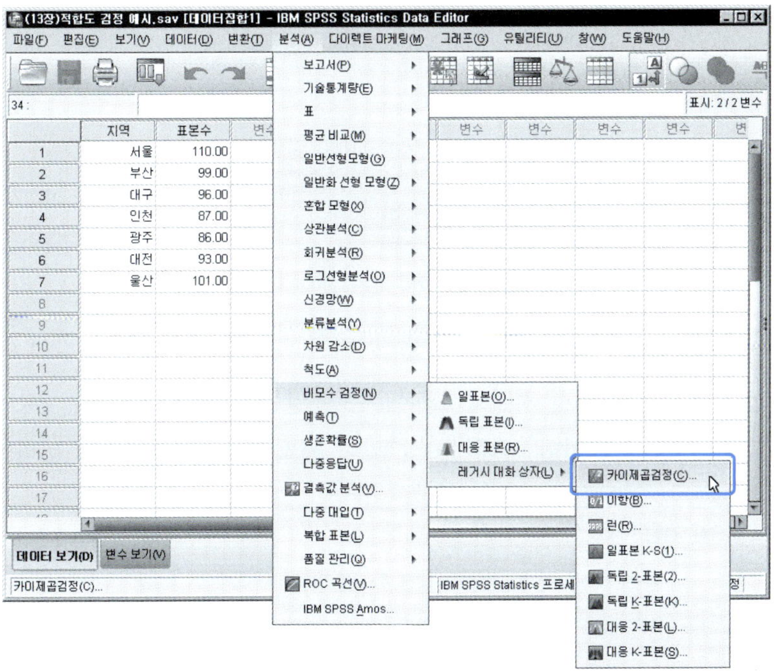

그림 13.2.4 분석(A)-비모수 검증(N)-레거시 대화 상자(L)-카이제곱검정(C) 실행

<그림 13.2.5>와 같이 지역 을 **검정변수(T)**:로 옮기고 **기대값**의 **모든 범주가 동일(I)**이 선택된 것을 확인한다. 이때 **값(V)**:은 각 집단별로 기대빈도가 정해져 있을 때 사용한다. 확인 을 누른다.

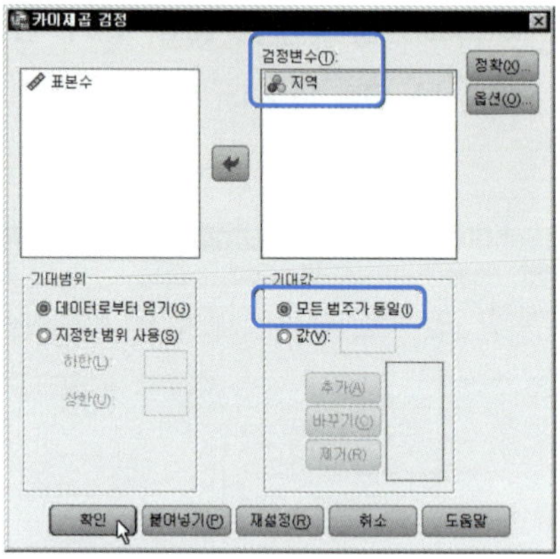

그림 13.2.5 카이제곱검정(C) 대화상자

<그림 13.2.6>은 **카이제곱검정(C)** 결과이다. χ^2값이 4.375이며, p값이 0.626으로서 유의수준 내에서 지역 간 표본수는 균일한 비율이라는 귀무가설이 채택되었다. 더불어 5 미만 기대빈도 *Cell*이 전혀 없다고 안내되어 있다.

비모수 검정

[데이터집합1] E:₩SPSS를 이용한 조사방법 및 통계분석의 이해 Data₩(13장)적합도 검정 예시.sav

카이제곱 검정

빈도 분석

지역

	관측수	기대빈도	잔차
서울	110	96.0	14.0
부산	99	96.0	3.0
대구	96	96.0	.0
인천	87	96.0	-9.0
광주	86	96.0	-10.0
대전	93	96.0	-3.0
울산	101	96.0	5.0
합계	672		

검정 통계량

	지역
카이제곱	4.375[a]
자유도	6
근사 유의확률	.626

a. 0 셀 (0.0%)은(는) 5보다 작은 기대빈도를 가집니다. 최소 셀 기대빈도는 96.0 입니다.

그림 13.2.6 카이제곱검정(C) 결과

13.2.1.2. 1표본 콜모고로프-스미르노프 검증

우리는 이미 **10. 분산분석의 이해**의 **10.3. SPSS를 이용한 세 집단 이상의 평균 차이 검증**에서 **분석(A)-기술통계량(E)-데이터 탐색(E)**을 이용한 **콜모고로프-스미르노프 검증**을 살펴본 바 있다. 여기에서는 **비모수 검정(N)**에서 접근하는 방법을 살펴보도록 하겠다. **<예제 13-2>**를 **<그림 13.2.7>**과 같이 코딩한 후, **분석(A)-비모수 검정(N)-레거시 대화 상자(L)-일표본 K-S(1)**를 실행한다.

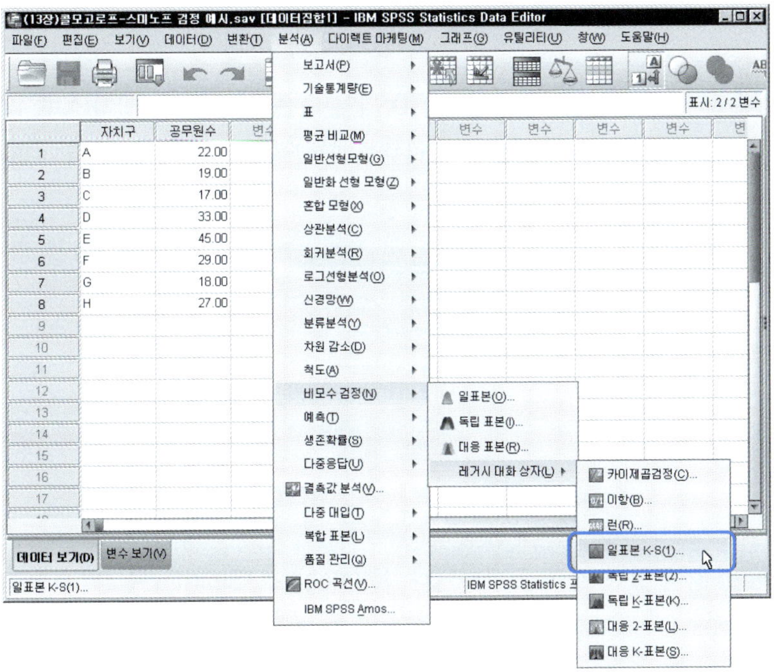

그림 13.2.7 <예제 13-2>의 코딩 및 일표본 K-S(1) 실행

<그림 13.2.8> 대화상자에서는 **검정변수(T):**에 검증하고자 하는 공무원수 를 옮긴다. 왼쪽 하단의 **검정분포**에서는 **정규(N)** 외에도 **균일(U)**, **포아송 분포(I)**, **지수(E)**의 선택이 가능하다.

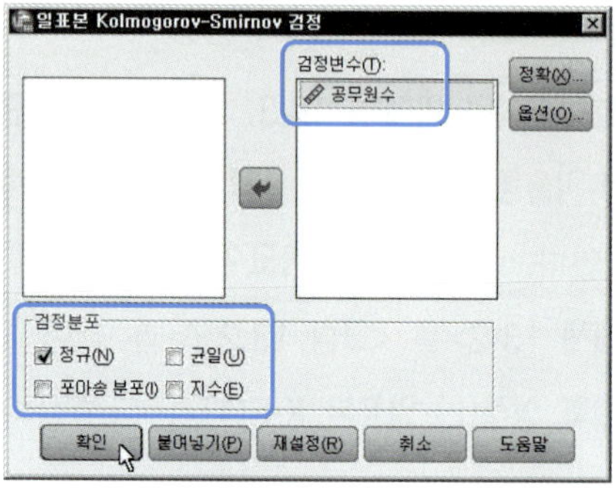

그림 13.2.8 일표본 K-S(1) 대화상자

옵션(O)... 에서는 기본적인 **기술통계(D)**의 산출을 명령할 수 있다(**<그림 13.2.9>** 참조). **기술통계(D)**는 필수사항이 아니므로 선택하지 않아도 무방하다. 계속 을 누른다.

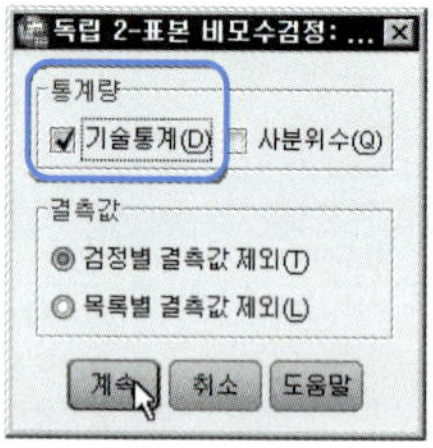

그림 13.2.9 일표본 K-S(1)-옵션(O) 대화상자

확인 을 누르면 결과가 나타난다. **Kolmogorov-Smirnov의 Z**가 0.489이고 p가 0.970으로 자치구별 4급 공무원의 수는 정규분포를 따른다는 귀무가설이 채택되었다(**<그림 13.2.10>** 참조).

비모수 검정

[데이터집합1] E:₩SPSS를 이용한 조사방법 및 통계분석의 이해 Data₩(13장)콜모고로프-스미노프 검정 예시.sav

기술통계량

	N	평균	표준편차	최소값	최대값
공무원수	8	26.2500	9.48307	17.00	45.00

일표본 Kolmogorov-Smirnov 검정

		공무원수
N		8
정규 모수[a,b]	평균	26.2500
	표준편차	9.48307
최대극단차	절대값	.173
	양수	.173
	음수	-.165
Kolmogorov-Smirnov의 Z		.489
근사 유의확률(양측)		.970

a. 검정 분포가 정규입니다.

b. 데이터로부터 계산.

그림 13.2.10 일표본 Kolmogorov-Smirnov 검증 결과

13.2.1.3. 런 검증

런 검증(Runs test)은 일련의 관측값들이 서로 독립적임을 검증하는 것으로서, **10. 분산분석의 이해**의 10.3. **SPSS를 이용한 세 집단 이상의 평균 차이 검증** 중 **10.3.1. SPSS를 이용한 일원분산분석**에서 **독립성 검증**을 다루며 기술되고 있으니 참고하기 바란다.

13.2.2. 독립변수가 2개의 응답범주인 경우

13.2.2.1. 맨-휘트니의 U 검증

<예제 13-4>를 <그림 13.2.11>과 같이 입력하고, **분석(A)-비모수 검정(N)-레거시 대화 상자(L)-독립 2-표본(2)**를 실행한다.

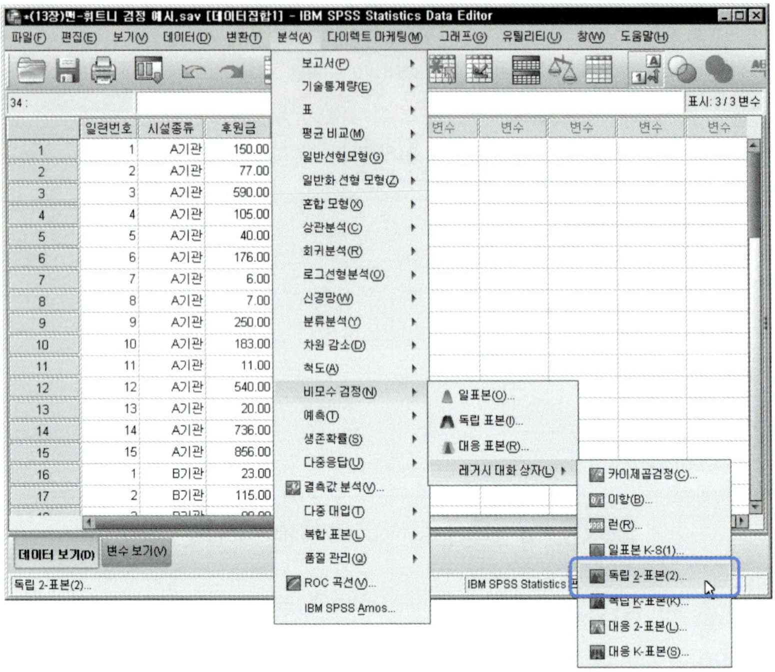

그림 13.2.11 〈예제 13-4〉의 코딩 및 독립 2-표본(2) 실행

<그림 13.2.12> 대화상자에서 **검정변수(T):**에는 후원금 을, **집단변수(G):**에는 시설종류 를 각각 옮긴 후, 집단정의(D)... 를 누른다. 한편 **검정 유형**에서는 기본적으로 **Mann-Whitney의 U(M)**가 선택되어 있다.

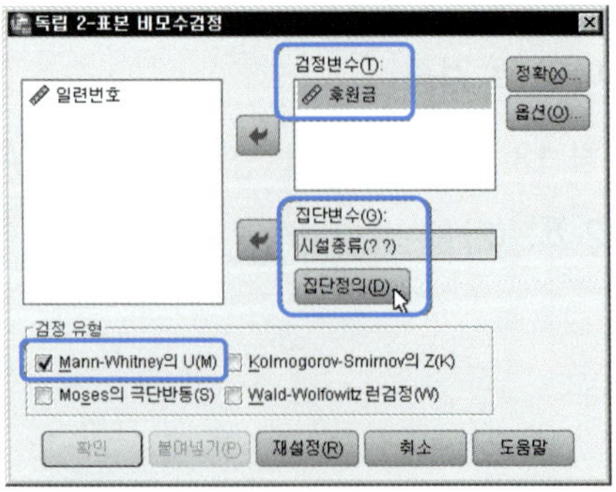

그림 13.2.12 독립 2-표본(2) 대화상자

집단 1:과 **집단 2**:에 각각 1과 2를 입력한다. 만일 1과 2가 아닌 다른 수치로 집단을 구분했다면 해당 수치를 각각 기입한다. [계속]을 누른다(**<그림 13.2.13>** 참조).

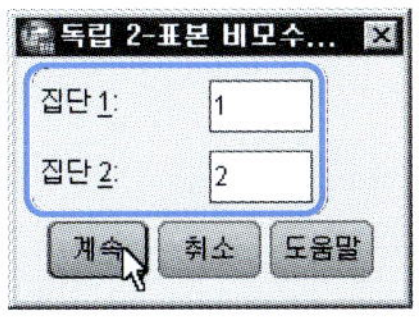

그림 13.2.13 **독립 2-표본(2)-집단정의(D) 대화상자**

[옵션(O)...]은 **통계량**의 **기술통계(D)**를 보고자 할 때 사용한다. [계속]을 누른다(**<그림 13.2.14>** 참조).

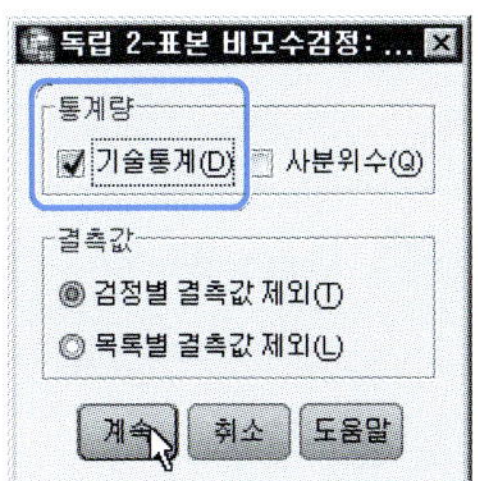

그림 13.2.14 **독립 2-표본(2)-옵션(O) 대화상자**

[확인]을 누르면 결과가 도출되는데, 검증통계량(Z)이 -0.270이고, 유의확률(p)이 0.787로 두 시설의 주간 후원금 실적은 차이가 없다는 귀무가설이 채택되었다(**<그림 13.2.15>** 참조).

비모수 검정

[데이터집합1] E:₩SPSS를 이용한 조사방법 및 통계분석의 이해 Data₩(13장)맨-휘트니 검정 예시.sav

기술통계량

	N	평균	표준편차	최소값	최대값
후원금	30	289.4333	390.29199	6.00	1840.00
시설종류	30	1.5000	.50855	1.00	2.00

Mann-Whitney 검정

순위

	시설종류	N	평균순위	순위합
후원금	A기관	15	15.07	226.00
	B기관	15	15.93	239.00
	합계	30		

검정 통계량[a]

	후원금
Mann-Whitney의 U	106.000
Wilcoxon의 W	226.000
Z	-.270
근사 유의확률(양측)	.787
정확한 유의확률 [2*(단측 유의확률)]	.806[b]

a. 집단변수: 시설종류

b. 동률에 대해 수정된 사항이 없습니다.

그림 13.2.15 Mann-Whitney 검증 결과

13.2.3. 대응된 2개의 표본인 경우

13.2.3.1. 맥네마 검증

맥네마 검증은 **교차분석(C)**에서 실행하는 방법과, **비모수 검증(N)**에서 실행하는 방법으로 두 가지가 있다.

먼저, **교차분석(C)**에서의 실행방법을 살펴보겠다. **<그림 13.2.16>**처럼 **<예제 13-5>**를 코딩한다. 이때 [참여전] 과 [참여후] 모두 [변수 보기(V)] 의 [값] 에서 '한다'는 1, '안한다'는 2로 **값**을 지정한다.

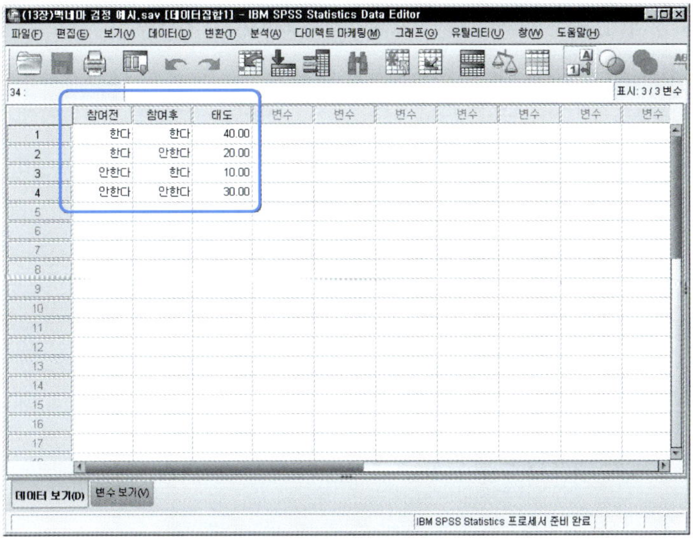

그림 13.2.16 〈예제 13-5〉의 코딩

데이터(D)-가중 케이스(W)에서 태도 를 가중 케이스로 지정하고, **분석(A)-기술통계량(E)-교차분석(C)**을 실행한다(<그림 13.2.17> 참조).

그림 13.2.17 분석(A)-기술통계량(E)-교차분석(C) 실행

대화상자에서 참여전과 참여후를 각각 **열(C):**과 **행(W):**에 옮기고 통계량(S)...을 누른다(**<그림 13.2.18>** 참조).

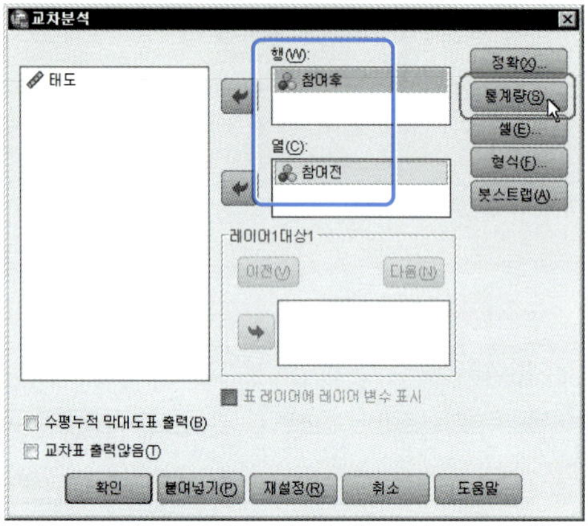

그림 13.2.18 **교차분석(C) 대화상자**

McNemar(M)를 선택하고 계속을 누른다(**<그림 13.2.19>** 참조). 관측빈도 및 기대빈도와 비율 등을 보고 싶다면 **<그림 13.2.18>**에서 셀(E)...을 누르고 해당 사항을 선택한다.

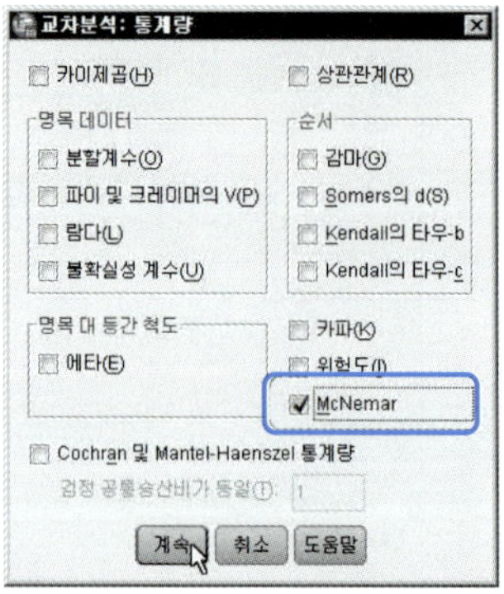

그림 13.2.19 **교차분석(C)-통계량(S) 대화상자**

확인 을 눌러 나타난 결과를 보면, 유의확률(p)이 0.099로서 금연학교 참여 전·후 간 청소년의 흡연에 대한 태도의 변화는 없다는 귀무가설이 채택된다(**<그림 13.2.20>** 참조). 단, 교차분석을 이용하면 결과에서 보듯이 **McNemar** 통계량은 제시되지 않는 단점이 있다.

교차분석

[데이터집합1] E:₩SPSS를 이용한 조사방법 및 통계분석의 이해 Data₩(13장)맥네마 검정 예시.sav

케이스 처리 요약

	케이스					
	유효		결측		전체	
	N	퍼센트	N	퍼센트	N	퍼센트
참여후 * 참여전	100	100.0%	0	0.0%	100	100.0%

참여후 * 참여전 교차표

빈도

		참여전		전체
		한다	안한다	
참여후	한다	40	10	50
	안한다	20	30	50
전체		60	40	100

카이제곱 검정

	값	정확한 유의확률 (양측검정)
McNemar 검정		.099[a]
유효 케이스 수	100	

a. 이항분포를 사용함.

그림 13.2.20 교차분석(C)을 이용한 맥네마(McNemar) 검증 결과

다음으로, **비모수 검정(N)**에서의 활용방법을 살펴보겠다. **<그림 13.2.16>**에서 태도 를 가중 케이스로 지정한 후, **분석(A)-비모수 검정(N)-대응 2-표본(L)**을 실행한다(**<그림 13.2.21>** 참조).

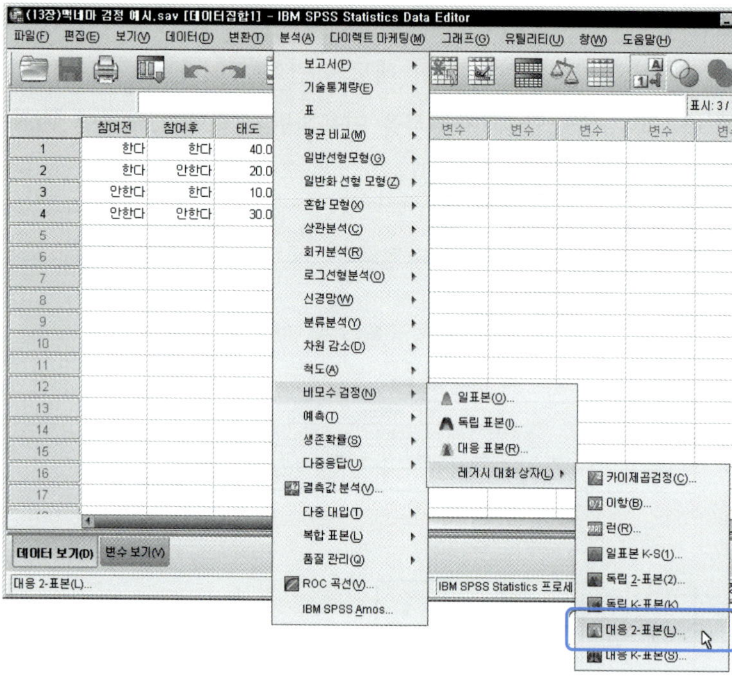

그림 13.2.21 비모수 검정(N)-레거시 대화 상자(L)-대응 2-표본(L) 실행

를 이용하여 참여전과 참여후를 오른쪽 **검정 쌍(T):**의 변수1 과 변수2 에 각각 대응시킨다. **대응표본 T 검증**의 경우와 마찬가지로 변수1 과 변수2 에 대응된 변수를 서로 바꾸고 싶다면 을 이용한다. **검정 유형**에서는 **McNemar(M)**를 선택하고 확인 을 누른다(<그림 13.2.22> 참조).

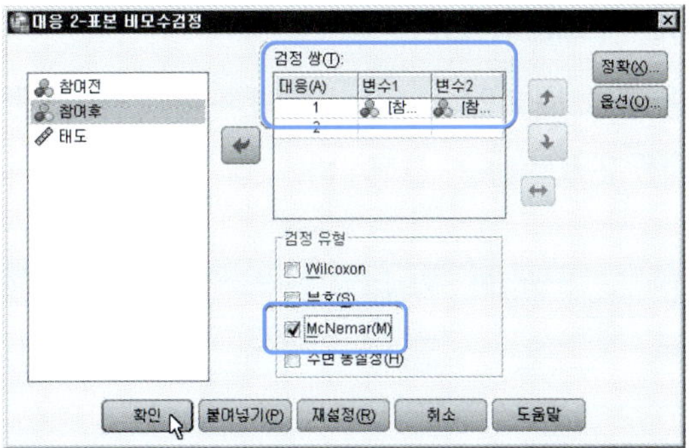

그림 13.2.22 비모수 검정(N)-레거시 대화 상자(L)-대응 2-표본(L) 대화상자

χ^2 검증통계량이 2.700이고, 유의확률(p)이 0.100으로서, 유의수준 0.05에서 귀무가설이 채택되어 금연학교 프로그램의 효과가 없음을 알 수 있다[28].

비모수 검정

[데이터집합1] E:₩SPSS를 이용한 조사방법 및 통계분석의 이해 Data₩(13장)맥네마 검정 예시.sav

McNemar 검정

교차표

참여전 및 참여후

참여전	참여후: 한다	참여후: 안한다
한다	40	20
안한다	10	30

검정 통계량[a]

	참여전 및 참여후
N	100
카이제곱[b]	2.700
근사 유의확률	.100

a. McNemar 검정

b. 연속수정

그림 13.2.23 McNemar 검증 결과

28) <그림 13.2.22>에서 정확(X)... 의 **정확한 검정(E)**을 선택하면 **정확한 유의확률(양측)**이 0.099로서, **<그림 13.2.20>** 결과와 동일하게 나타난다.

13.2.3.2. 윌콕슨 부호순위 검증

<예제 13-6>을 **<그림 13.2.24>**와 같이 코딩한 후 **분석(A)-비모수 검정(N)-레거시 대화 상자(L)-대응 2-표본(L)**을 실행한다.

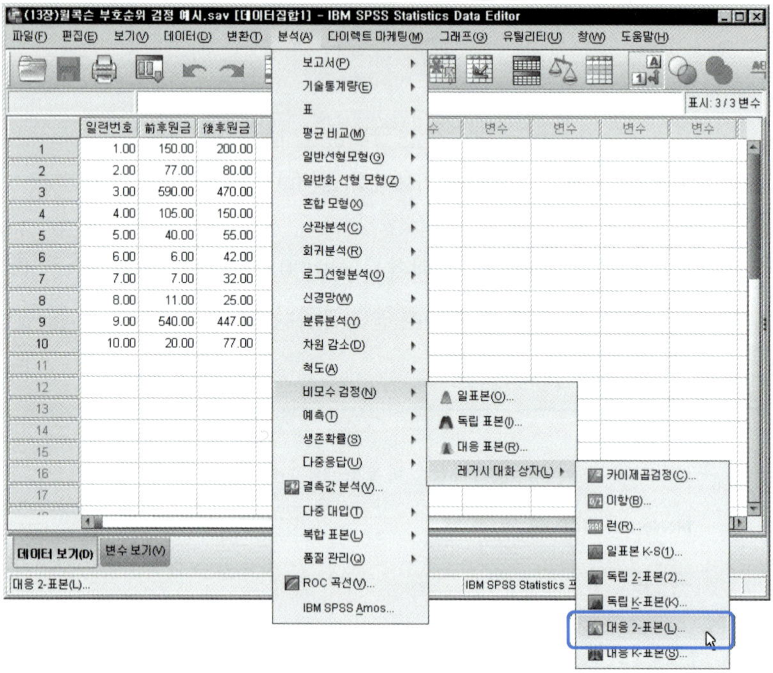

그림 13.2.24 〈예제 13-6〉의 코딩 및 대응 2-표본(L) 실행

<그림 13.2.25> 대화상자에서 前후원금 과 後후원금 을 **검정 쌍(T):**의 변수1 과 변수2 에 각각 대응시키고, **검정 유형**의 **Wilcoxon**을 선택한 후 확인 을 누른다.

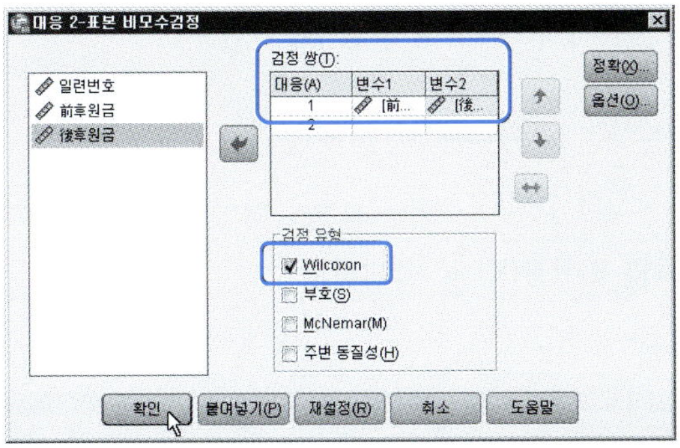

그림 13.2.25 비모수 검정(N)–레거시 대화 상자(L)–대응 2–표본(L) 대화상자

검증통계량(Z)이 -0.866, 유의확률(p)이 0.386으로 나타나 유의수준 0.05에서 후원금 실적은 교육 전과 후 간에 차이가 없다는 귀무가설이 채택되어 모집교육의 효과는 없다고 할 수 있다.

비모수 검정

[데이터집합1] E:₩SPSS를 이용한 조사방법 및 통계분석의 이해 Data₩(13장)윌콕슨 부호순위 검정 예시.sav

Wilcoxon 부호순위 검정

순위

		N	평균순위	순위합
後후원금 - 前후원금	음의 순위	2[a]	9.50	19.00
	양의 순위	8[b]	4.50	36.00
	동률	0[c]		
	합계	10		

a. 後후원금 < 前후원금
b. 後후원금 > 前후원금
c. 後후원금 = 前후원금

검정 통계량[a]

	後후원금 - 前후원금
Z	-.866[b]
근사 유의확률(양측)	.386

a. Wilcoxon 부호순위 검정
b. 음의 순위를 기준으로.

그림 13.2.26 Wilcoxon 부호순위 검증 결과

13.2.4. 독립변수가 k개의 응답범주인 경우

13.2.4.1. 크루스칼－왈리스의 H 검증

<예제 13-7>을 **<그림 13.2.27>**과 같이 입력하고, **분석(A)-비모수 검정(N)-레거시 대화 상자(L)-독립 K-표본(K)**을 실행한다.

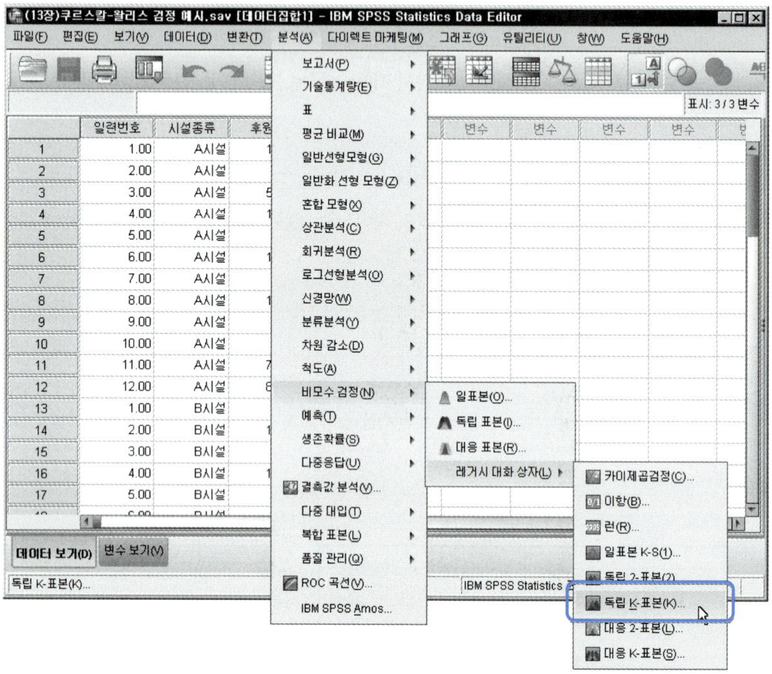

그림 13.2.27 〈예제 13-7〉의 코딩 및 독립 K-표본(K) 실행

<그림 13.2.28> 대화상자에서 **검정변수(T)**:에는 후원금, **집단변수(G)**:에는 시설종류 를 각각 옮긴 후 범위지정(D)... 을 누른다.

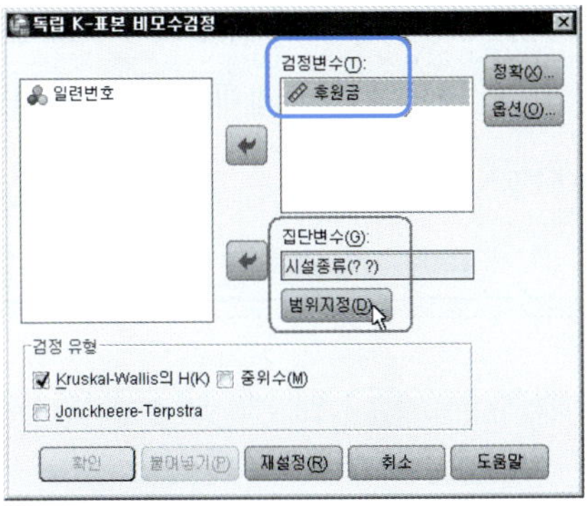

그림 13.2.28 독립 K-표본(K) 대화상자

집단변수의 범위(R)는 시설종류 의 입력 범위, 즉 **최소값(N)**: 1 과 **최대값(X)**: 3 을 지정하고 계속 을 누른다(**<그림 13.2.28>** 참조).

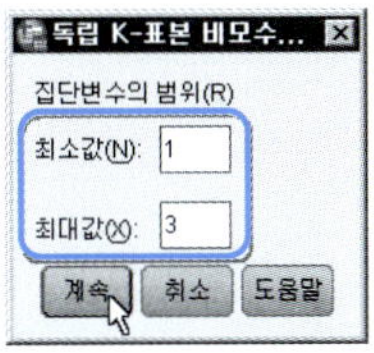

그림 13.2.29 독립 K-표본(K)-범위지정(D) 대화상자

<그림 13.2.28>의 옵션(O)... 에서는 **기술통계(D)**를 선택할 수 있다. 계속 을 눌러 해당 대화상자를 닫는다(**<그림 13.2.30>** 참조).

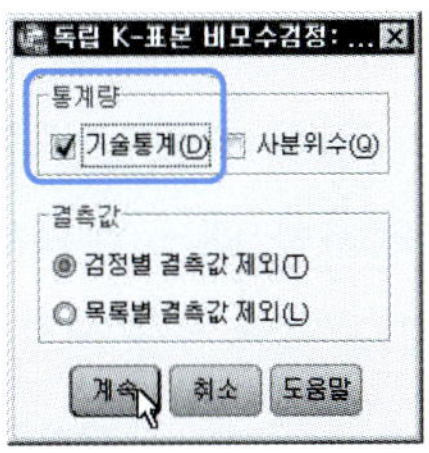

그림 13.2.30 독립 K-표본(K)-옵션(O) 대화상자

<그림 13.2.31>과 같이 기술통계량과 **Kruskal-Wallis 검증**의 결과가 나타난다. $\chi^2=0.839$, $p=0.657$로 귀무가설이 채택되어 세 시설의 후원금 실적은 차이가 없는 것으로 나타났다.

비모수 검정

[데이터집합1] E:₩SPSS를 이용한 조사방법 및 통계분석의 이해 Data₩(13장)쿠르스칼-왈리스 검정 예시.sav

기술통계량

	N	평균	표준편차	최소값	최대값
후원금	36	173.7222	221.52170	7.00	856.00
시설종류	36	2.0000	.82808	1.00	3.00

Kruskal-Wallis 검정

순위

	시설종류	N	평균순위
후원금	A시설	12	20.58
	B시설	12	18.25
	C시설	12	16.67
	합계	36	

검정 통계량[a,b]

	후원금
카이제곱	.839
자유도	2
근사 유의확률	.657

a. Kruskal Wallis 검정

b. 집단변수: 시설종류

그림 13.2.31 Kruskal-Wallis 검증 결과

13.2.5. 보고서에서의 비모수적 검증 결과 표현

사실상 실무에서는 비모수적 검증이 많이 쓰이지 않는다. 어떤 의견조사나 정책결정을 위해 설문조사를 실시할 때는 대부분 표본의 크기가 적절히 크기 때문이다[29]. 저자 역시 실무에서 통계분석 업무를 수행하면서 비모수적 검증을 사용해본 경우가 매우 적다. 하지만 χ^2**적합도 검증**, **Wilcoxon 부호순위검증**,

29) 물론 경우에 따라서는 비모수적 검증 방법을 사용해야 함에도 불구하고 이를 무시하고 모수적 검증 방법으로 통계분석을 처리하는 잘못된 경우도 많다.

Mann-Whitney 검증, **Kruskal-Wallis 검증**은 업무에서 간혹 쓰일 수 있으므로 해당 분석들에 대한 보고서에서의 표현 사례를 설명하도록 하겠다.

먼저, χ^2**적합도 검증**은 탐색적인 목적을 가지므로 자주 사용되지 않지만, 간혹 표본의 균일에 대한 검토가 요구될 때가 있다.

<표 13.2.1> 및 하단의 ▭는 보고서에서의 χ^2**적합도 검증**에 대한 결과 제시 요령이다.

빈도분포표와 함께 제시하는데, 빈도분포표의 제시요령은 **6.5. SPSS를 이용한 기술통계**의 **6.5.2. 보고서에서의 빈도분석 결과 표현**을 참고하기 바란다.

> 총 7개의 특별시 및 광역시를 대상으로 이용자 만족도를 조사하였다. 조사대상 표본은 서울 110명(16.37%), 부산 99명(14.73%), 대구 96명(14.29%), 인천 87명(12.95%), 광주 86명(12.80%), 대전 93명(13.84%), 울산 101명(15.03%)이 참여하였다. 한편 각 지역별 이용자 만족도 참여 표본의 균일여부는 χ^2가 4.375이며, p가 0.626으로서 지역 간 표본은 균일하게 추출되었음 알 수 있었다(**<표 13.2.1>** 참조).

❖ 표 13.2.1] **이용자 만족도 참여자 및 표본 균등성 검증**

		통계량		표본의 균일성
		응답빈도	%	$x^2(p)$
이용자 만족도 참여자 수	서 울	110	16.37	4.375(0.626)
	부 산	99	14.73	
	대 구	96	14.29	
	인 천	87	12.95	
	광 주	86	12.80	
	대 전	93	13.84	
	울 산	101	15.03	
	계	672	100.00	

*<0.1 **<0.05 ***<0.01

다음으로, **1표본 Kolmogorov-Smirnov 검증**은 단독으로 쓰이는 경우가 없고, 모수적 접근과 비모수적 접근 중 적절한 방법을 선택하기 위한 선행분석의 역할을 수행한다. 즉, **독립표본 T 검증**과 **Mann-Whitney 검증**, **일원분산분석**과 **Kruskal-Wallis 검증**, **대응표본 T 검증**과 **Wilcoxon 부호순위 검증** 중에서 각각 어떤 방법을 선택할지 결정하기 위한 선행작업이다. **<표 13.2.2>**는 **<그림 13.2.26>**의 보고서 제시 예이다. 각주로 비모수적 검증 방법 선택의 근거를 밝혔다.

> A시설에서 시행된 후원금 실적의 향상을 위한 모집교육의 효과성을 검증하기 위해 해당 교육 실시 전·후 간의 후원금 실적을 비교·검증하였다. 그 결과, $Z=-0.866$, $p=0.386$으로 유의수준 0.05에서 통계적으로 유의한 차이를 나타내지 못하였다. 이로 볼 때, 현재 시행 중인 후원금 모집교육은 후원금 모집에 실질적인 도움이 되지 못하고 있다고 볼 수 있다(**<표 13.2.2>** 참조).

❖ 표 13.2.2] **후원금 모집교육의 효과성 검증**30)

		기술통계량			$Z(p)$
		응답빈도	평 균	표준편차	
후원금 모집교육실시	전(前)	10	154.60	221.70	-0.866(0.386)
	후(後)	10	157.80	167.65	

*<0.1 **<0.05 ***<0.01

마찬가지로 **<표 13.2.3>**은 사례가 적은 두 집단의 차이를 비교하는 **<그림 13.2.15>**에 대한 사항이다. 각주에서 비모수적 검증 방법을 선택한 근거를 명시해 주었다.

30) 교육실시 前과 後의 후원금 실적에 대한 정규성 검증 결과, 실시 前 후원금 실적의 Kolmogorov-Smirnov 검증통계량은 0.308, 실시 後 후원금 실적의 Kolmogorov-Smirnov 검증통계량은 0.279이며, 각각의 유의확률(p)은 0.008과 0.027로서 두 사항 모두 정규성을 충족시키지 못하였다. 따라서 비모수적 검증 방법인 Wilcoxon 부호순위 검증을 이용하여 후원금 모집교육에 대한 효과성을 검증하였다.

A시설과 B시설의 주간 후원금 실적은 유의수준 0.05에서 Z값은 −0.249, p값은 0.806으로 통계적으로 유의한 차이를 보이지 않았다. 따라서 두 시설의 주간 후원금 실적은 차이가 없다고 할 수 있다(**<표 13.2.3>** 참조).

❖ 표 13.2.3] **시설별 주간 후원금 실적 비교**[31)]

		시설 구분	
		A시설	B시설
주간 후원금 실적	빈 도	15	15
	평 균	249.80	329.07
	표준편차	286.20	479.85
	$Z(p)$	-0.270(0.787)	

*<0.1 **<0.05 ***<0.01

<표 13.2.4>는 **<그림 13.2.31>** 즉, 사례가 적은 세 집단의 차이를 비교하는 예이다. 각주 29)로 비모수적 검증 방법을 선택한 근거를 명시하였다.

A, B, C시설의 주간 후원금 실적 차이를 살펴보았다. 유의수준 0.05에서 χ^2=1.297, p=0.523으로 유의수준 내에서 통계적으로 유의한 차이를 보이지 않았다. 이로 볼 때, A, B, C 세 시설의 주간 후원금 실적은 차이가 없다고 볼 수 있다(**<표 13.2.4>** 참조).

31) A시설과 B시설의 후원금에 대한 정규성 검증 결과 Kolmogorov-Smirnov 검증통계량이 각각 0.259와 0.252이며, 유의확률(p)이 각각 0.008과 0.011로써 유의수준 내에서 정규성이 만족되지 못하였다. 따라서 비모수적 검증 방법 중 Mann-Whitney 검증으로 시설 간 후원금 실적차이를 검증하였다.

❖ 표 13.2.4] **시설별 주간 후원금 실적 비교**[32)]

		시설 구분		
		A시설	B시설	C시설
주간 후원금 실적	빈 도	12	12	12
	평 균	245.92	156.42	118.83
	표준편차	301.95	185.74	145.48
	$x^2(p)$	0.839(0.657)		

*<0.1 **<0.05 ***<0.01

한편 표본의 수가 n<30이라 하더라도 무조건 비모수적 기법만을 이용하는 것은 옳지 않다. 표본수가 적은 경우에는 먼저 정규성 검증을 선행하여 정규성이 만족되면 모수적 방법으로, 정규성이 만족되지 못하면 비모수적 방법으로 통계분석을 실시해야 한다[33)].

생각해 봅시다! 〈n ≥ 30이면 무조건적으로 모수적 검증 방법을 이용해야 할까?〉

누군가가 저자에게 'n≥30이면 무조건적으로 모수적 검증 방법을 사용할 수 있는가?'라고 묻는다면 당연히 '예'라고 답한다. 그러나 원론적인 대답으로는 '아니요'라고 하겠다. 우리가 분석하고자 하는 자료는 표본자료이다. 따라서 모집단의 분포인 정규분포가 보장되는지 항상 검증하는 것이 원칙일 것이다. 그러나 매번 표본자료를 분석할 때마다 정규성 검증을 할 수 없기에 n>30이라면 정규성이 충족되었다고 약속하고 검증을 생략하는 것이라고 봐야 한다.

한편 정규성 검증을 할 때, 표본의 사례가 2,000개 미만일 경우에는 **Shapiro-Wilk** 검증이 유용하고, 2,000개 이상일 때 **Kolmogorov-Smirnov** 검증이 강력하다고 한다. 그러나 2,000개 전후의 표본은 매우 큰 대표본이기에 정규성이 만족된다고 전제하므로 정규성 검증을 생략하는 것이다. 보편적으로 정규성 검증에는 **Shapiro-Wilk** 검증보다는 **Kolmogorov-Smirnov** 검증이 주로 이용된다.

32) 각 시설별로 정규성 충족 여부를 살펴본 결과, Kolmogorov-Smirnov 검증통계량이 각각 0.333, 0.255, 0.299이며, 유의확률(p)이 각각 0.001, 0.030, 0.004로 유의수준 내에서 모두 정규성이 만족되지 못하였다. 그러므로 비모수적 검증 방법인 Kruskal-Wallis 검증으로 후원금 실적 차이를 검증하였다.

33) 이 경우는 각각의 응답범주별로 모두 정규성 검증을 실시하는데, 만일 단 하나의 범주에서라도 정규성을 충족시키지 못한다면 비모수적 기법을 이용하여야 한다. 가령, 성별별 비교일 경우, 남자의 경우와 여자의 경우가 모두 각각 정규성 검증결과를 살펴봐야 하며, 정규성이 모두 만족된다면 비록 n<30이라 할지라도 모수적 기법인 **독립표본 T 검증**을 이용할 수 있는 것이다.

생각해 봅시다! 〈비모수적 검증 방법의 적정 사례수는 어느 정도일까?〉

사례가 적은 경우에는 비모수적 검증 방법을 활용한다고 하지만 데이터가 3개 혹은 4개인 경우에도 비모수적 방법이 유용할 수 있을까 하는 의문을 떨쳐버릴 수 없다. 이는 3개나 4개, 또는 5개의 사례들이 모집단의 속성을 대표할 수 있다고 볼 수 있을지와 관계가 있을 것이다. 예를 들면, 서비스 만족도 조사에 참여한 5명의 만족도 점수를 통해 서비스 제공기관의 성취도를 논의할 수 있을지 고민해 봐야 할 것이다. 우리는 이미 이와 유사한 경우를 **8.2. SPSS를 이용한 교차분석**에서 하나의 *Cell*에 해당되는 사항을 대표성 있게 설명하기 위한 최소의 기대빈도 5명(개) 관련 사항을 통해 살펴보았다.

비모수적 검증 방법 역시 마찬가지로 집단의 특성을 대표하기 위해서는 기대되는 출현빈도가 있을 것이다. 물론 비모수적 방법에서의 최소 사례수에 대해서는 학문적으로 정해져 있지 않다. 저자가 통계분석 업무에 종사하면서 다양한 사례를 접해본 결과, 대략 $6 \leq n < 30$은 지켜졌을 때 비모수적 검증 방법의 결과가 보다 호소력 있었다.

14
다중응답 분석의 이해

14 다중응답 분석의 이해

14.1. 다중응답의 유형

설문조사에서는 **다중응답**[1] 문항이 빈번하게 등장한다. **다중응답**은 '해당되는 것을 2가지 고르시오'처럼 한정된 응답 개수를 지정하는 경우가 있기도 하고, '해당되는 것을 모두 고르시오'처럼 결과가 응답자에 따라 다르게 나타나는 경우도 있을 수 있다.

다음은 각각 '해당되는 것을 2가지 고르시오' 형태와 '해당되는 것을 모두 고르시오' 형태의 예이다.

'해당되는 것을 2가지 고르시오' 형태의 예

1. 귀하의 성별은 무엇입니까?
   ① 남자 ② 여자
2. 다음 사항 중 직장 선택 시 귀하가 중요시하는 것을 두 가지만 선택하여 주십시오. (,)
   ① 복리후생 ② 임금수준 ③ 직장규모 ④ 출퇴근거리 ⑤ 근무시간

1) 중복응답 또는 복수응답으로 지칭되기도 한다.

❖ 표 14.1.1] '해당되는 것을 2가지 고르시오' 설문조사 결과

일련번호	성 별	중요사항	일련번호	성 별	중요사항
1	남자	1, 2	11	여자	2, 1
2	남자	2, 5	12	남자	1, 4
3	남자	2, 1	13	여자	3, 5
4	남자	5, 1	14	남자	4, 1
5	남자	1, 4	15	남자	4, 2
6	여자	3, 1	16	여자	5, 2
7	남자	5, 2	17	여자	2, 1
8	여자	4, 2	18	남자	2, 4
9	남자	5, 1	19	남자	5, 1
10	남자	2, 1	20	여자	4, 2

'해당되는 것을 모두 고르시오' 형태 예

1. 귀하의 성별은 무엇입니까?
   ① 남자 ② 여자
2. 다음 중 귀하가 관심이 있는 것에 ∨표를 하십시오.
   ☐ 여성복지 ☐ 청소년복지 ☐ 가족복지 ☐ 아동복지 ☐ 노인복지 ☐ 장애인복지

❖ 표 14.1.2] '해당되는 것을 모두 고르시오' 설문조사 결과

일련번호	성 별	관심분야	일련번호	성 별	관심분야
1	여자	1, 2, 4, 5	11	여자	3, 4, 5
2	여자	2, 3	12	여자	1, 4
3	남자	1, 4, 5	13	여자	4, 6
4	남자	1, 2, 3, 6	14	남자	1, 2, 5, 6
5	남자	5	15	남자	2, 3, 5, 6
6	여자	1, 2, 4, 5, 6	16	여자	2, 3, 5, 6
7	남자	1, 2, 5, 6	17	여자	1, 2
8	여자	1, 3, 4	18	남자	1, 4
9	남자	2, 4, 5, 6	19	남자	
10	남자	2, 3, 4	20	여자	1, 3, 5, 6

14.1.1. SPSS를 이용한 다중응답의 코딩

상기 제시된 예를 SPSS에 코딩하는 요령을 살펴보겠다. 물론 Excel에 코딩하는 방법도 동일한 방식을 취한다.

먼저, **<표 14.1.1>**은 기대되는 응답범주가 2개로 한정된다. 이럴 때는 **<그림 14.1.1>**처럼 중요사항1 과 중요사항2 의 2개 변수를 설정하고 각각에 대해 응답자가 응답한 응답범주를 입력한다. 만일 3개까지 응답을 하도록 유도했다면 변수를 3개 설정하고, 각각에 대해 응답 결과를 입력한다. 그림에서의 중요사항1 과 중요사항2 은 변수 보기(V) 의 값 에서 변수값 설명을 추가한 상태이다.

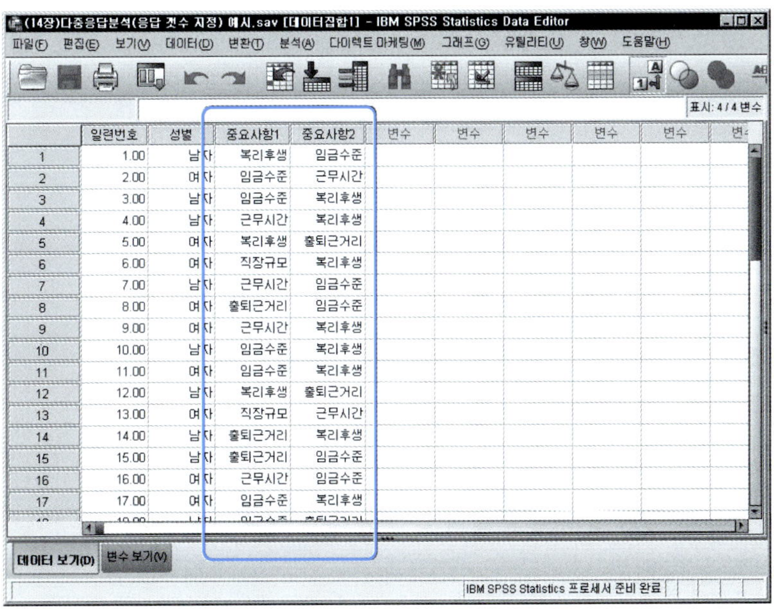

그림 14.1.1 응답 개수 지정 형태 다중응답 코딩

다음으로, **<표 14.1.2>와** 같이 모든 응답범주가 선택될 가능성이 있는 체크리스트형 질문을 살펴보자. 이 경우에는 모든 응답범주가 선택될 가능성이 있으므로 모두를 변수로 설정해야 한다.

<그림 14.1.2>처럼 총 6개의 응답범주(여성복지, 청소년복지, 가족복지, 아동복지, 노인복지, 장애인복지)를 [관심분야1] 에서 [관심분야6] 까지 총 6개의 변수를 설정하고, 응답자에 의해 선택된 사항은 1, 선택되지 않은 사항은 0, 즉 이분형으로 코딩하는 방식을 취한다.

또한 [변수 보기(V)] 의 [설명] 에서 [관심분야1] 에서 [관심분야6] 까지 설명을 **<그림 14.1.3>**처럼 부여한다. 이는 **다중응답 빈도분석** 및 **다중응답 교차분석** 수행 시 결과에서 변수에 대한 설명을 보여줌으로써 식별성을 높여준다.

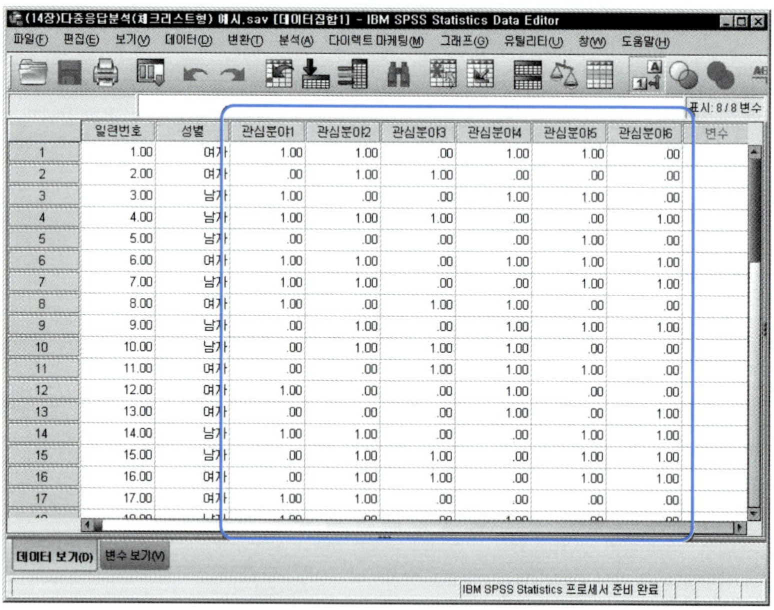

그림 14.1.2 **체크리스트 형태 다중응답 코딩**

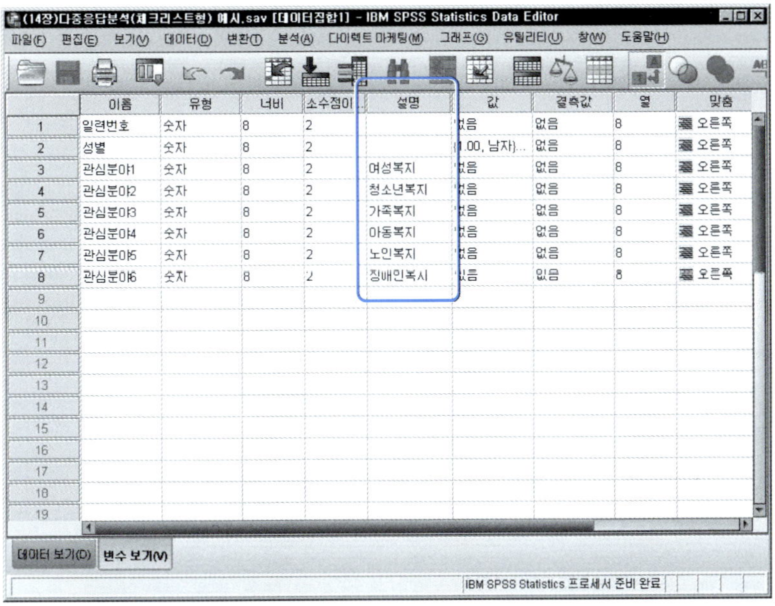

그림 14.1.3 체크리스트 형태 다중응답 코딩에서의 변수 설명 부여

코딩이 완료되면 다중응답분석 전에 먼저 변수군 정의 단계를 거치는데, 상기 두 경우에 대해 각각 다른 접근이 필요하다.

먼저 응답 개수가 지정된 **<그림 14.1.1>**을 살펴보겠다. **분석(A)-다중응답(U)-변수군 정의(E)**를 실행한다(**<그림 14.1.4>** 참조).

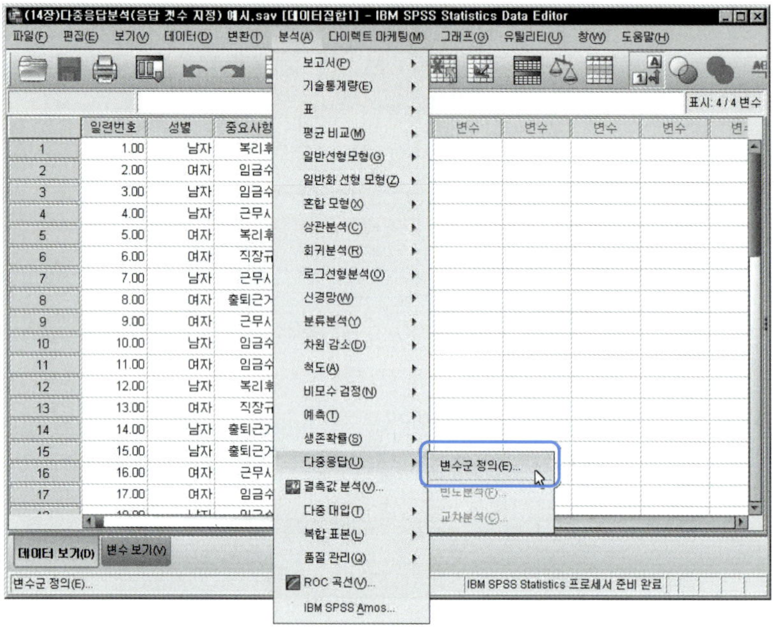

그림 14.1.4 분석(A)-다중응답(U)-변수군 정의(E) 실행

<그림 14.1.5> 대화상자에서 중요사항1과 중요사항2을 **변수군에 포함된 변수(V):**로 옮긴 후, **변수들의 코딩형식**에서 **범주(G)**를 선택하고 **범위(E):** 1 **에서(T)** 5 처럼 입력한다. **이름(N):**에 **'중요사항'**이라고 명명한 뒤 추가(A) 를 누르면 **다중응답 변수군(S):**에 $중요사항 이 생성된다.

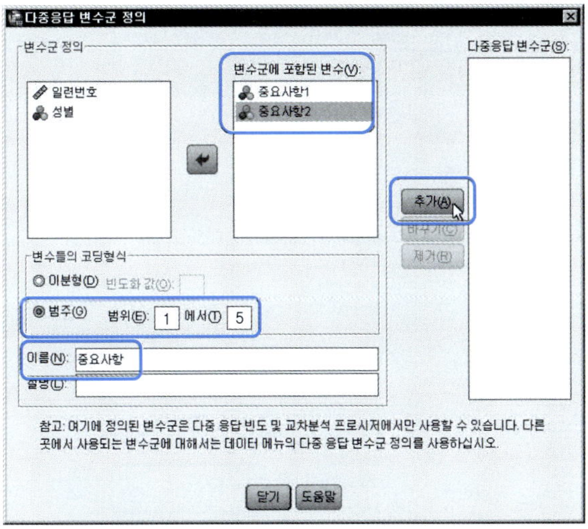

그림 14.1.5 다중응답(U)-변수군 정의(E) 대화상자

[닫기]를 누르면 **<그림 14.1.4>**와 달리 **변수군 정의(E)** 이하의 메뉴가 활성화 된다(**<그림 14.1.6>** 참조).

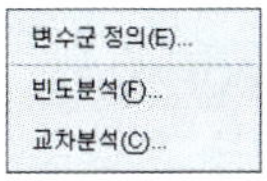

그림 14.1.6 변수군 정의(E) 하위 메뉴의 활성화

다음으로 체크리스트형으로 코딩된 자료, 즉 **<그림 14.1.2>**에 대해서 살펴보겠다. **분석(A)-다중응답(U)-변수군 정의(E)**를 실행한다.

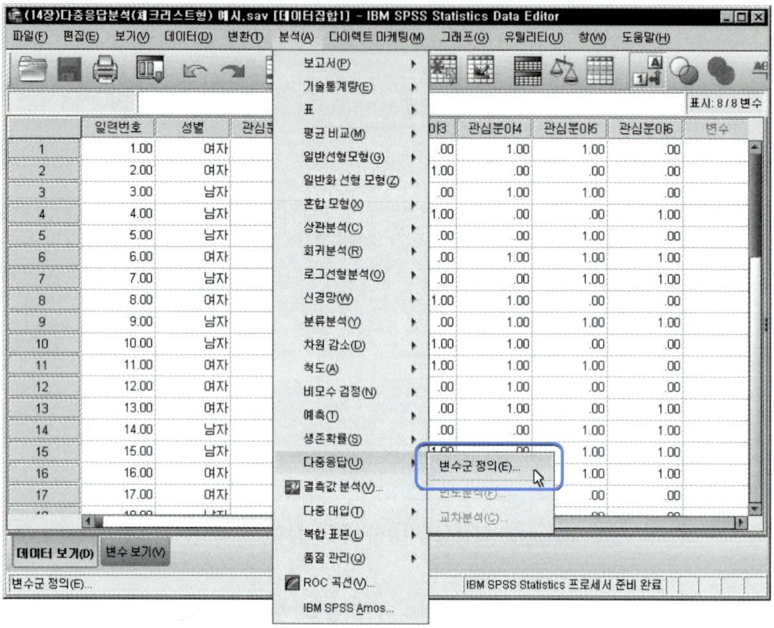

그림 14.1.7 분석(A)-다중응답(U)-변수군 정의(E) 실행

대화상자에서 **변수군 정의**의 여성복지 [관심분야1]부터 장애인복지 [관심분야6]까지 총 6개 변수를 **변수군에 포함된 변수(V)**:로 옮긴다. **변수들의 코딩형식**에서는 **이분형(D)**을 선택하고 **빈도화 값**:에 1 을 입력한다. **이름(N)**:은 **'관심분야'**라고 지정하겠다. 추가(A) 를 누르면 **다중응답 변수군(S)**:에 $관심분야가 생성된다(**<그림 14.1.8>** 참조). **설명(L)**:의 기능은 $관심분야의 부연 설명이므로 생략하겠다.

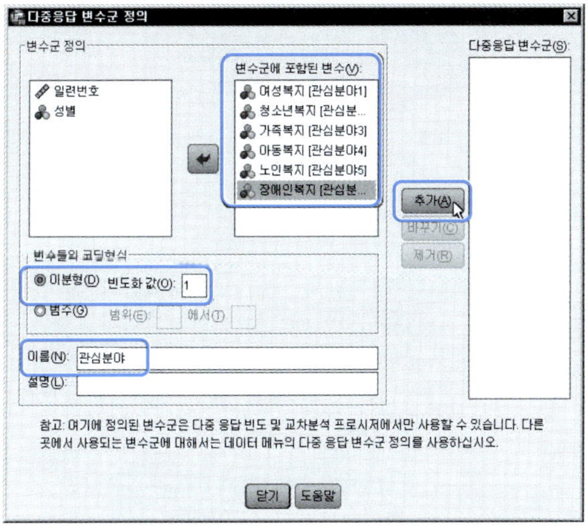

그림 14.1.8 다중응답(U)-변수군 정의(E) 대화상자

<'해당되는 것을 모두 고르시오' 형태 예>로는 **다중응답 빈도분석**을, **<'해당되는 것을 2가지 고르시오' 형태의 예>**로는 **다중응답 교차분석**을 각각 실행해 보도록 하겠다.

14.2. 다중응답 빈도분석

14.2.1. SPSS를 이용한 다중응답 빈도분석

상기 과정과 같이 **변수군 정의(E)** 후 <그림 14.2.1>처럼 **분석(A)-다중응답(U)-빈도분석(F)**을 실행한다.

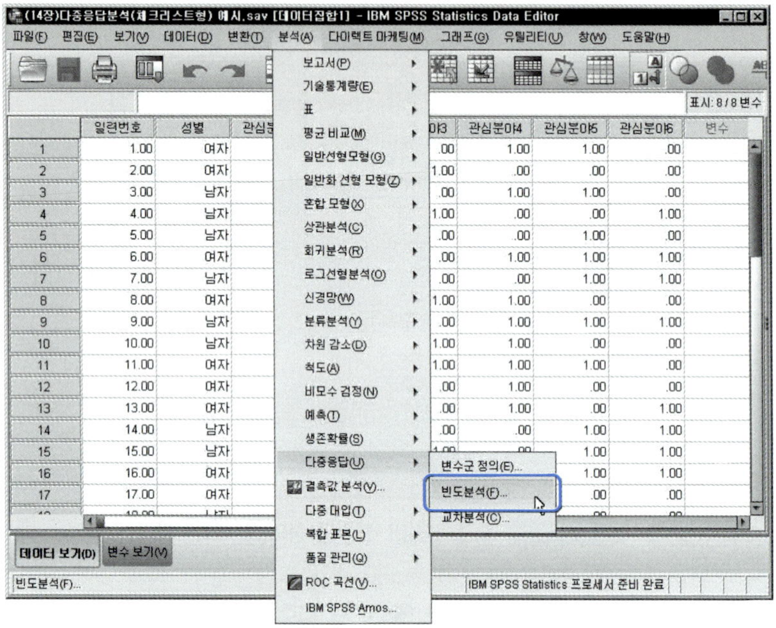

그림 14.2.1 분석(A)-다중응답(U)-빈도분석(F) 실행

<그림 14.2.2>에서 $관심분야 를 **표작성 응답군(T):**에 옮기고 확인 을 누른다.

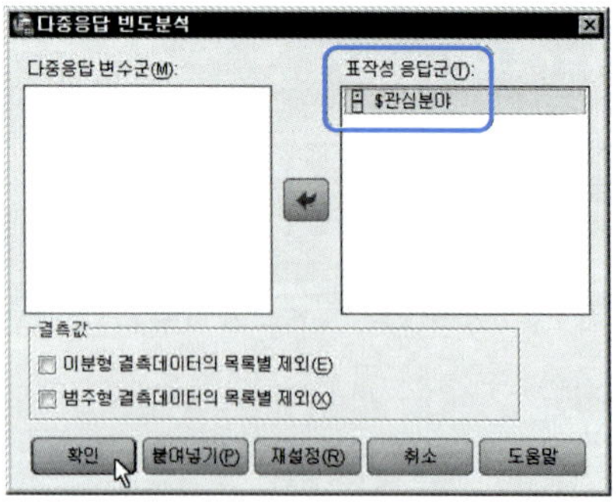

그림 14.2.2 분석(A)-다중응답(U)-빈도분석(F) 대화상자

<그림 14.2.3>은 다중응답 빈도분석의 결과이다. 여기에서 주의 깊게 살펴볼 것은 **케이스 퍼센트**이다. **응답**의 **퍼센트**는 전체 응답을 100%로 가정했을 때

각 응답범주에 대한 응답비율을 의미하는데, 다중응답 빈도분석에서는 중요한 의미를 지니지 않는다. 따라서 **케이스 퍼센트**를 중요하게 해석해야 한다. 또한 다중응답분석에서는 **합계**에 의미를 두지 않는다. 결과에서처럼 여성복지, 청소년복지, 가족복지, 아동복지, 노인복지, 장애인복지 등 응답범주의 내용이 명시되는 것은 이미 [변수 보기(V)]의 [설명]에서 [관심분야1]에서 [관심분야6]까지 설명을 부여했기 때문이다. 케이스 퍼센트의 소숫점 조정은 **6. 자료의 특성에 대한 기술**의 **6.5.2. 보고서에서의 빈도분석 결과 표현**에서 상세히 다루고 있으니 참고하기 바란다.

다중응답분석

[데이터집합1] E:₩SPSS를 이용한 조사방법 및 통계분석의 이해 Data₩(14장)다중응답분석(체크리스트형) 예시.sav

케이스 요약

	케이스					
	유효		결측		합계	
	N	퍼센트	N	퍼센트	N	퍼센트
$관심분야[a]	19	95.0%	1	5.0%	20	100.0%

a. 값 1에서 표로 작성된 이분형 집단입니다.

$관심분야 빈도

		응답		
		N	퍼센트	케이스 퍼센트
$관심분야[a]	여성복지	11	18.3%	57.9%
	청소년복지	11	18.3%	57.9%
	가족복지	8	13.3%	42.1%
	아동복지	10	16.7%	52.6%
	노인복지	11	18.3%	57.9%
	장애인복지	9	15.0%	47.4%
합계		60	100.0%	315.8%

a. 값 1에서 표로 작성된 이분형 집단입니다.

그림 14.2.3 다중응답 빈도분석 결과

한편 때에 따라서는 아래의 **<'해당되는 것 중 중요도에 따라 2가지 고르시오' 형태의 예>**처럼 중요도에 따라 순위별로 몇 개를 선택하게 할 수 있다.

'해당되는 것 중 중요도에 따라 2가지 고르시오' 형태의 예

1. 귀하의 성별은 무엇입니까?
   ① 남자 ② 여자

2. 다음 사항 중 직장 선택 시 귀하가 중요시하는 것을 중요도에 따라 두 가지만 선택하여 주십시오. (1순위 : ______ , 2순위 : ______)
   ① 복리후생 ② 임금수준 ③ 직장규모 ④ 출퇴근거리 ⑤ 근무시간

❖ 표 14.2.1] '해당되는 것 중 중요도에 따라 2가지 고르시오' 설문조사 결과

일련번호	성 별	1순위	2순위	일련번호	성 별	1순위	2순위
1	남자	1	2	11	여자	2	1
2	남자	2	5	12	남자	1	4
3	남자	2	1	13	여자	3	5
4	남자	5	1	14	남자	4	1
5	남자	1	4	15	남자	4	2
6	여자	3	1	16	여자	5	2
7	남자	5	2	17	여자	2	1
8	여자	4	2	18	남자	2	4
9	남자	5	1	19	남자	5	1
10	남자	2	1	20	여자	4	2

<표 14.2.1>은 **<표 14.1.1>**과 유사하지만 직장 선택에서 중요하게 고려하는 사항을 순위에 따라 두 가지로 기입하도록 하였다. **<표 14.1.1>**에서는 단순히 6개의 응답범주가 어떻게 선택되고 있는지 빈도와 비율을 살펴보았다. 반면 **<표 14.2.1>**의 질문형태는 6개의 응답범주의 선택 상황과 함께 우선순위를 파악할 수 있다.

이미 **4. 데이터의 코딩**에서도 언급하였듯이 SPSS에서는 변수명의 맨 앞자리에 숫자가 위치하는 것을 허용하지 않는다. 따라서 **<표 14.2.1>**은 **<그림 14.2.4>** 처럼 변수명을 순위1 과 순위2 처럼 코딩한다.

14.1.1. **SPSS를 이용한 다중응답의 코딩**에서의 설명처럼 **변수군 정의(E)** 후 **다중응답 빈도분석**을 실시하면 **<그림 14.2.3>**과 동일한 결과가 나온다. 이에 더해 순위1 에 대해 **분석(A)-기술통계량(E)-빈도분석(F)**을 실시하면 응답자들이 직장선택에서 가장 우선적으로 고려하는 사항에 대한 부수적 정보를 얻을 수 있다. 그러므로 여러 개를 선택하는 다중응답 설문 문항을 만들 때는 가급적이면 순위별로 기재하도록 하는 것이 추가정보 획득에 유리하다.

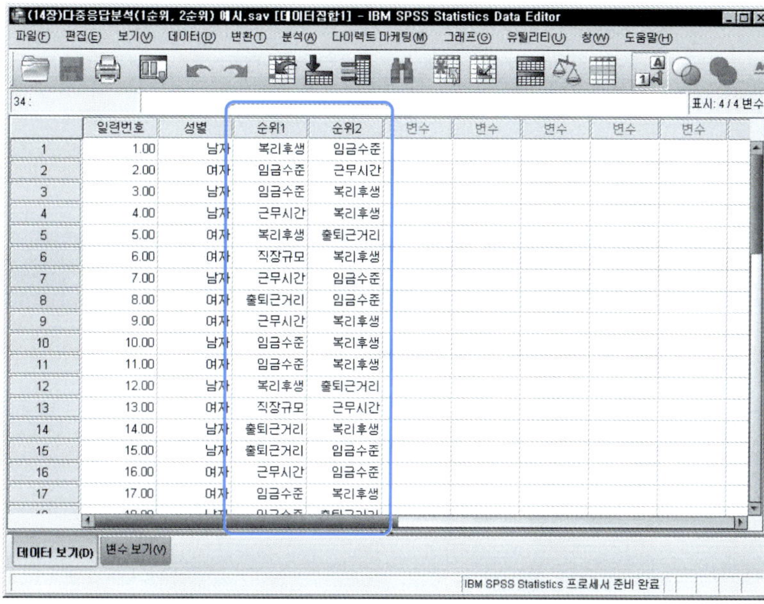

그림 14.2.4 1순위 및 2순위 형태 다중응답 코딩

14.2.2. 보고서에서의 다중응답 빈도분석 결과 표현

다음의 결과 제시는 **<표 14.2.2>**에 대한 **다중응답 빈도분석** 결과이다. 주어진 것처럼 1순위와 2순위 응답에 대한 빈도분석 결과를 함께 제시하여 다양한 정보를 제공하는 것이 바람직하다. 이처럼 1순위와 2순위로 나누어 질의한다는 것은 상대적 우선 순위 파악을 위함이다. 즉, 응답자들의 욕구가 주로 어떤 부분에 치중되고 있으며, 그중에서 보다 시급한 사안이 무엇인지를 파악

하는 것이다. 이런 관점에서 본다면 3순위 이하를 조사하는 것은 당위성이 현저히 떨어진다고 볼 수 있다. 또한 **다중응답 빈도분석**의 표현에서는 '계'가 무의미하므로 명시하지 않으며, 아래와 같이 표현한다. 대신 해당 결과가 다중응답임을 명시한다.

> 응답자들이 직장을 선택하는데 중요하게 고려하는 사항으로는 '복리후생'과 '임금수준'이 각각 12명(60.0%)으로 가장 많이 선택되었다. 이로 볼 때, '복리후생' 및 '임금수준'은 직장 선택의 중요 영향 요인임을 알 수 있다. 특히 '임금수준'은 응답자 중 가장 많은 6명(30.0%)에게 1순위 고려사항으로 선택되어 매우 중요한 직장 선택의 결정 요인이었다(**<표 14.2.2>** 참조).

❖ 표 14.2.2] **직장 선택의 중요 고려사항**

		응답 전체		1순위		2순위	
		응답빈도	%	응답빈도	%	응답빈도	%
중요 고려사항	복리후생	12	60.0	3	15.0	9	45.0
	임금수준	12	60.0	6	30.0	6	30.0
	직장규모	2	10.0	2	10.0	–	–
	출퇴근거리	7	35.0	4	20.0	3	15.0
	근무시간	7	35.0	5	25.0	2	10.0
	계	–	–	20	100.0	20	100.0

※ 다중응답.

14.3. 다중응답 교차분석

14.3.1. SPSS를 이용한 다중응답 교차분석

<그림 14.1.4>와 **<그림 14.1.5>**를 거쳐 **변수군 정의(E)**를 선행한 후, **분석(A)-다중응답(U)-교차분석(C)**을 실행한다(**<그림 14.3.1>** 참조).

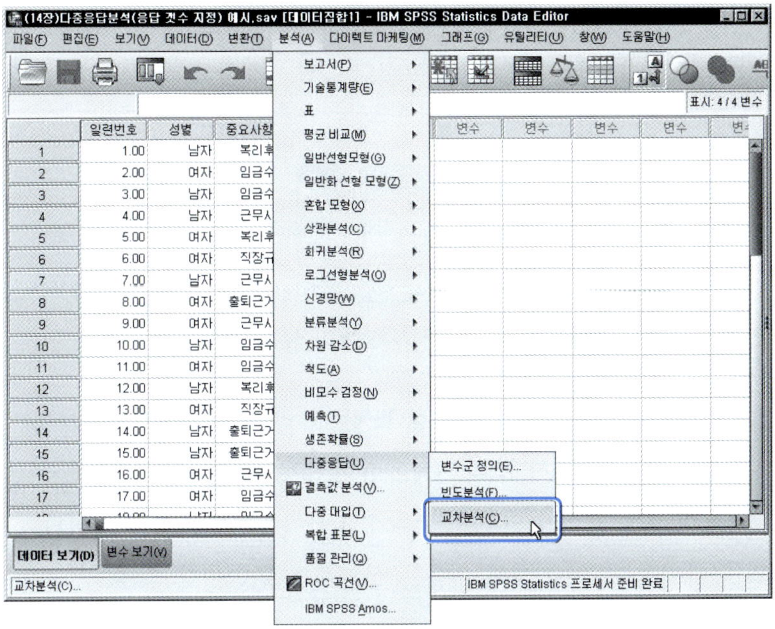

그림 14.3.1 분석(A)-다중응답(U)-교차분석(C) 실행

<그림 14.3.2> 대화상자에서 **행(W):**에 **다중응답 변수군(M):**의 $중요사항과 **열(C):**에 성별을 각각 옮긴 후, 범위지정(G)...을 누른다.

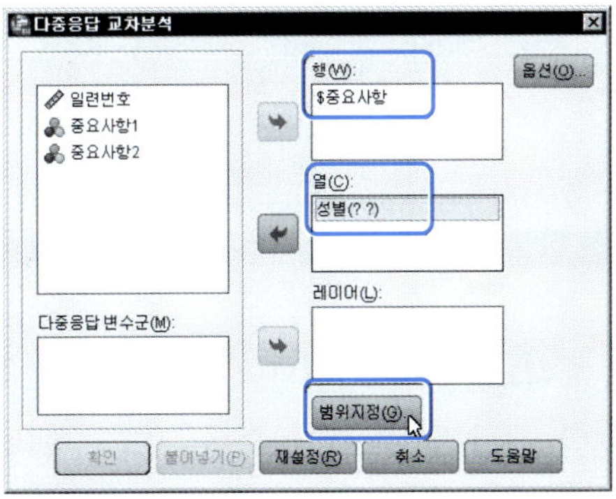

그림 14.3.2 다중응답(U)-교차분석(C) 대화상자

성별 의 범위를 지정한다. 성별 은 1과 2로 코딩되었으므로 **최소값(N):**에 1, **최대값(X):**에 2를 입력하고 계속 을 누른다(**<그림 14.3.3>** 참조).

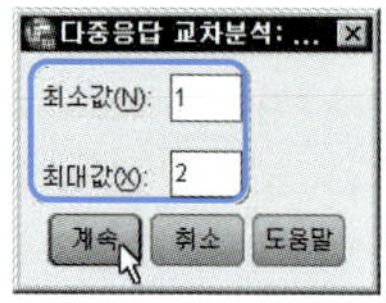

그림 14.3.3 다중응답(U)-교차분석(C)-범위지정(G) 대화상자

<그림 14.3.2>의 옵션(O)... 에서는 **셀 퍼센트**의 **열(C)**과 **전체(T)**를 선택한다. **열(C)**을 선택한 것은 **8. 교차분석의 이해**의 **8.2. SPSS를 이용한 교차분석**에서도 밝힌 바와 같이 독립변수의 위치에 맞추기 위한 선택이다. 또한 **전체(T)**는 종속변수의 응답범주 각각에 대한 비율을 살펴보기 위함이다. 계속 을 눌러 대화상자를 닫는다(**<그림 14.3.4>** 참조).

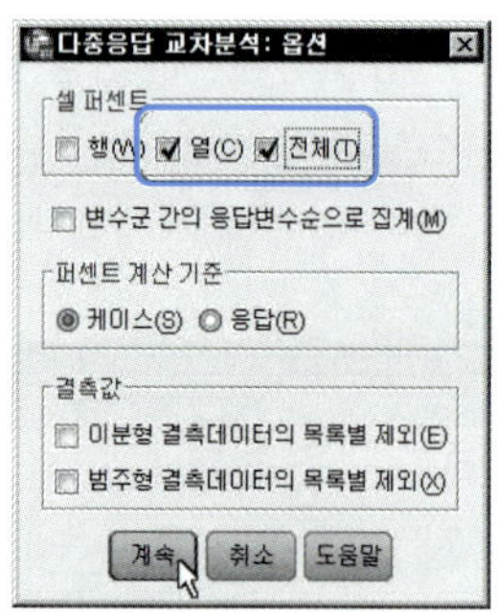

그림 14.3.4 다중응답(U)-교차분석(C)-옵션(O) 대화상자

확인 을 누르면 **<그림 14.3.5>**처럼 다중응답 교차분석의 결과가 나타난다. 독립변수(성별)의 응답범주별로 종속변수($중요사항)의 응답범주에 따라 각각의 빈도와 비율이 나타났다. 가령 복리후생을 중요하게 생각하고 있는 사람은 남자의 경우는 7명(70.0%), 여자의 경우는 5명(50.0%)이고, 전체적으로는 12명(60.0%)인 것이다.

다중응답분석

[데이터집합1] E:₩SPSS를 이용한 조사방법 및 통계분석의 이해 Data₩(14장)다중응답분석(응답 갯수 지정) 예시.sav

케이스 요약

	케이스					
	유효		결측		합계	
	N	퍼센트	N	퍼센트	N	퍼센트
$중요사항*성별	20	100.0%	0	0.0%	20	100.0%

$중요사항*성별 교차표

			성별		합계
			남자	여자	
$중요사항[a]	복리후생	총계	7	5	12
		성별 중 %	70.0%	50.0%	
		전체 중 %	35.0%	25.0%	60.0%
	임금수준	총계	6	6	12
		성별 중 %	60.0%	60.0%	
		전체 중 %	30.0%	30.0%	60.0%
	직장규모	총계	0	2	2
		성별 중 %	0.0%	20.0%	
		전체 중 %	0.0%	10.0%	10.0%
	출퇴근거리	총계	4	3	7
		성별 중 %	40.0%	30.0%	
		전체 중 %	20.0%	15.0%	35.0%
	근무시간	총계	3	4	7
		성별 중 %	30.0%	40.0%	
		전체 중 %	15.0%	20.0%	35.0%
합계		총계	10	10	20
		전체 중 %	50.0%	50.0%	100.0%

퍼센트 및 합계는 응답자수를 기준으로 합니다.

a. 집단 설정

그림 14.3.5 다중응답 교차분석 결과

14.3.2. 보고서에서의 다중응답 교차분석 결과 표현

다중응답 교차분석의 표현은 **<표 14.3.1>**과 같다. 다중응답 교차분석은 검증 통계량(χ^2) 및 유의확률(p)이 계산되지 않는다. 따라서 각 사항별로 빈도와 비율을 근거로 해석한다.

> 성별에 따라 관심을 갖는 복지분야는 **<표 14.3.1>**과 같다. 남자는 '청소년복지' 분야와 '노인복지' 분야에 대해 각각 6명(55.6%)으로 가장 많은 관심을 보인 반면, 여자는 '여성복지' 분야와 '아동복지' 분야에 대해 각각 6명(60.0%)으로 가장 많은 관심을 보이고 있었다. 전반적으로는 '여성복지', '청소년복지', '노인복지' 분야에 대한 관심이 높게 나타났다.

❖ 표 14.3.1] 성별별 사회복지 관심분야

		남 자		여 자		계	
		응답빈도	%	응답빈도	%	응답빈도	%
관심분야	여성복지	5	55.6	6	60.0	11	57.9
	청소년복지	6	66.7	5	50.0	11	57.9
	가족복지	3	33.3	5	50.0	8	42.1
	아동복지	4	44.4	6	60.0	10	52.6
	노인복지	6	66.7	5	50.0	11	57.9
	장애인복지	5	55.6	4	40.0	9	47.4

※다중응답.

15
측정도구의 검토

15 측정도구의 검토

15.1. 신뢰도의 검토

15.1.1. SPSS를 이용한 신뢰도분석

완성된 설문지가 다양한 자료수집방법을 이용하여 수집되면, 이를 컴퓨터에 파일로 입력하는 코딩작업을 거친다. 코딩작업을 마치고 데이터에 대한 클리닝 작업이 완료되면 실질적인 통계분석에 돌입한다. 그러나 본격적인 통계분석작업에 앞서 조사도구에 대한 검토가 선행되어야 한다. 조사된 설문지의 신뢰도는 어느 정도인지 파악해 봐야 하며, 많은 수의 문항을 어떻게 요인으로 구조화할 것인가를 검토해야 하는 것이다.

이미 우리는 **2. 조사방법론의 이해**에서 신뢰도의 개념에 대해서는 살펴보았다. 신뢰도를 측정하는 방법 중 재검사법, 복수양식법, 반분법은 측정도구의 상관계수를 이용하여 신뢰도를 측정하는 방법이다. 그러나 상기 방법들은 동일 또는 유사한 도구로 조사를 반복적으로 수행하는 것이 골자이기 때문에 다양한 내적 타당도 저해요인의 발생과 시간 및 비용의 과중이 초래된다. 또한 정확하게 어느 수준이 신뢰도를 만족한다는 수치적 근거가 모호하다. 따라서 조사도구의 신뢰도 측정은 내적일관성분석법, 즉 Cronbach's α계수로써 검토된다. 여기에서는 실질적으로 SPSS에서 신뢰도분석이 어떻게 이루어지며, 그 결과는 어떻게 해석하는지를 살펴보고자 한다.

신뢰도분석은 리커트 척도로 구성된 항목에 한해서 실시한다. 명목 및 서열변수에 대해서는 실시하지 않으며, 비율변수 역시 실시하지 않는다.

다음은 ××전자에서 새로운 TV를 출시한 후 100명의 소비자에게 TV에 대한 만족도를 조사한 설문지이며, **<표 15.1.1>**은 설문조사 결과이다. 이 조사 결과에 대한 신뢰도를 검증해보도록 하자.

TV에 대한 만족도

1. 귀하의 연령은 어떻게 되십니까? 만 ______세
2. 다음은 ××전자에서 생산한 TV에 대한 만족도 문항입니다. 해당되는 곳에 √를 해주시기 바랍니다.

	매우 불만족	불만족	보 통	만 족	매우 만족
1) TV의 모양은 만족스럽습니까?					
2) TV의 몸체 크기는 만족스럽습니까?					
3) TV의 색깔은 만족스럽습니까?					
4) TV 외형의 재질은 만족스럽습니까?					
5) TV의 AS비용은 만족스럽습니까?					
6) TV의 가격은 만족스럽습니까?					
7) TV 구입에서 제공된 할인혜택은 만족스럽습니까?					

❖ 표 15.1.1] XX전자 TV 관련 제품 만족도

설문번호	연 령	만족1	만족2	만족3	만족4	만족5	만족6	만족7
1	44	4	4	4	4	3	2	2
2	33	3	2	3	3	4	4	2
3	32	5	4	5	2	3	1	2
4	34	1	2	2	2	2	3	2
5	32	2	3	3	3	3	5	2
6	31	3	4	3	3	4	3	2

7	28	5	5	5	5	4	4	2
⋮	⋮	⋮	⋮	⋮	⋮	⋮	⋮	⋮
94	40	2	4	4	4	5	4	3
95	30	2	5	5	5	5	4	4
96	25	4	5	3	4	5	4	3
97		5	5	3	3	5	5	3
98	33	3	2	2	4	3	2	3
99	26	3	2	2	3	2	2	3
100	42	1	3	1	3	3	1	3

<표 15.1.1>을 코딩한 후 **분석(A)-척도(A)-신뢰도분석(R)**을 실행한다(<그림 15.1.1> 참조).

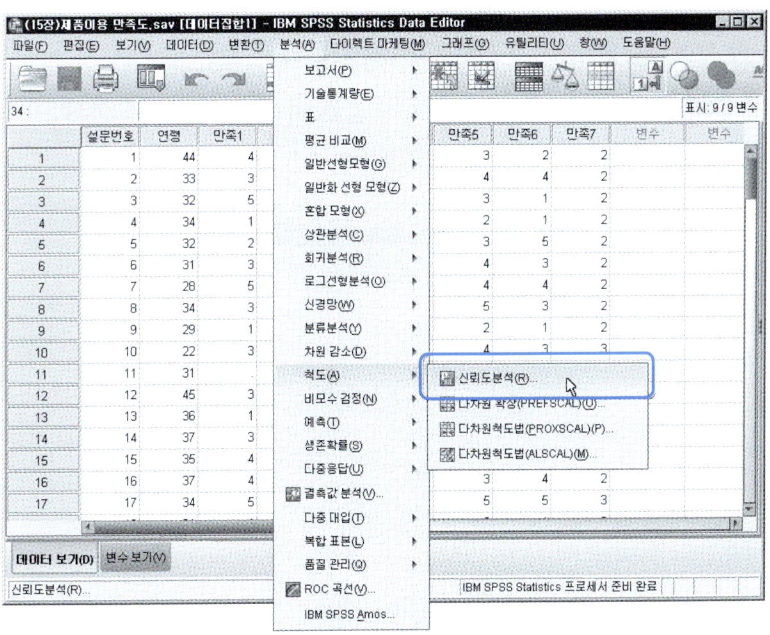

그림 15.1.1 〈표 15.1.1〉의 코딩 및 분석(A)–척도(A)–신뢰도분석(R) 실행

<그림 15.1.2>처럼 신뢰도 분석을 하려는 리커트 척도 문항, 즉 만족1부터 만족7까지를 오른쪽 **항목(I)**:으로 이동시킨다. 이때 변수를 한꺼번에 옮기기 위해 마우스로 만족1을 선택한 상태에서 키보드의 왼쪽 Shift를 누른 채 만족7을 선택하여 한꺼번에 이동하였다. 통계량(S)... 을 누른다.

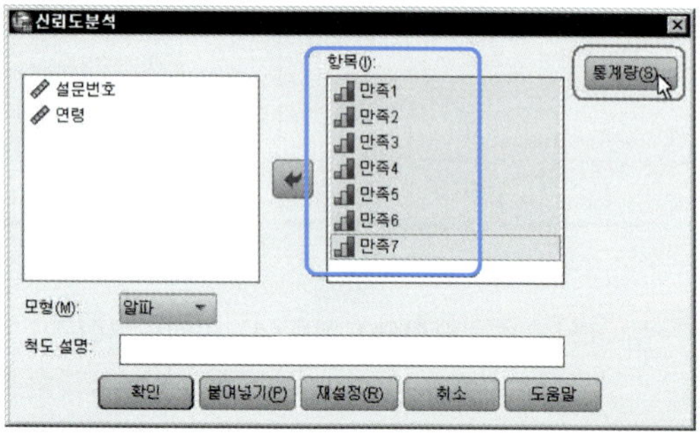

그림 15.1.2 분석(A)–척도(A)–신뢰도분석(R) 대화상자

다음에 대한 기술통계량에서 **항목제거시 척도(A)**를 선택한 후 계속 을 눌러 해당 대화상자를 닫은 뒤, <그림 15.1.2>에서 확인 을 눌러 신뢰도분석을 실행한다(<그림 15.1.3> 참조).

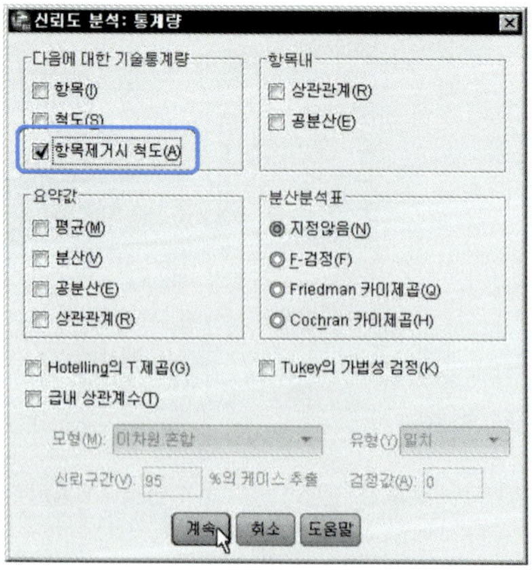

그림 15.1.3 분석(A)–척도(A)–신뢰도분석(R)–통계량(S) 대화상자

<그림 15.1.4>는 신뢰도분석 결과이다. **SPSS를 이용한 신뢰도분석**에서는 크게 전체적인 Cronbach's α계수를 의미하는 **신뢰도 통계량**의 **Cronbach의 알파**, **항목총계 통계량**에서 **항목이 삭제된 경우 Cronbach 알파** 및 **수정된 항목-전체 상관관계**(Corrected Item Total Correlation, CITC)의 3가지를 고려한다.

항목이 삭제된 경우 Cronbach 알파는 해당 항목이 제거되었을 경우 전체 신뢰도가 어떻게 변하는지를 보여주며, **수정된 항목-전체 상관관계**는 개별항목과 나머지 항목 간의 상관관계를 의미한다[1].

학자마다 견해의 차이가 일부 있으나, 보편적으로 Cronbach's α계수는 0.60 이상[2], CITC는 0.30 이상[3]이면 만족한다고 보는 견해가 지배적이다.

신뢰도분석

[데이터집합1] E:₩SPSS를 이용한 조사방법 및 통계분석의 이해 Data₩(15장)제품이용 만족도.sav

Scale: 모든 변수

케이스 처리 요약

		N	%
케이스	유효	95	95.0
	제외됨[a]	5	5.0
	합계	100	100.0

a. 목록별 삭제는 프로시저의 모든 변수를 기준으로 합니다.

신뢰도 통계량

Cronbach의 알파	항목 수
.786	7

1) 즉, **수정된 항목-전체 상관관계**가 낮다는 것은 해당 항목이 나머지 항목과의 상관관계가 낮음을 의미하며, 이는 곧 해당 항목이 전체 항목들과 비교하여 신뢰도가 낮음을 의미한다고 볼 수 있다.

2) 연구에서 사용되는 대부분의 검증된 척도는 α계수가 0.90 이상이다. 따라서 0.60이라는 것은 최소기준(Minimum Standard)일 뿐이고 다분히 상대적인 잣대에 따라 판단할 수밖에 없다.

3) CITC는 연구자의 주관적인 판단에 많은 부분 의존된다. 따라서 0.30이라는 기준이 절대적일 수는 없으며, 경우에 따라서는 비록 0.30을 초과하더라도 타 항목과 비교하여 특별히 낮은 수치를 보일 경우, 연구자의 판단으로 제거가 가능하다.

항목 총계 통계량

	항목이 삭제된 경우 척도 평균	항목이 삭제된 경우 척도 분산	수정된 항목-전체 상관관계	항목이 삭제된 경우 Cronbach 알파
만족1	19.22	18.387	.468	.768
만족2	19.00	16.617	.644	.732
만족3	18.77	18.073	.510	.760
만족4	18.66	17.694	.619	.740
만족5	18.72	17.397	.564	.749
만족6	19.12	16.401	.543	.755
만족7	19.72	21.397	.233	.801

그림 15.1.4 신뢰도분석 결과

15.1.2. 보고서에서의 신뢰도분석 결과 표현

보고서를 집필하면서 신뢰도분석 결과를 표현하는 것은 사실상 정해진 것이 없다. 신뢰도는 전반적인 Cronbach's α계수를 명시해 줌으로써 확보 여부만을 밝혀주는 것이 일반적이다. 그러나 지표 개발이 주 목적인 연구와 같은 경우에는 문항별로 상세한 검토가 요구되기도 한다. **<표 15.1.2>**는 **<그림 15.1.4>**의 결과 제시 예시이다. 각 문항별 CITC와 제거 시 α계수를 명시하고, 하단에는 전반적인 Cronbach's α계수를 제시하여 독자로 하여금 상세한 내용을 볼 수 있도록 안내하였다.

××전자의 신제품 TV 관련 만족도 조사는 TV를 구입한 소비자 100명에게 리커트 척도로 구성된 총 7개 문항으로 조사되었다. 문항제거 시 α계수에서도 특별히 신뢰도를 저해하는 개별 항목은 없었으나, 7)항목은 제거 시 α계수가 0.801이며 CITC 수치 역시 상대적으로 낮은 편이므로 다소 신뢰도가 의심되는 항목일 수 있다. 그러나 전반적인 Cronbahc"s α계수가 0.786이므로 척도의 신뢰도는 비교적 만족스러운 수준이었다(**<표 15.1.2>** 참조).

❖ 표 15.1.2] 신뢰도검증 결과 제시 예시

만족도 측정지표	신뢰도	
	CITC	제거 시 α계수
1) TV의 모양은 만족스럽습니까?	0.468	0.768
2) TV의 몸체 크기는 만족스럽습니까?	0.644	0.732
3) TV의 색깔은 만속스립습니까?	0.510	0.760
4) TV 외형의 재질은 만족스럽습니까?	0.619	0.740
5) TV의 AS비용은 만족스럽습니까?	0.564	0.749
6) TV의 가격은 만족스럽습니까?	0.543	0.755
7) TV 구입에서 제공된 할인혜택은 만족스럽습니까?	0.233	0.801

※ cronbach's $\alpha = 0.786$

※ CITC = Corrected Item Total Correlation.

15.2. 구성개념 타당도의 검토

15.2.1. SPSS를 이용한 요인분석

구성개념 타당도 검토는 **다속성-다측정 행렬분석법**(multitrait-multimethod matrix technique)과 **요인분석**(Factor Analysis)으로 할 수 있다. 그런데 **다속성-다측정 행렬분석법**은 방법을 달리해가며 측정을 반복하므로 시간과 비용이 많이 소요되고 무엇보다도 내적 타당도 저해요인이 발생될 우려가 크다. 따라서 요인분석을 이용하여 구성개념 타당도를 측정하는 것이 바람직하다.

요인분석은 다수의 변수들이 서로 어떻게 연결되는지 분석하여 변수들 간의 관계를 요인으로 분류해내는 다변량 분석기법으로서, 목적에 따라 **탐색적 요인분석**(Exploratory Factor Analysis : EFA)과 **확인적 요인분석**(Confirmatory Factor Analysis : CFA)으로 나눌 수 있다.

먼저 **탐색적 요인분석**은 이론으로 체계화되지 않은 연구에서 방향을 파악하기 위한 방법이다. 따라서 측정항목들이 미리 의도한 해당 차원을 제대로 측정하고 있는지 사전지식이 없기에 탐색적(Exploratory)인 성격을 지닌다. 반면 **확인적 요인분석**은 이론적 지식 혹은 경험에 근거하여 각 측정 변수와 잠재변수 간의 관계를 사전에 가정하고 이 가정을 통계적으로 검증하기 위해 이용되는 것으로 모델을 수정 혹은 변경한 모델에 대한 검증에 많이 이용된다. 탐색적 요인분석은 SPSS를 이용하여 해결할 수 있다. 그러나 확인적 요인분석은 SPSS로는 할 수 없고 AMOS 또는 LISREL이란 프로그램을 이용해야 한다[4].

한편 탐색적 요인분석은 다시 **주성분분석**(Principle Component Analysis)과 **공통요인분석**(Common Factor Analysis)으로 분류할 수 있다. 주성분분석은 자료를 축약하거나 요약하는 것이 목적이며, 회전을 실시하지 않는다. 반면 공통요인분석은 잠재변수의 의미를 추출하기 위한 분석방법으로서, 주성분의 의미를 추출하기 위해 회전(Rotation)을 실시한다. 공통요인분석에서의 회전방식은 보통 배리맥스(Varimax) 방식을 주로 사용한다. 그러나 배리맥스, 쿼티맥스(Quartimax), 이퀴맥스(Equemax) 등 직각회전방식은 요인들 간에 상관관계가 전혀 없는 경우에 사용된다. 그러나 사회과학에서 다루는 요인들은 상호 간에 연관성이 전혀 없다고 볼 수 없다. 가령 전자제품 AS센터 이용자들에게 20문항으로 구성된 서비스 만족도 조사를 실시했다고 가정해 보자. 우리 속담에 아내가 예쁘면 처갓집 기둥을 보고도 절한다는 말이 있다. 예쁜 아내 덕에 전혀 관계없는 처갓집 기둥마저도 감사하게 느껴질 정도라는 뜻이다. AS센터 직원에게 만족한 소비자는 그 직원이 제공하는 서비스가 다소 부족해도 만족스럽게 느끼곤 한다. 이렇듯이 사회과학 분야에서 행해지는 조사에서는 상호 연관성이 전혀 없는, 즉 요인 간에 독립성이 확실하게 보장되는 경우는 극히 드물기 때문에 직각회전방식보다는 사각회전방식을 사용하는 것이 바람직하다. 사각회전방식에는 대표적으로 **직접 오블리민**(Direct Oblimin) 방식이 있다. 요인분석은 **신뢰도분석과 마찬가지로 리커트 척도로 구성된 항목에 한해서 실시하며, 명목 및 서열, 비율변수는 실시하지 않는다**.

4) 이미 **12. 회귀분석의 이해**의 **12.3. 회귀분석의 응용**에서 언급한 것처럼 확인적 요인분석은 **경로분석**(Path Analysis)과 함께 **구조방정식모형**(Structural Equation Modeling : SEM)이라고 지칭된다.

15.1. 신뢰도의 검토에서 조사된 TV에 대한 제품 만족도 조사 결과를 살펴보자. 결론부터 밝히자면 1), 2), 3), 4)는 제품 디자인 측면의 문항들이고, 5), 6), 7)은 경제적 측면의 항목들이다. 따라서 해당 내용은 2가지 하위요인으로 묶을 수 있다. 분류된 하위요인은 각각에 속한 개별 문항들의 평균변수를 생성하고[5], 이후의 여러 가지 통계분석에는 **<표 15.2.2>**에서 제시된 축약된 2개 문항(②, ③)과 전체 제품 만족도 평균변수(①)를 이용한다. 이처럼 많은 수의 변수 중에서 같은 요인끼리를 묶어주는 한편, 다른 요인 간에는 분류함으로써, 자료를 축약하는 동시에 각 개별 문항들의 구성개념 타당도를 검증하는 기법이 바로 요인분석이다[6]. **요인분석에 필요한 최소 사례로는 통상 '변수의 개수×5' 이상이 요구된다.**

❖ 표 15.2.1] **제품 만족도 측정 문항**

만족도 측정문항	전혀 불만족	불만족	보 통	만 족	매우 만족
1) TV의 모양은 만족스럽습니까?					
2) TV의 몸체 크기는 만족스럽습니까?					
3) TV의 색깔은 만족스럽습니까?					
4) TV 외형의 재질은 만족스럽습니까?					
5) TV의 AS비용은 만족스럽습니까?					
6) TV의 가격은 만족스럽습니까?					
7) TV 구입에서 제공된 할인혜택은 만족스럽습니까?					

5) 평균변수와 총합변수 모두 대표변수로서의 역할 수행이 가능하다. 다만, 만일 한 문항이라도 무응답이 존재한다면 총합변수는 영향을 받게 된다. 평균은 무응답의 영향을 상대적으로 덜 받으므로 평균변수를 생성하여 요인의 대표 변수로 사용하는 것이 보편적이다.

6) 만일 어떠한 요인으로도 분류가 되지 못하는 개별 문항이 존재할 경우에는 이 문항이 구성개념 타당도가 없다고 판단되므로 제거할 수 있는 통계적 근거가 될 수 있다.

❖ 표 15.2.2] 실제 분석에 쓰이는 제품 만족도 요인

① 제품 만족도 전체	
하위요인	② 디자인 측면
	③ 경제적 측면

※ 제품 만족도 전체 : 전체 7개 문항의 평균변수.
※ 디자인 측면 : 1), 2), 3), 4)번 문항의 평균변수.
※ 경제적 측면 : 5), 6), 7)번 문항의 평균변수.

<표 15.1.1>로 실제 요인분석을 실시해 보도록 하자. **분석(A)-차원 감소(D)-요인분석(F)**을 실행한다(**<그림 15.2.1>** 참조).

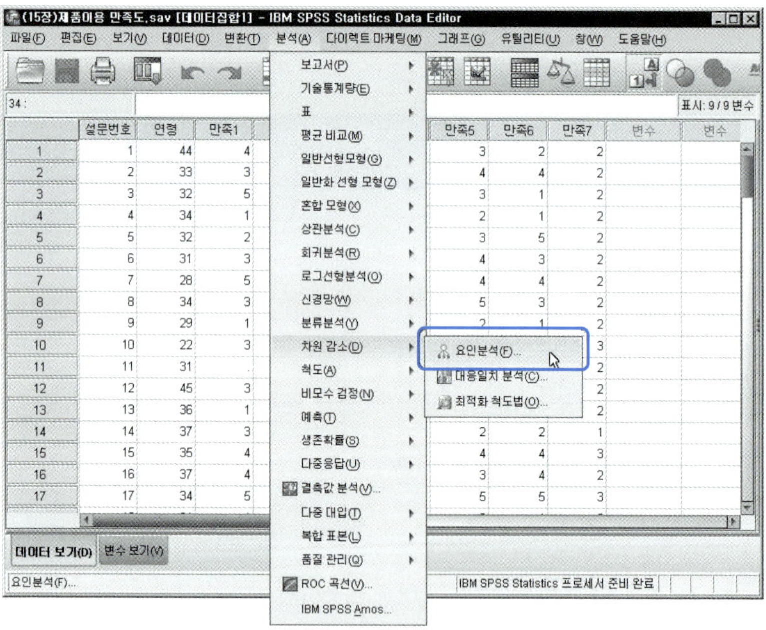

그림 15.2.1 분석(A)-차원 감소(D)-요인분석(F) 실행

대화상자에서 만족1부터 만족7까지 모두 오른쪽의 **변수(V)**:으로 옮긴 후 기술통계(D)... 를 누른다(**<그림 15.2.2>** 참조).

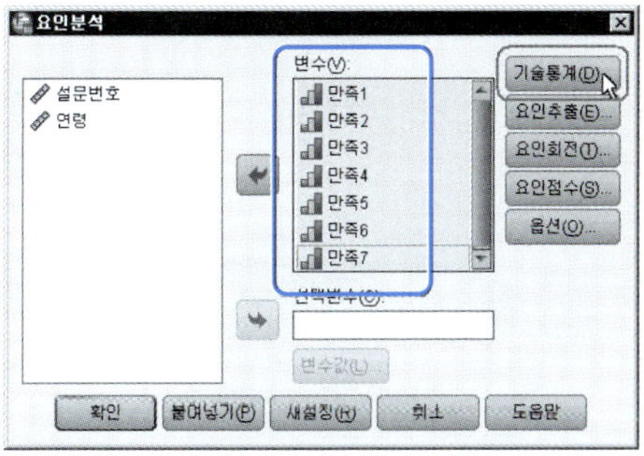

그림 15.2.2 분석(A)-차원 감소(D)-요인분석(F) 대화상자

[기술통계(D)...]에서 특히 주목해야 할 사항은 **상관행렬**의 **KMO와 Bartlett의 구형성 검정(K)**과 **역-이미지(A)**이다. KMO(Kaiser-Meyer-Olklin)의 MSA(Measure of Sampling Adequacy), 즉 표본적합도는 그 기준에 따라 요인분석의 적절성을 판단하는 기준이 된다[7]. 또한 Bartlett의 구형성 검정(Bartlett's Test of Sphericity)은 유의확률(Sig)을 기준으로 '변수들의 상관계수행렬이 단위행렬인가', 다시 말해 '변수들이 서로 독립적인가' 하는 귀무가설의 기각/채택 여부를 판단함으로써, 요인분석의 유의성을 결정해 주는 기준이 된다. Bartlett의 단위행렬 점검에서 유의한 결과가 나와야만 요인분석을 통해 주성분 추출이 가능한 것으로 판단할 수 있게 된다[8]. **역-이미지(A)**를 선택하게 되면 각 문항 간의 표본적합도 결과를 볼 수 있다[9]. 다만 **역-이미지(A)**는 지표개발 연구에서나 활용될 수 있기에 일반적으로는 선택하지 않는다. [계속]을 누른다(<그림 15.2.3> 참조).

---

7) KMO의 **표본적합도**는 0.90 이상 '믿기 어려울 정도로 높은 값(marvelous)', 0.80 이상 '꽤 높은 편인 값(meritorious)', 0.70 이상 '괜찮다고 할 수 있는 값(middling)', 0.60 이상 '보통 수준의 값(mediocre)', 0.50 이상 '빈약하지만 어쩔 수 없이 사용하는 값(miserable)', 0.40 이상 '받아들이기 어려운 수준의 값(unacceptable)'으로 해석될 수 있다(이영준, 2002, 『요인분석의 이해』, 도서출판 석정). 표본적합도의 대략적인 수용기준은 0.70 이상(양병화, 2011, 『다변량 데이터 분석법의 이해』. 커뮤니케이션북스)이지만 연구의 목적을 고려하여 상대적인 잣대에 따라 판단한다.

8) 모든 변수들이 서로 독립적인 모집단에서 추출된 표본 사이에는 0에 가까운 상관관계가 존재할 것이다. 그러므로 변수들 간의 상관관계를 기준으로 요인을 분류하는 요인분석은 적용이 무의미해진다.

9) KMO **표본적합도**는 변수의 쌍들의 상관관계가 다른 변수에 의해 설명되는 정도를 나타내는 것이므로 다시 말하면 두 변수 간의 상관관계가 다른 변수와의 관계가 있는지를 검증해 볼 수 있다는 의미로 해석될 수 있다. 따라서 이 값이 일정기준 이하로 낮게 나타난다면 이는 수렴적 타당도가 낮음을 의미한다고 볼 수 있겠으며, **각 세부항목의 표본적합도(MSA)**를 검토하면 개별 지표의 상호관련성을 파악하는 근거가 될 수 있다.

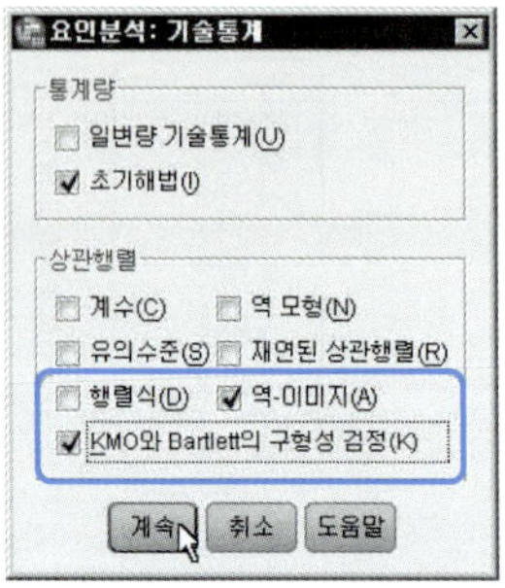

그림 15.2.3 분석(A)-차원 감소(D)-요인분석(F)-기술통계(D) 대화상자

요인추출(E)... 에서는 **추출**에서 **고유값 기준**의 **다음 값보다 큰 고유값(A):**을 주의 깊게 다루어야 한다. 요인분석에서의 고유값(Eigen-Value)은 적어도 1.0이 되어야 한다는 기준[10]은 Kaiser(1960)[11]가 주장한 이론인데 Kaiser에 따르면 고유값이 1.0 이상인 요인들만 일반화시킬 수 있다. 하지만 일각에서는 Kaiser의 기준에 의하면 요인 수가 과소하게 계산되는 오류가 발생하므로 이를 줄이기 위해 고유값 기준을 0.80으로 낮추어야 한다고 논의되기도 한다. 또한 Wiess (1971)[12]는 변수의 수가 40개 이상일 때 Kaiser의 고유값 1.0 기준을 적용하면 결과가 대단히 부정확하게 되기에 무조건 이 기준을 따르는 것은 가능한 한 피해야 한다고 주장한 바 있다. Gorsuch(1983)[13]는 고유값보다 누적분산비율 (Cumulative %)이 75% 이상인 곳에서 요인의 수를 결정하는 것이 적절하다고 하였다. 그러나 이 또한 75%라는 기준이 절대적인 것일 수 없기에 일부에서는 최소한 60% 정도의 변수들의 분산이 요인들에 의해 설명되어야 한다고도 한다.

이상과 같이 여러 학자들의 논점을 종합하건대, 요인의 수를 결정하기 위해서는 누적분산비율과 고유값 및 적정 변수를 함께 고려하는 것이 보다 합

10) Minimum Eigen-Value criterion; Kaiser criterion; root criterion.

11) Kaiser, H. F.(1960). *The Application of Electrionic Computers to Factor Analysis*, Educational and Psychological Measurement.

12) Weiss, David, J.(1971). *Further Considerations in Applications of Factor Analysis*, Journal of Counseling Psychology, Vol 18, pp.85-92.

13) Gorsuch, R. L.(1983). *Factor Analysis*(2nd ed.). Hillsdale, NJ : Lawrence Erlbaum.

당하다고 할 것이다. 따라서 요인분석을 선(先) 실시하고 결과를 우선 검토한 후, **추출**에서 **고유값 기준의 다음 값보다 큰 고유값(A)**:을 조정함으로써, 적정한 요인 수를 결정하는 것이 좋겠다. 계속 을 누른다(**<그림 15.2.4>** 참조).

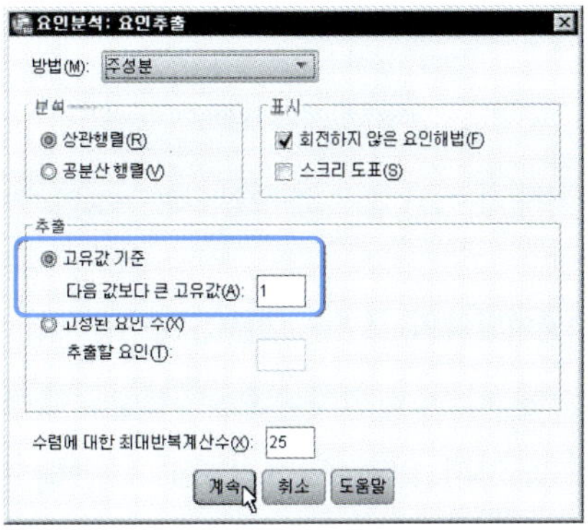

그림 15.2.4 **분석(A)-차원 감소(D)-요인분석(F)-요인추출(E) 대화상자**

요인회전(T)... 에서는 **방법**의 **직접 오블리민(O)**을 선택한다. 다시 한 번 언급하지만 보편적으로 **베리멕스(V)**를 많이 사용하는데, 사회과학 분야에서 요인분석을 수행하면서 흔히 범하는 오류이다. 사람의 속성이나 태도를 주로 다루는 사회과학에서의 사회현상요인들은 어떻게 해서든 서로 연관되어 있다. 그렇기 때문에 상호 독립성을 유지하도록 요인들이 추출・구성된다는 전제하에 진행되는 직각회전방식은 적절하지 않다. 따라서 **베리멕스(V)**, **쿼티멕스(Q)**, **이쿼멕스(E)** 등 직각회전방식보다는 사각회전, 특히 일반적으로 가장 많이 사용되는 오블리민(Oblimin) 방식이 적절하다. 계속 을 누른다(**<그림 15.2.5>** 참조).

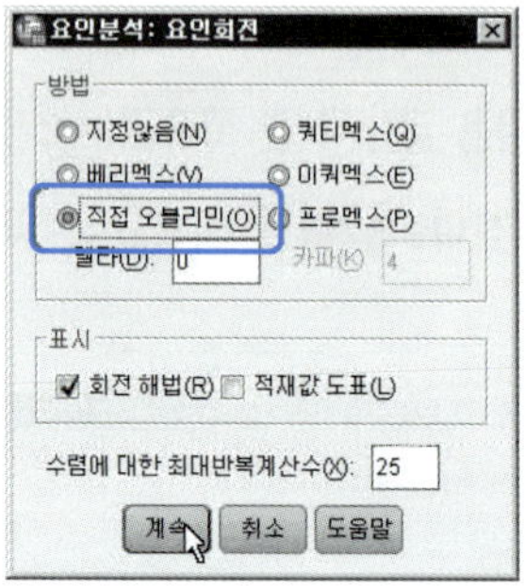

그림 15.2.5 분석(A)-차원 감소(D)-요인분석(F)-요인회전(T) 대화상자

옵션(O)... 에서는 **계수출력형식**의 **크기순 정렬(S)**을 선택한다. 이 명령은 결과에서 각 행렬계수가 크기에 따라 내림차순으로 정렬되게끔 하는 것이다. 이 명령을 부여하지 않으면 투입된 변수가 순서대로 나열되므로 판독이 용이하지 않다. 한편 **작은 계수 표시 안 함(U)**의 **절대값(아래)(A):**에 특정 값을 넣으면 해당 수치 이하의 행렬계수는 표시되지 않는다(**<그림 15.2.6>** 참조).

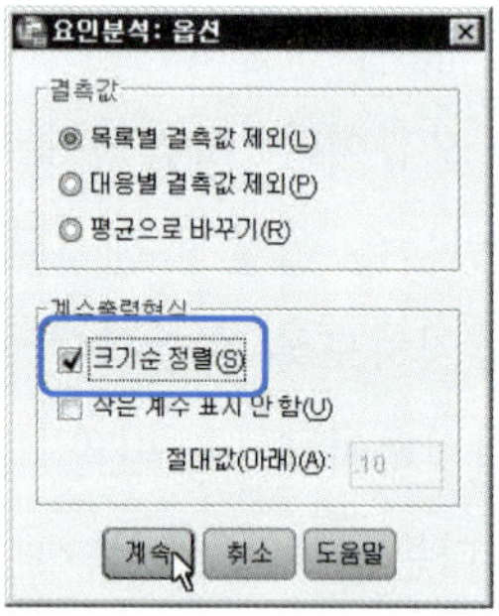

그림 15.2.6 분석(A)-차원 감소(D)-요인분석(F)-옵션(O) 대화상자

결과에서는 가장 먼저 살펴볼 것은 **KMO와 Bartlett의 검정**에서 **표준형성 적절성의 Kaiser-Meyer-Olkin 측도**이다. **KMO 표본적합도**(MSA)가 0.771로서 '괜찮다고 할 수 있는 값(middling)'이다[14]. 또한 **Bartlett의 구형성 검정** 결과가 $\chi^2=$

14) 표본적합도는 표본의 크기가 커질수록 높아지는 성향이 나타난다.

198.335, p=0.000으로서 요인분석이 유의함을 알 수 있다.

역-이미지 상관행렬에서는 **역-이미지 상관계수**의 a가 윗첨자된 대각선의 값을 살펴본다. 이는 각 개별 변수의 표본적합도이다. 이미 각주 9)에서도 밝혔듯이 표본적합도는 변수의 쌍들의 상관관계가 다른 변수에 의해 설명되는 정도를 나타내는 것이다. 따라서 이는 다시 말하면 두 변수 간의 상관관계가 다른 변수와의 관계가 있는지를 검증해 볼 수 있다는 의미로 해석될 수 있다. 그렇기 때문에 이 수치가 일정기준 이하로 낮게 나타난다면 해당 항목은 요인분석에 반영하기에 문제가 있을 수 있다고 판단할 수 있다. 본 예에서는 특별히 낮은 수치가 나타나지 않고 있다. 즉, 모든 문항이 요인분석에 반영되어도 무리가 없는 것이다[15]. 다음으로는 **공통성**, 즉 공통요인분산(Communality)을 관찰하여 요인분석의 적합성 여부를 판단해야 한다. 공통성이란, 변수들의 분산이 각 요인들에 의해 어느 정도 설명되어지는지를 나타내는 수치이다. 공통성은 적어도 0.40 이상이 되어야 하는 것으로 알려져 있는데, 0.40보다 작은 값은 각 변수들의 분산을 설명하기 위해 요인들을 사용하는 것이 적합하지 않다는 것을 의미한다. 또한 공통성이 1.0에 지나치게 가깝다면 다중공선성을 의심해야 하므로 공통성의 기준을 절대적 잣대로 삼기보다 상대적 시각에서 특별히 저해하는 요인은 제거하겠다는 관점이 필요하다. 마지막 고려사항은 **설명된 총분산**의 고유값(**초기 고유값의 합계**)과 누적분산비율(**% 누적**)이다. 본 결과는 고유값을 '1'로 고정한 상태의 결과이다. **초기 고유값**의 **합계**에서 1요인은 3.122, 2요인은 1.320으로 2개 요인으로 분류된다[16].

성분행렬^{a}, **패턴행렬**^{a}, **구조행렬**, **성분 상관행렬**이 차례로 명시되는데, 여기에서는 **구조행렬**을 본다[17]. **성분1**(**첫번째 요인**)에 **만족3**, **만족4**, **만족2**, **만족1**이 속하고 **성분2**(**두번째 요인**)로는 **만족5**, **만족6**, **만족7**이 해당된다(<그림 15.2.7> 참조).

15) 만일 **MSA**가 특별히 낮게 나타나는 항목이 존재한다면, 해당 항목을 제외한 요인분석 재실행 결과를 반영해야 한다.

16) 누적분산비율에 해당하는 % 누적을 보면 2번째 요인이 63.464%이다. 누적분산비율은 일종의 설명력이라고 할 수 있다. 즉, 본 요인분석을 통해 추출된 요인은 전체 100% 중에서 63.464%를 설명해 줄 수 있다는 것이다. 적절한 수치로 판단된다. 만일 % 누적이 60% 미만으로 나타난다면 이를 좀 더 높일 수 있도록 [요인추출(E)...] 의 **추출**에서 **고유값 기준**의 **다음 값보다 큰 고유값(A):**을 조정할 필요가 있다.

17) 만일 변수의 축약을 위해 주성분분석을 실시한다면, 회전하지 않은 결과를 고려해야 하므로 성분행렬을 의미있게 반영하면 된다.

요인분석

[데이터집합1] E:₩SPSS를 이용한 조사방법 및 통계분석의 이해 Data₩(15장)제품이용 만족도.sav

KMO와 Bartlett의 검정

표준형성 적절성의 Kaiser-Meyer-Olkin 측도.		.771
Bartlett의 구형성 검정	근사 카이제곱	198.335
	자유도	21
	유의확률	.000

역-이미지 행렬

		만족1	만족2	만족3	만족4	만족5	만족6	만족7
역-이미지 공분산	만족1	.712	-.082	-.139	-.084	-.001	-.038	-.004
	만족2	-.082	.529	-.199	.000	-.079	-.161	-.007
	만족3	-.139	-.199	.482	-.229	.029	.077	.077
	만족4	-.084	.000	-.229	.538	-.108	-.067	-.054
	만족5	-.001	-.079	.029	-.108	.568	-.231	-.153
	만족6	-.038	-.161	.077	-.067	-.231	.570	-.057
	만족7	-.004	-.007	.077	-.054	-.153	-.057	[illegible]
역-이미지 상관계수	만족1	.881[a]	-.133	-.238	-.135	-.002	-.060	-.005
	만족2	-.133	.799[a]	-.394	.001	-.144	-.294	-.010
	만족3	-.238	-.394	.684[a]	-.449	.056	.147	.119
	만족4	-.135	.001	-.449	.794[a]	-.195	-.120	-.080
	만족5	-.002	-.144	.056	-.195	.769[a]	-.405	-.219
	만족6	-.060	-.294	.147	-.120	-.405	.749[a]	-.082
	만족7	-.005	-.010	.119	-.080	-.219	-.082	.760[a]

a. 표본화 적합성 측도(MSA)

공통성

	초기	추출
만족1	1.000	.535
만족2	1.000	.625
만족3	1.000	.764
만족4	1.000	.621
만족5	1.000	.697
만족6	1.000	.649
만족7	1.000	.552

추출 방법: 주성분 분석.

설명된 총분산

	초기 고유값			추출 제곱합 적재값			회전 제곱합 적재값[a]
성분	합계	% 분산	% 누적	합계	% 분산	% 누적	합계
1	3.122	44.600	44.600	3.122	44.600	44.600	2.772
2	1.320	18.863	63.464	1.320	18.863	63.464	2.112
3	.742	10.595	74.059				
4	.599	8.552	82.611				
5	.525	7.505	90.117				
6	.396	5.659	95.775				
7	.296	4.225	100.000				

추출 방법: 주성분 분석.

a. 성분이 상관된 경우 전체 분산을 구할 때 제곱합 적재값이 추가될 수 없습니다.

성분행렬[a]

	성분	
	1	2
만족2	.782	-.114
만족4	.765	-.190
만족3	.695	-.531
만족5	.688	.474
만족6	.681	.429
만족1	.634	-.365
만족7	.322	.670

유인추출 방법: 주성분 분석.

a. 추출된 2 성분

패턴 행렬[a]

	성분	
	1	2
만족3	.904	-.176
만족1	.743	-.050
만족4	.724	.174
만족2	.686	.252
만족7	-.210	.770
만족5	.208	.755
만족6	.234	.711

요인추출 방법: 주성분 분석.
회전 방법: Kaiser 정규화가 있는 오블리민.

a. 6 반복계산에서 요인회전이 수렴되었습니다.

구조행렬

	성분	
	1	2
만족3	.857	.063
만족4	.770	.365
만족2	.752	.433
만족1	.730	.147
만족5	.408	.811
만족6	.422	.773
만족7	-.006	.715

요인추출 방법: 주성분 분석.
회전 방법: Kaiser 정규화가 있는 오블리민.

성분 상관행렬

성분	1	2
1	1.000	.265
2	.265	1.000

요인추출 방법: 주성분 분석.
회전 방법: Kaiser 정규화가 있는 오블리민.

그림 15.2.7 요인분석 결과

15.2.2. 보고서에서의 요인분석 결과 표현

요인분석은 다양한 통계적 검증이 이루어지기 전에 조사도구의 검토를 목적으로 쓰인다. 요인분석에 앞서 우선 신뢰도분석이 먼저 이루어져야 한다. 신뢰도분석을 거쳐 신뢰도를 저해하는 문항이 제거된 후에 요인분석을 거치고, 요인분석을 통해 요인으로 분류된 후에 비로소 여러 가지 추론통계적 접근이 이루어지는 것이다.

변수명을 정할 때는 가급적이면 각 요인에 포함되는 세부 문항들의 내용이 잘 반영되도록 명명해야 한다. 부득이 공통적인 특성이 확인되지 않을 때는 **구조행렬** 표에서 각 요인(**성분**)마다 가장 위에 있는 세부 문항의 내용을 변수명으로 적용할 수 있다.

> 7개의 리커트 척도로 구성된 ××전자의 TV 관련 제품 만족도는 요인분석 결과, 먼저 KMO의 표본 적합도는 0.771로, '괜찮은 수준의 값(**middling**)' 기준을 충족시키고 있었다. 또한 Bartlett의 구형성 검증 결과, $\chi^2=198.335$, $p=0.000$으로 유의수준 0.05에서 상관계수행렬이 단위행렬이라는 귀무가설을 기각함으로써, 측정변수 간의 상관성이 인정되어 전반적으로 볼 때 요인분석이 가능한 것으로 사료되었다. TV에 대한 제품 만족도는 총 2개의 하위 요인으로 분류되었는데, 각각의 요인은 '디자인 측면', '경제적 측면'으로 명명되었다(**<표 15.2.3>** 참조).

❖ 표 15.2.3] **제품 만족도 요인분석 결과**

요인명	세부 항목	공통성	성 분	
			1	2
디자인 측면	3) TV의 색깔은 만족스럽습니까?	0.764	0.857	
	4) TV 외형의 재질은 만족스럽습니까?	0.621	0.770	
	2) TV의 몸체 크기는 만족스럽습니까?	0.625	0.752	
	1) TV의 모양은 만족스럽습니까?	0.535	0.730	
경제적 측면	5) TV의 AS비용은 만족스럽습니까?	0.697		0.811
	6) TV의 가격은 만족스럽습니까?	0.649		0.773
	7) TV 구입에서 제공된 할인혜택은 만족스럽습니까?	0.552		0.715

고유값(Eigen-Value)	3.122	1.320
누적분산비율(Cumulative %)	44.600	63.464
KMO의 표본적합도(MSA)	0.771	
Bartlett의 단위행렬 검증	198.335***(0.000)	

*<0.1 **<0.05 ***<0.01

※ Extraction Method : Common Factor Analysis.

※ Rotation Method : Oblimin with Kaiser Normalization.

지표개발을 주 목적으로 하는 경우에는 **<표 15.2.3>**에 앞서 **상관관계 분석 결과**와 **개별문항의 표본적합도 결과**를 먼저 보여주는 것이 좋다. 이하에서는 **상관관계 분석 결과**와 **개별문항의 표본적합도 결과**에 대한 각각의 기술 요령을 제시하였다. **<표 15.2.3>**보다 먼저 아래 각각의 표와 □내용을 순서대로 먼저 서술하도록 권고한다.

> ××전자의 신제품 TV에 대한 제품 만족도조사의 척도개발을 위해 총 7개의 리커트 척도로 구성된 설문지를 활용하였다. 우선적으로 각 문항 간의 상관관계를 살펴보면, '만족1'과 만족3, '만족2와 만족3', '만족3과 만족4', '만족5와 만족6'는 상대적으로 상관관계가 높게 나타났다. 이로 볼 때 이들 변수 쌍끼리는 수렴적 타당도가 있다고 사료된다. 즉, 이들 문항은 서로 동일한 요인으로 분류될 가능성이 있다(**<표 15.2.4>** 참조).

❖ 표 15.2.4] **제품 만족도 상관관계 분석 결과**

		만족1	만족2	만족3	만족4	만족5	만족6	만족7
만족1	r	1.000						
	(p)	.						
만족2	r	0.430***	1.000					
	(p)	(0.000)	.					
만족3	r	0.495***	0.574**	1.000				
	(p)	(0.000)	(0.000)	.				
만족4	r	0.434***	0.474***	0.601***	1.000			
	(p)	(0.000)	(0.000)	(0.000)	.			
만족5	r	0.260***	0.452***	0.257***	0.425***	1.000		
	(p)	(0.009)	(0.000)	(0.010)	(0.000)	.		

만족6	r	0.257**	0.477***	0.191*	0.371***	0.580***	1.000	
	(p)	(0.012)	(0.000)	(0.062)	(0.000)	(0.000)	·	
만족7	r	0.052	0.139	-0.008	0.162	0.334***	0.276***	1.000
	(p)	(0.611)	(0.167)	(0.937)	(0.108)	(0.001)	(0.007)	·

*<0.1 **<0.05 ***<0.01

각 문항에 대한 표본적합도를 살펴보면, 전반적으로 0.700 이상으로서, '괜찮은 수준의 값(middling)'의 조건 이상을 충족시키고 있었다. 따라서 특별히 조정 또는 제거의 필요성을 보이는 항목은 없다고 판단되었다(**<표 15.2.5>** 참조).

❖ 표 15.2.5] **제품 만족도 개별문항의 표본적합도(MSA) 결과**

	만족1	만족2	만족3	만족4	만족5	만족6	만족7
만족1	0.881						
만족2	-0.133	0.799					
만족3	-0.238	-0.394	0.684				
만족4	-0.135	0.001	-0.449	0.794			
만족5	-0.002	-0.144	0.056	-0.195	0.769		
만족6	-0.060	-0.294	0.147	-0.120	-0.405	0.749	
만족7	-0.005	-0.010	0.119	-0.080	-0.219	-0.082	0.760

※ ▒ : Measures of Sampling Adequacy(MSA).

부 록

부록 각종 분포표

1. 난수표

10 09 73 25 33	76 52 01 35 86	34 67 35 48 76	80 95 90 91 17	39 29 27 49 45
37 54 20 48 05	64 89 47 42 96	24 80 52 40 37	20 63 61 04 02	00 82 29 16 65
08 42 26 89 53	19 64 50 93 03	23 20 90 25 60	15 95 33 47 64	35 08 03 36 06
99 01 90 25 29	09 37 67 07 15	38 31 13 11 65	88 67 67 43 97	04 43 62 76 59
12 80 79 99 70	80 15 73 61 47	64 03 23 66 53	98 95 11 68 77	12 17 17 68 33
66 06 57 47 17	34 07 27 68 50	36 69 73 61 70	65 81 33 98 85	11 19 92 91 70
31 06 01 08 05	45 57 18 24 06	35 30 34 26 14	86 79 90 74 39	23 40 30 97 32
85 26 97 76 02	02 05 16 56 92	68 66 57 48 18	73 05 38 52 47	18 62 38 85 79
63 57 33 21 35	05 32 54 70 48	90 55 35 75 48	28 46 82 87 09	83 49 12 56 24
73 79 64 57 53	03 52 96 47 78	35 80 83 42 82	60 93 52 03 44	35 27 38 84 35
98 52 01 77 67	14 90 56 86 07	22 10 94 05 58	60 97 09 34 33	50 50 07 39 98
11 80 50 54 31	39 80 82 77 32	50 72 56 82 48	29 40 52 42 01	52 77 56 78 51
83 45 29 96 34	06 28 89 80 83	13 74 67 00 78	18 47 54 06 10	68 71 17 78 17
88 68 54 02 00	86 50 75 84 01	36 76 66 79 51	90 36 47 64 93	29 60 91 10 62
99 59 46 73 48	87 51 76 49 69	91 82 60 89 28	93 78 56 13 68	23 47 83 41 13
65 48 11 76 74	17 46 85 09 50	58 04 77 69 74	73 03 95 71 86	40 21 81 65 44
80 12 43 56 35	17 72 70 80 15	45 31 82 23 74	21 11 57 82 53	14 38 55 37 63
74 35 09 98 17	77 40 27 72 14	43 23 60 02 10	45 52 16 42 37	96 28 60 26 55
69 91 62 68 03	66 25 22 91 48	36 93 68 72 03	76 62 11 39 90	94 40 05 64 18
09 89 32 05 05	14 22 56 85 14	46 42 75 67 88	96 29 77 88 22	54 38 21 45 98
91 49 91 45 23	68 47 92 76 86	46 16 28 35 54	94 75 08 99 23	37 08 92 00 48
80 33 69 45 98	26 94 03 68 58	70 29 73 41 35	53 14 03 33 40	42 05 08 23 41
44 10 48 19 49	85 15 74 79 54	32 97 92 65 75	57 60 04 08 81	22 22 20 64 13
12 55 07 37 42	11 10 00 20 40	12 86 07 46 97	96 64 48 94 39	28 70 72 58 15
63 60 64 93 29	16 50 53 44 84	40 21 95 25 63	43 65 17 70 82	07 20 73 17 90
61 19 69 04 46	26 45 74 77 74	51 92 43 37 29	65 39 45 95 93	42 58 26 05 27
15 47 44 52 66	95 27 07 99 53	59 36 78 38 48	82 39 61 01 18	33 21 15 94 66
94 55 72 85 73	67 89 75 43 87	54 62 24 44 31	91 19 04 25 92	92 92 74 59 73
42 48 11 62 13	97 34 40 87 21	16 86 84 87 67	03 07 11 20 59	25 70 14 66 70
23 52 37 83 17	73 20 88 98 37	68 93 59 14 16	26 25 22 96 63	05 52 28 25 62
04 49 35 24 94	75 24 63 38 24	45 86 25 10 25	61 96 27 93 35	65 33 71 24 72
00 54 99 76 54	64 05 18 81 59	96 11 96 38 96	54 69 28 23 91	23 28 72 95 29
35 96 31 53 07	26 89 80 93 54	33 35 13 54 62	77 97 45 00 24	90 10 33 93 33
59 80 80 83 91	45 42 72 68 42	83 60 94 97 00	13 02 12 48 92	78 56 52 01 06
46 05 88 52 36	01 39 09 22 86	77 28 14 40 77	93 91 08 36 47	70 61 74 29 41
32 17 90 05 97	87 37 92 52 41	05 56 70 70 07	86 74 31 71 57	85 39 41 18 38
69 23 46 14 06	20 11 74 52 04	15 95 66 00 00	18 74 39 24 23	97 11 89 63 38
19 56 54 14 30	01 75 87 53 79	40 41 92 15 85	66 67 43 68 06	84 96 28 52 07
45 15 51 49 38	19 47 60 72 46	43 66 79 45 43	59 04 79 00 33	20 82 66 95 41
94 86 43 19 94	36 16 81 08 51	34 88 88 15 53	01 54 03 54 56	05 01 45 11 76

2. Z 분포

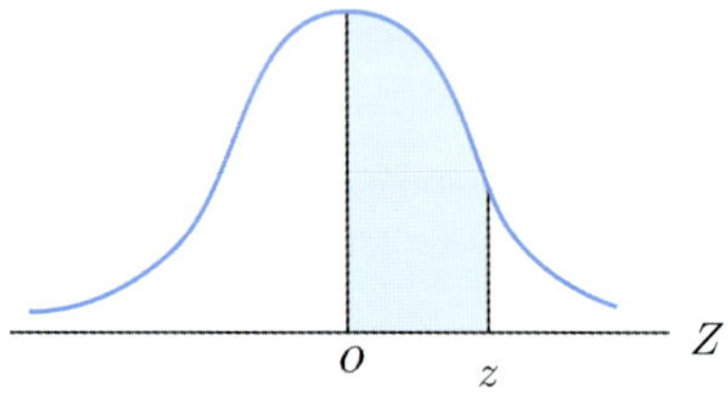

z	.00	.01	.02	.03	.04	.05	.06	.07	.08	.09
0.0	.0000	.0040	.0080	.0120	.0160	.0199	.0239	.0279	.0319	.0359
0.1	.0398	.0438	.0478	.0517	.0557	.0596	.0636	.0675	.0714	.0753
0.2	.0793	.0832	.0871	.0910	.0948	.0987	.1026	.1064	.1103	.1141
0.3	.1179	.1217	.1255	.1293	.1331	.1368	.1406	.1443	.1480	.1517
0.4	.1554	.1591	.1628	.1664	.1700	.1736	.1772	.1808	.1844	.1879
0.5	.1915	.1950	.1985	.2019	.2054	.2088	.2123	.2157	.2190	.2224
0.6	.2257	.2291	.2324	.2357	.2389	.2422	.2454	.2486	.2517	.2549
0.7	.2580	.2611	.2642	.2673	.2704	.2734	.2764	.2794	.2823	.2852
0.8	.2881	.2910	.2939	.2967	.2995	.3023	.3051	.3078	.3106	.3133
0.9	.3159	.3186	.3212	.3238	.3264	.3289	.3315	.3340	.3365	.3389
1.0	.3413	.3438	.3461	.3485	.3508	.3531	.3554	.3577	.3599	.3621
1.1	.3643	.3665	.3686	.3708	.3279	.3749	.3770	.3790	.3810	.3830
1.2	.3849	.3869	.3888	.3907	.3925	.3944	.3962	.3980	.3997	.4015
1.3	.4032	.4049	.4066	.4082	.4099	.4115	.4131	.4147	.4162	.4177
1.4	.4192	.4207	.4222	.4236	.4251	.4265	.4279	.4292	.4306	.4319
1.5	.4332	.4345	.4357	.4370	.4382	.4394	.4406	.4418	.4429	.4441
1.6	.4452	.4463	.4474	.4484	.4495	.4505	.4515	.4525	.4535	.4545
1.7	.4554	.4564	.4573	.4582	.4591	.4599	.4608	.4616	.4625	.4633
1.8	.4641	.4649	.4656	.4664	.4671	.4678	.4686	.4693	.4699	.4706
1.9	.4713	.4719	.4726	.4732	.4738	.4744	.4750	.4756	.4761	.4767
2.0	.4772	.4778	.4783	.4788	.4793	.4798	.4803	.4808	.4812	.4817
2.1	.4821	.4826	.4830	.4834	.4838	.4842	.4846	.4850	.4854	.4857
2.2	.4861	.4864	.4868	.4871	.4875	.4878	.4881	.4884	.4887	.4890
2.3	.4893	.4896	.4898	.4901	.4904	.4906	.4909	.4911	.4913	.4916
2.4	.4918	.4920	.4922	.4925	.4927	.4929	.4931	.4932	.4934	.4936
2.5	.4938	.4940	.4941	.4943	.4945	.4946	.4948	.4949	.4951	.4952
2.6	.4953	.4955	.4956	.4957	.4959	.4960	.4961	.4962	.4963	.4964
2.7	.4965	.4966	.4967	.4968	.4969	.4970	.4971	.4972	.4973	.4974
2.8	.4974	.4975	.4976	.4977	.4977	.4978	.4979	.4979	.4980	.4981
2.9	.4981	.4982	.4982	.4983	.4984	.4984	.4985	.4985	.4986	.4986
3.0	.4987	.4987	.4987	.4988	.4988	.4989	.4989	.4989	.4990	.4990

3. x^2 분포

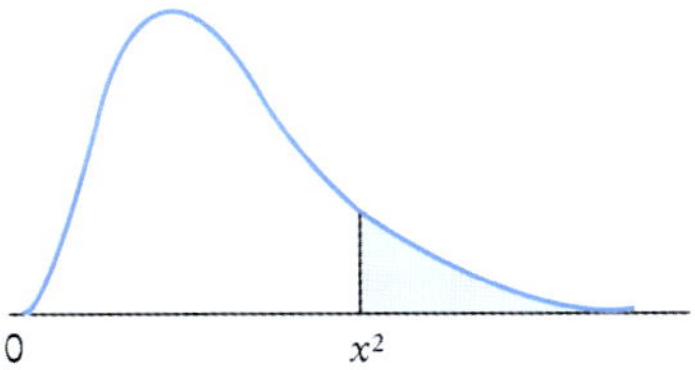

df	$x^2_{.995}$	$x^2_{.990}$	$x^2_{.975}$	$x^2_{.950}$	$x^2_{.050}$	$x^2_{.025}$	$x^2_{.010}$	$x^2_{.005}$
1	0.000	0.000	0.001	0.004	3.841	5.024	6.635	7.879
2	0.010	0.020	0.051	0.103	5.991	7.378	9.210	10.597
3	0.072	0.115	0.216	0.352	7.815	9.348	11.345	12.838
4	0.207	0.297	0.484	0.711	9.488	11.143	13.277	14.860
5	0.412	0.554	0.831	1.145	11.071	12.833	15.086	16.750
6	0.676	0.872	1.237	1.635	12.592	14.449	16.812	18.548
7	0.989	1.239	1.690	2.167	14.067	16.013	18.475	20.278
8	1.344	1.646	2.180	2.733	15.507	17.535	20.090	21.955
9	1.735	2.088	2.700	3.325	16.919	19.023	21.666	23.589
10	2.156	2.558	3.247	3.940	18.307	20.483	23.209	25.188
11	2.603	3.053	3.816	4.575	19.675	21.920	24.725	26.757
12	3.074	3.571	4.404	5.226	21.026	23.337	26.217	28.300
13	3.565	4.107	5.009	5.892	22.362	24.736	27.688	29.819
14	4.075	4.660	5.629	6.571	23.685	26.119	29.141	31.319
15	4.601	5.229	6.262	7.261	24.996	27.488	30.578	32.801
16	5.142	5.812	6.908	7.962	26.296	28.845	32.000	34.267
17	5.697	6.408	7.564	8.672	27.587	30.191	33.409	35.718
18	6.265	7.015	8.231	9.390	28.869	31.526	34.805	37.156
19	6.844	7.633	8.907	10.117	30.144	32.852	36.191	38.582
20	7.434	8.260	9.591	10.851	31.410	34.170	37.566	39.997
21	8.034	8.897	10.283	11.591	32.671	35.479	38.932	41.401
22	8.643	9.542	10.982	12.338	33.924	36.781	40.289	42.796
23	9.260	10.196	11.689	13.091	35.172	38.076	41.638	44.181
24	9.886	10.856	12.401	13.848	36.415	39.364	42.980	45.559
25	10.520	11.524	13.120	14.611	37.652	40.646	44.314	46.928
26	11.160	12.198	13.844	15.379	38.885	41.923	45.642	48.290
27	11.808	12.879	14.573	16.151	40.113	43.195	46.963	49.645
28	12.461	13.565	15.308	16.928	41.337	44.461	48.278	50.993
29	13.121	14.256	16.047	17.708	42.557	45.722	49.588	52.336
30	13.787	14.953	16.791	18.493	43.773	46.979	50.892	53.672
31	14.458	15.655	17.539	19.281	44.985	48.232	52.191	55.003
32	15.134	16.362	18.291	20.072	46.194	49.480	53.486	56.328
33	15.815	17.074	19.047	20.867	47.400	50.725	54.776	57.648
34	16.501	17.789	19.806	21.664	48.602	51.966	56.061	58.964
35	17.192	18.509	20.569	22.465	49.802	53.203	57.342	60.275
40	20.707	22.164	24.433	26.509	55.758	59.342	63.691	66.766
50	27.991	29.707	32.357	34.764	67.505	71.420	76.154	79.490
60	35.534	37.485	40.482	43.188	79.082	83.298	88.379	91.952
70	43.275	45.442	48.758	51.739	90.531	95.023	100.425	104.215
80	51.172	53.540	57.153	60.391	101.879	106.629	112.329	116.321
90	59.196	61.754	65.647	69.126	113.145	118.136	124.116	128.299
100	67.328	70.065	74.222	77.929	124.342	129.561	135.807	140.169
110	75.550	78.458	82.867	86.792	135.480	140.917	147.414	151.948
120	83.852	86.923	91.573	95.705	146.567	152.211	158.950	163.648

4. t 분포

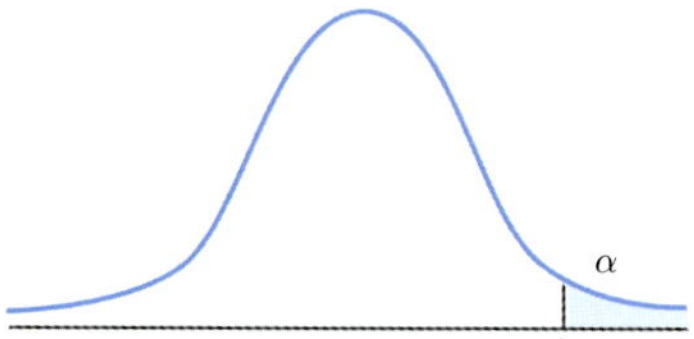

df	.1	.05	.025	.01	.005	.0025	.001	.0005
1	3.078	6.314	12.706	31.821	63.657	127.320	318.310	636.620
2	1.886	2.920	4.303	6.965	9.925	14.089	22.237	31.598
3	1.638	2.353	3.182	4.541	5.841	7.453	10.214	12.924
4	1.533	2.132	2.776	3.747	4.604	5.598	7.173	8.610
5	1.476	2.015	2.571	3.365	4.032	4.773	5.893	5.869
6	1.440	1.943	2.447	3.143	3.707	4.317	5.208	5.595
7	1.415	1.895	2.365	2.998	3.499	4.029	4.785	5.408
8	1.379	1.860	2.306	2.896	3.355	3.833	4.501	5.041
9	1.383	1.833	2.262	2.821	3.250	3.690	4.297	4.781
10	1.371	1.812	2.228	2.764	3.169	3.581	4.144	4.587
11	1.363	1.796	2.201	2.718	3.106	3.497	4.025	4.437
12	1.356	1.782	2.179	2.681	3.055	3.428	3.930	4.318
13	1.350	1.771	2.160	2.650	3.012	3.372	3.852	4.221
14	1.345	1.761	2.145	2.624	2.977	3.326	3.787	4.140
15	1.341	1.753	2.131	2.602	2.947	3.286	3.733	4.073
16	1.337	1.746	2.120	2.583	2.921	3.252	3.686	4.015
17	1.333	1.740	2.110	2.567	2.898	3.222	3.646	3.956
18	1.330	1.734	2.101	2.552	2.878	3.197	3.610	3.883
19	1.328	1.729	2.093	2.539	2.861	3.174	3.579	3.883
20	1.325	1.725	2.086	2.528	2.845	3.153	3.552	3.850
21	1.323	1.721	2.080	2.518	2.831	3.135	3.527	3.819
22	1.321	1.717	2.074	2.508	2.819	3.119	3.505	3.792
23	1.319	1.714	2.069	2.500	2.807	3.104	3.485	3.767
24	1.318	1.711	2.064	2.492	2.797	3.091	3.467	3.745
25	1.316	1.708	2.060	2.485	2.787	3.078	3.450	3.725
26	1.315	1.706	2.056	2.479	2.779	3.067	3.435	3.707
27	1.314	1.703	2.052	2.473	2.771	3.057	3.421	3.690
28	1.313	1.701	2.048	2.467	2.763	3.047	3.396	3.659
29	1.311	1.699	2.045	2.462	2.756	3.038	3.396	3.659
30	1.310	1.697	2.042	2.457	2.750	3.030	3.385	3.646
40	1.303	1.684	2.021	2.423	2.704	2.971	3.307	3.551
60	1.296	1.671	2.000	2.390	2.660	2.915	3.232	3.460
120	1.289	1.658	1.980	2.358	2.617	2.860	3.160	3.373
∞	1.282	1.645	1.960	2.326	2.576	2.807	3.090	3.291

5. F 분포

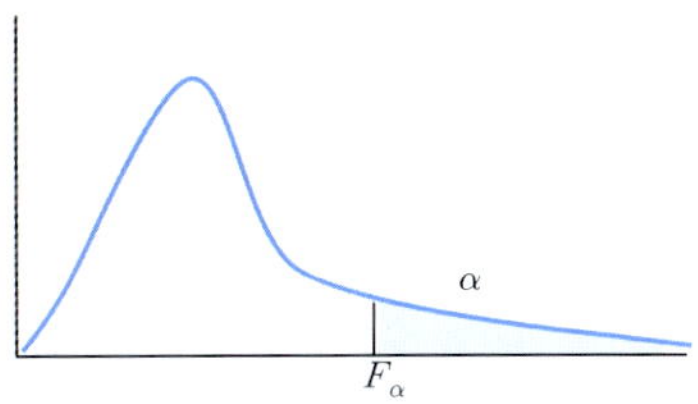

유의 수준 0.05										
	df_1									
df_2	1	2	3	4	5	6	7	8	.9	10
1	161.40	199.50	215.70	224.60	230.20	234.00	238.90	243.90	249.00	254.30
2	18.51	19.00	19.16	19.25	19.30	19.33	19.37	19.41	19.45	19.50
3	10.13	9.55	9.28	9.12	9.01	8.94	8.84	8.74	8.64	8.53
4	7.71	6.94	6.59	6.39	6.26	6.16	6.04	5.91	5.77	5.63
5	6.61	5.79	5.41	5.19	5.05	4.95	4.82	4.68	4.53	4.36
6	5.99	5.14	4.76	4.53	4.39	4.28	4.15	4.00	3.84	3.67
7	5.59	4.74	4.35	4.12	3.97	3.87	3.73	3.57	3.41	3.23
8	5.32	4.46	4.07	3.84	3.69	3.58	3.44	3.28	3.12	2.93
9	5.12	4.26	3.86	3.63	3.48	3.37	3.23	3.07	2.90	2.71
10	4.96	4.10	3.71	3.48	3.33	3.22	3.07	2.91	2.74	2.54
11	4.84	3.98	3.59	3.36	3.20	3.09	2.95	2.79	2.61	2.40
12	4.75	3.88	3.49	3.26	3.11	3.00	2.85	2.69	2.50	2.30
13	4.67	3.80	3.41	3.18	3.02	2.92	2.77	2.60	2.42	2.21
14	4.60	3.74	3.34	3.11	2.96	2.85	2.70	2.53	2.35	2.13
15	4.54	3.68	3.29	3.06	2.90	2.79	2.64	2.48	2.29	2.07
16	4.49	3.63	3.24	3.01	2.85	2.74	2.59	2.42	2.24	2.01
17	4.45	3.59	3.20	2.96	2.81	2.70	2.55	2.38	2.19	1.96
18	4.41	3.55	3.16	2.93	2.77	2.66	2.51	2.34	2.15	1.92
19	4.38	3.52	3.13	2.90	2.74	2.63	2.48	2.31	2.11	1.88
20	4.35	3.49	3.10	2.87	2.71	2.60	2.45	2.28	2.08	1.84
21	4.32	3.47	3.07	2.84	2.68	2.57	2.42	2.25	2.05	1.81
22	4.30	3.44	3.05	2.82	2.66	2.55	2.40	2.23	2.03	1.78
23	4.28	3.42	3.03	2.80	2.64	2.53	2.38	2.20	2.00	1.76
24	4.26	3.40	3.01	2.78	2.62	2.51	2.36	2.18	1.98	1.73
25	4.24	3.38	2.99	2.76	2.60	2.49	2.34	2.16	1.96	1.71
26	4.22	3.37	2.74	2.74	2.59	2.47	2.32	2.15	1.95	1.69
27	4.21	3.35	2.73	2.73	2.57	2.46	2.30	2.13	1.93	1.67
28	4.20	3.34	2.71	2.71	2.56	2.44	2.29	2.12	1.91	1.65
29	4.18	3.33	2.70	2.70	2.54	2.43	2.28	2.10	1.90	1.64
30	4.17	3.32	2.69	2.69	2.53	2.42	2.27	2.09	1.89	1.62
40	4.08	3.23	2.61	2.61	2.45	2.34	2.18	2.00	1.79	1.51
60	4.00	3.15	2.52	2.52	2.37	2.25	2.10	1.92	1.70	1.39
120	3.92	3.07	2.45	2.45	2.29	2.17	2.00	1.80	1.60	1.25
무한	3.84	2.99	2.37	2.37	2.21	2.09	1.94	1.75	1.52	1.00

6. Kolmogorov-Smirnov 검정을 위한 D의 임계치

$P[D_{\alpha} \leq D] = \alpha$

n	α=.10	α=.05	α=.025	α=.01	α=.005
1	.90000	.95000	.97500	.99000	.99500
2	.68377	.77639	.84189	.90000	.92929
3	.56481	.63604	.70760	.78456	.82900
4	.49265	.56522	.62394	.68887	.73424
5	.44698	.50945	.56328	.62718	.66853
6	.41037	.46799	.51926	.57741	.61661
7	.38148	.43607	.48342	.53844	.57581
8	.35831	.40962	.45427	.50654	.54179
9	.33910	.38746	.43001	.47960	.51332
10	.32260	.36866	.40925	.45662	.48893
11	.30829	.35242	.39122	.43670	.46770
12	.29577	.33815	.37543	.41918	.44905
13	.28470	.32549	.36143	.40362	.43247
14	.27481	.31417	.34890	.38970	.41762
15	.26588	.30397	.33760	.37713	.40420
16	.25778	.29472	.32733	.36571	.39201
17	.25039	.28627	.31796	.35528	.38086
18	.24360	.27851	.30936	.34569	.37062
19	.23735	.27136	.30143	.33685	.36117
20	.23156	.26473	.29408	.32866	.35241
21	.22617	.25858	.28724	.32104	.34427
22	.22115	.25283	.28087	.31394	.33666
23	.21645	.24746	.27490	.30728	.32954
24	.21205	.24242	.26931	.30104	.32286
25	.20790	.23768	.26404	.29516	.31657
26	.20399	.23320	.25907	.28962	.31064
27	.20030	.22898	.25438	.28438	.30502
28	.19680	.22497	.24993	.27942	.29971
29	.19348	.22117	.24571	.27471	.29466
30	.19032	.21756	.24170	.27023	.28987
31	.18732	.21412	23788	.26596	.28530
32	.18445	.21085	.23424	.26189	.28094
33	.18171	.20771	.23076	.25801	.27677
34	.17909	.20472	.22743	.25429	.27279
35	.17659	.20185	.22425	.25073	.26897
36	.17418	.19910	.22119	.24732	.26532
37	.17188	.19646	.21826	.24404	.26180
38	.16966	.19392	.21544	.24089	.25843
39	.16753	.19148	.21273	.23786	.25518
40	.16547	.18913	.21012	.23494	.25205
41	.16349	.18687	.20760	.23213	.24904
42	.16158	.18468	.20517	.22941	.24613
43	.15974	.18257	.20283	.22679	.24332
44	.15796	.18053	.20056	.22426	.24060
45	.15623	.17856	.19837	.22181	.23798
46	.15457	.17665	.19625	.21944	.23544
47	.15295	.17481	.19420	.21715	.23298
48	.15139	.17302	.19221	.21493	.23059
49	.14987	.17128	.19028	.21277	.22828
50	.14840	.16959	.18841	.21068	.22604

7. Wilcoxon 검정을 위한 T의 임계치

N	2α	.15	.10	.05	.04	.03	.02	.01
	α	.075	.050	.025	.020	.015	.010	.005
4		0						
5		1	0					
6		2	2	0	0			
7		4	3	2	1	0	0	
8		7	5	3	3	2	1	0
9		9	8	5	5	4	3	1
10		12	10	8	7	6	5	3
11		16	13	10	9	8	7	5
12		19	17	13	12	11	9	7
13		24	21	17	16	14	12	9
14		28	25	21	19	18	15	12
15		33	30	25	23	21	19	15
16		39	35	29	28	26	23	19
17		45	41	34	33	30	27	23
18		51	47	40	38	35	32	27
19		58	53	46	43	41	37	32
20		65	60	52	50	47	43	37
21		73	67	58	56	53	49	42
22		81	75	65	63	59	55	48
23		89	83	73	70	66	62	54
24		98	91	81	78	74	69	61
25		108	100	89	86	82	76	68
26		118	110	98	94	90	84	75
27		128	119	107	103	99	92	83
28		138	130	116	112	108	101	91
29		150	140	126	122	117	110	100
30		161	151	137	132	127	120	109
31		173	163	147	143	137	130	118
32		186	175	159	154	148	140	128
33		199	187	170	165	159	151	138
34		212	200	182	177	171	162	148
35		226	213	195	189	182	173	159
40		302	286	264	257	249	238	220
50		487	466	434	425	413	397	373
60		718	690	648	636	620	600	567
70		995	960	907	891	872	846	805
80		1318	1276	1211	1192	1168	1136	1086
90		1688	1638	1560	1537	1509	1471	1410
100		2105	2045	1955	1928	1894	1850	1779

저/자/약/력

■ **이종환**

- 성균관대학교 사회복지학 석사
- 경기대학교 사회복지학 박사
- (주)와이즈인컴퍼니http://www.snscon.com 이사
- (사)우리누리청소년회http://www.woorinuri.or.kr 부설 복지사회연구원 수석연구원
- 前한국사회복지협의회 사회복지연구원 연구원
- 사회조사분석사 1급 및 2급 자격 보유
- 서울장신대학교 사회복지학과 겸임교수

〈저서〉

맥락으로 이해하는 사회과학 조사방법론. 공동체.

사회조사분석사 2급 실기대비 조사방법론 및 SPSS통계분석. 공동체.

본 교재에 이용된 데이터는
도서출판 공동체(compub.co.kr)에서 다운로드가 가능합니다.

[제3판]

SPSS를 이용한
조사방법 및 통계분석의 이해와 적용

|저자| 이종환

|1판 1쇄 발행| 2008년 8월 29일
|1판 2쇄 발행| 2009년 3월 2일
|2판 1쇄 발행| 2009년 7월 10일
|2판 3쇄 발행| 2011년 8월 30일
|3판 1쇄 발행| 2014년 8월 30일
|3판 2쇄 발행| 2016년 3월 10일
|3판 3쇄 발행| 2017년 8월 10일

|발행인| 김동훈
|발행처| 공동체

|주소| 경기도 고양시 일산동구 호수로 358-39 동문타워 I 905호(백석동)
|전화| 031) 920-8305(대표)
|팩스| 031) 920-8308
|e-mail| compub@naver.com
|출판등록| 2005년 10월 6일
|등록번호| 제396-2005-36호

|ISBN| 978-89-6352-676-8
정가 20,000원